材料物理基础

高继华 谷坤明 谢玲玲 编

清华大学出版社

北京

内 容 简 介

本教材是应工科专业物理基础理论教学的要求,整理当前国内高校普遍使用的相关专业教材,并结合编者多年的教学实践编撰而成。全书共分 12 章。第 1 章简述热力学基本规律与基础应用;第 2 章到第 4 章介绍统计物理,建立起宏观物理量与微观状态的桥梁,并主要介绍近独立粒子系统的统计规律及其应用;第 5 章到第 8 章介绍微观粒子的性质和运动规律,包括薛定谔方程、力学量的算符理论、定态问题的近似方法;第 9 章到第 12 章在量子力学基础上应用热力学统计物理方法从微观或宏观角度分析研究固体材料微观结构与其性质的联系。为配合教学需要,每章附有若干习题。

本教材可供材料科学及相关的工科专业学生学习使用,也可供相关教学和科研人员参考。

图书在版编目(CIP)数据

材料物理基础/高继华,谷坤明,谢玲玲编. —北京:清华大学出版社,2019(2024.4 重印)
ISBN 978-7-302-53479-2

Ⅰ. ①材… Ⅱ. ①高… ②谷… ③谢… Ⅲ. ①材料科学－物理学 Ⅳ. ①TB303

中国版本图书馆 CIP 数据核字(2019)第 172249 号

责任编辑:鲁永芳
封面设计:常雪影
责任校对:赵丽敏
责任印制:曹婉颖

出版发行:清华大学出版社
    网 址:https://www.tup.com.cn,https://www.wqxuetang.com
    地 址:北京清华大学学研大厦 A 座   邮 编:100084
    社 总 机:010-83470000   邮 购:010-62786544
    投稿与读者服务:010-62776969,c-service@tup.tsinghua.edu.cn
    质量反馈:010-62772015,zhiliang@tup.tsinghua.edu.cn
印 装 者:三河市龙大印装有限公司
经 销:全国新华书店
开 本:185mm×260mm 印 张:18.5   字 数:435 千字
版 次:2019 年 11 月第 1 版   印 次:2024 年 4 月第 3 次印刷
定 价:69.00 元

产品编号:081545-01

FOREWORD 前 言

　　物理学是研究物质运动最一般规律和物质基本结构的学科,是其他自然科学学科的研究基础,也是几乎所有工程技术的理论基础,在科技发展和进步的过程中具有举足轻重的作用。从中小学的自然常识和基础物理教学,到高等院校的物理课程设置,有关物理学的教学活动贯穿了我们目前的整个理工科教学体系。在这些物理学课程教学中,材料物理基础方面的课程则提供了从物理学的基本原理出发来探讨材料结构与性能的基本理论和方法,是材料科学与工程本科专业的必修课程,同时也是相关理工学科在完成高等数学和大学物理学习之后的物理学进阶内容。

　　在目前的工科专业课程设置中,材料物理基础作为一门必修课程,其所包含的内容大致可分为以下三个方面:对于大量微观粒子所组成热力学系统的宏观性质进行理论解释,是为统计物理;关于微观粒子运动规律的内容,是为量子力学;固体微观结构与物理性能之间的联系,是为固体物理。材料物理基础课程是上述三个部分的有机组成。从科学发展的历史过程来看,材料物理基础三部分内容的发展与突破是相互交叉、相辅相成的。例如:经典统计物理中对空腔电磁辐射能量分布的研究困难,导致科学家们对微观世界所遵循的物理规律重新进行理解,并直接促成了量子力学的诞生;固体热容实验定律的理论解释,则同时得益于经典和量子统计物理的发展;量子力学中定态薛定谔方程在中心力场体系的计算,则对固体分子之间相互作用模式的理论突破打下了基础;等等。

　　本教材编者自 2000 年起在深圳大学理学院材料科学与工程系(2006 年成立深圳大学材料学院)进行统计与量子力学方面的本科教学工作,根据学校及学院对于工程类物理必修课程的学分要求,经过多次课程改革,针对工科专业的课程设置特点对所讲授的内容进行梳理,并与固体物理课程进行合并,在多年的教学实践中逐步形成了较为完备的工程类材料物理基础课程体系,最终将课程的名称确定为"材料物理基础",并使之成为深圳大学材料科学与工程专业的必修课程。我们在讲授这门课程的过程中,考虑到课程内容是材料工程类物理基础知识中的经典内容,先后采用了许崇桂、余加莉的《统计与量子力学基础》、汪志诚的《热力学·统计物理》、马本堃等的《热力学与统计物理学》、周世勋的《量子力学教程》、曾谨言的《量子力学》、陈长乐的《固体物理学》等优秀教科书,并根据课程的内容要求突出重点、有所侧重,在编排上符合工科专业对于物理基础知识体系的需求。同时,根据教学要求编写了相关的学生课程讲义、教师参考资料,并在实际教学和使用的过程中不断进行修改,使之日臻完善。近年来,深圳大学不断对各理工学科的主干课程提出要求,大力建设符合现代教学要求和高科技发展趋势的课程体系。我们之前所用的"材料物理基础"讲义和教材的来源较多,所使用教材的版本较为陈旧,其中有些教材虽然内容经典、编写严谨,但已长期没有出

　　修订版本。随着新的课程建设计划要求,需要我们将现有的教材进行梳理和合并,并根据新的学分要求对相关章节重新进行编排和修改,选编适合学生水平和学习要求的课后练习题,并整理出版新的"材料物理基础"教材。因此,本教材能够顺利出版,不仅满足了本教材编者长期以来希望将教学讲义进行正式出版的愿望,而且是编者对本课程所使用经典教材作者们的最好致敬。本教材的出版得到深圳大学本科教材出版资助项目的支持,在此表示感谢。

　　针对材料类学生的材料物理基础教学,从课程设置而言,分配的总课时是 72 学时,由于学时的限制,课程的特点是注重梳理各知识点间的逻辑关系与连贯性,以及对概念的初步理解,使学生真正掌握统计力学、量子力学与固体物理的基本理论和方法,应用到后续的学习和使用中自然水到渠成,不至于出现理解上的障碍。对这几部分内容更加深入的学习需要留待后续课程进行。

　　虽然本教材名为《材料物理基础》,但是从所涉及的内容上看,针对的是理工本科学生在学习高等数学和大学物理之后的物理类提高课程,因此不仅限于材料科学与工程本科专业的学生使用,也可以作为相关工科专业的物理基础课程教材和参考书。由于编者的水平所限,书中难免存在不足之处,敬请读者批评指正。

编　者

2019 年 4 月

CONTENTS 目录

第1章

热力学基础知识

　　热力学是热运动的宏观理论。物质的热运动是指构成宏观物体的大量微观粒子作无规则运动。物质的宏观性质如力学性质、电磁性质、热学性质等都与物质的热运动状态有关。人们通过对大量热现象的观测、实验、分析,总结出热力学基本定律,包括热力学第一定律、热力学第二定律、热力学第三定律,同时引进了系统的宏观热力学量,如温度、压强、内能、熵等,通过逻辑推理和演绎,得到物质的各种宏观性质以及这些性质之间的相互关系,也可以给出宏观运动过程进行的方向和限度,具有高度的可靠性和普遍性。但热力学方法不涉及物质的微观结构。

　　统计物理学是热运动的微观理论,认为物质的宏观性质是大量微观粒子的集体表现。单个微观粒子的运动服从力学规律,大量粒子组成的微观状态以一定的概率出现,遵从统计规律。运用概率论和力学规律可求出各个微观量的统计平均值。这个平均值便是微观量相应的宏观量。通过统计物理学方法我们可以了解微观世界与宏观世界的联系。在热现象的研究过程中,热力学方法与统计物理学方法既有区别又相辅相成。介绍热力学,则是提供给统计物理一个描述宏观世界的方法。

　　本章目的是回顾和熟悉在统计物理课程学习过程中所需要用到的热力学有关概念。因此部分问题未详细展开,如不可逆过程热力学以及非平衡系统的热力学。请有兴趣的读者参考其他书籍。以下回顾热力学的基本概念。

1.1　热平衡定律与温度

1.1.1　热力学基本概念

1. 热力学系统

　　大量微观粒子的集合构成的宏观物体(如气体、液体、固体)称为热力学系统,简称系统(system)。与系统相互作用的其他物体称为外界或环境(surroundings)。根据系统与外界相互作用的情况,将系统分为三类(图1.1.1):

　　(1) 孤立系统(isolated system):与外界无任何作用,没有物质与能量的交换。这是一个理想模型,当实际系统中相互作用小到可忽略时可按孤立系统来处理。

(2) 闭合系统(close system):也称封闭系统,与外界无物质交换但有能量交换。其中不通过热传递交换能量,即无热量交换称为绝热系统。

(3) 开放系统(open system):与外界既有物质又有能量交换。这一类系统是广泛存在的。

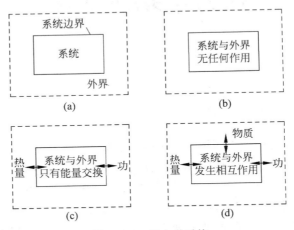

图 1.1.1 热力学系统

(a) 系统与外界;(b) 孤立系统;(c) 闭合系统;(d) 开放系统

根据系统内所含化学组元的情况,可将系统分为单元系和多元系。单元系指只含有一种化学组元的系统,如纯铜、纯氧气等;多元系是含有两种及以上化学组分的系统,如空气、盐水、金属合金等。

根据系统中物理性质是否均匀,可将系统分为单相系和多相系。如果系统中各部分性质都相同,称为单相系(或均匀系);若系统存在若干个均匀部分,则称为多相系或复相系。例如水和水蒸气是单元二相系,盐水是二元单相系。

本章主要讨论的模型是单相系。对简单系统而言,常用的有 pVT 系统和 XYT 系统。假定系统只涉及一种广义力 Y、相应的广义坐标 X 和温度 T 三个宏观量,这种系统我们称之为 XYT 简单系统,如理想气体与磁介质。磁介质具有磁场强度 $\mathcal{H}$、总磁矩 M 和温度 T 三个宏观量。pVT 系统也是一种简单系统,其压强 p 相当于 Y,体积 V 相当于 X。本章主要以 pVT 系统与磁介质为例进行讨论。

2. 状态与状态参量

热力学系统宏观性质的一些物理量可以用来描述系统的状态。经验告诉我们,一个孤立系统经过足够长的时间,其各种宏观性质在长时间内不发生变化,这样的状态称之为热平衡状态(thermodynamic equilibrium state)。若孤立系统初始状态为非平衡态,经过一段时间后自动趋于平衡态,这个过程称为弛豫过程,所需时间为弛豫时间。有时虽然整个系统未达到平衡态,但将系统分为若干个子系统,忽略子系统间的相互作用,各子系统分别处于平衡态,这种情况称为局域平衡。需要注意的是,热平衡是一种热动平衡(thermal equilibrium),属于动态的平衡。在热平衡状态下,系统的各部分温度相等,因为热力学系统都是由大量粒子构成的宏观系统。平衡态时,大量粒子仍在不停地运动,只是粒子运动的平均效果不变,从而没有宏观物理过程发生。由于粒子的无规则运动,系统的宏观参量值发生微小的变化,偏离统计平均值,这种情况称为涨落(fluctuation),可以用微观量对统计平均值偏离的平方平均来表示。在通常情况下,涨落是非常小的,不易观察到,只有在某些特定的条件下才可以观察到,涨落的存在充分证明了统计理论的正确性。

系统在平衡状态下,各种宏观物理量都具有确定值。那么热力学系统所处的平衡状态就由其宏观物理量的数值来确定。在给定的系统中,各宏观物理量之间往往存在一定的内在联系,可以选择几个独立变化的宏观物理量作为自变量,这些自变量称为状态参量。其他的宏观量可表示为状态参量的函数,称为状态函数(状态函数表示的物理量往往与过程无关)。例如简单系统中的 XYT 系统,其平衡态可由宏观量 X、Y 确定,称 X、Y 为系统的状态参量。也就是说状态参量是指在平衡状态下可以独立改变且具有确定数值可确定系统状态的宏观物理量。常用的状态参量有压强、体积、温度、内能、熵等。理想气体的状态参量为温度 T、压强 p 和体积 V,质点运动的状态参量为它的位置和速度。

3. 状态方程

系统在平衡态时,可用其状态参量描述系统的宏观性质与状态。对于 XYT 系统,温度作为态函数可以写成状态参量 X、Y 的函数:

$$T = T(X, Y)$$

或者隐函数形式

$$f(X, Y, T) = 0 \tag{1.1.1}$$

称为简单系统的状态方程,用来描述热力学平衡态时系统温度与状态参量之间的函数关系。在热力学中,各种物质的状态方程无法从热力学理论导出,只能通过实验确定。根据物质的微观结构,原则上可以根据统计物理理论推导出状态方程,这一问题将在统计力学章节中讨论。

对于气体、液体和各向同性的固体等的 pVT 系统,可以用压强和体积来描述系统的热平衡状态,其状态方程为

$$f(p, V, T) = 0 \tag{1.1.2}$$

根据一些物理定律可以推导出理想气体的状态方程(推导过程参见参考文献[2]第 13~14 页)

$$pV = nRT \tag{1.1.3}$$

式中,n 为系统所含气体摩尔数,R 为摩尔气体常数,由实验确定。常温常压下的气体可以看作是理想气体。而实际气体的状态方程可以用范德瓦尔斯方程表示,形式如下:

$$\left(p + \frac{a}{V_{\text{mol}}^2} \right) (V_{\text{mol}} - b) = RT \tag{1.1.4}$$

式中,V_{mol} 为摩尔体积,a 与 b 为实验常数。b 为对体积的修正,$\dfrac{a}{V_{\text{mol}}^2}$ 为对压力的修正,这是由于分子间相互作用引起的。范德瓦尔斯方程是对理想气体状态方程进行修改,并对气体结果作一些简单假设而得到的。

顺磁固体的状态方程为

$$f(\mathcal{H}, M, T) = 0 \tag{1.1.5}$$

式中,$\mathcal{H}$ 为磁场强度,M 为总磁矩,实验测得某些顺磁性固体满足居里定律

$$M = C \frac{\mathcal{H}}{T} \tag{1.1.6}$$

式中，C 为常数，其数值可由实验测得，不同物质其大小不同。

4. 状态参量的偏导数

对于简单系统，一些物理量与状态方程密切相关。例如对于 pVT 系统，状态方程中的 T 与 p 为自变量，则 $V = V(T, p)$，由此得到定压膨胀系数

$$\alpha = \frac{1}{V} \left(\frac{\partial V}{\partial T} \right)_p \tag{1.1.7}$$

表示在压强不变的条件下，温度每升高一度系统体积增加的百分比。类似地，可引进定容压强系数（也称压力系数或压强系数）

$$\beta = \frac{1}{p} \left(\frac{\partial p}{\partial T} \right)_V \tag{1.1.8}$$

表示体积不变的条件下，压强随温度的变化率。还可以引进等温压缩系数（简称压缩系数）

$$\kappa = -\frac{1}{V} \left(\frac{\partial V}{\partial p} \right)_T \tag{1.1.9}$$

表示在温度不变的条件下，单位体积随压强的变化率。式中的负号是为了使 κ 取正值。

由于 p、T、V 三个变量之间满足函数关系式(1.1.2)，其偏导数之间将存在以下关系：

$$\left(\frac{\partial p}{\partial V} \right)_T \left(\frac{\partial V}{\partial T} \right)_p \left(\frac{\partial T}{\partial p} \right)_V = -1, \quad \left(\frac{\partial p}{\partial T} \right)_V = \frac{1}{(\partial T / \partial p)_V} \tag{1.1.10}$$

由此可得

$$\alpha = \kappa \beta p \tag{1.1.11}$$

通过实验可测得函数 α、β、κ，推导出系统的状态方程；反之，由已知状态方程则可以求得这些系数的具体表达式。

例 1.1 求理想气体的定压膨胀系数 α、定容压强系数 β、等温压缩系数 κ 表达式，并验证 $\alpha = \kappa \beta p$。

解 理想气体的状态方程(1.1.3)改写为

$$V = \frac{nRT}{p}$$

对 V 求偏导数，有

$$\left(\frac{\partial V}{\partial T} \right)_p = \frac{nR}{p}, \quad \left(\frac{\partial V}{\partial p} \right)_T = -\frac{nRT}{p^2} = -\frac{V}{p}$$

根据 α、κ 的定义代入，得

$$\alpha = \frac{1}{V} \left(\frac{\partial V}{\partial T} \right)_p = \frac{1}{V} \frac{nR}{p} = \frac{1}{T}$$

$$\kappa = -\frac{1}{V} \left(\frac{\partial V}{\partial p} \right)_T = -\frac{1}{V} \left(-\frac{V}{p} \right) = \frac{1}{p}$$

再将理想气体的状态方程(1.1.3)改写为 $p = \frac{nRT}{V}$，求其偏导数并根据 β 的定义得

$$\beta = \frac{1}{p} \left(\frac{\partial p}{\partial T} \right)_V = \frac{nR}{pV} = \frac{1}{T}$$

综上所述,理想气体 α、β、κ 的表达式为 $\alpha = \dfrac{1}{T}$,$\beta = \dfrac{1}{T}$,$\kappa = \dfrac{1}{p}$,所以有 $\alpha = \kappa\beta p$。

例 1.2　证明 pVT 系统的状态方程可由实验测得的膨胀系数 α 与压缩系数 κ,通过以下积分求得 $\ln V = \int (\alpha\,\mathrm{d}T - \kappa\,\mathrm{d}p)$。若 $\alpha = \dfrac{1}{T}$,$\kappa = \dfrac{1}{p}$,求状态方程。

证明　令 $V = V(T,p)$,则

$$\mathrm{d}V = \left(\frac{\partial V}{\partial p}\right)_T \mathrm{d}p + \left(\frac{\partial V}{\partial T}\right)_p \mathrm{d}T$$

因为 $\alpha = \dfrac{1}{V}\left(\dfrac{\partial V}{\partial T}\right)_p$,$\kappa = -\dfrac{1}{V}\left(\dfrac{\partial V}{\partial p}\right)_T$,则上式改写为

$$\frac{\mathrm{d}V}{V} = \alpha\,\mathrm{d}T - \kappa\,\mathrm{d}p$$

两边积分,即为要证明的等式。

若 $\alpha = \dfrac{1}{T}$,$\kappa = \dfrac{1}{p}$,可得

$$\ln V = \ln T - \ln p + c_0, \quad \text{即} \quad \ln\frac{pV}{T} = c_0$$

得到理想气体的状态方程为 $pV = c_0' T$。

5. 广延量和强度量

热力学量可分为广延量(extensive variable)与强度量(intensive variable)。当系统处于平衡态且保持不变的条件下划分为若干个部分,系统整体量为 A,分为多个部分 A_i,如果有 $A = \sum A_i$,则 A 称为广延量,与系统的摩尔数成正比,例如体积、熵、质量等。若整体与部分相等,$A = A_i$,则称为强度量,强度量与摩尔数无关,不具有加和性,例如温度 T 与压强 p。

1.1.2　热平衡定律,温度的定义

设想一个复合孤立系统由各自处于平衡态的 A/B 两部分组成,中间靠一刚性的透热壁相连,两部分之间只有热交换,不产生物质交换以及力的相互作用,在接触初期,A 与 B 原有的平衡态被破坏,经过足够长的时间后,A 与 B 重新达到一个平衡态,此孤立系统的宏观量不再随时间变化,A 和 B 的这种平衡称为热平衡。

大量实验表明,若系统 A 与系统 B、系统 C 分别单独达到热平衡态,则系统 B 与 C 之间一定达到热平衡态。这个经验事实称为热平衡定律。英国物理学家福勒称之为热力学第零定律。

热平衡定律是在无数实验事实的基础上总结出来的。根据这个定律,处于同一热平衡状态的系统,可以用温度 T 来描述系统状态(即冷热程度)。经验上说,B 与 C 具有了相同的温度,或者说是温度达到了平衡。因此,温度是系统平衡态的一个性质,是一个态函数。

当两系统温度相等时,它们达到热平衡,反之当两系统达到热平衡时,它们的温度相等。这就是温度的定义。温度与系统的质量无关,是一个强度量。

对温度的定量描述称为温标。热力学中常用的温标有两种:开尔文温标(又叫绝对热力学温标)和理想气体温标。开尔文温标是理论温标,建立在热力学第二定律基础上,与测

温物质的性质无关。理想气体温标将理想气体作为测温物质。在国际单位制中,温度的单位为 K(开尔文)。如水的三相点温度为 273.16 K。

1.2 热力学第一定律

本节先回顾热力学第一定律的表达式,再讨论功和热量的概念。

1.2.1 热力学第一定律的表述

热力学第一定律是普遍的能量守恒与转化定律,系统内能(分子热运动所具有的能量)的增加等于外界对系统所做的功加上系统从外界吸收的热量,其数学表示式为

$$dU = \delta W + \delta Q \tag{1.2.1}$$

式中,dU 表示系统内能的增加,δW 是外界对系统做的功,δQ 指系统从外界吸取的热量。热力学第一定律也可以通俗地表述为"永动机是不可能造成的"。自然界一切物质都具有能量,能量能够从一种形式转化为另一种形式,在转化中能量的数量不变。

系统从初态到末态,内能的变化是一定的,与过程无关,所以内能是状态函数。功和热量是被传递的能量,依赖于初态和末态,与过程相关。系统在外界影响下,从一个平衡态变化到另一个平衡态,称系统经历了一个过程。

1.2.2 功的表达式

热力学沿用了力学中有关功的概念,区别在于热力学中不同系统的功的表示式不同。在无耗损准静态过程[①]中,外界对系统做功或者系统对外界做功可以用系统的状态参量表示。不同系统采用不同的状态参量,因而功的表达式也各不相同。

1. 体积功

外界对气体做功,由气体状态参量可以表示为

$$\delta W = -p\,dV \tag{1.2.2}$$

dV 表示外力作用下气体体积的变化,当 $dV<0$ 时,$\delta W>0$,表示气体被压缩时外界对系统做功;当 $dV>0$ 时,$\delta W<0$,表示气体膨胀时系统对外界做功。

2. 面积功

图 1.2.1 中 σ 为液体表面张力系数,表示单位长度上的表面张力。移动液体薄膜线框的作用力 F 与液体表面张力大小相等、方向相反。当移动一段距离 dx,外界作用力 F 克服表面张力所做之功为 $\delta W = 2l\sigma\,dx$。因为 $2l\,dx = dA$(液膜面积变化),则有

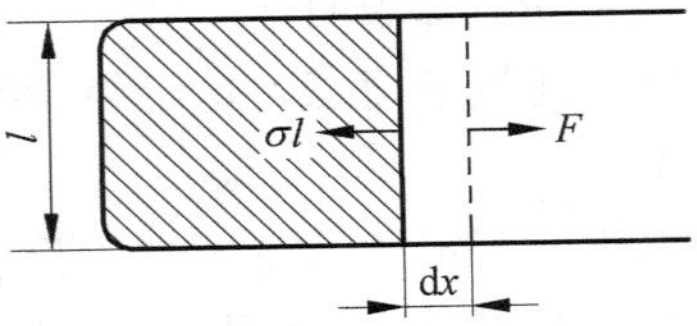

图 1.2.1 面积功

$$\delta W = \sigma\,dA \tag{1.2.3}$$

---

① 准静态过程是指系统在过程进行的每一步都处于平衡态的过程。这是一种理想的过程,实际上是不可能做到的。所以可以假想一个进行得非常慢的过程,当进行的速度趋于零时,这个过程就趋于准静态过程。

表面张力系数和液膜面积是液膜系统的状态参量。当液膜面积增大,即 $\mathrm{d}A>0$ 时,$\delta W>0$,表示外界对系统做功;当液膜面积减小,即 $\mathrm{d}A<0$ 时,$\delta W<0$,表示系统对外界做功。

3. 磁化功

长度为 l、截面积为 A 的圆筒内充满磁介质,外部绕有 N 匝线圈(图 1.2.2)。通电后改变电流大小,磁介质中磁场发生变化导致线圈产生反向电势。电源克服反向电动势做功 $\delta W'=\varepsilon I\mathrm{d}t$。其中 ε 为反向电动势。根据法拉第电磁感应定律 $\varepsilon=N\dfrac{\mathrm{d}}{\mathrm{d}t}(BA)$,其中 B 为介质中的磁感应强度,由安培定律,磁介质中的磁场强度满足 $\mathcal{H}l=NI$,可得

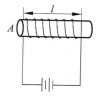

图 1.2.2 磁化功

$$\delta W'=\left(NA\frac{\mathrm{d}B}{\mathrm{d}t}\right)\left(\frac{l}{N}\,\mathcal{H}\right)\mathrm{d}t=Al\,\mathcal{H}\mathrm{d}B=V\,\mathcal{H}\mathrm{d}B \tag{1.2.4}$$

其中,$V=Al$ 为螺线管体积,即磁介质的体积。

由电磁学中熟知的关系 $\boldsymbol{B}=\mu_0\left(\boldsymbol{\mathcal{H}}+\dfrac{\boldsymbol{M}}{V}\right)$,其中,$\boldsymbol{M}$ 为磁介质的磁矩,μ_0 为真空磁导率,代入式(1.2.4),得到

$$\delta W'=V\mathrm{d}\left(\frac{\mu_0\mathcal{H}^2}{2}\right)+\mu_0\mathcal{H}\mathrm{d}M \tag{1.2.5}$$

上式说明外界所做的功可以分为两部分:第一部分是激发磁场的功;第二部分是使磁介质磁化的功,也称磁化功。所以在无耗损准静态过程中,外界使系统磁化的功为

$$\delta W=\mu_0\mathcal{H}\mathrm{d}M \tag{1.2.6}$$

式中,$\mathrm{d}M$ 为磁介质总磁矩的变化。

4. 简单系统情形

设 XYT 系统,状态参量为 X、Y。其中 X 为广义坐标(一些教材中也称为“外参量”),Y 为广义力(广义动量),则在无耗损准静态过程中,外界对系统做功可表示为

$$\delta W=Y\mathrm{d}X \tag{1.2.7}$$

对于 pVT 系统,广义力 Y 相当于 $-p$,可以用 $Y\rightarrow-p$ 表示,广义坐标 X 相当于 V,表示为 $X\rightarrow V$;同理,对于磁介质系统,广义力与广义坐标分别表示为 $Y\rightarrow\mu_0\mathcal{H}$ 与 $X\rightarrow M$。

5. 一般系统情形

系统中存在多种广义力做功时,各种功之和为系统所做总功。例如,考虑磁致伸缩的磁介质系统,描述其平衡态的状态参量有 $\mathcal{H}$、M、p 和 V。此时的磁介质系统是一个复杂系统。在无耗损准静态过程中,外界对它做功的一般表达式为

$$\delta W=\mu_0\mathcal{H}\mathrm{d}M-p\mathrm{d}V \tag{1.2.8}$$

通过以上关于不同系统中功的表达式的讨论,在无耗损准静态过程中外界对系统所做的功可以写成如下形式:

$$\delta W=\sum_i Y_i\mathrm{d}X_i \tag{1.2.9}$$

其中,X_i 是广义坐标,Y_i 是与 X_i 相对应的广义力。也就是说,如果一个热力学系统具有 n 个独立的 $X_1,X_2,\cdots,X_n$,在无耗损准静态过程中,当发生 $\mathrm{d}X_1,\mathrm{d}X_2,\cdots,\mathrm{d}X_n$ 的改变时,外界所做的功等于广义坐标的变化与相应广义力的乘积之和。

1.2.3 热量的表示式

热量是指由于系统与外界有温度差而传递的能量,通常用 Q 表示,单位为焦耳(J)。热量也是与过程路径相关的量。在一定的过程中,系统的温度每升高一度所吸收的热量,称为热容。以 ΔQ 表示系统在温度变化 ΔT 所吸收的热量,则系统在该过程的热容表示为

$$C = \lim_{\Delta T \to 0} \frac{\Delta Q}{\Delta T} = \frac{\delta Q}{dT} \tag{1.2.10}$$

国际单位制中,热容的单位是焦耳每开尔文(J·K^{-1})。则热量可以用热容表示为 $Q = \int C dT$。

对于 pVT 系统,有两个热容,分别是定压热容 C_p 与定容热容 C_V:

$$C_p = \lim_{\Delta T \to 0} \left(\frac{\Delta Q}{\Delta T} \right)_p = \left(\frac{\delta Q}{dT} \right)_p \tag{1.2.11}$$

$$C_V = \lim_{\Delta T \to 0} \left(\frac{\Delta Q}{\Delta T} \right)_V = \left(\frac{\delta Q}{dT} \right)_V \tag{1.2.12}$$

在定容过程中,系统体积不变,$dV = 0$,外界对系统不做功,$W = 0$,所以 $(dU)_V = (\delta Q)_V$,代入式(1.2.12)得

$$C_V = \left(\frac{\delta Q}{dT} \right)_V = \left(\frac{\partial U}{\partial T} \right)_V \tag{1.2.13}$$

$\left(\frac{\partial U}{\partial T} \right)_V$ 表示在体积不变的条件下内能随温度的变化率。对于一般的简单系统,U 是 T、V 的函数,所以 C_V 也是 T、V 的函数。

对于磁介质系统,也有两个热容。定磁场热容,表示磁场强度不变的条件下,磁介质每升高一度从外界吸收的能量

$$C_{\mathcal{H}} = \lim_{\Delta T \to 0} \left(\frac{\Delta Q}{\Delta T} \right)_{\mathcal{H}} = \left(\frac{\delta Q}{dT} \right)_{\mathcal{H}} \tag{1.2.14}$$

以及定磁矩热容

$$C_M = \lim_{\Delta T \to 0} \left(\frac{\Delta Q}{\Delta T} \right)_M = \left(\frac{\delta Q}{dT} \right)_M \tag{1.2.15}$$

推广至其他简单 XYT 系统,也可以得到两个热容:定广义动量热容 C_Y 与定广义坐标热容 C_X

$$C_Y = \lim_{\Delta T \to 0} \left(\frac{\Delta Q}{\Delta T} \right)_Y = \left(\frac{\delta Q}{dT} \right)_Y \tag{1.2.16}$$

$$C_X = \lim_{\Delta T \to 0} \left(\frac{\Delta Q}{\Delta T} \right)_X = \left(\frac{\delta Q}{dT} \right)_X \tag{1.2.17}$$

其中,X、Y 是系统的两个状态参量。

1.3 热力学第二定律

热力学第二定律是关于系统宏观过程进行方向的规律。本节简单讨论熵的概念与计算、热力学基本方程。在热力学第二定律的基础上可以得到熵增加原理、熵判据,本书将不作具体介绍,可参考其他书籍。

1.3.1 热力学第二定律的两种表述

热力学第二定律常用克劳修斯表述（Clausius statement）和开尔文表述（Kelvin statement）。

克劳修斯表述：热量不可能自发地从低温物体传递至高温物体，而不产生其他任何后果。

开尔文表述：在一循环过程中，不可能从单一热源吸收热量把它全部变成功，而不产生任何后果。开尔文表述还有一个简单且等价的说法，即第二类永动机是不可能造成的。

这两种表述是等效的。根据以上两种表述可以得到卡诺定理的证明（可参看普通物理教材），从卡诺定理引进绝对温度，导出克劳修斯不等式，在此基础上得到态函数——熵。

1.3.2 熵

熵是热力学系统的一个状态函数，给定系统的始态与末态，熵差相同，与过程无关。熵的增量 dS，等于系统在此过程中吸收的热量 δQ 与热源的绝对温度 T 的比值，即可逆过程中 $dS = \dfrac{\delta Q}{T}$，不可逆过程中 $dS > \dfrac{\delta Q}{T}$。说明系统从外界吸收的热量与过程相关。可逆过程与不可逆过程合并在一起表达为

$$dS \geqslant \frac{\delta Q}{T} \tag{1.3.1}$$

熵是广延量，具有可加性。对于非平衡态，将系统分为多个小块，在局域平衡近似下，规定系统的熵是各小块熵之和，这是对平衡态熵可加性的推广。其合理性可根据非平衡态统计物理得以论证。

1.3.3 热力学基本方程

将热力学第一定律与第二定律结合得到热力学基本方程

$$dU = T dS + \delta W \tag{1.3.2}$$

对于 pVT 系统，由于 $\delta W = -p dV$，则

$$dU = T dS - p dV \tag{1.3.3}$$

对于磁介质，热力学基本方程有如下形式：

$$dU = T dS + \mu_0 \mathcal{H} dM \tag{1.3.4}$$

一般来说，对于无耗损准静态过程，根据外界对系统所做的功符合式（1.2.9），因此热力学基本方程的一般形式为

$$dU = T dS + \sum_i Y_i dX_i \tag{1.3.5}$$

1.3.4 理想气体的熵

已知理想气体的状态方程为 $pV = nRT$，可以证明理想气体的内能只是温度的函数，即 $\left(\dfrac{\partial U}{\partial V}\right)_T = 0$（证明过程详见 1.5 节例题），所以

$$dU = \left(\frac{\partial U}{\partial T}\right)_V dT + \left(\frac{\partial U}{\partial V}\right)_T dV = \left(\frac{\partial U}{\partial T}\right)_V dT \qquad (1.3.6)$$

根据定容热容公式(1.2.13),将上式以及理想气体的状态方程代入式(1.3.3),得

$$dS = C_V \frac{dT}{T} + nR \frac{dV}{V} \qquad (1.3.7)$$

在通常温度范围内,C_V 可视为常数,积分式(1.3.7),得

$$S = C_V \ln T + nR \ln V + S_0 \qquad (1.3.8)$$

其中,S_0 为积分常数。式(1.3.8)就是以 T、V 为自变量的理想气体熵的表达式。

1.4   热力学函数与特性函数

1.4.1   热力学函数

在内能与熵的基础上引入其他热力学函数,可以更方便地处理一些问题。本节只写出这些热力学函数的定义表达,未深入讨论,读者可参考其他书籍或资料。根据 1.3 节内容,我们已知对于 pVT 系统,热力学基本方程为

$$dU = T dS - p dV$$

把内能看作是以熵 S 与体积 V 为自变量的函数,该方程是五个基本热力学量 U、S、T、p、V 在可逆过程中所满足的关系式。

首先引进以 S、p 为自变量的状态函数——焓,令

$$H = U + pV \qquad (1.4.1)$$

得到焓的微分式

$$dH = T dS + V dp \qquad (1.4.2)$$

引入焓对研究等压过程较为方便。

同样,分别引进自由能 F 和吉布斯函数 G:

$$F = U - TS \qquad (1.4.3)$$

$$G = H - TS \qquad (1.4.4)$$

则对应微分式

$$dF = -S dT - p dV \qquad (1.4.5)$$

$$dG = -S dT + V dp \qquad (1.4.6)$$

其中,U、H、F、G 都为态函数,表示不同条件下的能量。在实际情况中可根据不同的物理条件选择适当的热力学函数进行讨论。

知道系统的内能、熵及状态方程,则其他热力学函数可通过这些基本量求得,进而可了解系统的所有情况。故将系统的内能 U、熵 S 与状态方程称为基本热力学函数。状态方程可以通过实验来确定,那么在热力学中如何计算系统的内能与熵,将在 1.5 节详细讨论。

1.4.2   特性函数

如果适当选择独立变量,只要知道一个热力学函数,就可以通过求偏导数而求得均匀系统的全部热力学函数,从而完全确定均匀系统的平衡性质(马休于 1869 年已给出证明)。这

个热力学函数称为特性函数,表明它是表征均匀系统特性的。在应用上最重要的特性函数是自由能函数和吉布斯函数。系统的自由能 F 作为 T、V 的函数,可表示为 $F=F(T,V)$,全微分表达式为

$$dF = \left(\frac{\partial F}{\partial T}\right)_V dT + \left(\frac{\partial F}{\partial V}\right)_T dV$$

再考虑自由能的全微分表达式(1.4.5),可以得到

$$S = -\left(\frac{\partial F}{\partial T}\right)_V, \quad p = -\left(\frac{\partial F}{\partial V}\right)_T \tag{1.4.7}$$

而同时根据自由能的定义式(1.4.3),求出内能

$$U = F + TS = F(T,V) - T\left(\frac{\partial F}{\partial T}\right)_V \tag{1.4.8}$$

式(1.4.8)称为吉布斯-亥姆霍兹方程。

这样,三个基本热力学函数内能 U、熵 S 与状态方程便都通过自由能 $F(T,V)$ 求得,进而可了解整个系统的状态,$F(T,V)$ 称为特性函数。另外,内能 U 作为 S、V 的函数 $U(S,V)$,焓 H 作为 S、p 的函数 $H(S,p)$,吉布斯函数 G 作为 T、p 的函数 $G(T,p)$ 也都是特性函数。需要注意,特性函数与独立自变量的选择有关,例如 $F(T,p)$ 和 $G(T,V)$ 不是特性函数。

1.4.3　其他简单系统的情形

从 pVT 系统延伸至其他简单系统讨论,pVT 系统功的表示式为 $\delta W = -p dV$。对比磁介质 $\delta W = \mu_0 \mathcal{H} dM$,得到两系统状态参量的对应关系为:$p \rightarrow -\mu_0 \mathcal{H}, V \rightarrow M$。按同样的推导过程,可得磁介质系统的相应方程,例如磁介质系统的自由能及其微分形式:

$$F = U - TS$$
$$dF = -S dT + \mu_0 \mathcal{H} dM \tag{1.4.9}$$

1.5　麦克斯韦关系及其应用

本节以 pVT 系统为例介绍麦克斯韦关系,并讨论 TdS 方程和内能方程。首先,通过热力学函数 $F(T,V)$、$U(S,V)$、$H(S,p)$ 和 $G(T,p)$ 来推导麦克斯韦关系。

1.5.1　麦克斯韦关系

已知内能是熵和体积的函数 $U(S,V)$,其全微分为

$$dU = \left(\frac{\partial U}{\partial S}\right)_V dS + \left(\frac{\partial U}{\partial V}\right)_S dV$$

与 pVT 系统的热力学基本方程(1.3.3)比较,则有

$$T = \left(\frac{\partial U}{\partial S}\right)_V, \quad p = -\left(\frac{\partial U}{\partial V}\right)_S$$

分别对 T、p 求偏导,如考虑求偏导数的次序可以交换,即 $\frac{\partial^2 U}{\partial S \partial V} = \frac{\partial^2 U}{\partial V \partial S}$,得到

$$\left(\frac{\partial T}{\partial V}\right)_S = \frac{\partial^2 U}{\partial S \partial V}, \quad -\left(\frac{\partial p}{\partial S}\right)_V = \frac{\partial^2 U}{\partial S \partial V}$$

$$\left(\frac{\partial T}{\partial V}\right)_S = -\left(\frac{\partial p}{\partial S}\right)_V \tag{1.5.1}$$

同样,由焓 $H(S,p)$ 的全微分形式以及式(1.4.2)得到

$$\left(\frac{\partial T}{\partial p}\right)_S = \left(\frac{\partial V}{\partial S}\right)_p \tag{1.5.2}$$

由自由能 $F(T,V)$ 的全微分形式以及式(1.4.5)得到

$$\left(\frac{\partial S}{\partial V}\right)_T = \left(\frac{\partial p}{\partial T}\right)_V \tag{1.5.3}$$

由吉布斯函数 $G(T,p)$ 的全微分形式以及式(1.4.6)得到

$$\left(\frac{\partial S}{\partial p}\right)_T = -\left(\frac{\partial V}{\partial T}\right)_p \tag{1.5.4}$$

式(1.5.1)~式(1.5.4)这四个公式称为麦克斯韦关系,简称麦氏关系。麦克斯韦关系给出了热力学量的偏导数之间的关系,在热力学中应用广泛。其意义在于将可精确测量的物理量与不可直接测量的物理量联系起来,将不能直接测量的物理量用可测物理量表达出来。例如公式(1.5.3)右边是容易测量的物理量,左边的物理量不能直接测,利用麦克斯韦关系,可由 $\left(\frac{\partial p}{\partial T}\right)_V$ 得到 $\left(\frac{\partial S}{\partial V}\right)_T$。

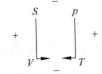

图 1.5.1 麦克斯韦关系式记忆方法

分析麦克斯韦关系式,只包含 S、p、V、T 四个状态函数,将这四个函数严格按图 1.5.1 的顺序排成两行两列,可设计一个帮助记忆的方法,记忆规则如下:

(1) 任取一个函数出发作为等式左侧的分子,若选择同列(同行)的一个函数作为等式左侧的分母,则同行(同列)的另一个函数便是等式右侧的分子。分子对角关系的函数就是该偏微商的下标,如图 1.5.1 中箭头所示。例如以熵 S 开始,对体积 V 偏微分,T 就是该偏微商的下标 $\left(\frac{\partial S}{\partial V}\right)_T$,等式右边便是 p 对 T 偏导,V 为其下标 $\left(\frac{\partial p}{\partial T}\right)_V$。

(2) 关系式中符号的确定。分子分母同列为正,同行为负。例如以熵 S 开始,对体积 p 偏微分,T 就是该偏微商的下标 $\left(\frac{\partial S}{\partial p}\right)_T$,等式右边则带有负号,即 $-\left(\frac{\partial V}{\partial T}\right)_p$。

1.5.2 麦克斯韦关系的应用举例

1. $T\mathrm{d}S$ 方程

对于 pVT 系统,熵是以 T、V 为自变量的函数,可写为 $S=S(T,V)$,于是有

$$\mathrm{d}S = \left(\frac{\partial S}{\partial T}\right)_V \mathrm{d}T + \left(\frac{\partial S}{\partial V}\right)_T \mathrm{d}V$$

$$T\mathrm{d}S = T\left(\frac{\partial S}{\partial T}\right)_V \mathrm{d}T + T\left(\frac{\partial S}{\partial V}\right)_T \mathrm{d}V$$

而 $\delta Q = T\mathrm{d}S$,那么

$$T\left(\frac{\partial S}{\partial T}\right)_V = \left(\frac{\delta Q}{\mathrm{d}T}\right)_V = C_V \tag{1.5.5}$$

利用麦克斯韦关系式(1.5.3),得

$$T\mathrm{d}S = C_V \mathrm{d}T + T\left(\frac{\partial p}{\partial T}\right)_V \mathrm{d}V \tag{1.5.6}$$

这是以 T、V 为独立变量的 $T\mathrm{d}S$ 方程。

若以 T、P 为独立变量，$T\mathrm{d}S$ 方程则为

$$T\mathrm{d}S = C_p \mathrm{d}T - T\left(\frac{\partial V}{\partial T}\right)_p \mathrm{d}p \tag{1.5.7}$$

其中，

$$C_p = T\left(\frac{\partial S}{\partial T}\right)_p = \left(\frac{\partial H}{\mathrm{d}T}\right)_p \tag{1.5.8}$$

$T\mathrm{d}S$ 方程的作用在于当系统的状态方程及热容 C_p 或 C_V 已知时，可进行熵的计算。

例 1.3 求范德瓦尔斯气体的熵的表达式。

解 选择以 T、V 为独立变量的 $T\mathrm{d}S$ 方程

$$T\mathrm{d}S = C_V \mathrm{d}T + T\left(\frac{\partial p}{\partial T}\right)_V \mathrm{d}V$$

考虑范德瓦尔斯气体的状态方程

$$\left(p + \frac{a}{V_{\mathrm{mol}}^2}\right)(V_{\mathrm{mol}} - b) = RT$$

得到

$$\left(\frac{\partial p}{\partial T}\right)_V = \frac{R}{V_{\mathrm{mol}} - b}$$

代入 $T\mathrm{d}S$ 方程，则

$$\mathrm{d}S = C_V \frac{\mathrm{d}T}{T} + \frac{R}{V_{\mathrm{mol}} - b}\mathrm{d}V_{\mathrm{mol}}$$

对上式积分，求出

$$S = \int C_V \frac{\mathrm{d}T}{T} + R\ln(V_{\mathrm{mol}} - b) + S_0$$

2. 内能方程

将热力学基本方程(1.3.3)代入以 T、V 为变量的 $T\mathrm{d}S$ 方程(1.5.6)，得到以 T、V 为变量的内能方程：

$$\mathrm{d}U = C_V \mathrm{d}T + \left[T\left(\frac{\partial p}{\partial T}\right)_V - p\right]\mathrm{d}V \tag{1.5.9}$$

式(1.5.9)说明，如果已知系统的状态方程及定容热容 C_V，则可求得系统的内能。

从 $T\mathrm{d}S$ 方程和内能方程可以看出，如果已知 C_V、C_p 及状态方程，可求得系统的熵和内能，进而求得所有的基本热力学函数，这样就得到了热力学系统的全部平衡态性质。

例 1.4 证明理想气体的内能只与温度有关。

解 对于理想气体而言，以 T、V 为独立变量的内能方程如下：

$$\mathrm{d}U = C_V \mathrm{d}T + \left[T\left(\frac{\partial p}{\partial T}\right)_V - p\right]\mathrm{d}V$$

因为有

$$\mathrm{d}U = \left(\frac{\partial U}{\partial T}\right)_V \mathrm{d}T + \left(\frac{\partial U}{\partial V}\right)_T \mathrm{d}V$$

则

$$\left(\frac{\partial U}{\partial V}\right)_T = T\left(\frac{\partial p}{\partial T}\right)_V - p, \quad \left(\frac{\partial U}{\partial T}\right)_V = C_V \tag{1}$$

根据理想气体状态方程 $pV = nRT$，则

$$\left(\frac{\partial p}{\partial T}\right)_V = \frac{p}{T} \tag{2}$$

将式(2)代入式(1)，得到

$$\left(\frac{\partial U}{\partial V}\right)_T = 0$$

这说明理想气体的 U 只是温度 T 的函数，与体积 V 无关。

内能可写成 $U = U(T)$，由

$$C_V = \left(\frac{\partial U}{\partial T}\right)_V = \frac{\mathrm{d}U}{\mathrm{d}T}$$

积分得

$$U = \int C_V \mathrm{d}T + U_0$$

3. 定容热容 C_V 和定压热容 C_p 的关系

从 $T\mathrm{d}S$ 方程(1.5.5)与式(1.5.8)可得

$$C_p - C_V = T\left[\left(\frac{\partial S}{\partial T}\right)_p - \left(\frac{\partial S}{\partial T}\right)_V\right] \tag{1.5.10}$$

考虑熵为 T、p 的函数，即 $S = S(T, p)$，又因为 p，V，T 可以通过状态方程联系起来。熵又可以表示为复合函数 $S = S[T, V(T, p)]$，得到

$$\left(\frac{\partial S}{\partial T}\right)_p = \left(\frac{\partial S}{\partial T}\right)_V + \left(\frac{\partial S}{\partial V}\right)_T\left(\frac{\partial V}{\partial T}\right)_p$$

$$C_p - C_V = T\left(\frac{\partial S}{\partial V}\right)_T\left(\frac{\partial V}{\partial T}\right)_p$$

利用麦克斯韦关系式(1.5.3)，最后可得

$$C_p - C_V = T\left(\frac{\partial P}{\partial T}\right)_V\left(\frac{\partial V}{\partial T}\right)_p \tag{1.5.11}$$

另外利用热膨胀系数 α 和等温压缩系数 κ 的定义式，式(1.5.11)可改写为

$$C_p - C_V = -T\left(\frac{\partial V}{\partial T}\right)_p^2\left(\frac{\partial p}{\partial V}\right)_T = TV\alpha^2/\kappa \tag{1.5.12}$$

此结果对于任意简单系统均适用，其意义在于系统的定容热容 C_V 和定压热容 C_p 往往不易同时通过实验精确测量，则可用容易测量的热容与膨胀系数 α 以及压缩系数 κ 相结合来计算出不易测量的热容。特别对理想气体，式(1.5.12)可化简为 $C_p - C_V = nR$。

1.6   磁介质的热力学性质

1.4 节与 1.5 节中都是以 pVT 系统为例讨论热力学函数和麦克斯韦关系式，本节以磁介质为例，应用 1.4 节与 1.5 节的方法讨论其热力学性质。

磁介质处于外磁场中,出现磁化现象,即内部分子磁矩会转向外磁场方向,出现宏观磁矩。单位体积磁介质内的总磁矩定义为磁化强度。假设磁介质体积为 V,放置在磁场强度为 $\mathcal{H}$ 的磁场中,磁化是均匀的且磁化过程中介质体积变化可忽略,此时磁介质可视为简单系统,状态参量为磁场强度 $\mathcal{H}$ 和总磁矩 M,状态方程为

$$f(\mathcal{H}, M, T) = 0 \tag{1.6.1}$$

1.6.1 简单磁介质系统的热力学性质

在 1.2 节中介绍了磁介质在磁场强度和磁化强度发生改变时外界所做的功

$$\delta W' = V \mathrm{d}\left(\frac{\mu_0 \mathcal{H}^2}{2}\right) + \mu_0 \mathcal{H} \mathrm{d}M$$

当热力学只包括介质不包括磁场时,外界对系统所做之磁化功为

$$\delta W = \mu_0 \mathcal{H} \mathrm{d}M \tag{1.6.2}$$

如果忽略磁介质的体积变化,代入热力学第一定律,得到磁介质系统的热力学基本方程:

$$\mathrm{d}U = T\mathrm{d}S + \mu_0 \mathcal{H} \mathrm{d}M \tag{1.6.3}$$

由自由能 $F = U - TS$,得到

$$
\begin{aligned}
\mathrm{d}F &= \mathrm{d}U - S\mathrm{d}T - T\mathrm{d}S \\
&= T\mathrm{d}S + \mu_0 \mathcal{H} \mathrm{d}M - S\mathrm{d}T - T\mathrm{d}S \\
&= -S\mathrm{d}T + \mu_0 \mathcal{H} \mathrm{d}M
\end{aligned}
\tag{1.6.4}
$$

式(1.6.4)与式(1.4.9)一致,这说明之前的代换方法(1.4 节)是有效的。从热力学基本方程出发通过数学推演而得到的关于简单系统的一般热力学关系,作一些代换后同样适用于磁介质。根据功的表达式作以下代换:$p \to -\mu_0 \mathcal{H}$,$V \to M$,可以把前面 pVT 系统的所有结论代到磁介质系统中。例如磁介质系统的麦克斯韦关系:

$$\left(\frac{\partial S}{\partial M}\right)_T = -\mu_0 \left(\frac{\partial \mathcal{H}}{\partial T}\right)_M, \quad \left(\frac{\partial M}{\partial T}\right)_{\mathcal{H}} = \frac{1}{\mu_0}\left(\frac{\partial S}{\partial \mathcal{H}}\right)_T \tag{1.6.5}$$

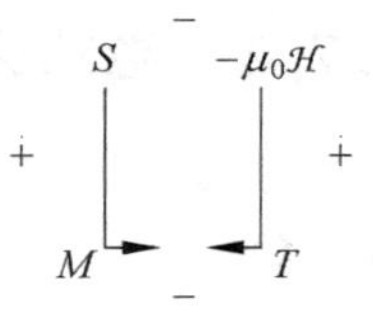

其记忆方法如图 1.6.1 所示,规则同图 1.5.1 中所述一致。

同样得到以 T、$\mathcal{H}$ 为独立变量的 $T\mathrm{d}S$ 方程:

图 1.6.1 磁介质的麦克斯韦
关系记忆方法

$$T\mathrm{d}S = C_{\mathcal{H}}\mathrm{d}T + \mu_0 T\left(\frac{\partial M}{\partial T}\right)_{\mathcal{H}} \mathrm{d}\mathcal{H} \tag{1.6.6}$$

以 T、M 为独立变量的内能方程:

$$\mathrm{d}U = C_M \mathrm{d}T - \mu_0 \left[T\left(\frac{\partial \mathcal{H}}{\partial T}\right)_M - \mathcal{H}\right]\mathrm{d}M \tag{1.6.7}$$

式中,C_M 称为磁矩不变时磁介质的热容,$C_{\mathcal{H}}$ 称为磁场强度不变时磁介质的热容。

$$C_M = \left(\frac{\delta Q}{\mathrm{d}T}\right)_M = T\left(\frac{\partial S}{\partial T}\right)_M, \quad C_{\mathcal{H}} = \left(\frac{\delta Q}{\mathrm{d}T}\right)_{\mathcal{H}} = T\left(\frac{\partial S}{\partial T}\right)_{\mathcal{H}} \tag{1.6.8}$$

1.6.2 复杂磁介质系统

在一些情况中,磁介质的体积变化不可忽略,此时状态方程为

$$f_1(p, V, T) = 0, \quad f_2(\mathcal{H}, M, T) = 0$$

此系统是具有三个独立变量的复杂系统,在无耗损准静态过程中,外界对系统做功的一般表

达式为式(1.2.8),代入热力学基本方程(1.3.2),得

$$dU = TdS - pdV + \mu_0 \mathcal{H}dM \tag{1.6.9}$$

根据 1.4 节与 1.5 节中的方法,同样可以得到复杂磁介质系统一系列热力学性质及其方程式,本书未详细展开,请读者自行思考。

1.7　热力学第三定律

1.7.1　热力学第三定律的表述

热力学第三定律是通过研究低温现象而得到的一个普遍定律,其内容为:

不能用有限的手续使系统的温度达到绝对零度。

另一种文字表述是:系统的熵在等温过程中的改变随绝对温度趋于零而趋于零。该表述也称为能斯特(Nernst)定理。这是能斯特在低温化学反应的大量实验资料中总结出来的。

热力学第三定律的数学表述为

$$\lim_{T \to 0}(\Delta S)_T = 0 \tag{1.7.1}$$

建立在大量实验基础上的热力学第三定律解答了是否可以使温度降到绝对零度这一问题。为了更好地理解热力学第三定律,先了解绝热去磁降温。已知利用气体液化可获得低温,如利用液氦可获得 1 K 左右的温度,而利用顺磁物质的绝热去磁现象可得到比气体液化更低的温度。

1.7.2　绝热去磁降温

在 1.6 节介绍了简单磁介质系统以 T 和 $\mathcal{H}$ 为独立变量的 TdS 方程(式(1.6.6)),由这个方程可得

$$dT = \frac{1}{C_{\mathcal{H}}}TdS - \frac{\mu_0}{C_{\mathcal{H}}}T\left(\frac{\partial M}{\partial T}\right)_{\mathcal{H}}d\mathcal{H} \tag{1.7.2}$$

对于顺磁物质,磁场不变时总磁矩 M 随温度升高而减少,即

$$\left(\frac{\partial M}{\partial T}\right)_{\mathcal{H}} < 0 \tag{1.7.3}$$

而可逆绝热条件下去磁过程中有 $TdS = \delta Q = 0$,$d\mathcal{H} < 0$,代入 TdS 方程(1.7.2),有

$$dT = -\frac{\mu_0}{C_{\mathcal{H}}}T\left(\frac{\partial M}{\partial T}\right)_{\mathcal{H}}d\mathcal{H} < 0 \tag{1.7.4}$$

这说明在绝热条件下,减弱磁场 $\mathcal{H}$,可以使顺磁物质的温度降低。

顺磁物质的一次绝热去磁使温度降低的程度有限,需多次降温才可能获得极低的温度。故将绝热去磁与等温磁化交替进行。多次降温过程的特点是,温度 T 越小,降温幅度越小,而接近 0 K 时,几乎很难再通过上述方法降温。这也是大量实验基础上总结出的热力学第三定律的内容。

1.7.3　绝对熵

热力学第二定律引进熵这个函数后,要确定它的数值需要借助热容以及状态方程的实验数据。现在有了热力学第三定律,只需要热容这一项实验数据就可以完全确定熵函数。

根据能斯特定理,系统在 0 K 时,熵是固定值,与状态参量无关,对一切物质都相同。普朗克建议绝对零度时的熵选为 0,即 $S(0,\mathcal{H})=S(0,0)=0$。这样熵的表达式中可以不含有任意常数,此时的熵称为绝对熵。磁介质的绝对熵表达式为

$$S(T,\mathcal{H})=\int_0^T \frac{C_{\mathcal{H}}}{T}\mathrm{d}T \tag{1.7.5}$$

pVT 系统的绝对熵为

$$S(T,p)=\int_0^T \frac{C_p}{T}\mathrm{d}T \tag{1.7.6}$$

1.8　开放系统的热力学基本方程及化学势

之前讨论的是闭合系统,与外界只有能量交换没有物质交换。实际上很多系统是与外界既有能量交换又有物质交换的开放系统。开放系统不但有热量传递,而且有粒子数的改变。本节介绍开放系统的热力学基本方程以及化学势的概念。

1.8.1　开放系统的热力学基本方程

在 pVT 闭合系统中,以 T、p 为独立变量的特性函数 $G(T,p)$,其全微分形式为式(1.4.6)。如果是开放系统,除了 T、p 的影响,当摩尔数 n 变化时也会引起 G 的变化,微分形式应改为

$$\mathrm{d}G=-S\mathrm{d}T+V\mathrm{d}p+\mu'\mathrm{d}n \tag{1.8.1}$$

式中,μ' 称为化学势,表示单元的开放系统在温度和压强不变时增加 1 mol 物质引起的吉布斯函数的变化量。由于 $G=U+pV-TS$,代入式(1.8.1)求得内能的微分形式为

$$\mathrm{d}U=T\mathrm{d}S-p\mathrm{d}V+\mu'\mathrm{d}n \tag{1.8.2}$$

这就是开放 pVT 系统的热力学基本方程。对于闭合系统,$\mathrm{d}n=0$,回到原来闭合系统的结果。

1.8.2　化学势

由式(1.8.1)可以得到在 T、p 不变的情况下,增加 1 mol 物质引起吉布斯函数 G 的改变

$$\mu'=\left(\frac{\partial G}{\partial n}\right)_{T,p} \tag{1.8.3}$$

而由式(1.8.2)得

$$\mu'=\left(\frac{\partial U}{\partial n}\right)_{V,S} \tag{1.8.4}$$

表示在 S、V 不变的情况下,增加 1 mol 物质引起内能 U 的改变。

在统计物理中,往往要考虑粒子数 N,这时用系统的粒子数 N 代替摩尔数 n,则有

$$dG = -SdT + Vdp + \mu dN \qquad (1.8.5)$$

$$dU = TdS - pdV + \mu dN \qquad (1.8.6)$$

这时化学势称为粒子化学势 μ，通常简称为化学势。由式(1.8.6)得到

$$\mu = \left(\frac{\partial U}{\partial N}\right)_{v,s} \qquad (1.8.7)$$

此式表明，化学势 μ 等于系统在保持熵和体积不变的条件下，增加一个粒子时其内能的增加。

1.8.3　相平衡

在本章开始介绍了"元"与"相"的概念。一个系统中存在几个不同的相，但化学组分是相同的，我们称之为单元复相系，例如水-水蒸气组成的系统存在液相与气相。不同相之间的相互转变称为相变。相变受到粒子之间相互作用以及热运动的影响。

在一个孤立的复合系统中，平衡态是熵取极大值的态。温度相等时达到热平衡，压强相等时达到力学平衡，因此在不同的相之间还要考虑化学势的平衡。对于两个系统 α、β 如图 1.8.1 所示，达到平衡后，应该有

$$T_a = T_\beta\text{（热平衡条件）}$$
$$p_a = p_\beta\text{（力平衡条件）}$$
$$\mu_a = \mu_\beta\text{（相平衡条件）}$$

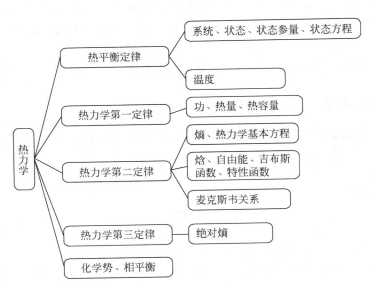

图 1.8.1　两相平衡

这就是单元复相系达到平衡所要满足的平衡条件。如果两相的温度、压强相等，但是化学势不相等，这时两相没有达到平衡，系统将朝着熵增加的方向变化。也就是说，化学势不相等时，两相之间有物质转移，由化学势高的相转移到化学势低的相。化学势相等是相平衡的条件。

本章思维导图

思考题

1-1　什么是热力学系统？如考虑与外界的关系，系统可分为哪三类？

1-2　什么是基本热力学函数？

1-3　热力学量可分为广延量和强度量，试各举 3 个例子说明。

1-4　列出面积功、磁化功的表达式。

1-5　写出麦克斯韦关系的 4 个常用公式。

1-6　简述热力学的基本定律。

1-7　简述内能、热量、温度的概念与联系。

1-8　气体的平衡状态有何特征？

1-9　为何引入麦克斯韦关系？

1-10　简述获得低温的方法。

习题

1-1　简单固体和液体的膨胀系数 α 和压缩系数 κ 数值都很小，在一定温度范围内可以把 α 和 κ 看作常量。试证明简单固体和液体的状态方程可近似写成

$$V(T,p)=V(T_0,p_0)[1+\alpha(T-T_0)-\kappa(p-p_0)]$$

式中，T_0 和 p_0 为待定常数。

1-2　已知气体的状态方程为 $p(V-b)=RT$，其中 b 为常数，求气体的膨胀系数 α 和压缩系数 κ。

1-3　试由 $\mathrm{d}U=T\mathrm{d}S-p\mathrm{d}V$ 推导出麦克斯韦关系式：$\left(\dfrac{\partial T}{\partial V}\right)_s=-\left(\dfrac{\partial p}{\partial S}\right)_V$。

1-4　根据开放系统中的 $\mathrm{d}U=T\mathrm{d}S-p\mathrm{d}V+\mu\mathrm{d}N$，证明粒子化学势可表示为 $\mu=\left(\dfrac{\partial U}{\partial N}\right)_{v,s}$。

1-5　经测量，对某种气体有 $\alpha=\dfrac{1}{V}\left(\dfrac{R}{p}+\dfrac{a}{T^2}\right),\kappa=\dfrac{1}{V}Tf(p)$，其中 a 为常数，$f(p)$ 只是 p 的函数，求该气体的状态方程。

1-6　在 25℃ 时，压力在 $10^5\sim10^8$ Pa 之间，测得水的实验数据为 $\left(\dfrac{\partial V}{\partial T}\right)_p=a+bp$，其中 a、b 均为常数。若在 25℃ 下将水等温加压，从 10^5 Pa 加压至 10^7 Pa，求此过程中水的熵变和从外界吸收的热量。

1-7　对于单元开放系统，试证明：(1) $\left(\dfrac{\partial \mu}{\partial T}\right)_{V,n}=-\left(\dfrac{\partial S}{\partial n}\right)_{T,V}$；(2) $\left(\dfrac{\partial S}{\partial T}\right)_{T,n}=\left(\dfrac{\partial p}{\partial T}\right)_{n,V}$。

第2章

近独立粒子的最概然分布

统计物理是从物质的微观结构和微观运动来阐述物质的宏观热性质,其理论基础是玻尔兹曼提出的等概率基本假设:处于平衡态的孤立系统,各微观状态出现的概率相等。统计物理理论从内容上可以分为平衡态统计物理、非平衡态统计物理以及涨落理论。本书侧重讲解平衡态统计物理的内容,但其中的系综理论未涉及,有兴趣的读者可阅读相关参考资料。本章开始先介绍统计物理的基本原理,以及玻尔兹曼分布、玻色分布及费米分布。我们已经知道宏观系统是由大量微观粒子组成的,统计物理基于这个事实,认为系统的宏观性质是大量微观粒子运动的集体表现,研究大量粒子组成的系统在一定条件下服从的统计规律,也就是说宏观物理量是相应微观物理量的统计平均值,从而将微观运动与宏观性质联系起来。系统的微观态与粒子的运动状态有关,所以本章从讨论粒子运动状态开始。从根本上说微观粒子遵从量子力学的运动规律,对粒子运动状态的描述称为量子描述;在一定条件下粒子的运动规律可近似应用经典力学理论描述,此时对粒子运动状态的描述称为经典描述。下面首先介绍粒子运动状态的经典描述。

2.1 粒子运动状态的经典描述

2.1.1 相空间(μ 空间)

热量是热运动产生的,微观时不存在此概念,即单个的微观粒子不存在内能。粒子的能量包含势能与动能。势能与广义坐标有关,广义坐标用 q 表示。动能与广义动量有关,广义动量用 p 表示。运用经典力学,可通过粒子的坐标和动量来描述粒子的运动状态,粒子的能量是其广义坐标与广义动量的函数,可写成

$$E = E(q_1, q_2, \cdots, q_r; p_1, p_2, \cdots, p_r) \qquad (2.1.1)$$

其中,r 表示粒子的自由度,由 r 个量才能确定粒子的位置,另外 r 个量则可以确定粒子在该方向上的动量。例如:粒子的自由度 $r=3$,转子、双原子分子的自由度 $r=6$。

当有外场影响时,能量还可以是外场的函数,如磁场强度 $\mathcal{H}$ 等。为了形象地描述粒子的运动状态,可以用 r 个广义坐标为横轴,r 个广义动量为纵轴所构成的 $2r$ 维正交坐标系来描述粒子的状态(高维坐标系)。对于一维粒子,可以用二维(直角)坐标系中的一个点来描

述(包括位置坐标 q 和动量 p),r 维粒子用 $2r$ 维坐标系中的一个点来描述该粒子的运动状态。

对于 $E=E(q_1,q_2,\cdots,q_r;p_1,p_2,\cdots,p_r)$,$2r$ 维正交坐标系的任一个点称为粒子运动状态的代表点,代表了粒子在某时刻的运动状态。

$2r$ 维坐标系构成的空间,称为 μ 空间,也叫相空间,可以描述粒子运动状态的空间。相即相貌,指(粒子的运动)状态。粒子状态改变,其代表点相应地在相空间(μ 空间)移动描出一条线,构成相轨道。通常,粒子不管如何运动,其代表点在 μ 空间的轨道占有一定的体积,称为相体积。相空间是人为想象出来的,相空间中的一个代表点是一个粒子的微观运动状态而不是一个粒子。

以下通过举例来熟悉上述相空间(μ 空间)、相轨道和相体积的概念。

2.1.2　自由粒子在相空间的运动状态

1. 一维自由粒子

当不存在外场时,理想气体分子或者近似自由电子可近似地看作自由粒子。自由粒子不受力的作用可以自由运动。自由粒子的能量就是它的动能。首先介绍如何在相空间(μ 空间)中描述一维自由粒子的运动状态。

用 x 和 p_x 分别表示粒子的坐标和动量,以 x-p_x 为直角坐标构成二维的相空间。一个自由粒子在长度为 L 的一维箱内自由运动,如图 2.1.1 所示,则粒子的坐标 x 可取 0 到 L 区间中的任意数值。相空间中的一点 (x,p_x) 表示粒子的一个运动状态。当自由粒子以一定能量 $E=\varepsilon$(自由粒子的能量是恒定的,ε 为能量常数)在一维箱内运动时,粒子运动状态代表点在相空间的轨道是平行于 x 轴的两条直线,$p_x=\pm\sqrt{2m\varepsilon}=\pm p$,如图 2.1.1 所示。

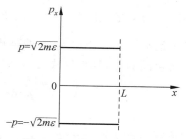

图 2.1.1　能量为 ε 的自由粒子的相轨道

遵守经典力学规律的自由粒子,其能量可以取任何 $\varepsilon\geqslant0$ 的值,则动量 p_x 原则上可以取在 $-\infty\sim+\infty$ 之间的任意值。不同能量的自由粒子在相空间中占据不同的轨道,对应于 p_x 取不同值的直线。如果限制能量不超过上限 ε,即 $0\leqslant E\leqslant\varepsilon$,则粒子运动代表点在相空间占据一定的相体积,用 $\tau(\varepsilon)$ 表示相体积,那么有相体积元 $\mathrm{d}\tau(\varepsilon)=\mathrm{d}x\mathrm{d}p_x$。在 x 和 p_x 范围积分,可得

$$\tau(\varepsilon)=\iint\limits_{0\leqslant E\leqslant\varepsilon}\mathrm{d}x\mathrm{d}p_x=\int_0^L\mathrm{d}x\int_{0\leqslant E\leqslant\varepsilon}\mathrm{d}p_x$$

$$=\int_0^L\mathrm{d}x\int_{-p}^p\mathrm{d}p_x=2Lp=2L(2m\varepsilon)^{\frac{1}{2}} \tag{2.1.2}$$

式(2.1.2)表示当一维自由粒子能量 $0\leqslant E\leqslant\varepsilon$ 时,其运动轨道在相空间内所占据的体积。

例 2.1　如果一维自由粒子能量 $\varepsilon\leqslant E\leqslant\varepsilon+\mathrm{d}\varepsilon$,那么其相体积是多大?

解法一　因为 $p_x=\sqrt{2m\varepsilon}\Rightarrow\mathrm{d}p_x=\dfrac{1}{2}(2m\varepsilon)^{-1/2}2m\mathrm{d}\varepsilon$,所以

$$\mathrm{d}\tau(\varepsilon)=\mathrm{d}x\frac{1}{2}(2m)^{1/2}\varepsilon^{-1/2}\mathrm{d}\varepsilon$$

又因为在 $0 \leqslant x \leqslant L$ 的箱内(限定 x 的范围),则

$$d\tau(\varepsilon) = \int_0^L dx \, \frac{1}{2}(2m)^{1/2}\varepsilon^{-1/2}d\varepsilon$$

$$= \frac{1}{2}L(2m)^{1/2}\varepsilon^{-1/2}d\varepsilon$$

再考虑对称的 $-p$ 也有相同的体积,则 $d\tau(\varepsilon) = L(2m)^{1/2}\varepsilon^{-1/2}d\varepsilon$。

解法二 因为 $\tau(\varepsilon) = 2L(2m\varepsilon)^{1/2}$,两边取微分,则有 $d\tau(\varepsilon) = L(2m)^{1/2}\varepsilon^{-1/2}d\varepsilon$。

2. 三维自由粒子

下面看看三维箱中的自由粒子。在一个边长为 L 的立方箱中,有一个能量 $E \leqslant \varepsilon$ 的自由粒子。其相空间是六维的,可以看成是三个二维的子空间,在子空间的情形与一维自由粒子相似。则粒子运动代表点在相空间占据的相体积为

$$\tau(\varepsilon) = \int dx \, dy \, dz \, dp_x \, dp_y \, dp_z$$

$$= \int_L dx \, dy \, dz \int_{E \leqslant \varepsilon} dp_x \, dp_y \, dp_z$$

$$= V \int_{E \leqslant \varepsilon} dp_x \, dp_y \, dp_z \qquad (2.1.3)$$

其中,$V = \int_L dx \, dy \, dz = L^3$。

如果在相空间内分解,无法画出六维空间图,可考虑分成坐标空间与动量空间两部分。而 $E = \frac{1}{2m}(p_x^2 + p_y^2 + p_z^2) = \frac{1}{2m}p^2$,粒子运动限制在半径为 p 的球内部,如图 2.1.2 所示。这个球面所包围的体积给出(式(2.1.3))对动量的积分:

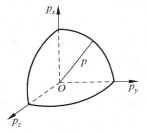

图 2.1.2 三维自由粒子
的动量空间

$$\int_{0 \leqslant E \leqslant \varepsilon} dp_x \, dp_y \, dp_z = \frac{4\pi}{3}p^3$$

则可算出 $\tau(p) = \frac{4\pi V}{3}p^3$。习惯上以 ε 为自变量表示相体积,于是有(因为 $p = \sqrt{2m\varepsilon}$)

$$\tau(\varepsilon) = \frac{4\pi V}{3}(2m\varepsilon)^{3/2}$$

对上式进行微分,求出自由粒子在能量 $\varepsilon \sim \varepsilon + d\varepsilon$ 时的相体积为

$$d\tau(\varepsilon) = \frac{4\pi V}{3}\frac{3}{2}(2m\varepsilon)^{1/2}2m \, d\varepsilon = 2\pi V(2m)^{3/2}\varepsilon^{1/2}d\varepsilon \qquad (2.1.4)$$

通常也简单称为自由粒子在能量 $d\varepsilon$ 内的相体积。

2.1.3 线性谐振子在相空间的运动状态

研究线性谐振子的运动具有普遍意义。无论是机械振动还是分子内原子的振动以及晶体中原子或离子的微小振动都可以作为线性谐振子问题来处理。下面以线性谐振子为例介绍如何在相空间中描述粒子的运动状态。经典力学中,将质量 m,在恢复力 $f = -kx$ 作用下在平衡点附近作简谐振动的粒子称为线性谐振子。振动的角频率 $\omega = \sqrt{k/m}$ 取决于弹性

系数 k 与质量 m。一维线性谐振子的运动状态由离开平衡点的位移 x 与动量 p 确定,它的能量是势能(与坐标有关的部分)与动能(与动量有关的部分)之和:

$$\varepsilon = \frac{1}{2}kx^2 + \frac{1}{2m}p^2 = \frac{1}{2}m\omega^2 x^2 + \frac{1}{2m}p^2 \tag{2.1.5}$$

以位移 x 与动量 p 为直角坐标构成一个二维相空间。振子任一时刻的运动状态由相空间的一个点表示。当运动状态随时间而变化时,其代表点在相空间描画出一条相轨道。在经典物理中,当能量 ε 固定时,角频率和质量均为常量,所以运动代表点的相轨道为椭圆,图 2.1.3 所示的两个椭圆分别对应着谐振子不同能量的相轨道。

将式(2.1.5)变形为标准形式的椭圆方程:

$$\frac{x^2}{\frac{2\varepsilon}{m\omega^2}} + \frac{p^2}{2m\varepsilon} = 1 \tag{2.1.6}$$

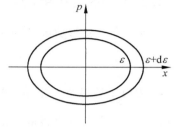

图 2.1.3 线性谐振子的相轨道

椭圆的半长轴为 $a = \sqrt{2\varepsilon/m\omega^2}$,半短轴为 $b = \sqrt{2m\varepsilon}$,椭圆的面积则表示在 $0 \leqslant E \leqslant \varepsilon$ 范围内,振子运动代表点在相空间占据的相体积为

$$\tau(\varepsilon) = \pi ab = \frac{2\pi}{\omega}\varepsilon \tag{2.1.7}$$

能量在 $\varepsilon \sim \varepsilon + \mathrm{d}\varepsilon$ 的相体积元为

$$\mathrm{d}\tau(\varepsilon) = \frac{2\pi}{\omega}\mathrm{d}\varepsilon \tag{2.1.8}$$

2.2 粒子运动状态的量子描述

微观粒子具有波粒二象性,满足德布罗意关系式。波粒二象性使得微观粒子不可能同时具有确定的坐标和动量,即满足不确定关系。不确定关系说明微观粒子的运动不是轨道运动(经典力学中用轨道来描述)。在量子力学中,粒子的能量是不连续的,为了与经典力学状态相区别,将微观粒子的运动状态称为量子态,用波函数描述。量子态由一组量子数来表征,这组量子数与一组力学量相对应,其数目等于粒子的自由度数。接下来通过几个常见的例子说明单粒子运动状态的量子描述。

2.2.1 线性谐振子

根据量子力学,角频率为 ω 的线性谐振子能量为

$$\varepsilon = \hbar\omega\left(n + \frac{1}{2}\right), \quad n = 0, 1, 2, \cdots \tag{2.2.1}$$

其中 n 表征线性谐振子运动状态的量子数,可取整数或者半整数(此处只取整数);$\hbar$ 为普朗克常量,且有 $\hbar = 1.055 \times 10^{-34}$ J·s。另一个常用的普朗克常量为 $h = 2\pi\hbar = 6.626 \times 10^{-34}$ J·s。式(2.2.1)的推导详见 6.7 节。

从式(2.2.1)给出的能量值是分立的,分立的能量称为能级,一个能级对应一个量子态,

能级为非简并的。线性谐振子的能级是等间距的,相邻两能级的能量差为$\hbar\omega$,其大小取决于振子角频率ω。另外,谐振子的基态能量$\varepsilon_0 = \frac{1}{2}\hbar\omega \neq 0$。双原子气体分子的相对振动、固体晶格的振动等问题都可简化为简谐振动来处理。最简单的情形是一维线性谐振子。

2.2.2　外磁场中的电子自旋

电子具有自旋角动量$\boldsymbol{S}$与自旋磁矩$\boldsymbol{M}_s$,两者满足以下关系式:

$$\boldsymbol{M}_s = -\frac{e}{m_e}\boldsymbol{S}$$

式中,e为电子的电量大小,m_e为电子质量。如果加上沿z方向的外磁场,则电子的自旋角动量在外磁场方向的投影量子化取值为$S_z = \pm\frac{1}{2}\hbar$(只有两个取值)。相应地,自旋磁矩在同样方向上的投影取值为

$$M_{sz} = -\frac{e}{m_e}S_z = \mp\frac{e\hbar}{2m_e}$$

如果有磁感应强度$\boldsymbol{B}$的外磁场,则电子在外磁场中的势能为

$$\varepsilon = -\boldsymbol{M}_s \cdot \boldsymbol{B} = \pm\frac{e\hbar}{2m_e}B \tag{2.2.2}$$

可见,电子自旋状态只需要一个自旋量子数来描述,且在外磁场方向的投影只能取两个分立的值$\pm 1/2$,即有两个不同的量子态。在无外磁场时,电子的两个自旋态具有相同的能量,即能级简并,简并度为2。

2.2.3　转子

转子的能量为

$$\varepsilon = \frac{L^2}{2I}$$

式中,I为转子的转动惯量,L为转子的动量矩,在量子力学中只能取分立值,即

$$L = \sqrt{l(l+1)}\,\hbar, \quad l = 0,1,2,\cdots \tag{2.2.3}$$

l称为角量子数,是描述转子量子态的量子数之一,表征角动量的大小。另一个量子数是磁量子数m,表征角动量在z方向的分量大小。于是有转子动量矩$\boldsymbol{L}$在z方向的分量为

$$L_z = m\hbar, \quad m = l, l-1, \cdots, 1, 0, -1, \cdots, l \tag{2.2.4}$$

磁量子数m有$(2l+1)$个不同的取值。式(2.2.3)与式(2.2.4)的推导参见7.3节及附录E。

由此,量子理论中转子的能量是分立的:

$$\varepsilon = \frac{L^2}{2I} = \frac{\hbar^2}{2I}l(l+1), \quad l = 0,1,2,\cdots \tag{2.2.5}$$

能量由角量子数l来描述,与磁量子数m无关。能量一定的转子,因磁量子数m的不同取值,可能有$(2l+1)$个量子态。我们说转子的能级是简并的,简并度为$(2l+1)$。

一般说来,如果对应同一能量(能级),转子具有多个$(2l+1)$个不同的量子态,称为能级

简并,简称简并。该能级的量子态数称为简并度。一个能级只有一个量子态,则该能级为非简并。

2.2.4　经典描述与量子描述的差别

前两节分别介绍了粒子的经典描述与量子描述,现在简单总结两者的主要区别。

(1) 运动状态:在经典描述中,粒子的运动状态由广义坐标与广义动量来刻画,粒子的运动形成轨道;在量子描述中,粒子没有运动轨道,其运动状态是用一组量子数表征的量子态或波函数描述。

(2) 能量:经典描述中,粒子的能量是连续变化的,是关于坐标与动量的函数;量子描述中,粒子的能量是量子数的函数,能级分立,因为量子数一般取整数或半整数而不连续。

(3) 粒子:经典描述中,粒子是可以区分且标记的,有运动轨道,交换粒子则改变了系统的微观态;在量子描述中,全同粒子不可区分,交换任意两个粒子不改变系统的微观态,粒子具有波粒二象性,波函数出现重叠现象。

由于以上差别,产生了两种不同的统计方法:经典统计物理和量子统计物理。两者的统计原理相同,区别在于对微观粒子运动状态的描述不同。

2.3　粒子运动状态的半经典近似

粒子运动状态的经典描述与量子描述是两种极端的情形。对于有些统计问题,$\hbar$ 与其他有关物理量相比是个小量,$\hbar \approx 0$,粒子没有明显的波动性,动量趋于连续分布。在这种情况下则可以用轨道描述粒子的运动,只用量子化条件表示能级,所以称为半经典近似。

2.3.1　半经典近似

半经典近似是在经典描述基础上加上量子化条件,适用于粒子波动性不明显($\hbar \approx 0$)的情况。这是由科学家玻尔提出的,也称为玻尔假设。包含以下两点内容:

(1) 满足量子化条件的相轨道才有可能出现。量子化条件:$\oint p_i \mathrm{d}q_i = n_i h$,$n_i = 1, 2,$
$3, \cdots$,这样的相轨道称为量子化轨道。知道了量子化轨道的数目也就确定了粒子的量子态数目(即微观状态数)。

(2) 每个量子化的相轨道在 μ 空间占据一定的相体积。当自由粒子的自由度为 r 时,每个量子化相轨道所占相体积为 h^r,h 是普朗克常量。也就是说,如果粒子运动的代表点在相空间占相体积为 $\Delta \tau$,则其中含有的量子化相轨道的数目为

$$\Delta N = \frac{\Delta \tau}{h^r} \qquad (2.3.1)$$

也表示了相体积 $\Delta \tau$ 中所包含的量子态数目。

下面通过一维自由粒子来说明半经典近似的主要内容。

从前面介绍的经典描述中,可知能量为 ε 的一维自由粒子,其运动代表点在相空间中的相轨道是两条平行于 x 轴的直线。在半经典近似中,可能出现的相轨道必须满足玻尔量子

化条件：

$$\oint p_x \mathrm{d}x = nh, \quad n = 1, 2, 3, \cdots$$

沿相轨道作闭路积分，得到

$$\oint p_x \mathrm{d}x = \int_0^L p_x \mathrm{d}x + \int_L^0 p_x \mathrm{d}x$$
$$= \int_0^L p \mathrm{d}x - \int_L^0 p \mathrm{d}x = 2pL \tag{2.3.2}$$

代入玻尔量子化条件则有

$$\left. \begin{array}{l} p = \dfrac{h}{2L}n = \dfrac{\pi\hbar}{L}n \\[3mm] p_x = \pm p = \pm\dfrac{\pi\hbar}{L}n \\[3mm] \varepsilon = \dfrac{p_x^2}{2m} = \dfrac{\pi^2\hbar^2}{2mL^2}n^2 \end{array} \right\} \tag{2.3.3}$$

考虑量子化条件后，粒子的动量与能量皆量子化，由量子数 n 确定。

那么接下来验证玻尔假设第（2）点是否成立。对于一定的量子数 n，在相空间中对应的相轨道是 $p_x = \pm p = \pm\dfrac{\pi\hbar}{L}n$，这两条直线组成一条闭合环路，任意两条相轨道之间的相体积为

$$\Delta\tau = 2 \times \left[\frac{\pi\hbar}{L}(n+1) - \frac{\pi\hbar}{L}n \right] L = 2\pi\hbar = h$$

正好是一维情况下平均每个相轨道对应的相体积，与玻尔假设第（2）点相符合。

2.3.2 自由粒子的量子态

现在讨论三维的自由粒子。假设自由粒子处于体积为 L^3 的三维立方箱中，粒子动量对应的分量为

$$\left. \begin{array}{l} p_x = \pm\dfrac{\pi\hbar}{L}n_x, \quad n_x = 1, 2, 3, \cdots \\[3mm] p_y = \pm\dfrac{\pi\hbar}{L}n_y, \quad n_y = 1, 2, 3, \cdots \\[3mm] p_z = \pm\dfrac{\pi\hbar}{L}n_z, \quad n_z = 1, 2, 3, \cdots \end{array} \right\} \tag{2.3.4}$$

式中，n_x, n_y, n_z 为表征三维自由粒子运动状态的量子数。那么，三维自由粒子的总能量为

$$\varepsilon = \frac{1}{2m}(p_x^2 + p_y^2 + p_z^2) = \frac{\pi^2\hbar^2}{2mL^2}(n_x^2 + n_y^2 + n_z^2) \tag{2.3.5}$$

自由粒子的量子态由 n_x、n_y、n_z 这三个量子数确定，能级可以发生简并现象。例如，能量 $\varepsilon = \dfrac{\pi^2\hbar^2}{2mL^2}$ 的能级，有 6 个量子态，分别是 $n_x = \pm 1, n_y = 0, n_z = 0$；$n_x = 0, n_y = \pm 1, n_z = 0$；$n_x = 0, n_y = 0, n_z = \pm 1$，能级简并度为 6。

2.3.3　自由粒子的态密度

对于三维自由粒子，自由度 $r=3$，根据式（2.3.1），在相空间中的相体积元 $\mathrm{d}\tau = \mathrm{d}x\,\mathrm{d}y\,\mathrm{d}z\,\mathrm{d}p_x\,\mathrm{d}p_y\,\mathrm{d}p_z$ 中的量子态数目为

$$\mathrm{d}N = \frac{\mathrm{d}\tau}{h^3} = \frac{\mathrm{d}x\,\mathrm{d}y\,\mathrm{d}z\,\mathrm{d}p_x\,\mathrm{d}p_y\,\mathrm{d}p_z}{h^3} \tag{2.3.6}$$

那么，对于体积 V 内的自由粒子，动量在 $p \sim p + \mathrm{d}p$ 范围内，相体积为 $\mathrm{d}\tau = 4\pi V p^2 \mathrm{d}p$，根据式（2.3.1），则自由粒子可能的量子态数目为

$$\mathrm{d}N(p) = \frac{\mathrm{d}\tau(\varepsilon)}{h^3} = \frac{4\pi V}{h^3} p^2 \mathrm{d}p \tag{2.3.7}$$

根据能量与动量的关系式 $\varepsilon = p^2/2m$，由式（2.3.7）可以求出能量在 $\varepsilon \sim \varepsilon + \mathrm{d}\varepsilon$ 范围内，自由粒子的量子态数目为

$$\mathrm{d}N(\varepsilon) = \frac{\mathrm{d}\tau(\varepsilon)}{h^3} = 2\pi V \left(\frac{2m}{h^2}\right)^{3/2} \varepsilon^{1/2} \mathrm{d}\varepsilon = D(\varepsilon)\mathrm{d}\varepsilon \tag{2.3.8}$$

其中，

$$D(\varepsilon) = 2\pi V \left(\frac{2m}{h^2}\right)^{3/2} \varepsilon^{1/2} \tag{2.3.9}$$

称为自由粒子的态密度，表示在体积 V 内的自由粒子在单位能量间隔内的量子态数目，也就是自由粒子的量子态按能量的分布。

以上关于自由粒子在动量空间中量子态密度与量子态数量的计算中未考虑粒子的自旋。如果考虑粒子的自旋，自旋使能量相同的量子态数目增多。当粒子的自旋量子数为 s 时，自旋动量矩有 $\eta = 2s+1$ 种可能，则应乘以因子 η，得到

$$\mathrm{d}N(p) = \frac{4\pi\eta V}{h^3} p^2 \mathrm{d}p \tag{2.3.10}$$

$$\mathrm{d}N(\varepsilon) = D(\varepsilon)\mathrm{d}\varepsilon = 2\pi\eta V \left(\frac{2m}{h^2}\right)^{3/2} \varepsilon^{1/2} \mathrm{d}\varepsilon \tag{2.3.11}$$

另外需要说明的是，粒子自旋产生的自旋动量矩不同于普通物理中所说的动量。对自旋量子数 $s=0$ 的情况，$\eta=1$，原来的式子可用。

综上所述，态密度的计算分为两步：①求出粒子能量在 $\varepsilon \sim \varepsilon + \mathrm{d}\varepsilon$ 内的可能量子态数 $\mathrm{d}N$；②由 $D(\varepsilon) = \dfrac{\mathrm{d}N}{\mathrm{d}\varepsilon}$ 求出 $D(\varepsilon)$。

例 2.2　试证明在体积 V 内，在 $\varepsilon \sim \varepsilon + \mathrm{d}\varepsilon$ 的能量范围内，三维自由粒子的量子态数为

$$D(\varepsilon)\mathrm{d}\varepsilon = \frac{2\pi V}{h^3}(2m)^{3/2}\varepsilon^{1/2}\mathrm{d}\varepsilon$$

证明　相体积元 $\mathrm{d}\tau = \mathrm{d}x\,\mathrm{d}y\,\mathrm{d}z\,\mathrm{d}p_x\,\mathrm{d}p_y\,\mathrm{d}p_z$，在体积 V 内，动量在 $0 \sim p$ 内的相体积为

$$\tau(p) = \int_V \mathrm{d}x\,\mathrm{d}y\,\mathrm{d}z \int_{\text{半径为}p\text{的球内部}} \mathrm{d}p_x\,\mathrm{d}p_y\,\mathrm{d}p_z = V\frac{4\pi}{3}p^3$$

在体积 V 内，能量范围在 $0 \sim \varepsilon$ 内的相体积为 $\tau(\varepsilon) = \dfrac{4\pi V}{3}(2m\varepsilon)^{3/2}$，对上式求微分则得到自由粒子在能量 $\varepsilon \sim \varepsilon + \mathrm{d}\varepsilon$ 时的相体积为

$$d\tau(\varepsilon) = \frac{4\pi V}{3} \frac{3}{2} (2m\varepsilon)^{1/2} 2m d\varepsilon = 2\pi V (2m)^{3/2} \varepsilon^{1/2} d\varepsilon$$

考虑到对于三维粒子,每个量子态所占据的相体积为 h^3,则

$$D(\varepsilon)d\varepsilon = \frac{2\pi V}{h^3} (2m)^{3/2} \varepsilon^{1/2} d\varepsilon$$

例 2.3 试证明,对于二维自由粒子,在面积 L^2 内,在 $\varepsilon \sim \varepsilon + d\varepsilon$ 的能量范围内,量子态数为

$$D(\varepsilon)d\varepsilon = \frac{2\pi L^2}{h^2} m d\varepsilon$$

证明 二维自由粒子的相体积元为 $d\tau = dx dy dp_x dp_y$。

在体积 V 内,动量在 $0 \sim p$ 内的相体积为

$$\tau(p) = \int_{L^2} dx dy \int_{\text{半径为}p\text{的圆内}} dp_x dp_y = L^2 \pi p^2$$

在体积 V 内,动量在 $0 \sim \varepsilon$ 内的相体积为

$$\tau(\varepsilon) = 2\pi L^2 m \varepsilon$$

对上式求微分,得到自由粒子能量在 $\varepsilon \sim \varepsilon + d\varepsilon$ 时的相体积为

$$d\tau(\varepsilon) = 2\pi L^2 m d\varepsilon$$

考虑到对于二维粒子,每个量子态所占据的相体积为 h^2,则

$$D(\varepsilon)d\varepsilon = \frac{2\pi L^2}{h^2} m d\varepsilon$$

例 2.4 在极端相对论情形下,粒子的能量动量关系为 $\varepsilon = cp$。试求在体积 V 内,$\varepsilon \sim \varepsilon + d\varepsilon$ 的能量范围内三维粒子的量子态数。

解 参考例题 2.2,在体积 V 内,动量在 $0 \sim p$ 内的相体积为

$$\tau(p) = \int_V dx dy dz \int_{\text{半径为}p\text{的球内部}} dp_x dp_y dp_z = V \frac{4\pi}{3} p^3$$

则在体积 V 内,能量在 $0 \sim \varepsilon$ 内的相体积为

$$\tau(\varepsilon) = \frac{4\pi V}{3} \left(\frac{\varepsilon}{c} \right)^3$$

通过对上式求微分得到自由粒子能量在 $\varepsilon \sim \varepsilon + d\varepsilon$ 时的相体积为

$$d\tau(\varepsilon) = \frac{4\pi V}{c^3} \varepsilon^2 d\varepsilon$$

考虑到对于三维粒子,每个量子态所占据的相体积为 h^3,则 $\varepsilon \sim \varepsilon + d\varepsilon$ 的能量范围内三维粒子的量子态数为

$$D(\varepsilon)d\varepsilon = \frac{4\pi V}{(ch)^3} \varepsilon^2 d\varepsilon$$

2.4　系统微观运动状态的描述

前面三节介绍了单个微观粒子运动状态的量子描述与经典描述,本节将进一步介绍由大量粒子组成的系统,及其整体微观运动状态的描述方法。系统的微观状态指的是系统的

力学运动状态由组成该系统的各个粒子所处在某个确定单粒子状态的组合,大量粒子构成的系统其微观态与粒子的量子态相关,遵从统计规律性。本节仅讨论由全同粒子组成的近独立粒子系统。

2.4.1　近独立的全同粒子系统

全同粒子是指具有完全相同属性(相同的质量、电荷、自旋等)的粒子,如自由电子组成的自由电子气体。全同粒子组成的多粒子系统遵守全同性原理这一基本规律。所谓近独立粒子系统是指粒子之间的相互作用很弱,相比于单个粒子的平均能量,粒子间相互作用的平均能量小到可以忽略不计,因而整个系统的能量可以表达为单个粒子的能量之和:

$$E = \sum_{i=1}^{N} \varepsilon_i + \sum_{i,j}^{N} \varepsilon_{ij} \approx \sum_{i=1}^{N} \varepsilon_i \tag{2.4.1}$$

其中,N 是系统所包含的粒子总数,ε_i 是第 i 个粒子的能量。以经典理想气体为例,理想气体的分子,除了相互碰撞的瞬间,都可近似认为没有相互作用。理想气体就是一种近独立的粒子系统。

应当说明,近独立粒子之间相互作用虽然弱,但仍是有相互作用的。相互作用必须存在,否则系统达不到热力学平衡态。另外,相互作用很小,可以通过单粒子能量之和求系统总能量(求总能量时可忽略相互作用)。

2.4.2　费米子和玻色子

自然界中的微观粒子按照自旋不同可分为费米子(Fermion)与玻色子(Boson)两类。费米子的自旋量子数为半整数,遵从泡利不相容原理(Pauli exclusion principle),即费米系统的单量子态上只可容纳一个粒子,例如电子、质子、中子等自旋量子数都是 1/2,因而都是费米子。费米子服从费米-狄拉克统计。自旋量子数为整数的是玻色子。例如光子自旋量子数为 1,π 介子自旋量子数为 0。玻色子不遵守泡利不相容原理,服从玻色-爱因斯坦统计。由于自旋可叠加,则在原子核、原子、分子等复合粒子中,凡是由玻色子构成的复合粒子都是玻色子,由偶数个费米子构成的复合粒子也是玻色子,由奇数个费米子构成的复合粒子是费米子,例如 ^{1}H 原子(质子 1、电子 1)和 ^{4}He 原子(中子 2、质子 2)为玻色子。^{2}H(D)原子(质子 1、中子 1、电子 1)和 ^{3}H 核(氚核,质子 1、中子 2)是费米子。一般我们把玻色子组成的系统称为玻色系统,费米子组成的系统称为费米系统。

泡利不相容原理又称泡利原理、不相容原理,是微观粒子运动的基本规律之一。它指出:在含有多个全同近独立费米子组成的系统中,不能有两个或两个以上的粒子处于完全相同的状态,也就是说一个单粒子量子态最多能容纳一个费米子。在原子中完全确定一个电子的状态需要四个量子数,所以泡利不相容原理在原子中就表现为:不能有两个或两个以上的电子具有完全相同的四个量子数,或者说在轨道量子数确定的一个原子轨道上最多可容纳两个电子,而这两个电子的自旋方向必须相反。这成为电子在核外排布形成周期性从而解释元素周期表的准则之一。由玻色子组成的玻色系统不受泡利不相容原理的约束,一个单粒子量子态可以容纳的玻色子数目不受限制。泡利不相容原理是费米系统与玻色系统不同统计性质的基础。

2.4.3　全同性原理与定域系统

全同性原理指出,全同粒子是不可分辨的,在含有多个全同粒子的系统中将任意两个粒子对换,不会改变整个系统的微观运动状态。

在量子力学中,粒子具有波粒二象性,运动状态用波函数表示,原则上不能用粒子的运动状态来区分全同粒子。而经典物理中则认为全同粒子沿轨道运动,是可区分的,粒子交换会改变系统的运动状态。图 2.4.1 给出了经典与量子的比较示意图。所以,在考察系统的微观状态时与全同粒子是否可以区分有着重要的关联。在确定系统微观状态时须正确考虑全同性原理。

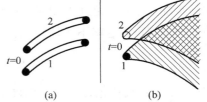

图 2.4.1　经典与量子的比较

存在一些特殊的情况,全同性原理不起作用,但可以通过定域位置来区分粒子,例如晶格原子或离子的运动限制在很小的范围内,这样的粒子称为定域粒子。定域粒子遵从玻尔兹曼统计。由定域粒子组成的系统称为定域系统,也称玻尔兹曼系统。对于定域系统,不论组成粒子的是玻色子还是费米子,各个粒子的波函数局限在不同的空间范围内,彼此没有重叠。这种情况下,可以从粒子所处的不同位置加以区分。也就是说全同粒子组成的定域系统是可分辨的,粒子交换对应不同的量子态。粒子波函数重叠,全同粒子不可区分的系统称为非定域系统。对于费米子或玻色子组成的非定域系统,必须考虑全同性。

值得注意的是,定域系统的组成粒子也是费米子或玻色子,但可以用定域位置来区分粒子,所以定域系统的微观状态数统计可当作可区分粒子处理,费米子与玻色子结果没有什么不同。一般来说,费米系统与玻色系统属于非定域系统,费米子与玻色子因泡利不相容原理的约束不同,引起系统的微观状态不同。对于玻色系统或费米系统,组成系统的微观状态归结为确定每一个个体量子态上的粒子数。例如,要确定氦气的微观状态,就是确定每一组量子数所表征的个体量子态上各有多少个氦原子。对于定域系统,组成的系统微观状态则是确定每一个粒子的个体量子态。

下面以一个具体例子区分定域系统、玻色系统和费米系统的量子态。

2.4.4　定域系统、玻色系统和费米系统量子态的区别

假设系统由两个全同的近独立粒子组成,单粒子有 3 个不同的量子态(可以是能量不同或自旋不同)。粒子可区分时分别用 A、B 标记,不可区分时用 A 表示。

对于定域系统,粒子是可区分的,分别表示为 A、B,交换后为不同的微观态。每个单粒子量子态上能够容纳的粒子数不受限制。那么,A 与 B 粒子占据 3 个量子态可以有以下的方式(表 2.4.1)。

表　2.4.1

量子态1	量子态2	量子态3
AB		
	AB	
		AB
A	B	
A		B
	A	B
B	A	
B		A
	B	A

一共有 9 种不同的微观态。

对于玻色系统,粒子不可区分,皆用 A 表示。每个单粒子量子态上能够容纳的粒子数不受限制。粒子占据 3 个量子态可以有以下的方式(表 2.4.2)。

表　2.4.2

量子态1	量子态2	量子态3
AA		
	AA	
		AA
A	A	
A		A
	A	A

一共有 6 种不同的微观态。

对于费米系统,粒子不可区分,皆用 A 表示。每个单粒子量子态上能够容纳的粒子数最多只有一个。粒子占据 3 个量子态可以有以下的方式(表 2.4.3)。

表　2.4.3

量子态1	量子态2	量子态3
A	A	
	A	A
A		A

一共有 3 种不同的微观态。

从前面描述的近独立粒子系统微观运动状态可以看出,系统的微观状态可以从单粒子量子态着手确定。首先确定系统是定域系统还是非定域系统。若为定域系统,将粒子按照可区分粒子处理;若为非定域系统,进一步区分是费米系统还是玻色系统。本节讨论系统的微观运动状态是为讨论近独立粒子的统计分布做准备。在经典力学基础上建立的统计物理学称为经典统计物理学,在量子力学基础上建立的统计物理学称为量子统计物理学。两者的区别在于对微观运动状态的描述不同,而统计原理是相同的。原则上微观粒子遵从的是量子力学的运动规律,但在一定的条件下,可以由量子统计得到经典统计的结果。第 3 章与第 4 章将分别讲述经典统计与量子统计。

2.5　等概率原理

等概率原理[①]是平衡态统计物理的一个基本假设。

统计物理研究系统的宏观特性,认为系统的宏观特性是大量微观粒子运动的集体表现,微观粒子永不停止地无规则运动,粒子间存在相互作用力。单个粒子遵从力学规律,大量粒子组成的系统遵从一定的统计规律。宏观物理量是相应的微观物理量对微观状态的统计平均值。宏观态与微观态之间的联系遵从统计规律。知道各个微观状态出现的概率就可以用统计方法求出微观量的统计平均值,从而研究系统的宏观性质。因此确定各个微观态出现的概率是统计物理的根本问题。以上是统计物理学的基本观点。

对于一个孤立系统,系统的平衡态可以用粒子数 N、体积 V 和能量 E 来表征。处于平衡态的系统,给定状态参量后,所有的宏观物理量都有确定的值,系统处于一个确定的平衡态。但是系统的微观状态并没有完全被确定,可能存在的微观状态是大量的且不断变化的。给定 N、V 和 E,达到平衡态的系统可以有很多不同的微观态。那么,每个微观态出现的概率如何?

玻尔兹曼于 1868 年提出等概率原理(假设):处在平衡态的孤立系统,系统中每个可能的微观态等概率的出现。这是统计物理中唯一的一个基本假设。等概率原理认为,对于平衡态的孤立系统,没有任何理由认为某一个微观状态出现的概率比别的微观状态更大一些。这里所说的"可能的微观态"指的是孤立系统宏观条件下所允许的微观态,这些微观态均对应于给定的粒子数 N、体积 V 和能量 E。

应当强调,等概率原理是统计物理中的一个基本假设,它的正确性由它的种种推论都与客观事实相符而得到肯定。而且只适用于平衡态下的孤立系统,对于能量和粒子数有改变的系统不适用。

2.6　能级的分布与系统的微观状态

2.6.1　能级的分布

考虑一个由近独立全同粒子构成的孤立系统达到平衡态时,有确定的粒子数 N、体积 V 和能量 E。$\varepsilon_l(l=1,2,3,\cdots)$ 表示单粒子的能级,能级的简并度为 $g_l(l=1,2,\cdots)$,对应能级上的粒子数为 $a_l(l=1,2,3,\cdots)$。N 个粒子在各能级的分布为

$$能级:\varepsilon_1,\varepsilon_2,\cdots,\varepsilon_l,\cdots$$
$$简并度:g_1,g_2,\cdots,g_l,\cdots$$

---

① 　参考文献[1]第 73 页采用"等几率原理"这一表达方式。

粒子数：$a_1, a_2, \cdots, a_l, \cdots$

即能级 ε_1 上有 a_1 个粒子，ε_2 上有 a_2 个粒子，$\cdots\cdots$，ε_l 上有 a_l 个粒子，简记为 $\{a_l\}$，称为粒子数按能级的一个分布，简称分布，又称为系统的一个宏观态。对于具有确定的 N、V 和 E，分布 $\{a_l\}$ 必须满足条件

$$\sum_l a_l = N, \quad \sum_l \varepsilon_l a_l = E \tag{2.6.1}$$

2.6.2 分布对应的系统微观状态

分布与微观态是不同的概念。给定一个分布 $\{a_l\}$，只确定了在能级 ε_l 上有 a_l 个粒子，而 a_l 占据 g_l 个量子态的方式没有确定，每种占据方式将给定一个微观态。所以，对应一种分布，其系统的微观态一般不止一个，有 Ω 个不同的微观态，即微观态数目为 Ω。2.4 节提到，对于定域系确定系统的微观态要确定粒子的单粒子量子态；而对于玻色系统和费米系统，确定系统的微观态则要确定每一个单粒子量子态上的粒子数。不同的粒子性质，对同一分布 $\{a_l\}$，系统的微观状态往往很多，微观态数 Ω 也不同，接下来分类讨论。

例 2.5 设 4 个定域粒子组成的系统，粒子的个体量子态有 3 个，分属 3 个不同的能级，试讨论系统按能级的分布 $\{a_l\} = 2,1,1$ 时的所有可能微观状态。分布（2 1 1）指的是第一个量子态上有 2 个粒子，第二、三个量子态上分别有 1 个粒子。

解 定域粒子可分辨，每个个体量子态可容纳的粒子数不受限制。以 A、B、C、D 标记 4 个粒子。4 个粒子占据量子态的方式见表 2.6.1。

表 2.6.1

量子态 1	量子态 2	量子态 3
AB	C	D
AB	D	C
AC	B	D
AC	D	B
AD	B	C
AD	C	B
BC	A	D
BC	D	A
BD	A	C
BD	C	A
CD	A	B
CD	B	A

所以，对于定域系统在此分布下对应 12 种不同的微观状态。

例 2.6 设 3 个全同粒子，个体量子态有 3 个，能级非简并，试讨论玻色系统与费米系统所有可能的微观状态。

解 玻色系统：粒子不可分辨，每个个体量子态能容纳的粒子数不受限制。此时只考虑每个量子态上的粒子数分布情况。3 个粒子占据量子态的方式见表 2.6.2。

表 2.6.2

量子态 1	量子态 2	量子态 3
1	1	1
1	2	0
1	0	2
2	1	0
2	0	1
3	0	0
0	3	0
0	0	3
0	2	1
0	1	2

对于玻色系统共有以上 10 种不同的微观状态。

费米系统：粒子不可分辨，每个个体量子态最多只能容纳 1 个粒子数，此时只考虑每个量子态上的粒子数分布情况。3 个粒子占据量子态的方式见表 2.6.3。

表 2.6.3

量子态 1	量子态 2	量子态 3
1	1	1

对于费米系统只有 1 种微观状态。

2.6.3 玻尔兹曼系统(定域系情形)的微观状态数

在玻尔兹曼系统中，粒子是可分辨的。对每个粒子编号，且单粒子量子态可容纳的粒子数目不受限制。从例题 2.5 可以看出，计算定域系统的微观状态数可以分为以下两步。

第 1 步，固定粒子按能级的分布为 $\{a_l\}$，相当于从 N 个粒子取 a_1 个占到 ε_1，取法为 $C_N^{a_1}$，从 $(N-a_1)$ 个粒子取 a_2 个占到 ε_2，取法为 $C_{N-a_1}^{a_2}$，$\cdots$，$(N-a_1-a_2-\cdots-a_{l-1})$ 个取 a_l 个占到 ε_l，取法为 $C_{N-a_1-a_2-\cdots-a_{l-1}}^{a_l}$，则总的取法为 $C_N^{a_1} \cdot C_{N-a_1}^{a_2} \cdots C_{N-a_1-a_2-\cdots-a_{l-1}}^{a_l} \cdots$ 种。

$$C_N^{a_1} \cdot C_{N-a_1}^{a_2} \cdots C_{N-a_1-a_2-\cdots-a_l}^{a_l} \cdots = \frac{N!}{\prod_l a_l!}$$

第 2 步，考虑对于每个能级 ε_l，a_l 个粒子占据有 g_l 个量子态可能的方式。先取第一个粒子，可以占据 g_l 个量子态中的任意一个，有 g_l 个可能的占据方式。由于一个单粒子量子态可容纳的粒子数目不受限制，第二个、第三个、$\cdots\cdots$、第 N 个粒子仍然具有 g_l 个可能的占据方式。因此，a_l 个粒子占据 g_l 个量子态共有 $g_l^{a_l}$ 种可能的占据方式。对于每个能级 ε_l，都这样做一遍，则有 $\prod_l g_l^{a_l}$ 种放法。

结合这两步，则在玻尔兹曼系统中 $\{a_l\}$ 分布下对应的系统微观态数为

$$\Omega_{M.B} = \frac{N!}{\prod_l a_l!} \prod_l g_l^{a_l} \tag{2.6.2}$$

2.6.4　玻色系统的微观状态数

对于玻色系统,粒子不可区分,不遵从泡利不相容原理,且每个单粒子量子态可容纳的粒子数不受限制。设 N 个粒子按能级的一个分布为 $\{a_l\}$,在此情况下,计算 a_l 个粒子占据 g_l 个量子态,有多少种占据方法?

图 2.6.1 表示 10 个粒子占据 5 个量子态的一种排列。令任何一种这样的排列代表粒子占据各量子态的一种方式。设想一个长方形区域被 g_l-1 个隔板分隔成 g_l 个小格即表示 g_l 个量子态,将 a_l 个粒子放入 g_l 小格,排列数为 (g_l+a_l-1)。因粒子不可分辨,应除去粒子交换数 $(a_l)!$ 以及量子态之间的相互交换数 $(g_l-1)!$,则共有

$$C_{a_l+g_l-1}^{g_l-1}=\frac{(a_l+g_l-1)!}{a_l!\,(g_l-1)!}$$ 种放法。

对于每个 ε_l 能级间相互独立,都这样做一遍,各能级的结果应相乘,则得到玻色系统中与分布 $\{a_l\}$ 对应的微观状态数:

$$\Omega_{\mathrm{B.E}}=\prod_l\frac{(a_l+g_l-1)!}{a_l!\,(g_l-1)!} \tag{2.6.3}$$

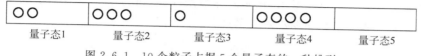

量子态1　　量子态2　　量子态3　　量子态4　　量子态5

图 2.6.1　10 个粒子占据 5 个量子态的一种排列

2.6.5　费米系统的微观状态数

对于费米系统,因为粒子全同,不可分辨,且遵守泡利不相容原理,每个可能的量子态上最多只能有 1 个粒子。设 N 个粒子按能级的一个分布为 $\{a_l\}$,此情况下按能级分配只有一种方式。

粒子按能级分配后,考虑 a_l 个粒子在 g_l 个量子态,则相当于 g_l 个空位选出 a_l 个粒子来占据,即有 $C_{g_l}^{a_l}=\dfrac{g_l!}{a_l!\,(g_l-a_l)!}$ 种方式(必须 $g_l\geqslant a_l$,请读者思考为什么)。每个能级都如此,则总放法为

$$\Omega_{\mathrm{F.D}}=\prod_l\frac{g_l!}{a_l!\,(g_l-a_l)!} \tag{2.6.4}$$

这就是费米系统中分布 $\{a_l\}$ 相应的微观态数。

2.6.6　非简并性条件

在某些情形下,如稀薄气体,玻色系统或费米系统中,任一能级 ε_l 上的粒子数 a_l 远小于该能级的量子态数目 g_l,即

$$a_l\ll g_l,\quad l=1,2,3,\cdots \tag{2.6.5}$$

式(2.6.5)称为非简并性条件,也称为经典极限条件。其物理意义是当所有能级的粒子数都远小于量子态数,即平均而言,处在每一个量子态上的粒子数均远小于 1。这时不可分辨的粒子就变成可识别的粒子,粒子间的关联可以忽略。在这种情形下,粒子全同性原理的影响

只表现在因子 $1/N!$ 上。

在非简并性条件下,玻色系统的微观状态数可近似为

$$\Omega_{\mathrm{B.E}} = \prod_l \frac{(a_l + g_l - 1)!}{a_l!\,(g_l - 1)!}$$

$$= \prod_l \frac{(a_l + g_l - 1)(a_l + g_l - 2)\cdots g_l}{a_l!}$$

$$\approx \prod_l \frac{g_l^{a_l}}{a_l!} = \frac{1}{N!}\Omega_{\mathrm{M.B}} \qquad (2.6.6)$$

而费米系统的微观状态数可近似为

$$\Omega_{\mathrm{F.D}} = \prod_l \frac{g_l!}{a_l!\,(g_l - a_l)!}$$

$$= \prod_l \frac{g_l(g_l - 1)\cdots(g_l - a_l + 1)}{a_l!}$$

$$\approx \prod_l \frac{g_l^{a_l}}{a_l!} = \frac{1}{N!}\Omega_{\mathrm{M.B}} \qquad (2.6.7)$$

从式(2.6.6)与式(2.6.7)可以看出,在非简并性条件下,玻色系统与费米系统主要差别(同一量子态粒子数不同)消失,与玻尔兹曼统计差一个 $N!$ 因子。

$$\Omega_{\mathrm{F.D}} = \Omega_{\mathrm{B.E}} = \frac{1}{N!}\Omega_{\mathrm{M.B}} \qquad (2.6.8)$$

这是因为全同性原理,$\Omega_{\mathrm{M.B}}$ 与 $\Omega_{\mathrm{F.D}}$ 及 $\Omega_{\mathrm{B.E}}$ 相比,交换粒子后微观态数目增加,恰好增加 $N!$ 倍。

例 2.7 用公式计算例 2.5 与例 2.6。

解 例 2.5 中的系统为玻尔兹曼系统,计算可采用式(2.6.2),将分布与简并度代入公式,求得此分布对应的微观状态数为

$$\Omega_{\mathrm{M.B}} = \frac{4!}{2!\,\cdot\,1!\,\cdot\,1!}1^2 \cdot 1^1 \cdot 1^1 = 12$$

计算结果与例 2.5 的结果一致。

例 2.6 的玻色系统,每个量子态上的粒子数不受限制,因此可以有以下分布(表 2.6.4):

表 2.6.4

分布 $\{a_l\}$	$\Omega_{\mathrm{B.E}}$
(3 0 0) (0 3 0) (0 0 3)	$\dfrac{3!\ 0!\ 0!}{3!\ 0!\ 0!\ 0!\ 0!\ 0!} = 1$
(2 1 0) (2 0 1) (1 2 0) (1 0 2) (0 1 2) (0 2 1)	$\dfrac{2!\ 1!\ 0!}{2!\ 1!\ 0!\ 0!\ 0!\ 0!} = 1$
(1 1 1)	$\dfrac{1!\ 1!\ 1!}{1!\ 1!\ 1!\ 0!\ 0!\ 0!} = 1$

所以系统的微观状态总数为 $\Omega = 1 \times 3 + 1 \times 6 + 1 = 10$。

费米系统每个量子态上最多只有一个粒子,只有一种分布(1 1 1),系统微观状态数为

$$\Omega_{\mathrm{F.D}} = \frac{1!\ \cdot\ 1!\ \cdot\ 1!}{1!\ \cdot\ 1!\ \cdot\ 1!} = 1$$

2.7　玻尔兹曼分布

每种分布$\{a_l\}$对应不同的微观状态数Ω,根据等概率原理,平衡状态下的孤立系统,每一个可能的微观状态出现的概率相等。那么,对于指定状态的宏观体系,它的各种分布所拥有的微观状态数大小不一,其中必有一种分布所包含的微观状态数最多或出现的概率最大,称为最概然分布(也称最可几分布)。平衡状态下近独立粒子的最概然分布包括玻尔兹曼分布、玻色分布与费米分布三种。本节将导出定域系粒子按能级的最概然分布,称为麦克斯韦-玻尔兹曼分布,简称玻尔兹曼分布。

2.7.1　玻尔兹曼分布的导出

考虑一个孤立系,在定域条件下,具有确定的粒子数N、体积V和能量E。粒子可能取的能量值为ε_l(能级),每个能级上可能的量子态数为g_l(简并度)。粒子按能级的任一分布设为$\{a_l\}$,根据2.6节所述内容,则此分布下系统的微观状态数为

$$\Omega = \Omega_{M.B} = \frac{N!}{\prod_l a_l!} \prod_l g_l^{a_l} \tag{2.7.1}$$

最概然分布是使Ω为极大值的分布,即满足$\delta\ln\Omega = 0$的分布。由于是孤立系统,分布$\{a_l\}$还满足以下条件:

$$\sum_l a_l = N, \quad \sum_l \varepsilon_l a_l = E \tag{2.7.2}$$

由此可得

$$\sum_l \delta a_l = 0, \quad \sum_l \varepsilon_l \delta a_l = 0 \tag{2.7.3}$$

式(2.7.1)取对数,得到

$$\ln\Omega = \ln N! - \sum_l \ln a_l! + \sum_l a_l \ln g_l$$

利用斯特林(Stirling)近似公式(附录C),设a_l很大,则有

$$\ln\Omega = N\ln N - \sum_l a_l \ln a_l + \sum_l a_l \ln g_l \tag{2.7.4}$$

对上式求微分

$$\delta\ln\Omega = -\sum_l \ln\left(\frac{a_l}{g_l}\right)\delta a_l = 0 \tag{2.7.5}$$

用拉格朗日待定乘子α和β分别乘条件式(2.7.3),得

$$\sum_l \alpha\delta a_l = 0, \quad \sum_l \beta\varepsilon_l \delta a_l = 0 \tag{2.7.6}$$

式(2.7.6)与式(2.7.5)相加可得

$$\sum_l \left(\ln\frac{a_l}{g_l} + \alpha + \beta\varepsilon_l\right)\delta a_l = 0 \tag{2.7.7}$$

根据拉格朗日式乘子法,由于δa_l的任意性,上式要等于0,则其每项系数都要等于0,即

$$\ln\frac{a_l}{g_l} + \alpha + \beta\varepsilon_l = 0$$

从而得到

$$a_l = g_l \mathrm{e}^{-\alpha-\beta\varepsilon_l} \tag{2.7.8}$$

式(2.7.8)给出了定域系统中粒子数按能级的最概然分布,即玻尔兹曼分布。其中拉格朗日乘子 α 和 β 由条件式(2.7.2)确定,即

$$\sum_l g_l \mathrm{e}^{-\alpha-\beta\varepsilon_l} = N, \quad \sum_l \varepsilon_l g_l \mathrm{e}^{-\alpha-\beta\varepsilon_l} = E \tag{2.7.9}$$

在许多时候,也常将 β 看作由实验确定的已知参数。

2.7.2　单粒子量子态上的平均粒子数

通过式(2.7.8)求出了每个能级 ε_l 上的粒子数 a_l,若能级 ε_l 上有 g_l 个量子态,在平均情况下,处在任何一个能量为 ε_s 的量子态上的粒子数应当相同,则处在能量为 ε_s 的量子态上的平均粒子数为

$$f(\varepsilon_s) = \frac{a_l}{g_l} = \mathrm{e}^{-\alpha-\beta\varepsilon_s} \tag{2.7.10}$$

相应地,条件式(2.7.9)可写成

$$\sum_s \mathrm{e}^{-\alpha-\beta\varepsilon_s} = N, \quad \sum_s \varepsilon_s \mathrm{e}^{-\alpha-\beta\varepsilon_s} = E \tag{2.7.11}$$

2.7.3　平衡状态下的分布

如前所述,定域系粒子中玻尔兹曼分布出现的概率是最大的,但对于给定粒子数 N、能量 E 和体积 V 的孤立系统,凡是满足式(2.7.2)的分布都有可能出现。每个分布包含一定的微观状态数,是分布的函数 $\Omega = \Omega(\{a_l\})$。不过玻尔兹曼分布是使 Ω 取极大值的分布,Ω 在这附近非常陡,其他分布的微观状态数与最概然分布的微观状态数相比几乎为零,接下来将具体说明这个问题。

考虑另外一个分布 $\{a_l'\}$,对玻尔兹曼分布 $\{a_l\}$ 的偏离为 $\{\delta a_l\}$,则有 $\Omega' = \Omega + \Delta\Omega$。于是得到

$$\ln\Omega' = \ln(\Omega + \Delta\Omega) \approx \ln\Omega + \delta\ln\Omega + \frac{1}{2}\delta^2\ln\Omega \quad (\text{泰勒展开,取前 3 项})$$

根据式(2.7.5),上式第二项为零,则只需要求解第三项的 $\delta^2\ln\Omega$。

对 $\delta\ln\Omega = -\sum_l \ln\left(\dfrac{a_l}{g_l}\right)\delta a_l$ 取微分,且有 $\delta\sum_l \delta a_l = 0$,则

$$\delta^2\ln\Omega = -\delta\sum_l \ln\left(\frac{a_l}{g_l}\right)\delta a_l = -\sum_l \frac{(\delta a_l)^2}{a_l} \tag{2.7.12}$$

则有

$$\ln\Omega' = \ln\Omega - \frac{1}{2}\sum_l \frac{(\delta a_l)^2}{a_l} \tag{2.7.13}$$

如果假设对玻尔兹曼分布的相对偏离为 $\dfrac{\delta a_l}{a_l} \approx 10^{-5}$,则

$$\ln\frac{\Omega'}{\Omega} = -\frac{1}{2}\sum_l \left(\frac{\delta a_l}{a_l}\right)^2 a_l = -\frac{1}{2}(10^{-5})^2 \sum_l a_l = -\frac{1}{2}10^{-10} N$$

这对于 $N \approx 2 \times 10^{23}$ 的宏观系统，$\frac{\Omega'}{\Omega} \approx e^{-10^{13}}$，$\Omega'$ 与 Ω 相比，微观态数小得多。也就是说，Ω' 与最概然分布的微观状态数 Ω 相比几乎不出现，最概然分布 $\{a_l\}$ 出现的可能性（概率）非常大。根据等概率原理，处于平衡态的孤立系统，忽略其他分布而认为粒子按能级的分布遵从玻尔兹曼分布，对于宏观系统所引起的误差应当是可以忽略的。

需要注意，在前面的推导中，对所有的 a_l 都要求远大于 1。但这个条件实际上很多情况不满足，这是推导过程中的一个严重缺点。但通过系综理论，可将 a_l 理解为在 ε_l 上的平均粒子数，则上式严格成立。虽然我们是从单元系推导的，得到的结论可以推广到多元系统中。

2.8 玻色分布与费米分布

运用同样的方法可以导出玻色系统和费米系统中粒子的最概然分布，分别称为玻色分布和费米分布。

2.8.1 玻色分布

处于平衡态的孤立系统，具有确定的粒子数 N、体积 V 和能量 E。ε_l 为粒子的能级，g_l 为能级 ε_l 的简并度。$\{a_l\}$ 为处于相应能级的粒子数，且满足条件

$$\sum_l a_l = N, \quad \sum_l \varepsilon_l a_l = E \qquad (2.8.1)$$

2.6 节中推导出在玻色系统中，分布 $\{a_l\}$ 对应的微观状态数为

$$\Omega_{B.E} = \prod_l \frac{(a_l + g_l - 1)!}{a_l!\,(g_l - 1)!} \qquad (2.8.2)$$

对式（2.8.2）取对数，得

$$\ln\Omega_{B.E} = \sum_l [\ln(a_l + g_l - 1)! - \ln a_l! - \ln(g_l - 1)!] \qquad (2.8.3)$$

假设 $a_l \gg 1$，$g_l \gg 1$，有

$$a_l + g_l - 1 \approx a_l + g_l, \quad g_l - 1 \approx g_l$$

再利用斯特林近似公式 $\ln m! = m\ln m - m$，于是得到

$$\ln\Omega_{B.E} = \sum_l [\ln(a_l + g_l)! - \ln a_l! - \ln g_l!] \qquad (2.8.4)$$

当 a_l 有 δa_l 的变化时，$\ln\Omega$ 有 $\delta\ln\Omega$ 的变化，使 Ω 为极大的分布也使 $\delta\ln\Omega = 0$，则

$$\delta\ln\Omega_{B.E} = \sum_l [\ln(a_l + g_l) - \ln a_l]\delta a_l = 0 \qquad (2.8.5)$$

把限制条件式（2.8.1）乘以待定乘子 α 和 β

$$\sum_l \alpha\delta a_l = 0, \quad \sum_l \beta\varepsilon_l\delta a_l = 0 \qquad (2.8.6)$$

并用式（2.8.5）减去条件式（2.8.6），得

$$\sum_l [\ln(a_l + g_l) - \ln a_l - \alpha - \beta\varepsilon_l]\delta a_l = 0 \qquad (2.8.7)$$

根据拉格朗日乘子法原理，式（2.8.7）中每一个 δa_l 的系数必须为零，则

$$\ln(a_l + g_l) - \ln a_l - \alpha - \beta \varepsilon_l = 0 \tag{2.8.8}$$

由此得到

$$a_l = \frac{g_l}{e^{\alpha + \beta \varepsilon_l} - 1} \tag{2.8.9}$$

式(2.8.9)称为玻色系统中粒子按能级的最概然分布,称为玻色-爱因斯坦分布,简称玻色分布。其中待定乘子 α 和 β 由下式所确定

$$\sum_l \frac{g_l}{e^{\alpha + \beta \varepsilon_l} - 1} = N, \quad \sum_l \frac{\varepsilon_l g_l}{e^{\alpha + \beta \varepsilon_l} - 1} = E \tag{2.8.10}$$

2.8.2 费米分布

同理,对于费米分布 $\{a_l\}$ 的微观状态数

$$\Omega_{\text{F.D}} = \prod_l \frac{g_l!}{a_l!\,(g_l - a_l)!} \tag{2.8.11}$$

也可以用类似的方法推导出费米系统的最概然分布为

$$a_l = \frac{g_l}{e^{\alpha + \beta \varepsilon_l} + 1} \tag{2.8.12}$$

式(2.8.12)称为费米-狄拉克分布,简称费米分布。拉格朗日乘子 α 和 β 由以下条件确定:

$$\sum_l \frac{g_l}{e^{\alpha + \beta \varepsilon_l} + 1} = N, \quad \sum_l \frac{\varepsilon_l g_l}{e^{\alpha + \beta \varepsilon_l} + 1} = E \tag{2.8.13}$$

需要说明的是,在玻色分布与费米分布的推导中用了斯特林近似式,是建立在假设 $a_l \gg 1$, $g_l \gg 1$ 的条件上的,而实际中并不满足此条件,因此以上推导并不严格,可以用更严格的系综理论方法推导出同样的式子。

单粒子量子态的平均粒子数对上述最概然分布,若能级 ε_l 上有 g_l 个量子态,处在其中任何一个能量为 ε_s 的量子态上的平均粒子数应当是相同的,因此处在能量为 s 的量子态上的平均粒子数为

$$f_s = \frac{a_s}{g_s} = \frac{1}{e^{\alpha + \beta \varepsilon_s} \pm 1} \tag{2.8.14}$$

式中,"+"表示费米系统,"−"表示玻色系统,下同。则系统总粒子数 N 和能量 E 也可以对量子态求和:

$$N = \sum_s \frac{1}{e^{\alpha + \beta \varepsilon_s} \pm 1} \tag{2.8.15}$$

$$E = \sum_s \frac{\varepsilon_s}{e^{\alpha + \beta \varepsilon_s} \pm 1} \tag{2.8.16}$$

在许多问题中,常常将 α 和 β 都当作实验条件确定的已知参量。而由式(2.8.10)和式(2.8.13)确定系统的平均粒子数和内能。

例 2.8 分别计算玻色系统和费米系统中一个粒子占据某一个量子态的概率。

解 由式(2.8.14)可知一个量子态上平均占据的粒子数。根据等概率原理,所有粒子占据该量子态的概率相同。因此,一个粒子占据某一个量子态的概率是

$$\rho_s = \frac{f_s}{N} = \frac{a_s}{Ng_s} = \frac{1}{N}\frac{1}{e^{\alpha+\beta\varepsilon_s}\pm1}$$

式中，"＋"表示费米系统，"－"表示玻色系统。

2.9　三种最概然分布的关系

2.7 节与 2.8 节讨论了三种最概然分布：玻尔兹曼分布、玻色分布与费米分布，都是以等概率原理为基础的，其数学形式分别为

玻尔兹曼分布：

$$a_l = g_l e^{-\alpha-\beta\varepsilon_l} \tag{2.9.1}$$

玻色分布：

$$a_l = \frac{g_l}{e^{\alpha+\beta\varepsilon_l}-1} \tag{2.9.2}$$

费米分布：

$$a_l = \frac{g_l}{e^{\alpha+\beta\varepsilon_l}+1} \tag{2.9.3}$$

其中，参数 α 和 β 通过以下条件来确定：

$$\sum_l a_l = N, \quad \sum_l \varepsilon_l a_l = E \tag{2.9.4}$$

如果考虑 $e^{\alpha}\gg1$，则上面的式子都可以写成 $a_l = g_l e^{-\alpha-\beta\varepsilon_l}$，也就是说玻色分布与费米分布在一定条件下可以过渡到玻尔兹曼分布。而 $e^{\alpha}\gg1$，必有

$$\frac{a_l}{g_l} = \frac{1}{e^{\alpha+\beta\varepsilon_l}\pm1}\ll1$$

此即非简并性条件或经典极限条件(2.6 节)。

　　三种最概然分布的共同特点是适用于全同的近独立粒子系统(全同粒子，粒子间的相互作用弱或可忽略，系统的能量等于各粒子能量之和)，系统中的粒子按能级或量子态分布。对于粒子间相互作用不可忽略的系统，不能应用或直接应用这三种最概然分布。

　　值得注意的是，定域粒子组成的系统遵从玻尔兹曼分布。在满足非简并性条件 $a_l\ll g_l$ 下，玻色系统或费米系统也遵从玻尔兹曼分布，即三种系统的最概然分布 $\{a_l\}$ 是相同的。虽然分布相同，但是对应的微观状态数不同，玻尔兹曼分布的微观状态数为 $\Omega_{M.B}$，而玻色、费米系统的微观状态数为 $\Omega_{M.B}/N!$。对于有些与微观状态数有关的热力学量，例如熵与自由能，$1/N!$ 会起作用，两者的统计表达式有差异(第 3 章)。而由分布函数导出的热力学量，例如内能与状态方程，两者具有相同的统计表达式。

　　结合本章的介绍，应用最概然分布分析系统的平衡性质，可以总结为两个基本步骤。首先确定系统的物理模型，包括区分系统的性质是定域系统还是非定域的玻色系统、费米系统；可采用哪一种统计分布(玻尔兹曼分布、玻色分布、费米分布)、粒子的能级和能级的简并度。弄清物理模型后接下来可以求系统的内能、状态方程、熵等宏观物理量，第 3 章与第 4 章将按照这个思路通过计算配分函数或巨配分函数求出系统的宏观物理量。

本章思维导图

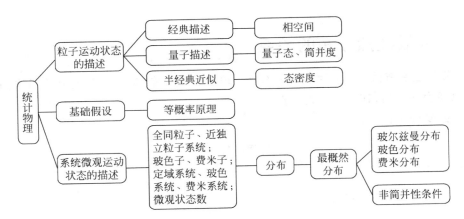

思考题

2-1   简述分布(宏观态)与微观态的区别。

2-2   简述微观粒子的经典描述与量子描述的异同点。

2-3   什么是相空间?

2-4   什么是半经典近似?说出其根据。

2-5   简述量子力学对粒子运动状态描写的特点。

2-6   系统的微观运动状态符合哪些统计规律?

2-7   简述能级分布的概念,以及什么是最概然分布。

2-8   自旋为半整数的全同粒子遵循何种统计规律?

2-9   简述引入等概率原理的合理性。

2-10   简述熵的统计意义。

2-11   简述三种统计系统的特点。

2-12   简述非简并条件(经典极限条件)。

2-13   讨论最概然分布的合理性。

习题

2-1   写出一维线性谐振子在 μ 空间的相体积元,计算振子能量在 $\varepsilon \sim \varepsilon + \mathrm{d}\varepsilon$ 内其运动代表点在 μ 空间所占据的相体积。

2-2   试证明一维空间中运动的自由粒子,在长度 L 内,能量在 $\varepsilon \sim \varepsilon + \mathrm{d}\varepsilon$ 内的量子态数为 $D(\varepsilon)\mathrm{d}\varepsilon = \dfrac{2L}{h}\left(\dfrac{m}{2\varepsilon}\right)^{1/2}\mathrm{d}\varepsilon$。

2-3   求一维线性谐振子在能量空间中的量子态密度。

2-4 求 N 个频率为 ω 的三维各向同性谐振子组成的系统能量在 $\varepsilon \sim \varepsilon + \mathrm{d}\varepsilon$ 内的微观状态数。

2-5 已知一维线性谐振子的能量为

$$\varepsilon = \frac{p^2}{2m} + \frac{1}{2}m\omega^2 x^2$$

试求能量在 $\varepsilon \sim \varepsilon + \mathrm{d}\varepsilon$ 内，一维线性谐振子的量子态数。

2-6 考虑由 2 个粒子组成的系统，每个粒子有三种可能的单粒子微观状态。请分别给出玻色系统、费米系统与玻尔兹曼系统可能的分布形式。

第3章

玻尔兹曼统计

本章根据玻尔兹曼分布讨论定域系统以及满足非简并条件(经典极限条件)的玻色系统、费米系统的热力学性质,分别以理想气体与顺磁性固体为例讨论应用问题。首先在3.1节推导热力学量的统计表达式。热力学量分为两类:一类是有直接对应的微观量如内能、压强、极化强度、磁化强度等,直接求统计平均就可以得到;另一类如热量、熵等,没有明显对应的微观量,可以通过与热力学公式类比的方法来建立。3.2节~3.6节将应用玻尔兹曼统计处理一些问题。

3.1 热力学量的统计表达式

3.1.1 配分函数 Z

考虑系统总粒子数

$$N = \mathrm{e}^{-\alpha} \sum_l g_l \mathrm{e}^{-\beta \varepsilon_l} = \mathrm{e}^{-\alpha} \sum_s \mathrm{e}^{-\beta \varepsilon_s}$$

那么定义一个函数 Z,令其满足下式:

$$Z = \sum_l g_l \mathrm{e}^{-\beta \varepsilon_l} = \sum_s \mathrm{e}^{-\beta \varepsilon_s} \tag{3.1.1}$$

将 Z 称为配分函数,指数项 $\mathrm{e}^{-\beta \varepsilon_s}$ 称为玻尔兹曼因子,属于能量为 ε_s 的量子态 s。配分函数 Z 又称为"态之和",是粒子各个量子态的玻尔兹曼因子之和。配分函数由粒子的能级 ε_l 和简并度 g_l 决定(都由粒子系统本身的性质决定)。

将式(3.1.1)分别代入玻尔兹曼分布的式(2.7.8)与式(2.7.10),可得到

$$a_l = \frac{N}{Z} g_l \mathrm{e}^{-\beta \varepsilon_l} \tag{3.1.2}$$

以及单粒子量子态的平均粒子数:

$$f(\varepsilon_s) = \mathrm{e}^{-\alpha - \beta \varepsilon_s} = \frac{N}{Z} \mathrm{e}^{-\beta \varepsilon_s} \tag{3.1.3}$$

其中,$\dfrac{N}{Z} = \mathrm{e}^{-\alpha}$。式(3.1.2)表示能级 ε_l 上的粒子数 a_l 与玻尔兹曼因子及能级简并度皆成

正比。从式(3.1.3)可以看出能量为 ε_s 的量子态的平均粒子数 $f(\varepsilon)$ 与玻尔兹曼因子成正比,而随能量的增高而迅速减少。由式(3.1.2)可以估计一个粒子在能级 ε_l 上出现的概率。根据 $\rho_l = \dfrac{a_l}{N}$,有

$$\rho_l = \frac{1}{Z} g_l \mathrm{e}^{-\beta \varepsilon_l} \tag{3.1.4}$$

3.1.2 β 的物理意义

不同粒子组成的两个系统进行热接触,可以证明达到平衡时具有相同的 β(证明过程参见附录)。从第1章介绍的热力学可知,此时两系统的温度应当是相等的。因此 β 具有温度 T 的特征,在玻尔兹曼分布中,β 越大,在能量为 ε_s 的量子态上的粒子数越少,说明 β 越大温度越低。因此可以定义温标为

$$T = \frac{1}{k_B \beta} \tag{3.1.5}$$

其中,k_B 称为玻尔兹曼常数,且 $k_B = 1.38 \times 10^{-23}$ J/K(此数值是摩尔气体常数与阿伏伽德罗常数的比值,$k_B = R/N_0$,R 为摩尔气体常数,N_0 表示阿伏伽德罗常数)。这里的 T 就是热力学中的绝对温度,即

$$\beta = \frac{1}{k_B T} \tag{3.1.6}$$

3.1.3 热力学公式

接下来以 pVT 系统为例,推导满足玻尔兹曼分布下基本热力学量与配分函数 Z 的关系。

1. 内能

考虑配分函数的形式式(3.1.1),得到

$$\frac{\partial Z}{\partial \beta} = -\sum_l g_l \varepsilon_l \mathrm{e}^{-\beta \varepsilon_l}$$

根据玻尔兹曼分布式(3.1.2),那么系统中粒子无规则运动的总能量

$$U = E = \sum_l \varepsilon_l a_l = \frac{N}{Z} \sum_l \varepsilon_l g_l \mathrm{e}^{-\beta \varepsilon_l} = -\frac{N}{Z} \frac{\partial Z}{\partial \beta} = -N \frac{\partial}{\partial \beta} \ln Z \tag{3.1.7}$$

这就是内能与配分函数的关系式。

2. 压强

当系统被压缩时,体积变化 δV,引起内能变化 $\delta U = -p \delta V$,则

$$p = -\frac{\partial U}{\partial V} = -\frac{\partial}{\partial V} \sum_l a_l \varepsilon_l \tag{3.1.8}$$

需要说明的是,自由粒子的能级是系统体积 V 的函数。体积改变时,系统的 ε_l 改变而 a_l 不变,从而引起 U 的改变(这是量子力学的结论),则可以把 a_l 作为常数进行微分,有

$$p = -\sum_l a_l \frac{\partial \varepsilon_l}{\partial V} \tag{3.1.9}$$

考虑玻尔兹曼分布式(3.1.2),得到

$$p = -\frac{N}{Z} \sum_l g_l e^{-\beta \varepsilon_l} \frac{\partial \varepsilon_l}{\partial V} \qquad (3.1.10)$$

同时考虑配分函数式(3.1.1),则式(3.1.10)可写为

$$p = \frac{N}{\beta} \frac{1}{Z} \frac{\partial Z}{\partial V} = \frac{N}{\beta} \frac{\partial}{\partial V} \ln Z \qquad (3.1.11)$$

这就是压强与配分函数的关系式。实际上是 p、V、T 之间的一个关系式,是系统的状态方程。

3. 熵

通过热力学第二定律,已知

$$dU = \delta W + \delta Q = \delta Q - p\,dV$$

而 $dS = \dfrac{\delta Q}{T} = \dfrac{1}{T}(dU + p\,dV)$。由前面求出的内能表达式(3.1.7)和压强表达式(3.1.11),可得

$$dU + p\,dV = -N d\left(\frac{\partial \ln Z}{\partial \beta}\right) + \frac{N}{\beta} \frac{\partial \ln Z}{\partial V} dV \qquad (3.1.12)$$

两边乘以 β 化为全微分:

$$\beta(dU + p\,dV) = -N\beta d\left(\frac{\partial \ln Z}{\partial \beta}\right) + N \frac{\partial \ln Z}{\partial V} dV \qquad (3.1.13)$$

考虑到 Z 是 β 和 V 的函数 $Z = (\beta, V)$,则 $\ln Z$ 的全微分如下:

$$d(\ln Z) = \frac{\partial \ln Z}{\partial \beta} d\beta + \frac{\partial \ln Z}{\partial V} dV \qquad (3.1.14)$$

代入式(3.1.13),则

$$\begin{aligned}
\beta(dU + p\,dV) &= -N\beta d\left(\frac{\partial \ln Z}{\partial \beta}\right) + N \frac{\partial \ln Z}{\partial V} dV \\
&= N\left[d(\ln Z) - \frac{\partial \ln Z}{\partial \beta} d\beta - \beta d\left(\frac{\partial \ln Z}{\partial \beta}\right)\right] \\
&= N d\left(\ln Z - \beta \frac{\partial \ln Z}{\partial \beta}\right)
\end{aligned} \qquad (3.1.15)$$

再代入 $\beta = \dfrac{1}{k_B T}$,即可得到

$$dS = N k_B d\left(\ln Z - \beta \frac{\partial \ln Z}{\partial \beta}\right) \qquad (3.1.16)$$

对上式积分,并令积分常数为 0,得

$$S = N k_B \left(\ln Z - \beta \frac{\partial \ln Z}{\partial \beta}\right) \qquad (3.1.17)$$

式(3.1.17)即熵与配分函数的关系,具有统计意义,称为熵的统计表达式。由式(3.1.17),再考虑

$$U = E = -N \frac{\partial}{\partial \beta} \ln Z \Rightarrow \frac{\partial \ln Z}{\partial \beta} = -\frac{E}{N}$$

则有

$$S = N k_B \left(\ln N + \alpha + \beta \frac{E}{N} \right) = k_B \left(N \ln N + \alpha N + \beta E \right) \tag{3.1.18}$$

代入约束条件 $\sum_l a_l = N$ 和 $\sum_l \varepsilon_l a_l = E$，则

$$S = k_B \left(N \ln N + \sum_l (\alpha + \beta \varepsilon_l) a_l \right) \tag{3.1.19}$$

而 $a_l = g_l e^{-\alpha - \beta \varepsilon_l} \Rightarrow \alpha + \beta \varepsilon_l = \ln \dfrac{g_l}{a_l}$，则

$$S = k_B \left(N \ln N - \sum_l a_l \ln a_l + \sum_l a_l \ln g_l \right) \tag{3.1.20}$$

又因为 $\Omega_{M.B} = \dfrac{N!}{\prod_l a_l!} \prod_l g_l^{a_l} \Rightarrow \ln \Omega_{M.B} = N \ln N - \sum_l a_l \ln a_l + \sum_l a_l \ln g_l$

则式(3.1.20)可写为

$$S = k_B \ln \Omega \tag{3.1.21}$$

式(3.1.21)称为玻尔兹曼关系。式中，Ω 是玻尔兹曼分布的微观状态数，S 表示该平衡态的熵。此公式提供了熵的统计意义：熵与系统的微观态数的联系，某分布对应的微观态数越大（混乱度越大），系统的熵越大。系统的统计熵是系统混乱度的量度。玻尔兹曼关系虽然是从平衡态的定域系统推导出的，但也适用于非定域系统。此公式还定义了非平衡条件下的熵（广义熵）。

4. 其他热力学函数

前面通过用配分函数 Z 分别表示了三个基本热力学函数，即内能、状态方程和熵，从而通过热力学公式，可以求出所有的热力学函数。例如，利用式(3.1.7)和式(3.1.17)，求得自由能与配分函数的关系

$$F = U - TS = -N \frac{\partial \ln Z}{\partial \beta} - T N k_B \left(\ln Z - \beta \frac{\partial \ln Z}{\partial \beta} \right) = -N k_B T \ln Z$$

通过以上例子，可以总结说明：对于一个系统，已知配分函数 Z，则可以求出任何热力学函数。配分函数是以 β、V 为变量的特性函数。而求 $Z = \sum_l g_l e^{-\beta \varepsilon_l} = \sum_s e^{-\beta \varepsilon_s}$，需要知道 g_l 和 ε_l。一个系统的 g_l 和 ε_l 可通过量子力学求出，或是对有关实验进行适当分析而得到。

3.1.4　其他简单系统

以上推导是以 pVT 系统为例进行的，所得结果可以推广到其他简单系统中。区别在于状态方程有所不同，可以用广义力与广义位移进行替换。设某个系统外界对它所做功为 $\delta W = Y dX$，Y 为广义力，dX 为对应的广义位移。对应 pVT 系统，广义力 Y 相当于 $-p$，用 $Y \to -p$ 表示，广义坐标 X 相当于 V，即 $X \to V$，于是式(3.1.11)改写为

$$Y = -\frac{N}{\beta} \frac{\partial}{\partial X} \ln Z \tag{3.1.22}$$

例 3.1　一个系统由 N 个近独立的线性谐振子组成，计算系统的内能和熵。

解　对于此系统，谐振子可分辨，是近独立的定域系，可用玻尔兹曼分布。计算内能和熵，必须先求出配分函数 Z，则需要了解系统的能级和简并度。

由量子力学的知识，$\varepsilon_n = \hbar\omega\left(n + \dfrac{1}{2}\right)$，$n = 0, 1, 2, \cdots$，一个能级对应一个量子态，简并度为 1。则

$$Z = \sum_{n=0}^{\infty} \mathrm{e}^{-\beta\hbar\omega\left(n+\frac{1}{2}\right)} = \mathrm{e}^{-\beta\hbar\omega/2} \sum_{n=0}^{\infty} \mathrm{e}^{-\beta\hbar\omega n} = \frac{\mathrm{e}^{-\frac{\beta\hbar\omega}{2}}}{1 - \mathrm{e}^{-\beta\hbar\omega}}$$

根据内能、熵与配分函数的关系，则

$$U = -N\frac{\partial}{\partial\beta}\ln Z = \frac{N\hbar\omega}{2} + \frac{N\hbar\omega}{\mathrm{e}^{\beta\hbar\omega} - 1}$$

$$S = Nk_B\left(\ln Z - \beta\frac{\partial\ln Z}{\partial\beta}\right) = Nk_B\left[\frac{\beta\hbar\omega}{\mathrm{e}^{\beta\hbar\omega} - 1} - \ln(1 - \mathrm{e}^{-\beta\hbar\omega})\right]$$

例 3.2   由 N 个近独立的一维线性谐振子组成的系统，振子能量为

$$\varepsilon_n = \hbar\omega\left(n + \frac{1}{2}\right), \quad n = 0, 1, 2, \cdots$$

求达到平衡态时振子处于第一激发态与基态的振子数比值。并分析该比值在系统温度很低时（接近于 0 K）的趋势。

解   基态能量为 $\varepsilon_0 = \dfrac{1}{2}\hbar\omega$，第一激发态能量为 $\varepsilon_1 = \dfrac{3}{2}\hbar\omega$。

谐振子系统可认为满足玻尔兹曼分布（请读者思考这是为什么），则

$$a_0 = \mathrm{e}^{-\alpha-\beta\varepsilon_0}, \quad f(\varepsilon_0) = \mathrm{e}^{-\alpha-\beta\varepsilon_0}$$

其中 $f(\varepsilon_0)$ 为处于 ε_0 的平均粒子数。

$$a_1 = \mathrm{e}^{-\alpha-\beta\varepsilon_1}, \quad f(\varepsilon_1) = \mathrm{e}^{-\alpha-\beta\varepsilon_1}$$

则

$$\frac{f(\varepsilon_1)}{f(\varepsilon_0)} = \frac{\mathrm{e}^{-\alpha-\beta\varepsilon_1}}{\mathrm{e}^{-\alpha-\beta\varepsilon_0}} = \frac{\mathrm{e}^{\frac{\frac{1}{2}\hbar\omega}{k_B T}}}{\mathrm{e}^{\frac{\frac{3}{2}\hbar\omega}{k_B T}}} = \mathrm{e}^{\frac{-\hbar\omega}{k_B T}}$$

当系统温度很低，即 $T \to 0$ 时，$\dfrac{f(\varepsilon_1)}{f(\varepsilon_0)} \to 0$，所有振子都处于基态 ε_0。

3.2   单原子分子理想气体的状态方程

对于统计物理的应用问题，要先着重弄清其物理模型和它所遵从的统计分布，在这个基础上着手计算某些物理量的平均值，然后将得到的计算结果与实验作比较，以判断物理模型的有效程度和进行修正的方向。本节按照这样的思路来讨论理想气体的运动统计规律。

这里只讨论单原子分子组成的气体，如氖、氩等，多原子分子因为自由度不同，分析方法略有不同，但单原子分子所得结果同样适用于双原子或多原子分子理想气体。

理想气体忽略分子间相互作用力的气体，因此经过修正后其气体能量可表示为各分子能量之和，即 $E = \sum\limits_{i=1}^{N}\varepsilon_i$。同时，理想气体分子的运动可以看作粒子在容器内自由运动。

通常情况下(室温与 1 个标准大气压左右)实际气体分子间作用力,即范德瓦尔斯力非常微弱,可忽略不计,所以实际气体可以近似为理想气体。实验表明,通常情况下实际气体满足非简并性条件 $\frac{a_l}{g_l}=f(\varepsilon)\ll 1$,其中 $f(\varepsilon)$ 是单粒子量子态平均粒子数,远远小于 1。则对于定域系以及满足非简并条件的非定域系,均遵从玻尔兹曼分布。所以理想气体可看成玻尔兹曼系统,那么能量为 ε 的量子态上的平均粒子数为 $f(\varepsilon)=e^{-\alpha-\beta\varepsilon}$。

3.2.1 配分函数

对于一般系统,已知 ε_l 和 g_l,则可求出 $Z=\sum_l g_l e^{-\beta\varepsilon_l}=\sum_s e^{-\beta\varepsilon_s}$,进而求出其他热力学量。对于理想气体,能级很密集,可按照连续处理。那对于 ε 从 0 到 ∞,有无穷多量子态,对应于无穷多能级 ε_l,该如何处理(如何变离散为连续)?

首先,分析气体分子能量在 $\varepsilon\sim\varepsilon+d\varepsilon$ 内的量子态数目:

$$dN(\varepsilon)=\frac{d\tau(\varepsilon)}{h^3}=2\pi V\left(\frac{2m}{h^2}\right)^{3/2}\varepsilon^{1/2}d\varepsilon=D(\varepsilon)d\varepsilon \tag{3.2.1}$$

对应于同一个玻尔兹曼因子 $e^{-\beta\varepsilon}$,在能量范围 $\varepsilon\sim\varepsilon+d\varepsilon$ 内,玻尔兹曼因子之和为 $D(\varepsilon)d\varepsilon\cdot e^{-\beta\varepsilon}$,再考虑 ε 从 0 到 ∞,则把能量分成小的间隔 $\varepsilon_i\sim\varepsilon_i+\Delta\varepsilon$,每个 $\Delta\varepsilon$ 范围内有 $D(\varepsilon_i)\Delta\varepsilon$ 个态,这些态的玻尔兹曼因子均为 $e^{-\beta\varepsilon_i}$,则

$$Z=\sum_i D(\varepsilon_i)\Delta\varepsilon e^{-\beta\varepsilon_i} \tag{3.2.2}$$

令 $\Delta\varepsilon\rightarrow 0$,则上述求和可过渡为积分,得到

$$Z=\int_0^\infty e^{-\beta\varepsilon}D(\varepsilon)d\varepsilon$$

$$=2\pi V\left(\frac{2m}{h^2}\right)^{3/2}\int_0^\infty \varepsilon^{1/2}e^{-\beta\varepsilon}d\varepsilon \tag{3.2.3}$$

令 $\varepsilon^{1/2}=x$,并利用特殊积分公式 $\int_0^\infty x^2 e^{-\beta x^2}dx=\frac{\pi^{1/2}}{4\beta^{3/2}}$,代入式(3.2.3)可得

$$Z=4\pi V\left(\frac{2m}{h^2}\right)^{3/2}\int_0^\infty x^2 e^{-\beta x^2}dx$$

$$=V\left(\frac{2\pi m}{\beta h^2}\right)^{3/2}$$

$$=V\left(\frac{2\pi m k_B T}{h^2}\right)^{3/2} \tag{3.2.4}$$

这就是单原子分子理想气体遵守玻尔兹曼分布的配分函数。接下来简略说明一般气体满足非简并条件。

根据式(3.1.1),总粒子数 $N=e^{-\alpha}Z$,则有

$$e^{-\alpha}=\frac{N}{Z}=\frac{N}{V}\left(\frac{h^2}{2\pi m k_B T}\right)^{3/2} \tag{3.2.5}$$

若 $e^{-\alpha}\ll 1$ 成立,则遵从玻尔兹曼统计分布的能量为 ε 的量子态上的平均粒子数为 $f(\varepsilon)=e^{-\alpha-\beta\varepsilon}=e^{-\alpha-\varepsilon/k_B T}\ll 1$ 也成立,即符合非简并条件。由式(3.2.5)可知,气体越稀薄,温度越

高,气体分子质量越大,越容易满足非简并条件。

3.2.2 内能

根据 3.1 节的介绍,内能与配分函数有如下关系:

$$U = -N \frac{\partial}{\partial \beta} \ln Z \tag{3.2.6}$$

将配分函数取对数有

$$\ln Z = \ln \left[V \left(\frac{2\pi m}{h^2} \right)^{3/2} \right] - \frac{3}{2} \ln \beta \tag{3.2.7}$$

代入式(3.2.6)则得到

$$U = \frac{3}{2} \frac{N}{\beta} = \frac{3}{2} N k_B T \tag{3.2.8}$$

其中,$N k_B$ 为常数,表明单原子分子理想气体内能只与系统温度有关,与压强和体积无关。

由式(3.2.8)求摩尔气体定容热容为

$$C_V = \left(\frac{\partial U}{\partial T} \right)_V = \frac{3}{2} N_0 k_B = \frac{3}{2} R \tag{3.2.9}$$

其中,R 为摩尔气体常数,N_0 表示阿伏伽德罗常数。此结果可与实验很好地符合。

3.2.3 压强

根据 3.1 节的介绍,压强与配分函数有如下关系:

$$p = \frac{N}{\beta} \frac{1}{Z} \frac{\partial Z}{\partial V} = \frac{N}{\beta} \frac{\partial}{\partial V} \ln Z \tag{3.2.10}$$

将配分函数式(3.2.4)取对数有

$$\ln Z = \ln V + \ln \left(\frac{2\pi m}{\beta h^2} \right)^{3/2} \tag{3.2.11}$$

代入式(3.2.10),则

$$p = \frac{N}{\beta V} \Rightarrow pV = N k_B T$$

而 $N = n N_0$,n 为摩尔数,则有

$$pV = n N_0 k_B T = nRT \tag{3.2.12}$$

此式即理想气体状态方程。通过统计物理理论推导出理想气体的状态方程,再次确定说明了 $\beta = 1/k_B T$ 中的 T 是绝对温度。

再将理想气体的状态方程与内能公式(3.2.8)相除,可得

$$p = \frac{2U}{3V} \tag{3.2.13}$$

上式给出了理想气体 p、V 和 U 之间的关系。这个公式不仅适用于遵从玻尔兹曼统计的理想气体,而且也适用于理想费米气体与玻色气体,只要满足气体中粒子的静止质量不为零(证明过程可参看第 4 章例题)。关于理想气体的熵将在 3.5 节介绍。

3.3 麦克斯韦速度分布律

本节利用玻尔兹曼分布研究理想气体分子的速度分布律。处于平衡状态下的气体分子运动速度的大小、方向各不相同,无法确定知道每个分子的速度或具有确定速度的分子数是多少。但从统计角度而言,平衡态气体分子的速度遵从某一规律。1859 年麦克斯韦用概率论率先得出了这一规律,如今称为麦克斯韦速度分布律。麦克斯韦速度分布律已被近代许多实验直接证实,如热电子发射实验、分子射线实验、光谱谱线的多普勒增宽实验等。

3.3.1 速度分布

设气体含有 N 个分子,体积为 V,处于平衡态,系统温度为 T。通常情况下,气体满足非简并性条件(经典极限条件),遵从玻尔兹曼分布。则能量为 ε 的量子态上的平均粒子数为

$$f(\varepsilon) = \frac{N}{Z} e^{-\frac{\varepsilon}{k_B T}} \tag{3.3.1}$$

考虑单原子分子的能量为

$$\varepsilon = \frac{1}{2m}(p_x^2 + p_y^2 + p_z^2)$$

在体积 V 内,分子在动量为 $p_x \sim p_x + \mathrm{d}p_x, p_y \sim p_y + \mathrm{d}p_y, p_z \sim p_z + \mathrm{d}p_z$ 内量子态的数目为

$$\frac{V \mathrm{d}p_x \mathrm{d}p_y \mathrm{d}p_z}{h^3}$$

则动量在 $\mathrm{d}p_x \mathrm{d}p_y \mathrm{d}p_z$ 内的粒子数为

$$\mathrm{d}N_p = f(\varepsilon) \frac{V \mathrm{d}p_x \mathrm{d}p_y \mathrm{d}p_z}{h^3} \tag{3.3.2}$$

把 3.2 节得到的配分函数式(3.2.4)及式(3.3.1)代入式(3.3.2),则有

$$\mathrm{d}N_p = N \left(\frac{1}{2\pi m k_B T}\right)^{3/2} e^{-\frac{1}{2m k_B T}(p_x^2 + p_y^2 + p_z^2)} \mathrm{d}p_x \mathrm{d}p_y \mathrm{d}p_z \tag{3.3.3}$$

考虑 p_x、p_y、p_z 与对应速度分量 v_x、v_y、v_z 的关系 $p_x = m v_x, \cdots$,代入式(3.3.3)求得气体分子中速度在 $v_x \sim v_x + \mathrm{d}v_x, v_y \sim v_y + \mathrm{d}v_y, v_z \sim v_z + \mathrm{d}v_z$ 内的分子数

$$\mathrm{d}N_p = N \left(\frac{m}{2\pi k_B T}\right)^{3/2} e^{-\frac{m}{2k_B T}(v_x^2 + v_y^2 + v_z^2)} \mathrm{d}v_x \mathrm{d}v_y \mathrm{d}v_z$$

$$= F(v_x, v_y, v_z) \mathrm{d}v_x \mathrm{d}v_y \mathrm{d}v_z \tag{3.3.4}$$

式中,$F(v_x, v_y, v_z)$ 称为麦克斯韦速度分布函数,且有

$$\iiint_\infty F(v_x, v_y, v_z) \mathrm{d}v_x \mathrm{d}v_y \mathrm{d}v_z = N$$

若考虑单位体积内气体分子中速度在 $v_x \sim v_x + \mathrm{d}v_x, v_y \sim v_y + \mathrm{d}v_y, v_z \sim v_z + \mathrm{d}v_z$ 范围内的

分子数,用气体体积 V 除式(3.3.4)的两边,得

$$
\begin{aligned}
\frac{\mathrm{d}N_p}{V} &= \frac{F(v_x, v_y, v_z)}{V} \mathrm{d}v_x \mathrm{d}v_y \mathrm{d}v_z \\
&= f(v_x, v_y, v_z) \mathrm{d}v_x \mathrm{d}v_y \mathrm{d}v_z \\
&= n \left(\frac{m}{2\pi k_B T}\right)^{3/2} \mathrm{e}^{-\frac{m}{2k_B T}(v_x^2 + v_y^2 + v_z^2)} \mathrm{d}v_x \mathrm{d}v_y \mathrm{d}v_z
\end{aligned}
\tag{3.3.5}
$$

其中,$n = \dfrac{N}{V}$ 为气体的粒子数密度,即单位体积内的粒子数。且满足

$$
\iiint_{\infty} f(v_x, v_y, v_z) \mathrm{d}v_x \mathrm{d}v_y \mathrm{d}v_z = n
$$

考虑任何一个分子,出现在 $v_x \sim v_x + \mathrm{d}v_x$,$v_y \sim v_y + \mathrm{d}v_y$,$v_z \sim v_z + \mathrm{d}v_z$ 内的概率,用分子总数 N 除式(3.3.4)的两边,得

$$
\begin{aligned}
\frac{\mathrm{d}N_p}{N} &= \frac{F(v_x, v_y, v_z)}{N} \mathrm{d}v_x \mathrm{d}v_y \mathrm{d}v_z \\
&= p(v_x, v_y, v_z) \mathrm{d}v_x \mathrm{d}v_y \mathrm{d}v_z \\
&= \left(\frac{m}{2\pi k_B T}\right)^{\frac{3}{2}} \mathrm{e}^{-\frac{m}{2k_B T}(v_x^2 + v_y^2 + v_z^2)} \mathrm{d}v_x \mathrm{d}v_y \mathrm{d}v_z
\end{aligned}
\tag{3.3.6}
$$

且有

$$
\iiint_{\infty} p(v_x, v_y, v_z) \mathrm{d}v_x \mathrm{d}v_y \mathrm{d}v_z = 1
$$

以上是单原子气体分子的麦克斯韦速度分布律,对多原子气体分子也是成立的。

例 3.3   求分子速度平方的平均值。

解   首先分析任一分子出现在 $v_x \sim v_x + \mathrm{d}v_x$,$v_y \sim v_y + \mathrm{d}v_y$,$v_z \sim v_z + \mathrm{d}v_z$ 的概率为

$$
p(v_x, v_y, v_z) = \left(\frac{m}{2\pi k_B T}\right)^{3/2} \mathrm{e}^{-\frac{m}{2k_B T}(v_x^2 + v_y^2 + v_z^2)}
$$

则分子在 x 方向速度平方的平均为(利用附录 D 的特殊积分计算)

$$
\begin{aligned}
\overline{v_x^2} &= \iiint v_x^2 p(v_x, v_y, v_z) \mathrm{d}v_x \mathrm{d}v_y \mathrm{d}v_z \\
&= \left(\frac{m}{2\pi k_B T}\right)^{\frac{3}{2}} \int_{-\infty}^{+\infty} v_x^2 \mathrm{e}^{-\frac{mv_x^2}{2k_B T}} \mathrm{d}v_x \int_{-\infty}^{+\infty} \mathrm{e}^{-\frac{mv_y^2}{2k_B T}} \mathrm{d}v_y \int_{-\infty}^{+\infty} \mathrm{e}^{-\frac{mv_z^2}{2k_B T}} \mathrm{d}v_z \\
&= \frac{k_B T}{m}
\end{aligned}
$$

同理,可计算出 $\overline{v_y^2} = \overline{v_z^2} = \dfrac{k_B T}{m}$。于是得到

$$
\frac{1}{2} m \overline{v_x^2} = \frac{1}{2} m \overline{v_y^2} = \frac{1}{2} m \overline{v_z^2} = \frac{1}{2} k_B T
$$

也就是说,速度在各坐标轴方向分量产生的动能相等,均为 $\dfrac{1}{2} k_B T$。

则分子平均动能为

$$\frac{1}{2}m\overline{v^2} = \frac{1}{2}m(\overline{v_x^2} + \overline{v_y^2} + \overline{v_z^2}) = \frac{3}{2}k_BT$$

从例 3.3 的结论说明：每个自由度所产生的动能为 $\frac{1}{2}k_BT$，能量按照自由度均分。另一方面平均动能只与温度有关，与温度成正比。说明热运动随着 T 的增加而加剧。

3.3.2 速率分布

上面解决了按(各坐标分量上)速度的分布，若只考虑速度的大小，即当孤立系统达到平衡态后，在 $v \sim v + dv$ 内的分子数分布。按速率分布的规律称为麦克斯韦速率分布律。

考虑用球坐标系代替直角坐标系(图 3.3.1)，有

$$dv_x dv_y dv_z = v^2 \sin\theta \, dv \, d\theta \, d\varphi$$

则式(3.3.4)对 θ 与 φ 积分可得在 $v \sim v + dv$ 内的分子数

$$F(v)dv = N\left(\frac{m}{2\pi k_BT}\right)^{\frac{3}{2}} e^{-\frac{mv^2}{2k_BT}} v^2 dv \int_0^{2\pi} d\varphi \int_0^{\pi} \sin\theta \, d\theta$$

$$= 4\pi N\left(\frac{m}{2\pi k_BT}\right)^{\frac{3}{2}} e^{-\frac{mv^2}{2k_BT}} v^2 dv \qquad (3.3.7)$$

与 $F(v_x, v_y, v_z)_z$ 类似，$F(v)$ 称为麦克斯韦速率分布函数，表示气体分子按速度大小的分布。同样，单位体积内的速率在 $v \sim v + dv$ 内的分子数可表示为

$$f(v)dv = \frac{F(v)dv}{V} = 4\pi n\left(\frac{m}{2\pi k_BT}\right)^{3/2} e^{-\frac{mv^2}{2k_BT}} v^2 dv \qquad (3.3.8)$$

式中，$n = N/V$，表示气体分子数密度。任一分子速率出现在 $v \sim v + dv$ 内的概率为

$$p(v)dv = \frac{F(v)dv}{N} = 4\pi\left(\frac{m}{2\pi k_BT}\right)^{3/2} e^{-\frac{mv^2}{2k_BT}} v^2 dv \qquad (3.3.9)$$

在确定的温度下，$p(v)$ 的函数图像如图 3.3.2 所示。

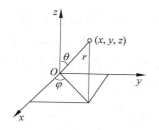

图 3.3.1 球坐标与直角坐标的关系

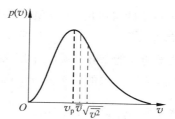

图 3.3.2 分子速率分布曲线

曲线下总面积为 1，即 $\int_0^\infty p(v)dv = 1$。v 较小和较大的粒子均少，出现的概率较小。其中 $p(v)$ 最大值对应的速率为 v_p，称为最概然速率。利用 $\frac{\partial p(v)}{\partial v} = 0$，可求得

$$v_p = \sqrt{\frac{2k_BT}{m}} \qquad (3.3.10)$$

从速率还可求得粒子的平均速率为

$$\bar{v} = \int_0^\infty v p(v) \mathrm{d}v = \sqrt{\frac{8k_\mathrm{B}T}{\pi m}} = \frac{2}{\sqrt{\pi}} v_\mathrm{p} > v_\mathrm{p} \qquad (3.3.11)$$

速率平方的平均为

$$\overline{v^2} = \int_0^\infty v^2 p(v) \mathrm{d}v = \frac{3k_\mathrm{B}T}{m} \qquad (3.3.12)$$

以及方均根速率为

$$\sqrt{\overline{v^2}} = \sqrt{\frac{3k_\mathrm{B}T}{m}} > \bar{v} \qquad (3.3.13)$$

三种速率之间的关系为 $\sqrt{\overline{v^2}} > \bar{v} > v_\mathrm{p}$。

3.4　能量均分定理

根据玻尔兹曼分布导出能量均分定理(equipartition theorem of energy),本节将介绍此重要定理并讨论定理的应用。

能量均分定理:处于温度为 T 的平衡态经典系统,粒子能量中的每个平方项的平均值为 $\frac{1}{2}k_\mathrm{B}T$。

3.4.1　能量均分定理的导出

粒子能量是动能 ε_k 与势能 ε_p 之和,其中动能可以表示为动量的平方项之和。势能有一部分可表示为平方项,那么粒子能量可表示为

$$\varepsilon = \frac{1}{2}\sum_{i=1}^r a_i p_i^2 + \frac{1}{2}\sum_{j=1}^s b_j q_j^2 + u(q_{s+1}, q_{s+2}, \cdots, q_r) \qquad (3.4.1)$$

式中,r 表示粒子的自由度,平方项的系数 a_i 和 b_j 都是正数,与广义动量 p_i 及广义坐标 q_j 无关,有可能是 $q_{s+1}, q_{s+2}, \cdots, q_r$ 这些无平方项广义坐标的函数。第一项,r 个广义动量的平方对应粒子的动能;第二项,s 个广义坐标对应粒子的势能,可表示成平方项;第三项,势能中不能表示成平方项的那部分 $(r-s)$ 个广义坐标对应势能。

在相体积元 $\mathrm{d}q_1 \mathrm{d}q_2 \cdots \mathrm{d}q_r \mathrm{d}p_1 \mathrm{d}p_2 \cdots \mathrm{d}p_r$ 内量子态数目为 $\dfrac{\mathrm{d}q_1 \cdots \mathrm{d}q_r \mathrm{d}p_1 \cdots \mathrm{d}p_r}{h^r}$,按照玻尔兹曼分布,每个量子态上的平均粒子数为 $\dfrac{N}{Z}\mathrm{e}^{-\beta\varepsilon}$,所以坐标和动量在 $\mathrm{d}q_1 \mathrm{d}q_2 \cdots \mathrm{d}q_r \mathrm{d}p_1 \mathrm{d}p_2 \cdots \mathrm{d}p_r$ 内的平均粒子数为

$$\mathrm{d}N = \frac{N}{Z}\mathrm{e}^{-\beta\varepsilon} \frac{\mathrm{d}q_1 \cdots \mathrm{d}q_r \mathrm{d}p_1 \cdots \mathrm{d}p_r}{h^r} \qquad (3.4.2)$$

则能量式(3.4.1)中任意一个平方项,比如 $\frac{1}{2}a_1 p_1^2$ 的平均值为

$$\left\langle \frac{1}{2}a_1 p_1^2 \right\rangle = \frac{1}{N} \int \frac{1}{2}a_1 p_1^2 \, \mathrm{d}N$$

$$= \frac{1}{Z} \int \frac{1}{2}a_1 p_1^2 \mathrm{e}^{-\beta\varepsilon} \frac{\mathrm{d}q_1 \cdots \mathrm{d}q_r \, \mathrm{d}p_1 \cdots \mathrm{d}p_r}{h^r} \qquad (3.4.3)$$

其中配分函数 $Z = \int \mathrm{e}^{-\beta\varepsilon} \dfrac{\mathrm{d}q_1 \cdots \mathrm{d}q_r \, \mathrm{d}p_1 \cdots \mathrm{d}p_r}{h^r}$。

若将第一个粒子的动能分离出来,其他所有粒子的动能与势能改写为

$$\varepsilon' = \varepsilon - \frac{1}{2}a_1 p_1^2$$

即能量 ε' 中不含第一个粒子广义动量 p_1 的部分,这样把关于 p_1 的积分单独分离出来,式(3.4.3)变为

$$\left\langle \frac{1}{2}a_1 p_1^2 \right\rangle = \frac{1}{Z} \int_{-\infty}^{+\infty} \frac{1}{2}a_1 p_1^2 \mathrm{e}^{-\frac{\beta a_1 p_1^2}{2}} \mathrm{d}p_1 \int \mathrm{e}^{-\beta\varepsilon'} \frac{\mathrm{d}q_1 \cdots \mathrm{d}q_r \, \mathrm{d}p_2 \cdots \mathrm{d}p_r}{h^r} \qquad (3.4.4)$$

利用分部积分,可计算

$$\int_{-\infty}^{+\infty} \frac{1}{2}a_1 p_1^2 \mathrm{e}^{-\frac{1}{2}\beta a_1 p_1^2} \mathrm{d}p_1 = -\int_{-\infty}^{+\infty} \frac{1}{2\beta} p_1 \mathrm{e}^{-\frac{1}{2}\beta a_1 p_1^2} \mathrm{d}\left(-\frac{\beta}{2}a_1 p_1^2\right)$$

$$= -\frac{1}{2\beta} \int_{-\infty}^{+\infty} p_1 \mathrm{d}(\mathrm{e}^{-\frac{1}{2}\beta a_1 p_1^2})$$

$$= -\frac{p_1}{2\beta} \mathrm{e}^{-\frac{1}{2}\beta a_1 p_1^2} \Big|_{-\infty}^{+\infty} + \frac{1}{2\beta} \int_{-\infty}^{+\infty} \mathrm{e}^{-\frac{1}{2}\beta a_1 p_1^2} \mathrm{d}p_1$$

$$= \frac{1}{2\beta} \int_{-\infty}^{+\infty} \mathrm{e}^{-\frac{1}{2}\beta a_1 p_1^2} \mathrm{d}p_1 \qquad (3.4.5)$$

最终可以得到

$$\left\langle \frac{1}{2}a_1 p_1^2 \right\rangle = \frac{1}{2\beta} = \frac{1}{2}k_B T$$

由于 p_1 的任意性,则可得到定理。运用类似的方法可以证明分子能量表达式(3.4.1)中的任一平方项的平均值都等于 $\frac{1}{2}k_B T$。

能量均分定理有广泛的应用,接下来讨论几个简单的例子。

3.4.2 能量均分定理的应用

1. 单原子分子气体的热容

在 3.2 节通过配分函数讨论了单原子分子气体的内能与热容,如果应用能量均分定理可以方便求出。单原子分子只有三项平动能

$$\varepsilon = \frac{1}{2m}(p_x^2 + p_y^2 + p_z^2)$$

所以根据能量均分定理,温度为 T 时,单原子分子的平均能量为

$$\bar{\varepsilon} = \frac{3}{2}k_B T$$

单原子分子组成的理想气体其内能为

$$U = \frac{3}{2} N k_{\mathrm{B}} T$$

定容热容为

$$C_V = \frac{3}{2} N k_{\mathrm{B}}$$

定压热容

$$C_p = \frac{5}{2} N k_{\mathrm{B}}$$

定压热容与定容热容之比为

$$\gamma = \frac{C_p}{C_V} = \frac{5}{3} = 1.667$$

γ 称为多方系数。从表 3.4.1 所列的实验数据可以看出理论结果与实验结果相符合。

表 3.4.1   单原子分子气体 γ 和 C_p 的实验值

气体	温度 T/K	γ	C_p/Nk_{B}
He	291	1.660	2.51
	93	1.673	
Ne	292	1.642	
Ar	288	1.65	2.54
	93	1.69	
Kr	292	1.689	
Xe	292	1.666	
Na	750～920	1.68	
K	660～1000	1.64	
Hg	548～629	1.666	

2. 双原子分子气体的热容

现在根据能量均分定理来讨论双原子分子的能量：

$$\varepsilon = \frac{1}{2m}(p_x^2 + p_y^2 + p_z^2) + \frac{1}{2I}\left(p_\theta^2 + \frac{1}{\sin^2\theta}p_\phi^2\right) + \left[\frac{1}{2\mu}p_r^2 + u(r)\right] \qquad (3.4.6)$$

式中，第一项为分子质心的平动能，m 为分子质量，等于两个原子质量之和，$m = m_1 + m_2$；第二项是分子绕质心运动的转动能，其中转动惯量 $I = \mu r^2$，$\mu = \dfrac{m_1 m_2}{m_1 + m_2}$ 是约化质量，r 是两个原子之间的距离；第三项是两个原子相对运动的能量，其中 $\dfrac{1}{2\mu}p_r^2$ 是相对运动的动能，$u(r)$ 是相互作用的势能。如果不考虑相对运动，第三项可视为零，于是式(3.4.6)中有 5 个平方项。根据能量均分定理，在温度为 T 时，双原子分子的平均能量为

$$\bar{\varepsilon} = \frac{5}{2}k_{\mathrm{B}}T \qquad (3.4.7)$$

系统内能 $U = N\bar{\varepsilon} = \dfrac{5}{2}Nk_{\mathrm{B}}T$，那么系统的摩尔定容热容为

$$C_{V,\mathrm{m}} = \left(\frac{\partial U}{\partial T}\right)_V = \frac{5}{2}N_0 k_{\mathrm{B}} = \frac{5}{2}R \qquad (3.4.8)$$

根据热力学中(气体的)定容热容与定压热容的关系,可得 $C_p = C_V + R = \frac{7}{2}R$,则定压热容与定容热容之比

$$\gamma = \frac{C_p}{C_V} = 1.40 \tag{3.4.9}$$

结合表 3.4.2 所列的一些实验数据,除了低温下的氢气,该理论结果与实验相符。对于低温下氢气热容的理论结果偏离实验结果的原因在于低温下分子转动运动的量子化效应明显,而经典理论无法描述这一贡献。另外,值得注意的是,光谱实验表明,假设两个原子保持一平衡距离作相对简谐振动更为合理。但是采用这样的假设,双原子分子的能量将有七个平方项(振动能量有两个平方项),那么根据能量均分定理得到的理论结果将与常温下的实验结果不符。事实上常温下分子振动对气体热容没有贡献,这个情况通过量子理论可以进行解释,分子振动的基态与激发态之间能级相差很大,在温度不高,热激发能不是很大的情形下,很难将它激发,所以常温下半经典近似适用。

表 3.4.2 双原子分子气体 γ 和 C_p 的实验值

气体	温度 T/K	γ	C_p/Nk_B
H_2	289	1.407	3.45
	197	1.453	
	92	1.597	
N_2	293	1.398	3.51
	92	1.419	3.38
O_2	293	1.398	3.51
	197	1.411	3.43
	92	1.404	3.47
CO	291	1.396	3.52
	93	1.417	3.40
NO	288	1.38	3.64
	228	1.39	
	193	1.38	
HCl	290~373	1.40	
HBr	284~373	1.43	
HI	293~373	1.40	

3. 杜隆-伯替定律

杜隆-伯替定律(Dulong-Petit rule)是 1818 年杜隆(Pierre Louis Dulong)和伯替(Alexis Thérèse Petit)通过实验总结得出,常温下固体的定压摩尔热容是 $C_{p,m} = 3R$。下面用能量均分定理(解释)导出该定律:固体中粒子(或原子)在其平衡位置附近作微小振动,假设此振动是相互独立的简谐振动,粒子在一个自由度上的能量(动能及振动势能)为:$\varepsilon = \frac{1}{2m}p^2 + \frac{1}{2}m\omega^2 q^2$,其中每一项在各坐标轴均有 3 个平方项。根据能量均分定理,在温度为 T 的固体中,一个原子的平均能量为 $\bar{\varepsilon} = 6 \times \frac{1}{2}k_B T = 3k_B T$。则固体内能为

$$U = N\bar{\varepsilon} = 3Nk_B T \tag{3.4.10}$$

摩尔定容热容为

$$C_{V,m} = \left(\frac{\partial U}{\partial T}\right)_V = 3N_0 k_B = 3R \tag{3.4.11}$$

式中，N_0 是阿伏伽德罗常数，R 为摩尔气体常数。

对于固体来说，$C_{p,m} \approx C_{V,m} = 3R$。需要说明的是，实验测得的定压热容 C_p 可通过热力学公式转换为 C_V，从而与理论结果相比较。式(3.4.11)得到的理论结果与实验定律在室温及高温下符合很好。但对于低温情况，实验结果发现固体的热容随温度降低得很快，且当温度趋近绝对零度时趋于零，即 C_V 与温度有关，这个现象用能量均分定理无法解释。此外，对于金属固体，实验发现温度在 3 K 以上自由电子热容与离子振动的热容相比可忽略不计，若按能量均分定理，两者具有相同的数量级，这一点无法解释。固体热容这方面的问题将在晶格振动部分(第 10 章)讨论。

4. 空腔的平衡热辐射问题

一个封闭的空腔，腔壁不停发射和吸收电磁波，经过一段时间以后，空腔内的电磁辐射达到平衡态，称为平衡辐射。此时空腔和腔壁具有温度 T。实验表明，平衡辐射具有完全确定的性质，与制备腔壁的材料无关，这一性质对研究工作十分有利。

空腔内的电磁波可以分解为无穷多个单色平面波(电场分量)：

$$E = E_0 e^{i(\boldsymbol{k} \cdot \boldsymbol{r} - \omega t)}$$

其中，ω 是平面波的角频率，$\boldsymbol{k}$ 是平面波的波矢量。对于电磁波，角频率的大小为

$$\omega = ck$$

c 是电磁波在真空中的传播速度。每个单色波，相应于辐射场的一个振动自由度。可以求出，在体积 V 内，在 $\omega \sim \omega + d\omega$ 的角频率范围内，辐射场的振动自由度为

$$D(\omega)d\omega = \frac{V}{\pi^2 c^3}\omega^2 d\omega \tag{3.4.12}$$

根据能量均分定理，温度为 T 时，每个振动自由度的平均能量为 $\bar{\varepsilon} = k_B T$（每个 E 有两个偏振方向，而每个方向上的平均能量是 $\frac{1}{2}k_B T$），则在体积 V 内，在 $\omega \sim \omega + d\omega$ 的角频率范围内平衡辐射的内能为

$$U(\omega)d\omega = D(\omega)k_B T d\omega = \frac{V}{\pi^2 c^3}\omega^2 k_B T d\omega \tag{3.4.13}$$

此式称为瑞利-金斯公式，是瑞利与金斯得到的。

从图 3.4.1 可以看出瑞利-金斯公式在低频率范围和实验结果符合得很好。在高频率范围差别很大，实验结果在有限温度及 ω 较大时，空腔对应的辐射能量反而减少，而根据瑞利-金斯公式，辐射能量仍然增加(这个显然是错误的结论，称为"紫外灾难")。

根据瑞利-金斯公式，在有限温度下平衡辐射的总能量是发散的：

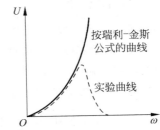

图 3.4.1 瑞利-金斯公式曲线与空腔
热辐射的实验曲线

$$U = \int_0^\infty U(\omega)\,d\omega = \frac{V}{\pi^2 c^3} \int_0^\infty \omega^2 k_B T\,d\omega \to \infty \tag{3.4.14}$$

根据经典理论,辐射场具有无穷多个振动自由度,能量均分定理给出每个振动自由度在温度为 T 时的平均能量为 $k_B T$,导致系统具有无穷大的内能,实际上这是不可能的。说明经典方法有一定的缺陷。普朗克考虑量子效应后提出量子概念解决了空腔平衡热辐射紫外灾难这个问题。这一部分将在第4章介绍。

综上所述,经典理论的能量均分定理既得到一些与实验相符的结果,又有许多结论与实验不符,这些问题将在量子理论中得到解决。

3.5　理想气体的混合熵

本节讨论单原子分子组成的理想气体的熵。

3.5.1　两种气体的混合

3.1节与3.2节已讨论单原子分子所组成的理想气体,其熵的表达式为

$$S = N k_B \left(\ln Z - \beta \frac{\partial \ln Z}{\partial \beta} \right) \tag{3.5.1}$$

代入理想气体配分函数

$$Z = V \left(\frac{2\pi m k_B T}{h^2} \right)^{3/2} \tag{3.5.2}$$

可以得到理想气体的熵公式:

$$\begin{aligned} S &= N k_B \left(\ln V + \frac{3}{2}\ln T + \frac{3}{2}\ln\frac{2\pi m k_B}{h^2} + \frac{3}{2} \right) \\ &= N k_B [\ln V + \sigma(T, m)] \end{aligned} \tag{3.5.3}$$

如果有两种气体混合,混合前,气体 A 体积为 V_1,气体 B 体积为 V_2,总熵为

$$S_i = N_1 k_B [\ln V_1 + \sigma(T, m_1)] + N_2 k_B [\ln V_2 + \sigma(T, m_2)] \tag{3.5.4}$$

混合后气体 A 与气体 B 占据的体积为 $(V_1 + V_2)$,所以总熵为

$$S_f = N_1 k_B [\ln(V_1 + V_2) + \sigma(T, m_1)] + N_2 k_B [\ln(V_1 + V_2) + \sigma(T, m_2)] \tag{3.5.5}$$

混合前后熵的变化是

$$\Delta S = S_f - S_i = N_1 k_B \ln\frac{V_1 + V_2}{V_1} + N_2 k_B \ln\frac{V_1 + V_2}{V_2} > 0 \tag{3.5.6}$$

式(3.5.6)表示当 A、B 是非同种气体,混合后熵增加,相当于 A、B 自由膨胀引起的熵增加(这个结论是正确的)。但用此式来讨论同种理想气体等温等压混合的熵变却得到错误的结果,即吉布斯佯谬(Gibbs paradox)。

3.5.2　吉布斯佯谬

如果 A、B 是同种气体,$m_1 = m_2$,相对分子质量相同,经过上述推导后,同样有 $\Delta S > 0$。

但实际上,T、V_1、V_2 均不变,整体状态不变,应有 $\Delta S = 0$。

吉布斯佯谬是经典统计物理无法解释的,之所以出现这种情况是因为熵公式(3.5.3)没有考虑到全同粒子的不可区分性。经典统计中全同粒子是可分辨的,不论是不同气体还是同种气体的混合都是扩散过程。而在量子力学中,全同粒子不可分辨,同种气体混合不构成扩散过程,前后的状态相同无法区分。

3.5.3　对熵公式的修正

在对熵公式(3.5.3)进行修正之前,我们先回顾这个公式是如何得到的。因为单原子分子组成的理想气体满足非简并条件,可以看成玻尔兹曼系统处理。对分布 $\{a_l\}$,其微观状态数为 $\Omega_{\text{M.B}} = \dfrac{N!}{\prod\limits_l a_l!} \prod\limits_l g_l^{a_l}$。在此基础上得到玻尔兹曼分布,得到熵公式(3.5.3)。但是理想气体并不是定域系统,需要考虑全同粒子不可区分性,在此情形下,量子统计的微观态数为

$$\Omega = \Omega_{\text{F.D}} = \Omega_{\text{B.E}} = \frac{1}{N!}\Omega_{\text{M.B}}$$

此时再根据玻尔兹曼关系得到熵的表达式:

$$S' = k_{\text{B}}\ln\Omega = k_{\text{B}}\ln\Omega_{\text{M.B}} - k_{\text{B}}\ln N! = S - k_{\text{B}}\ln N! \tag{3.5.7}$$

与原来的公式(3.5.3)相比,多了一项 $(-k_{\text{B}}\ln N!)$。将式(3.5.3)代入式(3.5.7),利用斯特林公式处理 $\ln N!$,得到修正后的熵公式:

$$S' = Nk_{\text{B}}\left(\ln\frac{V}{N} + \frac{3}{2}\ln T + \frac{3}{2}\ln\frac{2\pi m k_{\text{B}}}{h^2} + \frac{5}{2}\right) \tag{3.5.8}$$

用式(3.5.8)来解释同种气体混合后熵的变化,可得

$$S'_{\text{i}} = N_1 k_{\text{B}}\left[\ln\frac{V_1}{N_1} + \sigma(T, m)\right] + N_2 k_{\text{B}}\left[\ln\frac{V_2}{N_2} + \sigma(T, m)\right] \tag{3.5.9}$$

$$S'_{\text{f}} = (N_1 + N_2)k_{\text{B}}\left[\ln\left(\frac{V_1 + V_2}{N_1 + N_2}\right) + \sigma(T, m)\right] \tag{3.5.10}$$

$$\Delta S' = S'_{\text{f}} - S'_{\text{i}} = (N_1 + N_2)k_{\text{B}}\ln\frac{V_1 + V_2}{N_1 + N_2} - N_1 k_{\text{B}}\ln\frac{V_1}{N_1} - N_2 k_{\text{B}}\ln\frac{V_2}{N_2} \tag{3.5.11}$$

考虑单位体积粒子数相同,根据理想气体的状态方程,有 $\dfrac{V_1}{N_1} = \dfrac{V_2}{N_2} = \dfrac{V_1 + V_2}{N_1 + N_2}$,于是得到 $\Delta S' = 0$,修正后的熵公式符合实际情况。

3.6　顺磁性固体

前面介绍的理想气体模型是非定域系统,在满足经典极限条件下可用玻尔兹曼分布讨论热力学性质,但需要具体知道粒子的能级 ε_l 和能级简并度 g_l,通常情况下比较复杂。本节应用玻尔兹曼分布介绍在外场作用下顺磁性固体的热力学性质。

3.6.1　顺磁固体模型

假设顺磁性固体中磁性粒子定域在晶格中特定格点上，每个格点都有一个磁偶极子，如图 3.6.1(a)所示，密度低且彼此距离远，不考虑磁偶极子之间的相互作用，这样顺磁性固体可视为 N 个近独立磁偶极子组成的定域系统。此情形下顺磁性固体满足玻尔兹曼分布。只考虑外磁场对 N 个磁偶极子的作用，方向不同具有不同的能量。

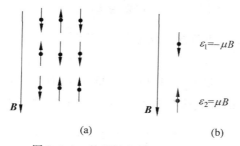

(a)　　　　　　　　(b)

图 3.6.1　外磁场中的顺磁性固体

根据物理知识，每个磁偶极子在外磁场中的势能 $\varepsilon = -\boldsymbol{\mu} \cdot \boldsymbol{B}$，其中 $\boldsymbol{B}$ 为外磁场的磁感应强度，$\boldsymbol{\mu}$ 为磁偶极子磁矩。这里只讨论最简单的模型，假设磁偶极子的自旋量子数为 $\frac{1}{2}$，那么系统中只有两种情况，磁偶极子平行或者反平行于外磁场。那么磁偶极子在外磁场中的能量可能取值只有两个：当磁矩沿着外磁场方向时 $\varepsilon_1 = -\mu B$，当磁矩与外磁场方向反向平行时 $\varepsilon_2 = \mu B$。每个能级对应 1 个量子态，简并度为 1。

3.6.2　磁偶极子的分布

当磁偶极子只有两个可能的量子态，两个能级，则系统的配分函数应当是两者之和：

$$Z = \mathrm{e}^{-\beta\varepsilon_1} + \mathrm{e}^{-\beta\varepsilon_2} = \mathrm{e}^{\mu B/k_\mathrm{B}T} + \mathrm{e}^{-\mu B/k_\mathrm{B}T} \tag{3.6.1}$$

为方便计算，令 $x = \dfrac{\mu B}{k_\mathrm{B}T}$，则

$$Z = \mathrm{e}^{x} + \mathrm{e}^{-x} \tag{3.6.2}$$

设磁矩平行于外磁场方向上的磁偶极子数 a_+，磁矩反向平行外磁场方向上的磁偶极子数 a_-。根据玻尔兹曼分布 $a_l = \dfrac{N}{Z} g_l \mathrm{e}^{-\beta\varepsilon_l}$，则有

$$\left.\begin{aligned} a_+ &= \frac{N}{Z}\mathrm{e}^{x} = N\,\frac{\mathrm{e}^{x}}{\mathrm{e}^{x} + \mathrm{e}^{-x}} \\ a_- &= \frac{N}{Z}\mathrm{e}^{-x} = N\,\frac{\mathrm{e}^{-x}}{\mathrm{e}^{x} + \mathrm{e}^{-x}} \end{aligned}\right\} \tag{3.6.3}$$

那么对于任何一个磁偶极子，沿外磁场方向或反平行于外磁场方向的概率为

$$\left.\begin{aligned} p_+ &= \frac{a_+}{N} = \frac{\mathrm{e}^{x}}{\mathrm{e}^{x} + \mathrm{e}^{-x}} \\ p_- &= \frac{a_-}{N} = \frac{\mathrm{e}^{-x}}{\mathrm{e}^{x} + \mathrm{e}^{-x}} \end{aligned}\right\} \tag{3.6.4}$$

p_+ 与 p_- 随 x 的变化如图 3.6.2 所示。接下来分两种情况讨论。

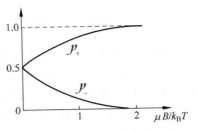

图 3.6.2　磁偶极子不同状态
出现的概率

（1）在外磁场很弱或高温极限条件下，平行与反平行外磁场的磁偶极子各占一半，概率为 0.5。这是因为 $\mu B \ll k_{\mathrm{B}} T$，$e^{\pm x} = e^{\pm \frac{\mu B}{k_{\mathrm{B}} T}} \approx 1$，根据式（3.6.4）得到 $p_+ = p_- = \dfrac{1}{1+1} = 0.5$。这个结果意味着在弱磁场或高温极限条件下，磁偶极子顺着磁场方向或逆磁场方向的机会均等，系统呈现混乱取向。

（2）在外场很强或低温极限下，磁化达到饱和，则所有磁偶极子方向都平行于外磁场，呈现完全有序的取向。这是因为 $\mu B \gg k_{\mathrm{B}} T$ 时，$e^x \to \infty$，$e^{-x} \to 0$，则

$$\left.\begin{aligned} p_+ &= \frac{e^x}{e^x + e^{-x}} = 1 \\ p_- &= \frac{e^{-x}}{e^x + e^{-x}} = 0 \end{aligned}\right\} \tag{3.6.5}$$

其他情况，反平行和平行外场的磁偶极子均以一定概率出现。

3.6.3　总磁矩

实验总结出某些磁介质遵守居里定律：$M = C\dfrac{\mathcal{H}}{T}$，统计物理对此是如何解释的？

顺磁性固体的总磁矩是各磁偶极子磁矩的矢量和，现有 a_+ 个磁矩沿磁场方向，a_- 个磁矩逆着磁场方向，因此总磁矩 $M = a_+ \mu + a_-(-\mu)$，将式（3.6.3）的 a_+ 和 a_- 代入总磁矩，可得

$$M = N\mu \frac{e^x - e^{-x}}{e^x + e^{-x}} = N\mu \tanh x \tag{3.6.6}$$

其中，$\tanh x$ 是 x 的双曲正切函数。式（3.6.6）给出了磁矩 M 与磁场 B 和温度 T 的关系，如图 3.6.3 所示。

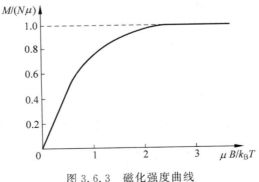

图 3.6.3　磁化强度曲线

（1）当弱磁场或高温极限时，$x \ll 1$，则 $\tanh x \approx x$，式（3.6.6）简化为

$$M = N\mu \tanh x \approx N\mu x = \frac{N\mu^2 B}{k_B T} = \frac{N\mu^2 \mu_0}{k_B} \frac{\mathcal{H}}{T} = C \frac{\mathcal{H}}{T} \tag{3.6.7}$$

这便是居里定律，式（3.6.7）中 $B = \mu_0 \mathcal{H}$，$\mathcal{H}$ 为磁场强度，μ_0 为真空磁导率，C 是居里常数。

（2）在强磁场或低温极限下，$x \gg 1$，则 $\tanh x \approx 1$，式（3.6.6）简化为

$$M = N\mu \tag{3.6.8}$$

这时所有磁偶极子都沿着磁场方向排列，这就是饱和磁化现象。

3.6.4　内能

根据内能公式（3.1.7），若考虑式（3.6.2），其中 $x = \dfrac{\mu B}{k_B T}$，则顺磁性固体的内能为

$$U = -N\mu B \frac{e^x - e^{-x}}{e^x + e^{-x}} = -N\mu \tanh x \tag{3.6.9}$$

另一方面也可以直接从分布求得内能如下：$U = E = \sum_l a_l \varepsilon_l = a_+ \varepsilon_1 + a_- \varepsilon_2$，则

$$U = \frac{N e^x}{e^x + e^{-x}}(-\mu B) + \frac{N e^{-x}}{e^x + e^{-x}}\mu B$$

$$= -N\mu \tanh x \tag{3.6.10}$$

所得结果与上面热力学公式的结果式（3.6.9）相同。

3.6.5　熵

将配分函数式（3.6.2）代入式（3.1.17），顺磁性固体的熵为

$$S = N k_B \ln Z + \frac{U}{T} = N k_B \left[\ln 2 + \ln(\cosh x) - x \tanh x \right] \tag{3.6.11}$$

在弱磁场或高温极限条件下，$x = \dfrac{\mu B}{k_B T} \ll 1$，这时有

$$\tanh x \approx x, \quad \ln(\cosh x) \approx \ln\left(1 + \frac{x^2}{2}\right) \approx \frac{1}{2}x^2$$

因此可得

$$S = N k_B \ln 2 = k_B \ln 2^N \tag{3.6.12}$$

此时近似于无外场情况，偶极子可能出现分布为向上概率 0.5，向下概率 0.5，系统的微观状态数为 2^N。

在强磁场或低温极限条件下，$x = \dfrac{\mu B}{k_B T} \gg 1$，这时 $\tanh x \approx 1$，$\cosh x = \dfrac{e^x + e^{-x}}{2} \approx \dfrac{1}{2}e^x$，由式（3.6.11）可得

$$S = 0 \tag{3.6.13}$$

此时磁偶极子完全指向同一方向，呈现完全有序的状态，混乱度为 0，系统的微观状态数为 1。

本章思维导图

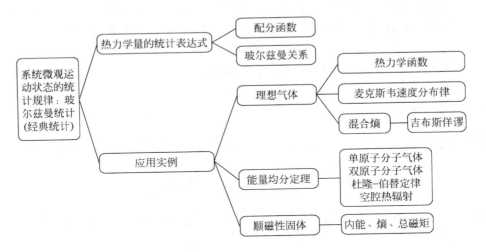

思考题

3-1 写出配分函数的数学表达式。

3-2 什么是玻尔兹曼因子？

3-3 什么是玻尔兹曼关系？

3-4 能量均分定理的内容是什么？

3-5 试简述能量均分定理对常温下固体热容的解释。

3-6 试简述能量均分定理对双原子分子热容的解释。

3-7 根据配分函数写出热力学函数焓和吉布斯函数。

3-8 吉布斯佯谬是如何产生的？

3-9 为什么电子、原子的相对振动对热容没有贡献？

3-10 试通过顺磁性固体的磁偶极子模型推导出居里定律。

习题

3-1 试求例 3.2 中振子的平均能量 $\bar{\varepsilon}$，并讨论在高温情形 $(k_{B}T \gg \hbar\omega)$ 下 $\bar{\varepsilon}$ 的近似值。

3-2 试求例 3.2 中计算达到平衡时能量 $\varepsilon \geqslant \varepsilon_{n}$ 的振子数。

3-3 极端相对论粒子的能量和动量的关系是 $\varepsilon = cp$，c 是光速，有 N 个这样的粒子组成的理想气体，处于温度为 T 的平衡态，体积为 V，求配分函数 Z。

3-4 试求习题 3-3 中气体的内能及热容。

3-5 粒子的能量表达式为 $\varepsilon = \dfrac{1}{2m}(p_{x}^{2} + p_{y}^{2} + p_{z}^{2}) + ax^{2} + bx$（$a, b$ 为常数），其运动状

态遵从玻尔兹曼统计规律,求粒子的平均能量。

3-6　气体以恒定速度 v_0 沿 z 方向作整体运动,求分子的平均平动能量。

3-7　求理想气体系统在热平衡温度 T 下的平均能量及最概然能量值。

3-8　表面活性物质的分子在液面上作二维自由运动,可以看作二维气体。试写出二维气体中分子的速度分布和速率分布。求平均速率、最概率速率以及方均根速率。

3-9　设一维线性谐振子能量的经典表达式为 $\varepsilon = \dfrac{1}{2m}p^2 + \dfrac{1}{2}m\omega^2 x^2$,试计算经典近似的振动配分函数、内能以及熵。

3-10　N 个弱耦合的粒子服从玻尔兹曼分布,每个粒子可处于能量为 0、ε 和 $-\varepsilon$ $(\varepsilon > 0)$ 三个能级中的任意一个,假设系统与温度为 T 的大热源接触,请计算：(1)系统的熵；(2)系统熵的极大值和极小值；(3)系统的配分函数和内能。

3-11　晶格中有 N 个独立离子,每个离子的自旋为 $1/2$,磁矩为 μ_0,系统处于均匀外磁场 B 中,温度为 T,试计算配分函数与平均能量。

第4章

玻色统计与费米统计

4.1 热力学量的统计表达式

第 3 章介绍了定域系统以及满足经典极限条件(非简并条件)的近独立粒子系统的玻尔兹曼统计。满足非简并条件的气体(不论是玻色子还是费米子)称为非简并气体,遵从玻尔兹曼分布。不满足的气体称为简并气体,用玻色分布或费米分布处理,包括热辐射的光子气体(理想玻色气体)、金属中的自由电子气体(近似看成理想费米气体)等。本章将用量子统计的方法讨论玻尔兹曼统计未解决的一个问题——空腔热辐射问题中的"紫外灾难"。我们将会看到微观粒子的全同性对简并气体宏观性质的影响。而关于金属的热容以及低温下固体的热容将在后续章节中讨论。

首先,找出类似玻尔兹曼分布的配分函数——巨配分函数,再利用该函数导出玻色分布以及费米分布状态下的热力学函数。先考虑玻色系统。

4.1.1 巨配分函数 Ξ 与内能 U

根据玻色分布 $a_l = \dfrac{g_l}{e^{\alpha+\beta\varepsilon_l}-1}$,玻色系统的内能是粒子无规则运动总能量的统计平均值:

$$
\begin{aligned}
U &= \sum_l \varepsilon_l a_l = \sum_l \frac{\varepsilon_l g_l}{e^{\alpha+\beta\varepsilon_l}-1} \\
&= \sum_l \frac{\varepsilon_l g_l e^{-\alpha-\beta\varepsilon_l}}{1-e^{-\alpha-\beta\varepsilon_l}}
\end{aligned}
\tag{4.1.1}
$$

假设引入一个函数 Ξ,使得 $U=-\dfrac{\partial\ln\Xi}{\partial\beta}$,将其与式(4.1.1)比较,得

$$
\ln\Xi = -\sum_l g_l \ln(1-e^{-\alpha-\beta\varepsilon_l})
\tag{4.1.2}
$$

$$
\Xi = \prod_l (1-e^{-\alpha-\beta\varepsilon_l})^{-g_l}
\tag{4.1.3}
$$

称 Ξ 为巨配分函数。

4.1.2　平均粒子数 $\overline{N}$ 和广义力 Y

系统的平均总粒子数由式(4.1.4)表示：

$$\overline{N} = \sum_l a_l = \sum_l \frac{g_l}{\mathrm{e}^{\alpha+\beta\varepsilon_l} - 1} = \sum_l \frac{g_l \mathrm{e}^{-\alpha-\beta\varepsilon_l}}{1 - \mathrm{e}^{-\alpha-\beta\varepsilon_l}} \tag{4.1.4}$$

将平均总粒子数 $\overline{N}$ 用 $\ln\varXi$ 表示：

$$\overline{N} = -\frac{\partial\ln\varXi}{\partial\alpha} \tag{4.1.5}$$

若外界对系统做功，$\delta W = Y\mathrm{d}y$，广义作用力 Y 是 $\dfrac{\partial\varepsilon_l}{\partial y}$ 的统计平均值：

$$Y = \frac{\partial U}{\partial y} = \sum_l a_l \frac{\partial\varepsilon_l}{\partial y} = \sum_l \frac{g_l}{\mathrm{e}^{\alpha+\beta\varepsilon_l} - 1} \frac{\partial\varepsilon_l}{\partial y} \tag{4.1.6}$$

其中，y 是相应的广义坐标，它的改变只引起系统能级 ε_l 的变化，而不影响 a_l。经过计算，最终可以得到广义作用力与巨配分函数的关系

$$Y = -\frac{1}{\beta} \frac{\partial\ln\varXi}{\partial y} \tag{4.1.7}$$

对于 pVT 系统，考虑 $Y \to -p$，$y \to V$，式(4.1.7)可改写为

$$p = \frac{1}{\beta} \frac{\partial\ln\varXi}{\partial V} \tag{4.1.8}$$

4.1.3　熵和玻尔兹曼因子

用类似玻尔兹曼统计的方法，可计算出玻色系统的熵：

$$S = k_{\mathrm{B}} \left(\ln\varXi - \alpha \frac{\partial\ln\varXi}{\partial\alpha} - \beta \frac{\partial\ln\varXi}{\partial\beta} \right) \tag{4.1.9}$$

对于玻色分布，也有 $\beta = \dfrac{1}{k_{\mathrm{B}}T}$。利用开放系统的系综理论(请自行阅读相关书籍)，还可以证明 $\alpha = -\dfrac{\mu}{k_{\mathrm{B}}T}$，其中 μ 表示玻色粒子的化学势。

综上所述，对于玻色系统，可以通过巨配分函数 $\varXi$ 计算基本热力学量，则可以利用得到的基本热力学函数计算出其他热力学量，从而确定系统的平衡性质。

在费米系统中，只需考虑巨配分函数改为以下形式：

$$\ln\varXi = -\sum_l g_l \ln(1 + \mathrm{e}^{-\alpha-\beta\varepsilon_l})$$

$$\varXi = \prod_l (1 + \mathrm{e}^{-\alpha-\beta\varepsilon_l})^{-g_l} \tag{4.1.10}$$

热力学量的统计表达式与玻色系统热力学公式具有相同的形式。

4.2　弱简并的玻色气体和费米气体

弱简并气体是指不满足非简并条件(即 $\mathrm{e}^{\alpha} \gg 1$)，但仍然有 $\mathrm{e}^{\alpha} > 1$ 的情形。弱简并性气体可以用类似玻尔兹曼分布的近似方法来讨论其热力学性质。简单起见，不考虑分子内部结

构,只考虑平动能,则分子能量为

$$\varepsilon = \frac{1}{2m}(p_x^2 + p_y^2 + p_z^2) \tag{4.2.1}$$

在体积 V 内,$\varepsilon \sim \varepsilon + \mathrm{d}\varepsilon$ 内,分子的可能微观状态数(可能存在的相轨道数)为

$$D(\varepsilon)\mathrm{d}\varepsilon = 2\pi V\eta \left(\frac{2m}{h^2}\right)^{3/2} \varepsilon^{1/2} \mathrm{d}\varepsilon \tag{4.2.2}$$

其中,η 是考虑分子自旋而引入的简并度。当分子自旋为 s 时,有 $\eta = 2s+1$。可能状态数与平均每状态(量子态)上平均粒子数的乘积对整个能量区间积分,则系统总分子数应为

$$N = \int \frac{1}{e^{a+\beta\varepsilon} \pm 1} D(\varepsilon)\mathrm{d}\varepsilon$$

$$= 2\pi V\eta \left(\frac{2m}{h^2}\right)^{3/2} \int \frac{\varepsilon^{1/2}}{e^{a+\beta\varepsilon} \pm 1} \mathrm{d}\varepsilon \tag{4.2.3}$$

式中,"+"表示费米气体,"−"表示玻色气体。

同理,系统的内能为

$$U = 2\pi V\eta \left(\frac{2m}{h^2}\right)^{3/2} \int \frac{\varepsilon^{3/2}}{e^{a+\beta\varepsilon} \pm 1} \mathrm{d}\varepsilon \tag{4.2.4}$$

方便推导起见,令 $x = \beta\varepsilon$,则式(4.2.3)、式(4.2.4)可写成

$$N = 2\pi V\eta \left(\frac{2mk_\mathrm{B}T}{h^2}\right)^{3/2} \int_0^\infty \frac{x^{1/2}\mathrm{d}x}{e^{a+x} \pm 1} \tag{4.2.5}$$

$$U = 2\pi V\eta \left(\frac{2mk_\mathrm{B}T}{h^2}\right)^{3/2} k_\mathrm{B}T \int_0^\infty \frac{x^{3/2}\mathrm{d}x}{e^{a+x} \pm 1} \tag{4.2.6}$$

考虑分式:

$$\frac{1}{e^{a+x} \pm 1} = \frac{1}{e^{a+x}(1 \pm e^{-a-x})}$$

式中,e^{-a-x} 是个小量,可将分式展开成级数,并取前两项得

$$\frac{1}{e^{a+x}(1 \pm e^{-a-x})} = e^{-a-x}(1 \mp e^{-a-x}) \tag{4.2.7}$$

把分式分别代入式(4.2.5)和式(4.2.6)并积分(参阅附录 D)计算出:

$$N = \eta \left(\frac{2\pi mk_\mathrm{B}T}{h^2}\right)^{3/2} V e^{-a} \left(1 \mp \frac{1}{2^{3/2}} e^{-a}\right) \tag{4.2.8}$$

$$U = \frac{3}{2}\eta \left(\frac{2\pi mk_\mathrm{B}T}{h^2}\right)^{3/2} V k_\mathrm{B}T e^{-a} \left(1 \mp \frac{1}{2^{5/2}} e^{-a}\right) \tag{4.2.9}$$

式(4.2.8)、式(4.2.9)相除得到

$$U = \frac{3}{2}Nk_\mathrm{B}T \left(1 \pm \frac{1}{4\sqrt{2}} e^{-a}\right) \tag{4.2.10}$$

式中,"+"代表费米系统,"−"代表玻色系统。由于 e^{-a} 很小,可将式(4.2.10)进一步通过玻尔兹曼分布的结果给出 e^{-a} 的具体形式:

$$e^{-a} = \frac{N}{V} \left(\frac{h^2}{2\pi mk_\mathrm{B}T}\right)^{3/2} \frac{1}{\eta} \tag{4.2.11}$$

在弱简并情况下,内能表达式(4.2.10)分为两部分。第一项是根据玻尔兹曼分布得到的内

能,增加的第二项附加内能是由于考虑到分子的全同性(此时玻色分布和费米分布不能通过非简并性条件利用玻尔兹曼分布的结果)。值得注意的是,对于费米系统,附加内能为正;对于玻色系统,附加内能为负。

4.3　光子气体

3.4.2节通过经典方法(由玻尔兹曼分布导出的能量均分定理)对空腔热辐射现象进行了解释,所得到的结论在低频范围内与实验相符,但在高频范围与实验不符(此结果称为"紫外灾难")。现在从粒子的观点,通过玻色分布来讨论这一问题,对空腔热辐射现象进行正确的解释。在平衡辐射中由于腔壁不断吸收和发射光子,光子数是不守恒的。这是光子气体的一个特点。

4.3.1　光子气体的分布函数,普朗克公式

物体由于具有温度而辐射电磁波,这种现象称为热辐射(物体在辐射电磁波的同时,还可以吸收电磁波,并达到动态平衡)。吸收辐射的物体称为黑体。完全吸收辐射的称为绝对黑体。黑体也可以辐射电磁波,这种现象称为黑体辐射。通常将绝对黑体的辐射称为空腔辐射场。把空腔内的辐射场看作光子气体。光子是准粒子,从粒子论的角度讲,光子遵从德布罗意关系

$$\begin{cases} \varepsilon = \hbar\omega \\ \boldsymbol{p} = \hbar\boldsymbol{k} \end{cases} \tag{4.3.1}$$

其中,$\boldsymbol{k}$ 称为波矢,是电磁波方向上单位长度中的波数。因 $\omega = ck$,得到光子的能量动量关系:

$$\varepsilon = cp \tag{4.3.2}$$

光子为玻色子,其自旋量子数 $s = 1$,光子气体遵从玻色分布,单粒子量子态上的平均粒子数为

$$f(\varepsilon) = \frac{1}{e^{\alpha + \beta\varepsilon} - 1}$$

一方面,由于吸收发射光子,总粒子数不守恒。$\sum_l a_l \neq$ 常数,则只需要引入一个乘子 β。另一方面,当空腔内辐射达到平衡,则平均粒子数改变对应的自由能为极小值(平衡条件):$\left(\dfrac{\partial F}{\partial N}\right)_{T,V} = 0$。而通过热力学的知识可知在低温条件下化学势 $\mu = -\left(\dfrac{\partial F}{\partial N}\right)_{T,V} = 0$,对应 $\alpha = -\dfrac{\mu}{k_B T} = 0$,则单粒子量子态上的平均粒子数(简化表示)为

$$f(\varepsilon) = \frac{1}{e^{\varepsilon/k_B T} - 1}$$

代入 $\varepsilon = \hbar\omega$,考虑某一对应频率为 ω 的量子态,平均粒子数为

$$f(\varepsilon) = \frac{1}{e^{\hbar\omega/k_B T} - 1} \tag{4.3.3}$$

在体积为 V 的空腔内,动量从 $p \sim p + \mathrm{d}p$ 的量子态数为 $\dfrac{V}{h^3} 4\pi p^2 \mathrm{d}p$;考虑光是横波,对

应同样的动量 p 有两个相互正交的偏振方向,量子态的数目应当加倍,所以是 $\dfrac{V}{h^3} 8\pi p^2 \mathrm{d}p$。

把光子的能量与动量的关系 $\varepsilon = cp$,以及 $\varepsilon = \hbar\omega$ 代入,则量子态数目为

$$8\pi \frac{V}{h^3} \frac{\hbar^3 \omega^2 \mathrm{d}\omega}{c^3} \tag{4.3.4}$$

考虑到普朗克常量 $h = 2\pi\hbar$,频率在 $\omega \sim \omega + \mathrm{d}\omega$ 内的量子态数目为

$$g(\omega)\mathrm{d}\omega = \frac{V}{\pi^2 c^3} \omega^2 \mathrm{d}\omega \tag{4.3.5}$$

式(4.3.5)再乘以能量为 $\hbar\omega$ 的量子态平均粒子数公式(4.3.3),则光子在 $\omega \sim \omega + \mathrm{d}\omega$ 内的数目为

$$\mathrm{d}N(\omega) = f(\omega) \cdot g(\omega)\mathrm{d}\omega = \frac{V}{\pi^2 c^3} \frac{\omega^2 \mathrm{d}\omega}{\mathrm{e}^{\hbar\omega/k_\mathrm{B}T} - 1} \tag{4.3.6}$$

在频率范围 $\omega \sim \omega + \mathrm{d}\omega$ 内的光子能量为

$$U(\omega, T)\mathrm{d}\omega = \hbar\omega \mathrm{d}N(\omega) = \frac{V}{\pi^2 c^3} \frac{\hbar\omega^3 \mathrm{d}\omega}{\mathrm{e}^{\hbar\omega/k_\mathrm{B}T} - 1} \tag{4.3.7}$$

用空腔体积除以上式,得到单位体积在 $\omega \sim \omega + \mathrm{d}\omega$ 内的辐射能量为

$$u(\omega, T)\mathrm{d}\omega = \frac{U(\omega, T)\mathrm{d}\omega}{V} \tag{4.3.8}$$

如果考虑光子的角频率 ω 与频率 ν 的关系 $\nu = \dfrac{\omega}{2\pi}$,式(4.3.8)可表示为另一种形式:

$$\rho(\nu, T)\mathrm{d}\nu = \frac{8\pi}{c^3} \frac{h\nu^3 \mathrm{d}\nu}{\mathrm{e}^{h\nu/k_\mathrm{B}T} - 1} \tag{4.3.9}$$

$\rho(\nu, T)$ 称为辐射能量谱密度,表示辐射场能量密度按频率的分布。式(4.3.9)称为普朗克公式。此公式意义重大,当时瑞利-金斯用传统理论推导出辐射能量 $\dfrac{8\pi\nu^2 \mathrm{d}\nu}{c^3}$,在低频段符合实验结论,但在高频段出现了"紫外灾难";而普朗克首次用光能量按 $\hbar\omega$ 传播,得到式(4.3.9),解决了"紫外灾难"问题,是量子理论的萌芽。根据普朗克公式,辐射场的能量密度随频率 ω 的分布有极大值 ω_m,可由 $\dfrac{\partial u(\omega, T)}{\partial \omega} = 0$ 确定。通过计算可知,极大值 ω_m 与温度成正比,即 $\omega_\mathrm{m} \propto T$,随着温度的升高,分布极大值向高频方面移动。这个结论称为维恩位移定律。

现在来看看普朗克公式在高频与低频范围内的极限结果。低频情况下($\hbar\omega/k_\mathrm{B}T \ll 1$),$\mathrm{e}^{\frac{\hbar\omega}{k_\mathrm{B}T}} \approx 1 + \dfrac{\hbar\omega}{k_\mathrm{B}T}$,式(4.3.7)近似为

$$U(\omega, T)\mathrm{d}\omega = \frac{V}{\pi^2 c^3} \omega^2 k_\mathrm{B} T \mathrm{d}\omega \tag{4.3.10}$$

此式正是之前介绍的瑞利-金斯公式。在高频情况下($\hbar\omega/k_\mathrm{B}T \gg 1$),$\mathrm{e}^{\frac{\hbar\omega}{k_\mathrm{B}T}} \gg 1$,那么可忽略

式(4.3.6)中分母的-1,得到

$$U(\omega, T)\mathrm{d}\omega = \frac{V}{\pi^2 c^3}\hbar\omega^3 \mathrm{e}^{-\frac{\hbar\omega}{k_\mathrm{B}T}}\mathrm{d}\omega \tag{4.3.11}$$

此式与 1896 年维恩的经验公式结果相符合。当$\hbar\omega \gg k_\mathrm{B}T$ 时,$U(\omega, T)$随ω 的增加而迅速趋近于零。

4.3.2 光子气体的热力学量

1. 通过巨配分函数求解

讨论光子气体的热力学量可根据玻色分布的理论,先求巨配分函数Ξ,然后再求热力学量。下面通过巨配分函数求光子气体的内能、压强和熵。对于光子气体,巨配分函数的对数为

$$\ln\Xi = -\sum_l g_l \ln(1 - \mathrm{e}^{-\alpha - \beta\varepsilon_l})$$

$$= -\frac{V}{\pi^2 c^3}\int_0^\infty \omega^2 \ln(1 - \mathrm{e}^{-\beta\hbar\omega})\mathrm{d}\omega$$

为方便计算引入 $x = \dfrac{\hbar\omega}{k_\mathrm{B}T}$,上式可表示为

$$\ln\Xi = -\frac{V}{\pi^2 c^3}\frac{1}{(\beta\hbar)^3}\int_0^\infty x^2 \ln(1 - \mathrm{e}^{-x})\mathrm{d}x \tag{4.3.12}$$

采用分部积分法,积分(参阅附录 D)求得

$$\ln\Xi = \frac{\pi^2 V}{45 c^3}\frac{1}{(\beta\hbar)^3} \tag{4.3.13}$$

从而得到光子气体的内能:

$$U = -\frac{\partial\ln\Xi}{\partial\beta} = \frac{\pi^2 k_\mathrm{B}^4 V}{15 c^3 \hbar^3}T^4 \tag{4.3.14}$$

从式(4.3.14)可以看出平衡辐射的内能与绝对温度的四次方成正比,与体积成正比。光子气体的压强为

$$p = \frac{1}{\beta}\frac{\partial\ln\Xi}{\partial V} = \frac{\pi^2 k_\mathrm{B}^4}{45 c^3 \hbar^3}T^4 \tag{4.3.15}$$

此式表明光子气体的压强与空腔体积无关,与温度的四次方成正比。与式(4.3.14)比较,得到

$$p = \frac{1}{3}\frac{U}{V} \tag{4.3.16}$$

光子气体的熵:

$$S = k_\mathrm{B}\left(\ln\Xi - \beta\frac{\partial\ln\Xi}{\partial\beta}\right) = k_\mathrm{B}(\ln\Xi + \beta U) = \frac{4\pi^2 k_\mathrm{B}^4 V}{45 c^3 \hbar^3}T^3 V \tag{4.3.17}$$

此式表明光子气体的熵与其体积成正比,与温度的三次方成反比。光子气体的熵随 $T \to 0$ 而趋于零,符合热力学第三定律的要求。

2. 通过普朗克公式求解内能

通过先求巨配分函数再求热力学量的这种方法比较麻烦,可直接利用光子气体辐射能

量的分布公式,即普朗克公式求出系统的内能。体积为 V 的光子气体,频率在 $\nu \sim \nu + \mathrm{d}\nu$ 的能量密度为 $\rho(\nu, T)\mathrm{d}\nu$,则总能量为

$$U = \int_0^\infty V\rho(\nu, T)\mathrm{d}\nu = \frac{8\pi V}{c^3}\int_0^\infty \frac{h\nu^3 \mathrm{d}\nu}{\mathrm{e}^{h\nu/k_BT} - 1}$$

由附录 D 查询特殊积分的计算最终可以计算出:

$$U = bVT^4, \quad \text{其中 } b = \frac{\pi^2 k_B^4}{15c^3\hbar^3} \tag{4.3.18}$$

现在导出光子气体压强的表达式。借用普通物理中有关理想气体的压强公式

$$p = \frac{1}{3}\frac{N}{V}m\bar{v}^2 \tag{4.3.19}$$

$\bar{v}^2$ 为分子速度平方的平均值。光子静止质量为零,以速度 c 运动,频率为 ν 的光子能量为 $\varepsilon = h\nu$。设空腔内频率为 ν 的光子有 N_ν 个,根据式(4.3.19),这种光子对压强的贡献为

$$p_\nu = \frac{1}{3}\frac{N_\nu}{V}\frac{h\nu}{c^2}c^2 = \frac{1}{3}\frac{N_\nu h\nu}{V} = \frac{1}{3}u_\nu \tag{4.3.20}$$

式中,u_ν 是频率为 ν 的光子能量密度,p_ν 是频率为 ν 的光子产生的压强。所以各频率光子产生的总压强为

$$p = \sum_\nu p_\nu = \frac{1}{3}\sum_\nu u_\nu = \frac{1}{3}u = \frac{1}{3}\frac{U}{V} = \frac{1}{3}bT^4 \tag{4.3.21}$$

现在导出光子气体的熵的表达式。根据式(1.8.6)

$$\mathrm{d}U = T\mathrm{d}S - p\mathrm{d}V + \mu\mathrm{d}N$$

可得

$$\left(\frac{\partial S}{\partial U}\right)_{N,V} = \frac{1}{T}$$

对此式积分得

$$S = \int_0^T \frac{\delta U}{T} + S_0$$

将式(4.3.18)代入上述积分式,可得

$$S = \int_0^T 4bVT^2 \mathrm{d}T + S_0 = \frac{4}{3}bVT^3 + S_0 \tag{4.3.22}$$

式中,S_0 是绝对零度时光子气体的熵,此时系统只有一个微观态 $\Omega_0 = 1$。根据玻尔兹曼关系 $S_0 = k_B\ln\Omega_0 = 0$。将此结果代入式(4.3.22)得到

$$S = \frac{4}{3}bVT^3 \tag{4.3.23}$$

4.4　玻色-爱因斯坦凝聚

在之前的章节中读者对光子已有初步的概念,其能量 $\varepsilon = \hbar\omega = h\nu$,动量 $\boldsymbol{p} = \hbar\boldsymbol{k} = \frac{h}{\lambda}\boldsymbol{n}$,能量动量关系 $\varepsilon = pc$,静止质量 $m_0 = 0$,运动质量不为零,运动速度为 c,化学势为零,则拉格朗

日乘子 $\alpha = -\dfrac{\mu}{k_B T} = 0$。高温条件时满足非简并性条件,可作为经典气体处理,其中部分内容在第 3 章中已经介绍。本节将介绍玻色气体在低温条件下独特的性质——玻色-爱因斯坦凝聚(Bose-Einstein condensate,BEC)。

4.4.1 玻色-爱因斯坦凝聚理论描述

对费米系统,温度为 0 K 时,由于泡利不相容原理,粒子并不都集中在基态;对玻色系统,温度为 0 K 时,所有粒子都处于基态,基态粒子数等于系统总粒子数,$N_0 = N$,如图 4.4.1 所示。

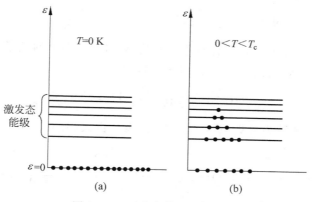

图 4.4.1 玻色气体的微观状态

当 $T > 0$ K 时,一部分粒子被激发到激发态,基态粒子数 $N_0 = N - N'$,其中 N' 为激发态上的粒子数。温度继续升高,基态粒子数减少,激发态粒子数增多,但两者仍可以相比拟;当温度升高到某个临界值 $T > T_c$,基态上的粒子数变得很小,$N_0 \approx 0$,激发态粒子数 $N' \approx N$。反过来,可以这么认为,当玻色气体的温度被降低到临界温度 $T < T_c$ 时,玻色子会由激发态向基态凝聚(速度比 $T_c > T > 0$ K 快)。这个现象就称为玻色-爱因斯坦凝聚。其中 T_c 表示凝聚温度,也称临界温度。

值得注意的是,并不是当 $T \approx 0$ K 时,才有大量粒子趋于基态,而是当 $T < T_c$ 时就开始了。化学势 μ 在低温下的性质可以定性解释玻色-爱因斯坦凝聚现象。

1. 化学势

为了进一步讨论玻色-爱因斯坦凝聚,先讨论玻色粒子的化学势 μ 在低温下的特性。能量为 ε_s 的单粒子量子态上的平均粒子数为

$$f(\varepsilon_s) = \frac{1}{e^{(\varepsilon - \mu)/k_B T} - 1} \tag{4.4.1}$$

由于 $f(\varepsilon_s) \geq 0$,要求所有能级都满足 $\varepsilon_s - \mu \geq 0$。这就是说,理想玻色气体的化学势低于粒子最低能级的能量。不失一般性,取基态 $\varepsilon_0 = 0$,则有基态 $f(\varepsilon_s) \geq 0$,$\mu \leq 0$。根据式(4.4.1)对所有量子态求和,得到玻色气体的总粒子数为

$$N = \sum_s \frac{1}{e^{(\varepsilon_s - \mu)/k_B T} - 1} \tag{4.4.2}$$

基态粒子数：

$$N_0(T) = \frac{1}{e^{-\mu/k_B T} - 1} \qquad (4.4.3)$$

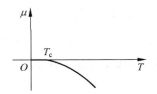

图 4.4.2　理想玻色气体的化学势随温度的变化

在粒子数 N 守恒情况下，化学势 μ 随温度降低而增大，变化情况如图 4.4.2 所示。当温度降到某一临界值 $T \to T_c$ 时，$\mu \to 0$；当 $T > T_c$ 时，$\mu < 0$。接下来分析为什么当 $T < T_c$ 后，基态粒子数 $N_0(T)$ 与总粒子数 N 可比拟。

2. 基态上的粒子数

凝聚在基态上的粒子数可写成

$$N_0(T) = N - N'(T) = N\left[1 - \frac{N'(T)}{N}\right] \qquad (4.4.4)$$

从上式可知要求出 $N_0(T)$，需通过计算总粒子数 N 与激发态上的粒子数 $N'(T)$。考虑体积 V 中，粒子在 $\varepsilon \sim \varepsilon + d\varepsilon$ 能量范围内的量子态数为

$$D(\varepsilon)d\varepsilon = 2\pi\eta V\left(\frac{2m}{h^2}\right)^{3/2} \varepsilon^{1/2} d\varepsilon \qquad (4.4.5)$$

在此能量范围内的粒子数为 $dN(\varepsilon) = f(\varepsilon)D(\varepsilon)d\varepsilon$。由式(4.4.5)可知 $D(\varepsilon = 0) = 0$，则非基态粒子数为

$$N'(T) = \int_0^\infty f(\varepsilon)D(\varepsilon)d\varepsilon = 2\pi\eta V\left(\frac{2m}{h^2}\right)^{3/2} \int_0^\infty \frac{\varepsilon^{1/2} d\varepsilon}{e^{(\varepsilon-\mu)/k_B T} - 1} \qquad (4.4.6)$$

当系统温度小于临界温度 T_c 时($T < T_c$)，化学势 $\mu \to 0$，则式(4.4.6)有如下形式：

$$N'(T) = 2\pi\eta V\left(\frac{2m}{h^2}\right)^{3/2} \int_0^\infty \frac{\varepsilon^{1/2} d\varepsilon}{e^{\varepsilon/k_B T} - 1} \qquad (4.4.7)$$

而当系统温度大于临界温度 T_c 时，基态粒子数可忽略不计，这时

$$N = N'(T_c) = 2\pi\eta V\left(\frac{2m}{h^2}\right)^{3/2} \int_0^\infty \frac{\varepsilon^{1/2} d\varepsilon}{e^{(\varepsilon-\mu)/k_B T_c} - 1} \qquad (4.4.8)$$

将式(4.4.7)与式(4.4.8)积分后相比较，结果有

$$\frac{N'(T)}{N} = \left(\frac{T}{T_c}\right)^{3/2} \qquad (4.4.9)$$

代入式(4.4.4)可得

$$\frac{N_0(T)}{N} = 1 - \left(\frac{T}{T_c}\right)^{3/2} \qquad (4.4.10)$$

上述基态粒子数的公式有效范围是 $0 \leqslant T < T_c$。当 $T = 0$ 时，$N_0(T) = N$，这时粒子都处于基态；当 $0 < T < T_c$ 时，$N_0(T)$ 与 N 可相比较，基态发生凝聚现象；当 $T = T_c$ 时，$N_0(T_c) = 0$ 意味着比起 N 来，基态上的粒子数可忽略不计。结果也符合物理事实，所以将式(4.4.10)的适用范围扩大到 $0 \leqslant T \leqslant T_c$；当 $T \geqslant T_c$ 时，$N_0(T) \approx 0$，如图 4.4.3 所示。

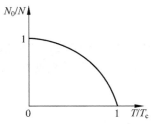

图 4.4.3　$N_0(T)/N$ 随温度的变化

研究表明玻色-爱因斯坦凝聚是一种相变。处于基态的粒子能量与动量都为零，处于激发态的粒子能量与

动量都不为零。所以可以把基态认为是动量为零的相,激发态认为是动量不为零的相。在相变点 T_c,玻色粒子向最低能级聚集。这只有在理想玻色体系或具有排斥相互作用的玻色体系才能发生,可认为是动量空间的凝聚。式(4.4.10)在超流动性和超导电性的研究中十分重要。

3. 凝聚温度

凝聚温度是个重要的特征量。可由式(4.4.8)并运用附录 D 的特殊积分求出:

$$T_c = \frac{h^2}{2\pi m k_B}\left(\frac{N}{2.612\eta V}\right)^{2/3} \tag{4.4.11}$$

其中,$\eta = 2s+1$,与玻色子的自旋有关。从式(4.4.11)中可以看出,凝聚温度 T_c 与玻色气体的粒子数密度 $\dfrac{N}{V}$ 有关,与粒子质量成反比。

4. 玻色气体的热容

玻色气体的内能为

$$U = \int_0^\infty \varepsilon f(\varepsilon)D(\varepsilon)\mathrm{d}\varepsilon = 2\pi\eta V\left(\frac{2m}{h^2}\right)^{3/2}\int_0^\infty \frac{\varepsilon^{3/2}\,\mathrm{d}\varepsilon}{\mathrm{e}^{(\varepsilon-\mu)/k_B T_c}-1} \tag{4.4.12}$$

当 $T < T_c$ 时,$\mu \to 0$,上式通过特殊积分,可求得

$$U = 2\pi\eta V\left(\frac{2m}{h^2}\right)^{3/2}\int_0^\infty \frac{\varepsilon^{3/2}\,\mathrm{d}\varepsilon}{\mathrm{e}^{\varepsilon/(k_B T_c)}-1}$$

$$= 0.770 N k_B T\left(\frac{T}{T_c}\right)^{3/2} \tag{4.4.13}$$

进一步求出 $T < T_c$ 时的定容热容:

$$C_V = \left(\frac{\partial U}{\partial T}\right)_V = 1.925 N k_B\left(\frac{T}{T_c}\right)^{3/2}\quad (T < T_c) \tag{4.4.14}$$

当系统温度小于临界温度($T < T_c$)时,热容 C_V 与 $T^{3/2}$ 成比例。在 $T = T_c$ 时,取极大值 $C_V = 1.925 N k_B$。当 T 较大时,玻色气体可用经典理想气体进行处理,$C_V = \dfrac{3}{2}N k_B$,遵从杜隆-伯替定律。将两个结果画在同一个图(图4.4.4)里。从图中可以看出在临界点附近,热容对温度的依赖性质发生突变,表现出明显的相变特征。临界温度 T_c 将玻色气体分隔成两个不同的相,温度低于 T_c 的相为凝聚相,图4.4.4 的热容曲线与希腊字母 λ 形状相像,所以常将此相变称为 λ 相变。

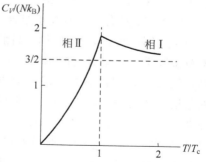

图 4.4.4　玻色气体热容随温度的变化

4.4.2　玻色-爱因斯坦凝聚的实验研究

玻色-爱因斯坦凝聚的研究具有重大意义,给量子理论的应用开辟了一个新的应用领域,对推动统计物理学科的发展起了重大作用。玻色-爱因斯坦凝聚态的物质因其具有特殊的性质,在芯片技术、精密测量和纳米技术等领域有一定的应用前景。各国的科学家做了大

量探索工作,如何在极低温度下防止系统由气体状态变成液体或固体状态是研究困难之一。目前国内外研究工作取得了一些成果。

1938 年伦敦(London)用类比的方法解释了液氦(He⁴)的超流动性,提出液氦的 λ 相变可能是发生了玻色-爱因斯坦凝聚。

He⁴ 在 4.2 K 发生液化,当 $T>2.17$ K,是正常液氦,具有一般流体的性质,记为 He Ⅰ。当 $T<2.17$ K,出现超流动性液氦,记为 He Ⅱ。此时液氦具有一些奇异的性质,黏滞度几乎为零,只有正常流体的 10^{-6},具有极高的导热能力。因此,认为在 $T=2.17$ K 时发生了相变,用 T_λ 表示转变温度。

由于原子间的相互作用太强,He Ⅱ 并不是理想的玻色-爱因斯坦凝聚体。但液氦的转变,类似于玻色-爱因斯坦凝聚。正常态 He Ⅰ,所有原子处于激发态,基态粒子可忽略不计。超流体 He Ⅱ,基态与总粒子数可比,而当原子处于基态时,具有超流动性。根据这个设想,伦敦用式(4.4.11)算出:

$$T_c = \frac{115}{MV_{mol}^{2/3}} \approx 3.1 \text{ K}$$

其中,V_{mol} 为摩尔体积,M 为原子量。这个计算结果与 $T=2.17$ K 的实验结果相比,定性解释了 λ 相变的原理,但也存在一些差别。误差来源于式(4.4.11)是计算气体的,忽略了原子间相互作用。而 He 为液体,分子间相互作用不可忽略,故存在误差。

得益于 20 世纪 80 年代激光冷却、蒸发冷却技术与磁光阱的发展,玻色-爱因斯坦凝聚现象终于在实验中真正实现了。1995 年 7 月,美国科学家埃里克·康奈尔(Eric A. Cornell)和卡尔·维曼(Carl E. Wieman)等利用激光冷却和磁阱中的蒸发冷却将约 2000 个稀薄的气态铷原子(Rb⁸⁷)的温度降低到 170 nK 后首次观察到了玻色-爱因斯坦凝聚现象。同年,麻省理工学院的沃尔夫冈·克特勒(Wolfgang Ketterle)研究小组在钠(Na²³)气体中也观察到了玻色-爱因斯坦凝聚。这三位科学家因为他们的研究结果共享 2001 年诺贝尔物理学奖。目前全世界实验上已实现玻色-爱因斯坦凝聚的原子有 H、Li⁷、Na²³、K⁴¹、Rb⁸⁷、Rb⁸⁵、Cs¹³³、He⁴、Yb¹⁷³、Cr⁵²、Sr⁸⁴、Ca⁴⁰、Dy¹⁶⁴、Er¹⁶⁸ 等。

2003 年 11 月有三个研究小组合作观察到分子在极端温度下玻色-爱因斯坦凝聚现象,这三个研究团队负责人分别是来自因斯布鲁克大学的鲁道尔夫·格里姆(Rudolf Grimm)、科罗拉多大学鲍尔德分校的德波拉·金(Deborah S. Jin)和麻省理工学院的沃尔夫冈·克特勒。2008 年汉诺威莱布尼茨大学的恩斯特·拉塞尔(Ernst M. Rasel)研究团队首次展示了在落塔内进行玻色-爱因斯坦凝聚的微重力实验。该团队于 2017 年 1 月 23 日在探测火箭任务微重力下的物质波干涉测量(MAIUS-1)上创造了第一个自由落体天基玻色-爱因斯坦凝聚,它与地基玻色-爱因斯坦凝聚相当,在 1.6 s 内产生约 10^5 个原子。同时在物质波干涉测量中心进行了 110 次实验,包括激光冷却和在超加速度存在下,捕获原子在凝聚期间的物理现象。该研究中关于在太空飞行的 6min 内进行的实验刊登在 2018 年 10 月 17 日《自然》(Nature)杂志上,英文标题为:*Space-borne Bose-Einstein condensation for precision interferometry*。他们的研究结果提供了在空间进行冷原子实验的新思想,如精密干涉测量,并为实施基于冷原子和光子的量子信息概念的小型化卫星铺平了道路。此外,星载玻色-爱因斯坦凝聚开辟了在微重力条件下进行量子气体实验的可能性。此项研究有望促进天基引力波探测器的发展。

玻色-爱因斯坦凝聚的实现一方面开创了原子光学,发现了许多重要的实验结果,如物质波的干涉、光晶格中凝聚体的布洛赫振荡、莫特绝缘相转变等。另一方面,实现玻色-爱因斯坦凝聚体的过程中所发展的超低温冷却技术可应用于高精度测量与精密光谱方面,包括研制原子芯片、原子钟、原子干涉仪等。

4.5 强简并费米理想气体

费米理想气体由大量近独立的费米粒子组成。典型的例子就是金属中正电场背景中运动的自由电子气体,还可以描述中子星、白矮星和核物质。如果用能量均分定理说明金属中自由电子对热容的贡献,每个自由电子有 $\frac{3}{2}k_B$,而实际上,实验中发现,除极低温度情况,金属自由电子的热容与离子振动的热容相比可忽略不计。这是经典统计无法解释的问题,被索末菲(Sommerfeld)在 1928 年根据费米分布成功解决。

根据费米分布,温度 T 下,能量为 ε 的每个量子态上的平均粒子数为

$$f(\varepsilon) = \frac{1}{e^{(\varepsilon - \varepsilon_F)/k_B T} + 1} \tag{4.5.1}$$

当 $k_B T \gg \varepsilon_F$,高温情形,$f(\varepsilon) \approx e^{(\varepsilon_F - \varepsilon)/k_B T}$,此时费米气体满足非简并条件,遵从玻尔兹曼分布。$\varepsilon_F$ 称为费米能。此情形在第 3 章详细讨论过。本节重点考虑 $k_B T < \varepsilon_F$ 的情况(低温情形)。

4.5.1 $T = 0$ K 时的基态

费米气体处于 0 K 时称为基态,有

$$f(\varepsilon) = \begin{cases} 1, & \varepsilon < \varepsilon_F \\ 0, & \varepsilon > \varepsilon_F \end{cases} \tag{4.5.2}$$

因为费米气体受泡利不相容原理的限制,每个量子态上最多只能容纳一个粒子。对于能量比费米能低的量子态,每个量子态上有一个费米子;能量比费米能高的量子态全部空着,如图 4.5.1 所示。

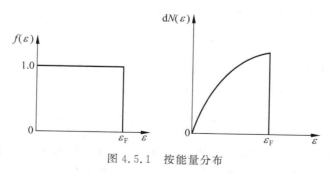

图 4.5.1 按能量分布

接下来讨论费米气体粒子按能量的分布情况。考虑电子在体积 V 内自由运动,则 V 中能量范围在 $\varepsilon \sim \varepsilon + d\varepsilon$ 的量子态数目为

$$D(\varepsilon)\mathrm{d}\varepsilon = 2\pi\eta V\left(\frac{2m}{h^2}\right)^{3/2}\varepsilon^{1/2}\mathrm{d}\varepsilon \tag{4.5.3}$$

其中，$\eta = 2s+1$ 是自旋引起的简并度。自旋为 s 时，角动量有 $\eta = 2s+1$ 种不同的空间取向。则具有能量 ε 的粒子数为

$$\mathrm{d}N(\varepsilon) = \begin{cases} 2\pi\eta V\left(\dfrac{2m}{h^2}\right)^{3/2}\varepsilon^{1/2}\mathrm{d}\varepsilon, & \varepsilon < \varepsilon_{\mathrm{F}} \\ 0, & \varepsilon > \varepsilon_{\mathrm{F}} \end{cases} \tag{4.5.4}$$

从图 4.5.1 可知，费米气体处于基态时，气体中的粒子按能量有一定的分布。因此费米气体的基态具有一定能量，称为费米气体的零点能。进而可求出系统基态的总能量：$U_0 = \int \varepsilon \mathrm{d}N(\varepsilon)$。

考虑温度为 0 K 时，上面积分的上下限可确定。则

$$U_0 = \int_0^{\varepsilon_{\mathrm{F}}} \varepsilon \mathrm{d}N(\varepsilon) = 2\pi\eta V\left(\frac{2m}{h^2}\right)^{3/2}\int_0^{\varepsilon_{\mathrm{F}}} \varepsilon^{3/2}\mathrm{d}\varepsilon$$

$$= 2\pi\eta V\left(\frac{2m}{h^2}\right)^{3/2}\frac{2}{5}\varepsilon_{\mathrm{F}}^{5/2} \tag{4.5.5}$$

另外，再考虑总粒子数 N，对式(4.5.4)积分得

$$N = \int_0^{\varepsilon_{\mathrm{F}}} \mathrm{d}N(\varepsilon) = 2\pi\eta V\left(\frac{2m}{h^2}\right)^{3/2}\int_0^{\varepsilon_{\mathrm{F}}} \varepsilon^{1/2}\mathrm{d}\varepsilon = 2\pi\eta V\left(\frac{2m}{h^2}\right)^{3/2}\frac{2}{3}\varepsilon_{\mathrm{F}}^{3/2} \tag{4.5.6}$$

代入式(4.5.5)，可得

$$U_0 = \frac{3}{5}N\varepsilon_{\mathrm{F}} \tag{4.5.7}$$

这就是费米气体的零点能。由此求得

$$\varepsilon_{\mathrm{F}} = \frac{h^2}{2m}\left(\frac{3N}{4\pi\eta V}\right)^{2/3} \tag{4.5.8}$$

计算出费米能 ε_{F}，亦为 0 K 时的粒子化学势 $\mu(0)$。

4.5.2 $T > 0$ K 时的情形

费米气体在能量 ε 上的量子态平均粒子数：

$$f(\varepsilon) = \frac{1}{\mathrm{e}^{(\varepsilon-\varepsilon_{\mathrm{F}})/k_{\mathrm{B}}T}+1} \tag{4.5.9}$$

则粒子按能量的分布为

$$\mathrm{d}N(\varepsilon) = f(\varepsilon)D(\varepsilon)\mathrm{d}\varepsilon$$

$$= 2\pi\eta V\left(\frac{2m}{h^2}\right)^{3/2}\frac{\varepsilon^{1/2}}{\mathrm{e}^{(\varepsilon-\mu)/k_{\mathrm{B}}T}+1}\mathrm{d}\varepsilon \tag{4.5.10}$$

如图 4.5.2 所示，实线是 $T > 0$ K 的情形，$T = 0$ K 用虚线画出。从图 4.5.2 可以看出电子的分布在化学势 μ 附近数量级为 $k_{\mathrm{B}}T$ 的范围内两者才有差异。当 $T > 0$ K 时，一部分电子从 $\varepsilon < \mu$ 的量子态跃迁到 $\varepsilon > \mu$ 的量子态上。平均来说，绝大部分跃迁发生在 $\varepsilon = \mu$ 附近。对此我们可以这样理解：在 0 K 时电子占据了从 0 到 μ 的每一个量子态，温度升高时

电子受到热激发可能获得 k_BT 数量级的能量,有可能跃迁到能量较高的未被占据的状态。对于能量不接近 μ 的低能态电子可能跃迁的状态已被占据,要跃迁到未被占据的状态必须吸取更大的热运动能量,几乎无法实现。所以绝大多数状态的占据情况未改变,可能被激发的主要是能量在 μ 附近数量级为 k_BT 的能量范围内粒子。因此只有能量在 μ 附近,量级为 k_BT 范围内的电子对热容有贡献。这样的设想虽有些粗糙但还是有效的。

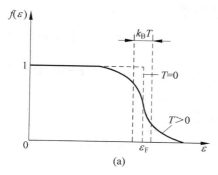
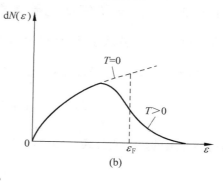

图　4.5.2

(a) 有限温度的费米分布;(b) 电子按能量的分布费米分布示意图

从式(4.5.10)积分得到总粒子数

$$N = \int dN(\varepsilon) = \int_0^\infty 2\pi\eta V\left(\frac{2m}{h^2}\right)^{3/2} \frac{\varepsilon^{1/2}d\varepsilon}{e^{(\varepsilon-\mu)/k_BT}+1} \tag{4.5.11}$$

当 $kT \ll \varepsilon_F$ 时,μ 可以用以下公式表示,从中可以看出化学势与温度有关:

$$\mu = \varepsilon_F\left[1 - \frac{\pi^2}{12}\left(\frac{k_BT}{\varepsilon_F}\right)^2\right] \tag{4.5.12}$$

4.5.3　费米气体的热力学量

可首先计算巨配分函数 $\Xi = \int D(\varepsilon)e^{-\beta\varepsilon}d\varepsilon$,再通过热力学公式进行计算:

$$U = \frac{3}{5}N\varepsilon_F + \frac{\pi^2}{4}\frac{Nk_B^2T^2}{\varepsilon_F} \tag{4.5.13}$$

$$p = \frac{2}{5}\frac{N}{V}\varepsilon_F + \frac{\pi^2}{6}\frac{Nk_B^2T^2}{V\varepsilon_F} \tag{4.5.14}$$

$$S = Nk_B\frac{\pi^2}{2}\frac{k_BT}{\varepsilon_F} \tag{4.5.15}$$

4.5.4　金属中的自由电子模型

结合成金属的原子可分离成价电子与离子。价电子脱离原子在整个金属内运动,形成公有电子。失去价电子的原子称为离子,离子在空间形成规则的点阵,具有一定的结构,构成金属的骨架。价电子在离子产生的势场中运动,同时电子间还有库仑力作用,所以价电子的运动是个复杂的问题。在初步近似中认为公有电子之间相互作用很弱,以及电子与粒子场受力平均,在金属中自由运动,称为自由电子。金属中自由电子组成自由电子气体,类似于一个箱子中的自由粒子系统。

对于 Cu、Ag、Au 以及碱金属,每个原子提供一个自由电子。因此原子数 N 等于自由电子数 N;金属体积 V 等于自由电子气体的体积 V;金属温度 T 就是自由电子温度 T。这样就确定了自由电子气体的宏观量 N、V、T,可用它们描写电子气体的平衡态。

4.5.5　自由电子气体的费米能与费米温度

自由电子气体遵从费米-狄拉克分布,能量为 ε 的每个量子态上的平均粒子数由式(4.5.1)给出。自由电子自旋 $s = \dfrac{1}{2}$,则 $\eta = 2s + 1$,于是得到能量在 $\varepsilon \sim \varepsilon + d\varepsilon$ 的电子数为

$$dN(\varepsilon) = 4\pi V \left(\frac{2m}{h^2}\right)^{3/2} \frac{\varepsilon^{1/2}}{e^{(\varepsilon - \mu)/k_B T} + 1} d\varepsilon \tag{4.5.16}$$

根据前面介绍的费米能公式(4.5.8),得到金属中自由电子气体的费米能:

$$\varepsilon_F = \frac{h^2}{2m}\left(\frac{3N}{8\pi V}\right)^{2/3} \tag{4.5.17}$$

同时,以费米能为基础可引入费米温度、费米动量以及费米速度的概念。这里为了便于说明一些问题,引入费米温度 T_F:

$$k_B T_F = \varepsilon_F \tag{4.5.18}$$

当 $T \ll T_F$,可认为费米系统处于低温,是简并性气体,有些独特的性质。

根据自由粒子动量与能量,速度与能量的关系,分别引入费米动量与相应的费米速度:

$$\frac{p_F^2}{2m} = \varepsilon_F, \quad 即 \quad p_F = \sqrt{2m\varepsilon_F} \tag{4.5.19}$$

$$\frac{1}{2}mv_F^2 = \varepsilon_F, \quad 即 \quad v_F = \sqrt{\frac{2\varepsilon_F}{m}} \tag{4.5.20}$$

4.5.6　金属中自由电子的热容

在经典统计物理中,如果运用能量均分定理,可知室温下金属的热容 $C_V = 3N_0 k_B$,正好等于金属原子振动产生的热容。为什么自由电子不产生热容的贡献?原因在于自由电子不遵从玻尔兹曼分布,不适用于能量均分定理。接下来从费米分布的角度来简要分析金属的热容问题。

根据 4.5.1 节介绍的费米气体理论,当温度升高,可能被激发的电子能量近似于费米能 $\varepsilon \approx \varepsilon_F$,范围大约是 $k_B T$ 的间隔。受影响的电子数目大约是

$$N_e \approx \left[\frac{dN(\varepsilon)}{d\varepsilon}\right]\Bigg|_{\varepsilon = \varepsilon_F} \cdot k_B T = \frac{3}{2} N \left(\frac{T}{T_F}\right) \tag{4.5.21}$$

其中,N 为总电子数,T_F 为费米温度,通常金属中大约为 10^4 K,T 为室温。

这些电子激发出的能量为

$$E_e = N_e k_B T = \frac{3}{2} N k_B T \left(\frac{T}{T_F}\right) \tag{4.5.22}$$

则电子所提供的热容贡献为

$$C_V^e = \left(\frac{\partial E_e}{\partial T}\right) = 3N_0 k_B \left(\frac{T}{T_F}\right) \tag{4.5.23}$$

金属的费米温度 T_F 一般为 5×10^4 K,而室温约为 $T \approx 3 \times 10^2$ K,于是 $\left(\frac{T}{T_F}\right) < \frac{1}{100}$,因此电子的热容贡献与原子的 $3N_0 k_B$ 相比,可以不计。这就说明通常温度下自由电子对金属的热容实际上没有贡献。以上为室温情形,在低温下,电子激发的热容有很重要的地位,不可忽略。式(4.5.23)是一种粗略的估算,严格计算所得的结果为 $C_V^e = \frac{\pi^2}{2} N_0 k_B \left(\frac{T}{T_F}\right)$。两者只在系数上有差别。

本章思维导图

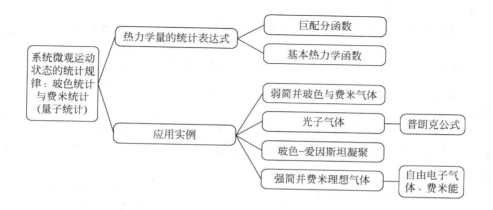

思考题

4-1　微观粒子的全同性对系统的宏观性质产生了什么影响?

4-2　普朗克如何解决空腔辐射的"紫外灾难"的问题?

4-3　试简要说明什么是玻色-爱因斯坦凝聚现象。

4-4　当玻色-爱因斯坦凝聚现象发生时,基态粒子数将随温度如何变化?

4-5　简述化学势的物理意义。

4-6　简述绝对零度时,费米子不能完全"沉积"在基态的原因。

4-7　金属自由电子气体的微观状态遵从哪种分布?

4-8　为什么自由电子不产生热容的贡献?

习题

4-1　试证明理想玻色气体或费米气体有玻尔兹曼关系 $S = k_B \ln \Omega$。

4-2　计算温度为 T 时,在体积 V 内光子气体的平均总光子数,并据此估算:(1)温度为 1000 K 的平衡辐射；(2)温度为 3 K 的宇宙背景辐射中光子的数密度。

4-3　试根据普朗克公式证明平衡辐射内能密度按波长的分布为 $u(\lambda,T)\mathrm{d}\lambda = \dfrac{8\pi hc}{\lambda^5} \cdot$

$\dfrac{1}{e^{hc/\lambda k_B T}}\mathrm{d}\lambda$，并据此证明，使辐射内能密度取极大波长 λ_m 满足方程 $5e^{-x}+x=5$，其中 $x=hc/\lambda_m k_B T$。这个方程的数值解为 $x=4.9651$，所以有 $\lambda_m T = hc/4.9651 k_B$。

4-4　试根据热力学公式 $S=\displaystyle\int \dfrac{C_V}{T}\mathrm{d}T$，求低温下金属中自由电子气体的熵。

4-5　极端相对论粒子的能量和动量的关系是 $\varepsilon = cp$，c 是光速，试求极端相对论的自由电子气体在 0 K 时的费米能量、内能。

4-6　证明理想费米气体和玻色气体的压强与内能满足关系 $p=\dfrac{2U}{3V}$，V 为气体体积。设气体中粒子的静止质量不为零。

4-7　计算非相对论情形下自由电子在二维电子气体的费米能量和内能。

4-8　试求绝对零度下电子气体中电子的平均速率为 $\bar{v}=\dfrac{3}{4}\sqrt{\dfrac{2\mu_0}{m}}$。

4-9　根据普朗克公式，辐射场的能量密度随频率 ω 的分布有极大值 ω_m，试证明：$\omega_m \propto T$（维恩位移定律）。

4-10　试证明一维和二维理想玻色气体不存在玻色-爱因斯坦凝聚现象。

4-11　金属钠的原子量为 23，原子价为 1，密度为 950 g/cm³，试计算钠在绝对零度的费米能级。

4-12　由两个全同粒子组成的系统，每个粒子可能有 3 个量子态，其能量分别是 0、ε、2ε。系统与温度为 T 的大热源接触，请写出以下各种情况系统的配分函数：

(1) 粒子可分辨，服从玻尔兹曼统计；

(2) 粒子不可分辨，服从玻尔兹曼统计；

(3) 粒子服从费米统计；

(4) 粒子服从玻色统计。

第5章

量子力学基本概念

我们习惯把 19 世纪末之前的物理学统称为经典物理学,近代物理学则认为是从 20 世纪初开始发展起来的,以相对论和量子理论为代表。从本章开始到第 8 章,介绍量子力学的基础知识,涉及最基本的概念原理和计算方法。量子力学是反映微观粒子运动规律的理论,建立在大量实验事实的总结基础上,包括分子、原子、原子核、基本粒子等,是物理学的基础理论之一。量子力学的出现,使人类对于物质微观结构的认识日益深入,从而能够较深刻地掌握物质的物理和化学性能及其变化规律,为这些规律用于生产开辟了广阔的途径。以量子力学为基础的现代理论阐明了原子核及固体的结构、超导体与半导体的性质,解释了化学键与元素周期表的规律,而且在化学、生物等有关学科和激光、半导体等许多近代技术中也得到了广泛的应用。

5.1　简述量子力学的建立

物理学发展到 19 世纪末已经取得了重大的成就,如描述物体机械运动的牛顿力学定律、总结电磁现象以及光的波动现象的麦克斯韦方程、揭露热现象宏观规律的热力学及经典统计物理学,似乎一般的物理现象都可以从相应的理论中得到说明。即使是现在,经典物理学还可以解决大部分物理问题,同时也发展出许多经典近似方法。与此同时人们也发现了一些当时的物理学无法解释的实验现象,如黑体辐射中的"紫外灾难"、不符合经典规律的光电效应、原子的分立光谱线系、低温下固体的热容等。人们开始意识到,经典物理学在处理微观问题时遇到了困难,微观世界具有其特殊性。

以原子结构为例来说明微观世界具有的特殊性。1897 年约瑟夫·约翰·汤姆孙通过研究阴极射线在原子中发现了电子的存在,提出了原子的"枣糕模型",他认为原子是一个带正电荷的球,带负电的电子平均分布并镶嵌其中。但是"枣糕模型"解释不了散射问题。汤姆孙的学生卢瑟福根据 α 粒子对原子散射实验中出现的大角度偏转现象提出了原子具有核式模型。他认为原子的中心是一个很小的带正电的原子核,且几乎占据了原子的全部质量,带负电的电子按照一定轨道围绕这个原子核运转。但经典电磁理论(电动力学)认为电子作加速运动要不断辐射能量,这使得电子的轨道越来越靠近原子核直至落到原子核上。也就是说用经典理论的眼光看核式结构是不稳定的。其次,按照经典理论,电子作匀速圆周运动,辐射出的频率应与之相等,电子绕核运动的轨道半径不断减小,它的轨道角频率连续增加,这样原子光谱应为连续光谱,但在实验中观察到的是分立的线状光谱。事实上我们已经知道原子确实为核式模型且此结构稳定;同时原子会发出电磁波,但具有确定的电磁波长。

这些现象说明经典理论是有局限性的,与微观世界的规律相矛盾。人们急需一个正确的微观世界理论,物理学家们不得不寻求新的思路,这就促使了量子力学的诞生。图 5.1.1 是量子力学的发展简史。

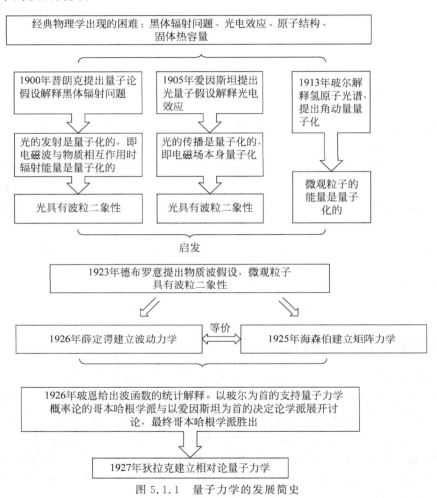

图 5.1.1　量子力学的发展简史

5.2　光的波粒二象性

从现有的知识我们已经知道光具有粒子性(以牛顿为代表)与波动性(以惠更斯为代表)。光的波动性最早在 17 世纪被发现,到了 19 世纪末通过大量的实验肯定了光是电磁波,由此建立了光的电磁理论,成功解决了光的干涉、衍射和偏振现象。但是光的电磁理论在解释黑体辐射、光电效应以及康普顿效应等实验现象时遇到了困难,这是因为涉及了粒子性问题。以下分别介绍黑体辐射、光电效应及康普顿散射。

5.2.1 黑体辐射

在第 3 章与第 4 章中讨论过黑体辐射问题,这里再简单回顾一下主要内容。

关于黑体的热辐射问题,高频部分(即短波范围)实验结果与维恩位移定律相符合,低频部分(即长波范围)却不再适用。针对这一现象,瑞利和金斯两位科学家根据经典理论的能量均分定理,提出了瑞利-金斯公式。即在体积 V 的空腔内,频率在 $\nu \sim \nu + \mathrm{d}\nu$ 的电磁波驻波数为

$$N(\nu)\mathrm{d}\nu = \frac{8\pi V}{c^3}\nu^2 \mathrm{d}\nu \qquad (5.2.1)$$

此公式在低频情况下与实验结果吻合,而高频下理论结果是趋于无穷大,因此被称为"紫外灾难"。之后,直到 1900 年,普朗克在前人实验的基础上提出一个经验公式:

$$\rho(\nu,T)\mathrm{d}\nu = \frac{C_1 \nu^3 \mathrm{d}\nu}{\mathrm{e}^{\frac{C_2 \nu}{k_B T}} - 1} \qquad (5.2.2)$$

不论高频还是低频情况,都与实验结果相符合。为了能从理论上推导出这个公式,普朗克提出了革命性的"能量子"假设,认为黑体只能以 $h\nu$ 为单位一份份地不连续吸收或发射振子能量,即辐射能量等于所发出频率 $h\nu$ 的整数倍,$E_n = nh\nu\,(n=1,2,3,\cdots)$。利用这个假设他成功推导出了普朗克公式:

$$\rho(\nu,T)\mathrm{d}\nu = \frac{8\pi}{c^3}\frac{h\nu^3 \mathrm{d}\nu}{\mathrm{e}^{\frac{h\nu}{k_B T}} - 1} \qquad (5.2.3)$$

公式中的 h 便是我们所熟知的普朗克常量。普朗克的这个假设打破了能量必须是连续变化的观念束缚,认为能量交换是以量子形式进行的,开创了量子理论的先河。

5.2.2 光电效应

当紫外光照射在某些金属(锌、碱金属等)表面时会发射出电子,这个现象称为光电效应。我们把发射出的电子称为光电子。实验中发现,光电效应有以下三个特点:①只有当照射光的频率达到或超过一定值时,才会有光电子发射出。若光的频率低于这个值,不论光的强度多强,照射时间多长都没有光电子从金属表面逸出。这个频率临界值 ν_0 称为红限频率,如图 5.2.1 所示;②光电子的能量与光的强度无关,不随入射光强度而改变,但与照射光的频率 ν 有关,随频率增强而增大;③照射光的强度只影响光电子的数目,强度越大光电子数目越多。只要入射光频率足够高,强度很弱的光照在

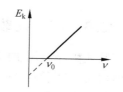

图 5.2.1 光电子动能与入射
光频率的关系

金属表面也会马上发射出光电子。若采用经典物理学中光的电磁理论,光的能量与频率无关,只取决于强度,那么得到的结论是这样的:①任何频率的入射光只要强度够使电子动能达到克服金属对电子的束缚能,都能发射出光电子,不会存在频率临界值;②发射出的电子动能应与光的强度成正比。这样的结论与实验结果相违背,利用经典物理学无法解释光电效应中的实验现象。

1905 年,爱因斯坦提出"光量子"假设,成功解释了光电效应现象。他认为光具有能量,不仅与电磁波作用时是"量子"方式,光(电磁场)本身就是由"量子"组成的,称为光子或光量子。每一个光量子的能量为 $h\nu$。与普朗克的区别在于,普朗克认为物质只在吸收和发射辐射过程是不连续的以"量子"方式进行。爱因斯坦是这样解释光电效应的:当光照射在金属表面时,假想能量为 $E = h\nu$ 的光子被一个电子所吸收。电子吸收能量后,一部分用来克服金属表面阻力所需的逸出功,另一部分能量成为逸出表面后电子具有的最大初动能:

$$E_k = h\nu - E_{逸出功} = h\nu - h\nu_0$$

这个假设很好地解释了光电效应中红限频率的问题。当所吸收的光子能量大于逸出功时,金属表面会发出电子。美国物理学家密立根花了多年的时间通过实验证实了光电方程的正确性[①]。同时,爱因斯坦提出光子不仅具有确定的能量,还具有动量。根据相对论中能量、动量和质量之间的关系 $E^2 = c^2 p^2 + m_0^2 c^4$,以及静止时光子的质量为零,得到光子能量与动量之间的关系:

$$E = cp$$
$$\boldsymbol{p} = \frac{E}{c}\boldsymbol{n} = \frac{h\nu}{c}\boldsymbol{n} = \frac{h}{\lambda}\boldsymbol{n} = \hbar\boldsymbol{k} \tag{5.2.4}$$

式中,$\boldsymbol{k}$ 是波矢量。这两个公式称为普朗克-爱因斯坦关系,简称爱因斯坦关系,公式左边是描写粒子性的物理量(能量、动量),右边是描写波动性的物理量(频率、波矢量),将光的波动性与粒子性联系起来。爱因斯坦的光量子假设在康普顿散射实验中得以证实。

例 5.1   用波长 500 nm 的光照射金属钾,发射出的光电子最大能量为 0.5 eV,要使电子在钾中释放出来,照射光的波长应满足什么条件?

解   根据爱因斯坦方程,计算钾金属的逸出功为

$$E_{逸出功} = h\nu - \frac{1}{2}mv_{max}^2 = \frac{hc}{\lambda} - 0.5 = 1.98 \text{ eV} \quad (hc = 12423 \text{ Å} \cdot \text{eV})$$

则红限频率对应的波长为

$$\lambda_0 = \frac{hc}{E_{逸出功}} = \frac{12423}{1.98} \text{ Å} = 6258 \text{ Å} = 625.8 \text{ nm}$$

5.2.3   康普顿散射

实验证实,高频率的 X 射线与轻元素材料中电子碰撞发生散射,散射光波长随散射角增加而增大。这个现象称为康普顿散射或康普顿效应,图 5.2.2 与图 5.2.3 分别展示了实验装置与实验结果。

康普顿经过系统地研究这个现象,得到的实验结果是

$$\lambda' - \lambda = \lambda_c(1 - \cos\theta) \tag{5.2.5}$$

λ 与 λ' 分别是入射波和散射波的波长,常数 λ_c 称为电子的康普顿波长。

---

① 张永德. 量子力学. 3 版. 北京:科学出版社,2015:3-4.

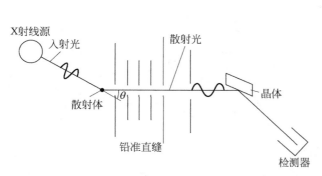

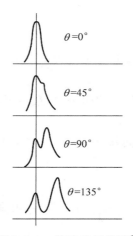

图 5.2.2 康普顿 X 射线散射实验装置示意图 图 5.2.3 散射 X 射线谱[①]

康普顿散射现象与经典理论所认为的电磁波散射前后波长不应改变($\lambda' = \lambda$)相悖。如果把这一实验现象看作是粒子间相互碰撞的过程(图 5.2.4),可以很好地解释康普顿效应。假设单个光子可与电子发生散射,碰撞前将电子看成是自由和静止的,光子与电子发生弹性碰撞后把部分能量传递给电子,光子失去部分能量所以波长变长。康普顿还假设碰撞过程中遵守能量和动量守恒。

按照爱因斯坦的光量子假设,光子满足爱因斯坦公式

$$\begin{cases} E = h\nu \\ p = \dfrac{h}{\lambda} \end{cases}$$

同时根据狭义相对论,光子静止质量为零,且有能量 $E = pc$。设光子入射与原子核外电子相互作用,如图 5.2.4 所示。

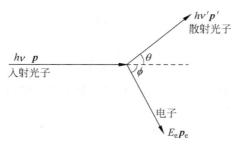

图 5.2.4 康普顿效应的解释

入射光子的能量为 E,动量为 $\boldsymbol{p}$,碰撞后能量为 E',动量为 $\boldsymbol{p}'$。电子碰撞前可认为处于静止(因为电子的热运动能量比光子能量小得多),动量为零,电子静止能量为 $m_{\mathrm{e}}c^2$。碰撞后的反冲电子动量为 $\boldsymbol{p}_{\mathrm{e}}$,能量 $E_{\mathrm{e}} = \sqrt{m_{\mathrm{e}}^2 c^4 + p_{\mathrm{e}}^2 c^2}$。碰撞前后满足动量守恒定律及能量守恒定律,有

---

① 图片引自参考文献[1]:许崇桂,余加莉.统计与量子力学基础.北京:清华大学出版社,1991:236.

$$p_e = p - p'$$

$$pc + m_e c^2 = p'c + \sqrt{m_e^2 c^4 + p_e^2 c^2}$$

根据动量守恒公式可求出

$$p_e^2 = p^2 - 2pp'\cos\theta + p'^2$$

代入能量守恒公式，最终可得

$$m_e c(p - p') = pp'(1 - \cos\theta)$$

两边同除以 pp'、$m_e c$，得到

$$\frac{1}{p'} - \frac{1}{p} = \frac{1}{m_e c}(1 - \cos\theta)$$

考虑 $p' = \dfrac{h}{\lambda'}$，$p = \dfrac{h}{\lambda}$，则得到波长的变化是：

$$\lambda' - \lambda = \frac{h}{m_e c}(1 - \cos\theta)$$

实验测出电子的康普顿波长为

$$\lambda_c = \frac{h}{m_e c} = 2.426 \times 10^{-2} \text{ Å}$$

通过实验测到的 λ_c 还可以确定 h 的数值与其他方法的一致，从而证实了普朗克常量的普适性。同时也说明了爱因斯坦光量子假说的正确性，光是具有一份能量与动量的粒子。光电效应说明了光的能量与频率的关系，康普顿效应则进一步解释了光子动量与波长的关系。光是同时满足粒子性与波动性的客体，这种性质称为波粒二象性。人们对光的本性认识经历了以下过程：微粒说→波动说→光量子说→光的波粒二象性。

例 5.2   能量为 62 keV 的 X 射线与物质中的电子发生康普顿散射，求在散射角 180°方向上所散射的 X 射线的波长以及电子获得的反冲动能。

解   入射的 X 射线波长为

$$\lambda = \frac{hc}{E} = 0.20 \text{ Å}$$

由康普顿散射公式 $\lambda' - \lambda = \lambda_c(1 - \cos\theta)$，求出散射 X 射线的波长为

$$\lambda' = \lambda + \lambda_c(1 - \cos 180°) = 0.2 \text{ Å} + 0.048 \text{ Å} = 0.248 \text{ Å}$$

根据能量守恒，电子获得的反冲动能即 X 射线散射前后损失的能量

$$E_k = \frac{hc}{\lambda} - \frac{hc}{\lambda'} = 1.2 \text{ keV}$$

5.3   原子结构的玻尔理论

本章开篇提到了卢瑟福关于原子结构的核式模型，在经典物理学框架中，此模型存在一些问题：①原子大小找不到一个合理的特征长度；②依此模型得到的原子结构是不稳定的，根据经典电动力学，环绕原子核的电子是作加速运动，运动过程中不断辐射能量最终落到原子核中；③电子加速运动产生的辐射应是连续分布，这与得到的氢原子分立光谱现象不符合。

最早发现氢原子光谱分立规律性的是巴耳末(Balmer)。他在观察某些星体的光谱中发现了14条原子光谱线,总结出氢原子光谱中谱线频率的经验公式,如下:

$$\nu = R_H c \left(\frac{1}{m^2} - \frac{1}{n^2} \right), \quad \begin{pmatrix} m=1,2,3,\cdots \\ n=2,3,4,\cdots \end{pmatrix} \quad (n>m) \tag{5.3.1}$$

这个公式称为巴耳末公式,其中 $R_H = 1.09677576 \times 10^7 \text{ m}^{-1}$,是氢的里德伯(Rydberg)常数实验值。由式(5.3.1)可以看出,谱线频率分布遵从并合原则。如果光谱中有 ν_1 和 ν_2 的频率谱线,那么往往还有 $\nu_1 + \nu_2$ 或 $|\nu_1 - \nu_2|$ 的频率谱线。经典理论不能从氢原子结构来解释氢原子光谱的这些规律。

1913年,玻尔在前人工作的基础上,提出了进一步的假设:原子中的电子只能沿着一些特殊的轨道运动,而不是经典理论中的所有轨道,同时在这些特殊轨道上运动的电子不吸收也不发出辐射,处于稳定状态(称为定态)。只有电子从一个轨道(定态)跃迁到另一个轨道(定态)时,才产生辐射的吸收或发射,且吸收或发射的辐射频率满足以下关系:

$$\nu = \frac{|E_n - E_m|}{h} \tag{5.3.2}$$

玻尔还提出了电子的量子化条件,即角动量必须是 $\hbar$ 的整数倍。按照玻尔的这几个假设,从经典力学可以推导出巴耳末公式:

$$\nu = R_\infty c \left(\frac{1}{m^2} - \frac{1}{n^2} \right) \tag{5.3.3}$$

并且得到

$$R_\infty = \frac{m_e e_s^4}{4\pi\hbar^3 c} \tag{5.3.4}$$

其中,m_e 是电子质量,$e_s = e(4\pi\varepsilon_0)^{-1/2}$,$e$ 是电子电荷的数值,ε_0 是真空介电常数。

玻尔的理论只考虑了电子只有一个自由度的情形,后来索末菲将玻尔的量子化条件进一步推广为

$$\oint p \, \mathrm{d}q = nh \tag{5.3.5}$$

式中,p 表示广义动量,q 表示广义坐标,正整数 n 称为量子数。式(5.3.5)可以应用于多自由度的情况,除氢原子外,一些只有一个价电子的原子光谱也得到了很好的解释。

玻尔和索末菲理论存在一定的局限性,上述理论可以解释氢原子和只有一个价电子的原子光谱,但是无法应用到更为复杂的原子光谱;即使对于氢原子,只能求出谱线的频率,不能求出谱线的强度。这主要是因为微观粒子被看作经典力学中的质点,仍然可运用经典力学的规律。直到1924年,法国物理学家德布罗意揭示出微观粒子不同于宏观质点,提出微观粒子具有波粒二象性的假设,描述微观粒子运动规律的量子力学才逐步建立起来。

例 5.3 利用量子化条件,求一维谐振子的能量。

解 一维谐振子能量为 $E = \frac{p^2}{2m} + \frac{1}{2}m\omega^2 x^2$,改写为如下形式:

$$\frac{p^2}{2mE} + \frac{x^2}{\dfrac{2E}{m\omega^2}} = 1$$

令 $a = \sqrt{2mE}$，$b = \sqrt{\dfrac{2E}{m\omega^2}}$，则上式改写为

$$\frac{p^2}{a^2} + \frac{x^2}{b^2} = 1$$

令 $x = b\sin\theta$，$p = a\cos\theta$，得 $\mathrm{d}x = b\cos\theta\,\mathrm{d}\theta$。

代入量子化条件 $\oint p\,\mathrm{d}q = \oint p\,\mathrm{d}x = \int_0^{2\pi} ab\cos^2\theta\,\mathrm{d}\theta = ab\pi = nh$，计算得

$$E = \frac{h}{2\pi}\omega n = \hbar\omega n$$

（请读者进一步思考玻尔-索末非量子化条件得到的一维线性谐振子能量公式和量子力学所得出的结论有什么不同?）

5.4   德布罗意波

在光的波粒二象性的启示下，德布罗意提出微观粒子也具有波动性的假设，把爱因斯坦关系推广到一切微观粒子，即

$$\begin{cases} E = h\nu = \hbar\omega \\ \boldsymbol{p} = \dfrac{h}{\lambda}\boldsymbol{n} = \hbar\boldsymbol{k} \end{cases} \tag{5.4.1}$$

这个公式称为德布罗意公式或德布罗意关系。式中 $\boldsymbol{n}$ 表示粒子运动方向的单位矢量，波矢量 $k = \dfrac{2\pi}{\lambda}\boldsymbol{n}$，$\lambda$ 为德布罗意波长。值得注意的是，它与爱因斯坦关系形式相同，但意义不同，德布罗意公式针对的是被视为物质的粒子。这是从物理思想上第一次提出了物质波（也称为德布罗意波）的概念。自由粒子的能量和动量都是常量，由德布罗意关系可知与自由粒子联系的波是一个平面波，因为其频率和波长不变。物质波产生于任何运动的物体，能在真空中传播，它既不是电磁波也不是机械波。

德布罗意提出粒子具有波动性的假设得到了戴维逊、革末以及汤姆孙所做的电子衍射实验的证实，说明粒子具有波动性这一假设的正确性。由电子衍射实验得到电子波长 $\lambda = 1.65$ Å，与理论值 $\lambda = 1.66$ Å 基本一致。经实验证实原子、分子、中子、质子、α 粒子等重粒子都具有衍射现象。

需要说明的是，实物粒子不易看到波动性，如布朗运动的悬浮粒子，其直径 $d = 1\ \mu\mathrm{m}$，质量 $m = 10^{-15}$ kg，常温下能量值 $E \approx 4 \times 10^{-21}$ J，动量为 $p = \sqrt{2mE}$，得到德布罗意波长 $\lambda = \dfrac{h}{p} \approx 5 \times 10^{-16}$ m，这比粒子直径小得多。德布罗意波长在数量级上相当于晶体中的原子间距，比宏观线度短得多。所以在一般宏观条件下，波动性的影响没有表现出来。这也是电子波动性长期未被发现的原因。而在微观世界中，粒子的波动性就表现出来了。

薛定谔在德布罗意的思想上建立了波动力学，认为波粒二象性是微观粒子的普遍特征，可以从能量关系角度找到微观体系的运动方程。原子的定态是薛定谔方程的本征态，相应的本征值是原子的能级，电磁辐射可描述为从一个能级到另一个能级的跃迁。海森伯则从

另一个角度用矩阵力学来说明微观粒子的力学性质。这两种理论被证明是等价的,前者偏重于物质的波动性,后者偏重于物质的粒子性。现在把两者统称为量子力学。

继薛定谔与海森伯之后,狄拉克通过表象理论,把矩阵力学和波动力学完美结合,给出了量子力学简洁、完善的数学表达式,并推广到狭义相对论描述的高速运动情况,狄拉克与海森伯、泡利等人的工作形成了量子电动力学,预言存在正电子(正电子的存在已经得到证实:美国物理学家安德森在宇宙射线的云雾室照片中发现了正电子的轨迹,他因这项研究工作获得了 1936 年诺贝尔物理学奖。现在普遍认为中国物理学家赵忠尧在美留学期间发现的"额外散射射线"结果是对正负电子湮灭过程最早的观察,但这项研究成果在当时未得到应有的评价①)。

20 世纪 30 年代之后量子力学进一步发展出描述各种粒子场的量子化理论,即量子场论。

本章思维导图

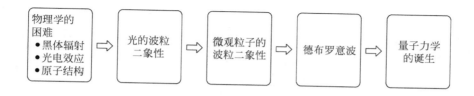

思考题

5-1　19 世纪末 20 世纪初,传统物理学遇到了什么困难?

5-2　量子力学的实验基础有哪些?

5-3　简述康普顿散射实验的现象及意义。

5-4　爱因斯坦对于光电效应的解释说明了什么?

5-5　简述普朗克公式的意义,该公式说明了什么?

5-6　简述玻尔的原子理论,其建立的基础是什么,假设是什么?

5-7　什么是德布罗意假设与德布罗意关系式?

5-8　试列举说明微观粒子具有波粒二象性的实验事实。

习题

5-1　在 0 K 附近,钠的价电子能量约为 3 eV,求其德布罗意波长。

5-2　两个光子在一定条件下可以转化为正负电子对。如果两光子的能量相等,问要实现这种转化,光子的波长最大是多少?(设正负电子的静止质量均为 m_e)

---

① 　资料来源:罗恩泽.真空动力学:物理学的新架构.上海:上海科学普及出版社,2003:62.

5-3   试求质量为 0.01 kg,速度为 10 m/s 的一个小球的德布罗意波长。

5-4   试求 0.05 eV 中子的德布罗意波长。

5-5   试求经过 10000 V 电压加速的电子的德布罗意波长。

5-6   粒子在阱宽为 a 的一维无限深势阱中运动,运用索末菲量子化条件求体系的束缚定态能谱。

5-7   已知光子的能量为 4000 eV,求光子的波长、频率与动量。

5-8   波长为 0.03 nm 的 X 射线与一个电子产生康普顿散射,角度为 60°,求波长的变化。

第6章

波函数和薛定谔方程

量子力学的基本原理有波动力学与矩阵力学两种等效的表达形式。本书采用波动力学描述微观粒子的运动状态与运动规律的基本原理。这些原理最初以假设的形式提出,若得到的推论与实验事实相符从而得以验证,则认为假设成立。

根据现实中发现的微观粒子的波粒二象性,科学家提出用波函数描述粒子的运动状态,并讨论波函数的物理意义。本章将介绍算符的概念与相关计算,引进薛定谔方程,结合几个简单的力学体系,通过求解薛定谔方程来理解微观粒子的运动状态和运动规律。

6.1 波函数与算符

经典力学理论中用坐标与动量等力学量来描述物体的运动状态,运动过程便是力学量随时间的变化。已知自由粒子的能量和动量是常量,可以用具有波动性质的平面单色波来表示具有频率 ν 和波长 λ 的自由粒子的运动。平面波的频率和波矢都不随时间或位置而改变。根据德布罗意关系可将平面波的频率和波长与自由粒子的能量和动量相联系。

我们从单个自由粒子运动这个简单的例子开始。一个自由粒子,具有能量 E 与动量 $\boldsymbol{p}$。根据德布罗意关系,可知这个自由粒子具有单一频率 $\nu = \dfrac{E}{h}$,以及波长 $\lambda = \dfrac{h}{p}$,沿单位矢量 $\boldsymbol{n}$ 方向传播的平面波可用以下不同形式的公式来表示:

$$\psi_p(\boldsymbol{r},t) = A\cos\left[2\pi\left(\frac{\boldsymbol{r}\cdot\boldsymbol{n}}{\lambda} - \nu t\right)\right] \quad \text{(余弦形式)}$$

$$\psi_p(\boldsymbol{r},t) = A\sin\left[2\pi\left(\frac{\boldsymbol{r}\cdot\boldsymbol{n}}{\lambda} - \nu t\right)\right] \quad \text{(正弦形式)}$$

$$\psi_p(\boldsymbol{r},t) = A\mathrm{e}^{\mathrm{i}\left[2\pi\left(\frac{\boldsymbol{r}\cdot\boldsymbol{n}}{\lambda} - \nu t\right)\right]} \quad \text{(复数形式)}$$

代入德布罗意关系,得到描写自由粒子运动状态的波函数:

$$\psi_p(\boldsymbol{r},t) = A\mathrm{e}^{\mathrm{i}\left[2\pi\left(\frac{\boldsymbol{r}\cdot\boldsymbol{n}}{\lambda} - \nu t\right)\right]} = A\mathrm{e}^{\frac{\mathrm{i}}{\hbar}(\boldsymbol{p}\cdot\boldsymbol{r} - Et)} \tag{6.1.1}$$

这里需要提醒的是,描写粒子运动的波函数是复数函数(为何用复数形式,将在 6.4 节进行说明)。关于波函数的物理意义将在 6.2 节进一步介绍。另外此公式描述的是自由粒子的德布罗意平面波,属于波函数中的一个特例。当粒子受到随时间或位置变化的力场作用时,其动量与能量不再是常量,此时不能用平面单色波来描述,而是要引进更复杂的波函数来描写粒子的波动性。

量子力学的第一个假设:量子力学中用波函数描述微观粒子的运动状态,由这个波函数确定微观粒子的全部力学性质。这是因为微观粒子具有波动的性质(频率 ν 和波长 λ)而造就了特有的描述方式。接下来将从自由粒子波函数 $\psi_p(\boldsymbol{r},t)$ 这个特例开始,讨论量子力学基本公式的建立,从中发现一些普遍性的结论,进而确定微观粒子的全部力学性质。

如何由自由粒子的波函数 $\psi_p(\boldsymbol{r},t)$ 得到自由粒子的力学量?首先考虑动量 p 在各个方向的分量 p_x、p_y、p_z,并且

$$p^2 = p_x^2 + p_y^2 + p_z^2 \tag{6.1.2}$$

将 $\psi_p(\boldsymbol{r},t)$ 对 x 求偏导,再乘以 $-\mathrm{i}\,\hbar$,得到

$$-\mathrm{i}\,\hbar\frac{\partial}{\partial x}\psi_p(\boldsymbol{r},t) = -\mathrm{i}\,\hbar\frac{\mathrm{i}p_x}{\hbar}\psi_p(\boldsymbol{r},t) = p_x\psi_p(\boldsymbol{r},t) \tag{6.1.3}$$

类似地,可得到关于 p_y 和 p_z 的公式。

再考虑 $\psi_p(\boldsymbol{r},t)$ 对 t 求偏导,乘以 $\mathrm{i}\,\hbar$,即

$$\mathrm{i}\,\hbar\frac{\partial}{\partial t}\psi_p(\boldsymbol{r},t) = E\psi_p(\boldsymbol{r},t) \tag{6.1.4}$$

可以看到上述计算过程将 $-\mathrm{i}\,\hbar\frac{\partial}{\partial x}$,$-\mathrm{i}\,\hbar\frac{\partial}{\partial y}$,$-\mathrm{i}\,\hbar\frac{\partial}{\partial z}$,$\mathrm{i}\,\hbar\frac{\partial}{\partial t}$ 作用在 $\psi_p(\boldsymbol{r},t)$ 上,分别等于力学量 p_x、p_y、p_z、E 乘以 $\psi_p(\boldsymbol{r},t)$。这些计算过程称为算符,在数学中,也习惯称为算子,表示对函数的操作过程。因此,我们把 $-\mathrm{i}\,\hbar\frac{\partial}{\partial x}$,$-\mathrm{i}\,\hbar\frac{\partial}{\partial y}$,$-\mathrm{i}\,\hbar\frac{\partial}{\partial z}$,$\mathrm{i}\,\hbar\frac{\partial}{\partial t}$ 称为对应于某力学量的算符。例如 p_x 的算符为 $-\mathrm{i}\,\hbar\frac{\partial}{\partial x}$,可以记作 $\hat{p}_x = -\mathrm{i}\,\hbar\frac{\partial}{\partial x}$,其他分量也有类似的表述。

我们从自由粒子出发得到上述关系,知道由于微观粒子的波粒二象性,力学量需要从波函数通过算符才能得出,而不再直接通过一般的函数关系得到。进一步推广到其他算符,例如动能(非相对论)的定义式:

$$T = \frac{p^2}{2m} = \frac{p_x^2 + p_y^2 + p_z^2}{2m} \tag{6.1.5}$$

把其中的 p_x、p_y、p_z 换成对应算符 $-\mathrm{i}\,\hbar\frac{\partial}{\partial x}$,$-\mathrm{i}\,\hbar\frac{\partial}{\partial y}$,$-\mathrm{i}\,\hbar\frac{\partial}{\partial z}$,得到

$$\begin{aligned}
\hat{T} &= \frac{1}{2m}\left[\left(-\mathrm{i}\,\hbar\frac{\partial}{\partial x}\right)^2 + \left(-\mathrm{i}\,\hbar\frac{\partial}{\partial y}\right)^2 + \left(-\mathrm{i}\,\hbar\frac{\partial}{\partial z}\right)^2\right] \\
&= -\frac{\hbar^2}{2m}\left(\frac{\partial^2}{\partial x^2} + \frac{\partial^2}{\partial y^2} + \frac{\partial^2}{\partial z^2}\right) \\
&= -\frac{\hbar^2}{2m}\nabla^2
\end{aligned} \tag{6.1.6}$$

其中 $\nabla^2 = \frac{\partial^2}{\partial x^2} + \frac{\partial^2}{\partial y^2} + \frac{\partial^2}{\partial z^2}$ 叫做拉普拉斯算符。将 $-\frac{\hbar^2}{2m}\nabla^2$ 称为对应动能 T 的算符,作用到波函数上,得到

$$-\frac{\hbar^2}{2m}\nabla^2\psi_p(\boldsymbol{r},t) = T\psi_p(\boldsymbol{r},t) \tag{6.1.7}$$

以上讲述了如何利用波函数 $\psi_p(\boldsymbol{r},t)$ 表示自由粒子的运动状态（波动性）。再由波函数引入算符来表示力学量。对任一算符 $\hat{A}$，对应力学量为 A，则有

$$\hat{A}\psi_p(\boldsymbol{r},t)=A\psi_p(\boldsymbol{r},t) \tag{6.1.8}$$

由自由粒子例子引入波函数 $\psi_p(\boldsymbol{r},t)$ 基本概念和力学量算符，那么波函数 $\psi_p(\boldsymbol{r},t)$ 具体表示什么？有什么实际意义？将在 6.2 节中详细讨论。虽然描写自由粒子的德布罗意平面波是波函数的一个特例，但是它具有普遍性，反映了微观粒子的波粒二象性。

6.2 波函数的统计解释

6.2.1 概率波

因为微观粒子具有波粒二象性，故引入波函数来描述其运动状态。最初只知道波函数是关于时间和空间的复函数，具体的物理意义是什么并没有恰当的解释。历史上有多种关于波函数的解释，但都因与实验事实不符而被否定。现在普遍接受的是玻恩通过对力场中散射过程的研究提出的概率波的概念，即波函数的统计解释。简单地说就是根据波函数的强度分布，确定粒子出现的概率。借助电子的衍射实验来解释玻恩的统计解释。

首先来分析电子通过晶体的衍射实验，如图 6.2.1 所示。我们知道衍射现象是由波的干涉产生的。事实上，粒子流衍射实验中，照相底板上衍射图样与入射粒子流强度无关。入射电子流强度大时，很快得到衍射图样。如果减小入射粒子流强度同时延长实验时间，使投射到照片上的粒子总数保持不变，则得到的衍射图样将完全相同。如果入射电子流强度很小，小到电子一个一个地被衍射，刚开始只能得到一些散乱的斑点（显示出电子的粒子性），但只要经过足够长的时间，斑点数目逐渐增多，在照片上的分布就形成了衍射图样（显示出电子的波动性）。这说明每一个粒子被衍射的现象和其他粒子无关，衍射图样不是由粒子之间的相互作用产生的。由此可见，实验所显示的电子的波动性是许多电子在同一实验中的统计结果，或者是一个电子在许多次相同实验中的统计结果。波函数正是为描述粒子的这种行为而引进的。玻恩在此基础上提出了波函数的统计解释，即波函数 $\psi(\boldsymbol{r},t)$ 在 t 时刻与空间中某一点的强度（振幅绝对值的平方 $|\psi(\boldsymbol{r},t)|^2$）和在该点找到粒子的概率成比例。所以，描写粒子的波是概率波。波函数也被称为概率幅。

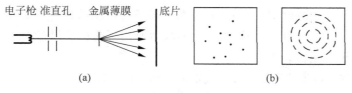

图 6.2.1 电子衍射现象

在非相对论情况下，概率波正确地反映了物质粒子的粒子性与波动性的统一。因为粒子的波粒二象性，无法同时准确知道动量和能量的值。虽然不知道粒子在空间中的确切位置，但知道了粒子空间坐标的概率分布情况，也可以说就知道了此粒子的状态。

按照波函数的统计解释再来看看衍射实验。粒子投射在晶体表面后，描写粒子的波发

生衍射,在照片的衍射图样中,有许多衍射极大和衍射极小。在衍射极大的地方,表示波的强度大,每个粒子投射到这里的概率也大,因而投射到这里的粒子多;在衍射极小的地方,波的强度很小或等于零,粒子投射到这里的概率也很小或等于零,因而投射到这里的粒子很少或没有。利用玻恩的统计解释成功解释了电子衍射实验。电子呈现出的波动性反映了微观客体运动的一种统计规律性。知道了描写微观体系的波函数后,由波函数振幅绝对值的平方就可以得到粒子在空间任意一点出现的概率。后续还将看到由波函数得到体系的其他性质,因此说波函数描写了微观粒子的量子状态。

6.2.2　波函数的归一化

以单个粒子的波函数为例来说明波函数的性质。对于波函数 $\psi(r,t)$,其为一复数,则强度分布为 $|\psi(r,t)|^2$。对于空间体积元 $\mathrm{d}\tau=\mathrm{d}x\mathrm{d}y\mathrm{d}z$ 内,找到粒子的概率与 $|\psi(r,t)|^2$ 成正比,与体积元 $\mathrm{d}\tau$ 成正比。若取系数 $k=1$,则概率

$$\mathrm{d}p(r,t)=k\mid\psi(r,t)\mid^2\mathrm{d}\tau=\mid\psi(r,t)\mid^2\mathrm{d}\tau \tag{6.2.1}$$

单位体积内找到粒子的概率为

$$\frac{\mathrm{d}p(r,t)}{\mathrm{d}\tau}=w(r,t)=\mid\psi(r,t)\mid^2 \tag{6.2.2}$$

式中,$w(r,t)$ 称为概率密度函数。将式(6.2.1)对整个空间作积分,得到粒子在整个空间出现的总概率,由于粒子存在于空间中,所以总概率等于 1

$$\int_{\infty}\mid\psi(r,t)\mid^2\mathrm{d}\tau=1 \tag{6.2.3}$$

式(6.2.3)称为波函数的归一化条件。

若得到的波函数不满足归一化条件时,我们可以对其进行归一化。例如波函数 $\phi(r,t)$,有

$$\int_{\infty}\mid\phi(r,t)\mid^2\mathrm{d}\tau=N \tag{6.2.4}$$

那么只要令

$$\psi(r,t)=\frac{1}{\sqrt{N}}\phi(r,t) \tag{6.2.5}$$

也就是乘上一个常数因子 $\dfrac{1}{\sqrt{N}}$ 后,波函数 $\phi(r,t)$ 就满足归一化条件,常数 $\dfrac{1}{\sqrt{N}}$ 称为归一化常数,$\psi(r,t)$ 为归一化波函数。因为粒子在空间各点出现的概率取决于波函数的相对强度,而与绝对大小无关。所以波函数乘以常实数后所描写的粒子状态并没有改变,这也称为波函数的常数因子不定性。

归一化后的波函数形式还是不唯一确定的,我们可以将波函数乘以一个常数因子 $\mathrm{e}^{\mathrm{i}\delta}$($\delta$ 为实常数),这既不影响空间各点找到粒子的概率,也不改变波函数的归一化,因为 $|\mathrm{e}^{\mathrm{i}\delta}|^2=1$,如果 $|\psi(r,t)|^2$ 对整个空间积分等于 1,则 $|\mathrm{e}^{\mathrm{i}\delta}\psi(r,t)|^2=1$ 对整个空间积分也等于 1。将这个因子称为相因子。归一化波函数可以含有一个任意相因子。当 $\delta=\pm\pi$ 时,$\mathrm{e}^{\mathrm{i}\delta}=\pm1$,因此 $\pm\psi(r,t)$ 都是描述同一状态的波函数。如 $\phi(r,t)$ 为描述某一状态的波函数,则相差一个常数因子的 $\phi(r,t)\mathrm{e}^{\mathrm{i}\delta}$(其中 δ 为实常数)描述的也是同一状态。因为

$$| \phi(\boldsymbol{r},t)\mathrm{e}^{\mathrm{i}\vartheta} |^2 = \phi^* \mathrm{e}^{-\mathrm{i}\vartheta}\phi\mathrm{e}^{\mathrm{i}\vartheta} = \phi^* \phi = | \phi(\boldsymbol{r},t) |^2 \qquad (6.2.6)$$

值得注意的是,归一化条件是有前提的,要求波函数绝对值的平方在整个空间是可积分的,即 $\int_\infty | \phi(\boldsymbol{r},t) |^2 \mathrm{d}\tau = N$ 是有限的。如果不满足这个前提,$\int_\infty | \phi(\boldsymbol{r},t) |^2 \mathrm{d}\tau$ 发散,归一化常数 $\dfrac{1}{\sqrt{N}}$ 等于零,显然没有意义。自由粒子的平面波函数 $\psi_p(\boldsymbol{r},t)=A\,\mathrm{e}^{-\frac{\mathrm{i}}{\hbar}(Et-\boldsymbol{p}\cdot\boldsymbol{r})}$ 就是不满足此条件的一个例子。自由粒子的波函数实际上是一个理想情况,所描述的粒子在空间各处的概率都相同。对于不满足平方可积条件的波函数的归一化将采用另外的办法。

6.2.3　对波函数的说明

描述同一状态,可有多个波函数,其中包括归一化和未归一化波函数。判断多个波函数 $\psi_1,\psi_2,\cdots$ 是否描述同一状态,需要看它们相对概率是否相同。具体如下:如果 $| \psi_1 |^2 = | \psi_2 |^2 = \cdots$,则波函数描述的是同一状态;如不相等,则将波函数进行归一化为 $\psi_1',\psi_2',\cdots$,再进行对比 $| \psi_1' |^2 = | \psi_2' |^2 = \cdots$。

例 6.1　判断波函数 $\psi(\boldsymbol{r},t)$ 和 $-\mathrm{i}\psi(\boldsymbol{r},t)$ 是否描述同一状态?

解　计算 $|\psi(\boldsymbol{r},t)|^2 = |-\mathrm{i}\psi(\boldsymbol{r},t)|^2$,或因为 $-\mathrm{i}\psi(\boldsymbol{r},t) = \mathrm{e}^{\mathrm{i}\frac{3}{2}\pi}\psi(\boldsymbol{r},t)$,差一相因子。所以这两个波函数描述的是同一个状态。

例 6.2　设波函数为 $\psi(x,y,z,t)$,求在 $x\sim x+\mathrm{d}x$ 内找到粒子的概率。

解　如 $\psi(x,y,z,t)$ 已归一化,则概率为

$$P' = \int_{-\infty}^{+\infty}\mathrm{d}y\int_{-\infty}^{+\infty}\mathrm{d}z\, | \psi |^2 \mathrm{d}x$$

如未归一化,则概率为

$$P = \frac{P'}{\iiint | \psi |^2 \mathrm{d}x\,\mathrm{d}y\,\mathrm{d}z}$$

利用傅里叶变换将波函数 $\psi(\boldsymbol{r},t)$ 分解成关于不同频率的分波 $\psi_{p1}(\boldsymbol{r},t),\psi_{p2}(\boldsymbol{r},t),\cdots$ 都满足波动方程,则

$$\psi(\boldsymbol{r},t) = \sum_p c(p,t)\psi_p(\boldsymbol{r},t)$$

也满足波动方程。也就是说,解波动方程,通常可以考虑所有的满足方程本身的解 $\psi_{pi}(\boldsymbol{r},t)$ $(i=1,2,\cdots)$;然后再通过初始条件与边界条件来确定叠加的解 $\psi(\boldsymbol{r},t) = \sum\limits_p c(p,t)\psi_p(\boldsymbol{r},t)$ 的系数 $c(p,t)$,从而确定 $\psi(\boldsymbol{r},t)$。

寻找微观粒子波函数所满足的波动方程,解出波动方程就能解得各种情况下的波函数。这也是我们求解薛定谔方程的主要方法。薛定谔方程是量子力学最重要的基本方程。

6.3　态的叠加原理

叠加原理是波动方程遵守的基本原理之一。如果 φ_1,φ_2 是方程的解,则 $c_1\varphi_1+c_2\varphi_2$ 也是方程的解。波的传播、干涉、衍射等现象都可以通过叠加原理解释。声波和光波都遵从叠

加原理,例如在光的衍射中,波程差为 $k\lambda$,则振动相同,振动加强;波程差为 $(2k+1)\dfrac{\lambda}{2}$,振动抵消。6.2 节介绍了用波函数描写微观粒子的量子状态,处于波函数描写的状态时,粒子的坐标、动量等力学量有多个可能值,每个值以一定的概率出现。

　　量子力学中的波函数也遵从这个原理:在波动过程中,两个波 φ_1 和 φ_2 是波动方程的解,则 $\varphi_1+\varphi_2$ 也是该方程允许的解。下面以电子双缝衍射为例进行说明。

　　如图 6.3.1 电子双缝衍射显示屏 S 上有两个狭缝①与②。只打开狭缝①时,电子束通过的电子波函数为 φ_1,类似地,通过狭缝②的电子波函数为 φ_2。如果狭缝全开,则波函数叠加,$\varphi_1+\varphi_2$ 形成新的波函数,电子出现的概率为 $|\varphi_1+\varphi_2|^2$。这表明量子力学中的叠加原理是态的叠加原理。所谓波函数的叠加,是状态的叠加,不同于强度的叠加。态的叠加原理内容也可以叙述为:如果 φ_1 和 φ_2 是体系的可能状态,

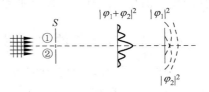

图 6.3.1　电子双缝衍射

那么它们的线性叠加 $\psi=c_1\varphi_1+c_2\varphi_2$ 也是体系的一个可能状态。推广到更一般的情况,若 $\varphi_1,\varphi_2,\varphi_3,\cdots,\varphi_n$ 是体系独立的可能状态,则它们的线性叠加 $\psi=\sum\limits_{i=1}^{n}c_i\varphi_i$ 也是体系的一个可能状态。

　　关于态叠加原理,作以下几点说明:

　　(1)波函数的叠加不是概率密度函数的叠加,而是波函数或量子态或概率振幅的叠加,所以也会出现干涉、衍射现象。

　　(2)态的叠加导致在叠加态下观测结果的不确定性。当体系处在 φ_i 状态时,若测量某力学量 F 所得到的结果是一个确切值,出现这个确切值的概率是 $|c_i|^2$,而在 $\psi=\sum\limits_{i=1}^{n}c_i\varphi_i$ 所描述的状态下,得到的力学量 F 测量值只是可能值之一,而这个值的相对概率是确定的。

　　(3)一般而言,量子态 ψ 依赖于时间,因此,态叠加原理不仅对某一个时刻成立,而且随时间的演化仍然成立。这就暗含 ψ 随时间的演化方程是线性方程。

　　(4)线性叠加,要求对于波函数运算的方程是齐次方程。

　　量子态叠加原理与经典态叠加原理的区别在于:①经典场的叠加是真实的场相加,波振幅具有直接的物理意义,代表场的强弱;量子力学中波函数 ψ 的叠加是波函数相加,没有直接的物理意义。②经典场中场的叠加表示强度的不同,如电场 cE 与 E 表示强弱不同的场;量子力学中 $c\psi$ 与 ψ 表示同一个状态。

6.4　薛定谔方程

　　前面几节已经介绍了系统的微观运动状态可通过波函数 $\psi(r,t)$ 来描述(而非经典轨道描述),从 $\psi(r,t)$ 可以确定宏观量,即波函数给定后系统的物理量及其概率分布也随之确定,那么如何确定任意一个系统的波函数,以及描述粒子状态的波函数如何随粒子状态而演化? 薛定谔提出的波动方程成功地解决了这个问题。

6.4.1　不同体系的薛定谔方程

1. 自由粒子的薛定谔方程

已知自由粒子的波函数为 $\psi_p(\boldsymbol{r},t)=A\mathrm{e}^{\frac{\mathrm{i}}{\hbar}(\boldsymbol{p}\cdot\boldsymbol{r}-Et)}$，在一维情形下为 $\psi_{p_x}(x,t)=A\mathrm{e}^{\frac{\mathrm{i}}{\hbar}(p_x x-Et)}$，它也是所要建立方程的解。

从形式上写出薛定谔方程：

假设自由粒子的 $\psi_p(\boldsymbol{r},t)$ 满足波动方程 $\dfrac{\partial^2\psi}{\partial x^2}=\dfrac{1}{v^2}\dfrac{\partial^2\psi}{\partial t^2}$，写成如下形式：

$$\frac{\partial^2\psi}{\partial x^2}=\gamma\frac{\partial^2\psi}{\partial t^2} \tag{6.4.1}$$

γ 为一普通常数，才能满足波函数的叠加原理要求。代入一维自由粒子的波函数

$$\psi_{p_x}(x,t)=A\mathrm{e}^{\frac{\mathrm{i}}{\hbar}(p_x x-Et)} \tag{6.4.2}$$

得到

$$-\frac{p_x^2}{\hbar^2}\psi_{p_x}(x,t)=-\gamma\frac{E^2}{\hbar^2}\psi_{p_x}(x,t) \tag{6.4.3}$$

考虑到自由粒子的能量与动量的关系式 $E=\dfrac{p_x^2}{2m}$，则取 $\gamma=\dfrac{4m^2}{p_x^2}$ 时，自由粒子波函数就能满足波动方程(6.4.1)。但是这样一来，系数 γ 必须与 p_x 有关，那么不同 p_x 的波函数不满足同一方程，进而可说明 $\psi_{p_x}(x,t)$ 不满足叠加性。因此不能用式(6.4.1)形式的方程作为微观粒子的波动方程。

建立描写波函数随时间变化的方程，应满足以下条件：

(1) 符合德布罗意关系；

(2) 方程是线性的，以满足态叠加原理；

(3) 方程的系数不应包含状态的参量，否则不能满足各种可能的状态；

(4) 与能量方程 $E=\dfrac{p^2}{2m}+V(r,t)$ 相一致；

(5) 含有对时间微商的微分方程。

综合以上几点，把自由粒子的波动方程(6.4.1)改为 $\gamma\dfrac{\partial\psi}{\partial t}=\dfrac{\partial^2\psi}{\partial x^2}$，将式(6.4.2)代入，得出 $\gamma=-\mathrm{i}\dfrac{2m}{\hbar}$，这样得到的 γ 是一个常数，与动量 p_x 无关。那么由此确定自由粒子的波动方程为

$$\mathrm{i}\hbar\frac{\partial\psi}{\partial t}=-\frac{\hbar^2}{2m}\frac{\partial^2\psi}{\partial x^2} \tag{6.4.4}$$

以此方程作为支配波函数的基本方程。

波动方程可以通过另一种方法建立：考虑波函数式(6.4.2)，对其进行算符操作：

$$\mathrm{i}\hbar\frac{\partial\psi_{p_x}}{\partial t}=\mathrm{i}\hbar\left(\frac{-\mathrm{i}}{\hbar}E\right)\psi_{p_x}=E\psi_{p_x} \tag{6.4.5}$$

又考虑(不包含势能只含有动能部分的)能量算符：

$$\hat{E} = \frac{\hat{p}_x^2}{2m} = \frac{\left(-\mathrm{i}\,\hbar\frac{\partial}{\partial x}\right)^2}{2m} = -\frac{\hbar^2}{2m}\frac{\partial^2}{\partial x^2} \tag{6.4.6}$$

将算符 $\hat{E}$ 代替式(6.4.5)中的 E，也得到了微分方程(6.4.4)。

以上通过两种方法，从形式上得到了一个重要公式：

$$\mathrm{i}\,\hbar\frac{\partial\psi}{\partial t} = -\frac{\hbar^2}{2m}\frac{\partial^2\psi}{\partial x^2} \tag{6.4.7}$$

三维情形的自由粒子波函数所满足的波动方程则具有以下形式：

$$\mathrm{i}\,\hbar\frac{\partial\psi}{\partial t} = -\frac{\hbar^2}{2m}\left(\frac{\partial^2}{\partial x^2}+\frac{\partial^2}{\partial y^2}+\frac{\partial^2}{\partial z^2}\right)\psi = -\frac{\hbar^2}{2m}\,\nabla^2\psi \tag{6.4.8}$$

其中，∇^2 是拉普拉斯算符。

2. 一般力场的薛定谔方程

现在再考虑粒子在力场中运动的情况，力场中粒子的势能为 $V(\boldsymbol{r},t)$，则能量表示为

$$E = \frac{p^2}{2m} + V(\boldsymbol{r},t) \tag{6.4.9}$$

对应的能量算符为

$$\hat{E} = -\frac{\hbar^2}{2m}\,\nabla^2 + V(\boldsymbol{r},t) \tag{6.4.10}$$

式(6.4.9)两边同时乘以波函数 ψ，并作算符 $\hat{E}$ 与 $\hat{p}$ 替换相应的力学量，得到波函数所满足的微分方程：

$$\mathrm{i}\,\hbar\frac{\partial\psi}{\partial t} = \left[-\frac{\hbar^2}{2m}\,\nabla^2 + V(\boldsymbol{r},t)\right]\psi \tag{6.4.11}$$

这就是有力场作用时粒子的薛定谔波动方程，也称薛定谔方程。

此方程最早是由薛定谔于 1926 年提出的，是**量子力学的第二个基本假设**，其地位与牛顿的 $\boldsymbol{F}=m\boldsymbol{a}$ 在经典力学地位相当。再次强调的是，我们从描写自由粒子的平面波函数出发，只是以启发性的手段建立薛定谔方程的形式，并不是严格的逻辑推导得出。它的正确性是通过在各种情况下的实验结果与方程得出的结论相比较来验证的。这里需要说明的是，自由粒子波函数采用复数形式，是因为如果从平面波的实数表达式出发，很容易验证 $A\cos\frac{1}{\hbar}(\boldsymbol{p}\cdot\boldsymbol{r}-Et)$ 不是方程(6.4.11)的解，那样就得不到薛定谔方程。

3. 多粒子体系的薛定谔方程

当系统是由 N 个粒子组成的，可以用类似的方法得到多粒子体系的薛定谔方程。描述系统状态的波函数为 $\psi(\boldsymbol{r}_1,\boldsymbol{r}_2,\cdots,\boldsymbol{r}_N,t)$，其中 $\boldsymbol{r}_1,\boldsymbol{r}_2,\cdots,\boldsymbol{r}_N$ 表示粒子的坐标。多粒子体系的能量为

$$E = \sum_{i=1}^{N}\frac{p_i^2}{2m_i} + V(\boldsymbol{r}_1,\boldsymbol{r}_2,\cdots,\boldsymbol{r}_N,t) \tag{6.4.12}$$

其中势能 $V(\boldsymbol{r}_1,\boldsymbol{r}_2,\cdots,\boldsymbol{r}_N,t)$ 包括体系在外场中的能量和粒子间的相互作用能。两边同时乘以 ψ，并作算符替换，$E\to\mathrm{i}\,\hbar\frac{\partial}{\mathrm{d}t}$，$p_i\to-\mathrm{i}\,\hbar\nabla_i$，得到多粒子体系的薛定谔方程为

$$i\hbar\frac{\partial}{dt}\psi = -\sum_{i=1}^{N}\frac{\hbar^2}{2m_i}\nabla_i^2\psi + V\psi \tag{6.4.13}$$

例 6.3 若已知 $\psi_p(x,t)$ 满足 $i\hbar\frac{\partial\psi_p}{\partial t} = -\frac{\hbar^2}{2m}\frac{\partial^2\psi_p}{\partial x^2}$，试证明任意波函数

$$\psi(\boldsymbol{r},t) = \iiint_{\infty} c(p)\psi_p(\boldsymbol{r},t)d^3p, \quad (\text{其中 } d^3p = dp_x dp_y dp_z)$$

也满足 $i\hbar\frac{\partial\psi}{\partial t} = -\frac{\hbar^2}{2m}\frac{\partial^2\psi}{\partial x^2}$。

证明

$$
\begin{aligned}
i\hbar\frac{\partial\psi(\boldsymbol{r},t)}{\partial t} &= i\hbar\frac{\partial}{\partial t}\iiint c(p)\psi_p(\boldsymbol{r},t)d^3p \\
&= \iiint i\hbar c(p)\frac{\partial\psi_p(\boldsymbol{r},t)}{\partial t}d^3p \\
&= \iiint c(p)\left(-\frac{\hbar^2}{2m}\nabla^2\psi_p(\boldsymbol{r},t)\right)d^3p \\
&= -\frac{\hbar^2}{2m}\nabla^2\iiint c(p)\psi_p(\boldsymbol{r},t)d^3p \\
&= -\frac{\hbar^2}{2m}\nabla^2\psi(\boldsymbol{r},t)
\end{aligned}
$$

6.4.2 薛定谔方程的讨论

1. 概率密度与概率流密度

本节利用薛定谔方程来讨论粒子在空间某个区域内出现的总概率随时间变化的问题。粒子的波函数为 $\psi(\boldsymbol{r},t)$，则粒子出现在 t 时刻，空间 $\boldsymbol{r}$ 点周围单位体积内的概率为

$$w(\boldsymbol{r},t) = |\psi(\boldsymbol{r},t)|^2 = \psi^*(\boldsymbol{r},t)\psi(\boldsymbol{r},t)$$

概率随时间的变化率为

$$\frac{\partial w(\boldsymbol{r},t)}{\partial t} = \psi^*\frac{\partial\psi}{\partial t} + \frac{\partial\psi^*}{\partial t}\psi \tag{6.4.14}$$

考虑到 ψ 与 ψ^* 分别满足薛定谔方程：

$$\frac{\partial\psi}{\partial t} = \frac{i\hbar}{2m}\nabla^2\psi + \frac{1}{i\hbar}V(\boldsymbol{r})\psi \tag{6.4.15}$$

$$\frac{\partial\psi^*}{\partial t} = -\frac{i\hbar}{2m}\nabla^2\psi^* - \frac{1}{i\hbar}V(\boldsymbol{r})\psi^* \tag{6.4.16}$$

此处考虑势能 $V(\boldsymbol{r})$ 必须为实函数，有 $V^* = V$，将式(6.4.15)和式(6.4.16)代入式(6.4.14)，则

$$
\begin{aligned}
\frac{\partial w(\boldsymbol{r},t)}{\partial t} &= \frac{i\hbar}{2m}\left[\psi^*\nabla^2\psi - \psi\nabla^2\psi^*\right] \\
&= \frac{i\hbar}{2m}\nabla\cdot\left[\psi^*\nabla\psi - \psi\nabla\psi^*\right] \\
&= -\nabla\cdot\boldsymbol{J}
\end{aligned}
\tag{6.4.17}
$$

其中令 $\boldsymbol{J} \equiv \frac{i\hbar}{2m}[\psi\nabla\psi^* - \psi^*\nabla\psi]$。式(6.4.17)改写为

$$\frac{\partial w}{\partial t} + \nabla \cdot \boldsymbol{J} = 0 \tag{6.4.18}$$

式(6.4.18)给出了单位体积内概率密度 w 随时间变化与矢量 $\boldsymbol{J}$ 的散度的关系。此式形式上与流体力学中连续性方程一样,故称之为连续性方程,是概率守恒的一种微分表达形式。

把连续方程(6.4.18)两边对空间任意一个体积求积分,得

$$\frac{\mathrm{d}}{\mathrm{d}t}\int_V w \mathrm{d}\tau = -\int_V \nabla \cdot \boldsymbol{J} = -\oiint_S \boldsymbol{J} \cdot \mathrm{d}\boldsymbol{S} \tag{6.4.19}$$

式(6.4.19)左边是粒子在体积 V 内的概率随时间的变化率,右边表示单位时间内流进或流出该体积的概率。式(6.4.19)表示的物理意义是单位时间内空间有限区域 V 中增加的概率等于该区域边界流入的概率。因此 $\boldsymbol{J}$ 具有概率流密度矢量的意义。

如果波函数在无穷远处为零,将积分区域扩展到整个空间,则

$$\oiint_{S \to \infty} \boldsymbol{J} \cdot \mathrm{d}\boldsymbol{S} = 0$$

$$\frac{\mathrm{d}}{\mathrm{d}t}\int_\infty w(\boldsymbol{r},t)\mathrm{d}\tau = \frac{\mathrm{d}}{\mathrm{d}t}\int_\infty |\psi(\boldsymbol{r},t)|^2 \mathrm{d}\tau = 0 \tag{6.4.20}$$

说明在整个空间内找到粒子的概率与时间无关,全空间的总概率守恒不随时间变化。若 $\int \psi^* \psi \mathrm{d}\tau = 1$,则归一化性质也不随时间改变。

由以上讨论可以知道,波函数 $\psi(\boldsymbol{r},t)$ 不但给出了粒子在空间各处的概率密度 $w(\boldsymbol{r},t)$,还给出了空间各处的概率密度矢量 $\boldsymbol{J}(\boldsymbol{r},t)$。对于大量粒子,$|\psi(\boldsymbol{r},t)|^2$ 代表各处的粒子数密度,$\boldsymbol{J}$ 代表粒子流动的通量,也就是粒子流强度。

例 6.4　沿 x 方向运动的自由粒子,动量为 p,根据德布罗意假设,用一个平面波描述:$\psi(x,t) = \mathrm{e}^{\frac{\mathrm{i}}{\hbar}(px-Et)}$,试求其概率流密度。

解　由已知条件可知 $\dfrac{\mathrm{d}\psi}{\mathrm{d}x} = \dfrac{\mathrm{i}p}{\hbar}\psi$,$\dfrac{\mathrm{d}\psi^*}{\mathrm{d}x} = \dfrac{-\mathrm{i}p}{\hbar}\psi^*$,则概率流密度为

$$\begin{aligned}
\boldsymbol{J} &= \frac{\mathrm{i}\hbar}{2m}[\psi \nabla \psi^* - \psi^* \nabla \psi] = \frac{\mathrm{i}\hbar}{2m}\left(\psi \frac{\mathrm{d}\psi^*}{\mathrm{d}x} - \psi^* \frac{\mathrm{d}\psi}{\mathrm{d}x}\right) \\
&= \frac{\mathrm{i}\hbar}{2m}\left(\psi \frac{-\mathrm{i}p}{\hbar}\psi^* - \psi^* \frac{\mathrm{i}p}{\hbar}\psi\right) \\
&= \frac{\mathrm{i}\hbar}{2m}\left(-\frac{2\mathrm{i}p}{\hbar}\right) = \frac{p}{m} = v
\end{aligned}$$

2. 粒子数守恒、质量守恒与电荷守恒

若一个微观粒子体系有 N 个粒子,$N \gg 1$,则 Nw 为粒子的数密度,即单位体积内的粒子数。$N\boldsymbol{J}$ 为单位时间内流过单位面积的粒子数,称为粒子流数密度。用 N 乘以连续方程(6.4.18)得

$$\frac{\partial(Nw)}{\partial t} + \nabla \cdot (N\boldsymbol{J}) = 0 \tag{6.4.21}$$

这是量子力学中的粒子数守恒定律。

若粒子的质量为 m,以 Nm 乘以连续方程(6.4.18)得

$$\frac{\partial \rho_m}{\partial t} + \nabla \cdot \boldsymbol{J}_m = 0 \tag{6.4.22}$$

其中，$\rho_m = Nmw$ 表示质量密度，$\boldsymbol{J}_m = Nm\boldsymbol{J}$ 表示质量流密度。式(6.4.22)为量子力学中的质量守恒定律。

若粒子的电荷质量为 e，以 Ne 乘以连续方程(6.4.18)可得到量子力学中的电荷守恒定律

$$\frac{\partial \rho_e}{\partial t} + \nabla \cdot \boldsymbol{J}_e = 0 \tag{6.4.23}$$

其中，$\rho_e = New$ 表示电荷密度，$\boldsymbol{J}_e = Ne\boldsymbol{J}$ 表示电流密度。

3. 波函数的标准条件

目前为止，还没有说明怎样的函数可以作为波函数，或者说波函数需要满足哪些条件。在建立薛定谔方程和证明粒子数守恒定律之后，就可以讨论这个问题了。考虑到概率密度 w 的物理意义(粒子在空间出现的概率是单值连续、有限的)，则波函数 ψ 必须满足以下三个条件：

(1) 连续性：ψ 不能有跃变，否则会导致 w 的不连续(无物理意义)；

(2) 有限性：波函数 ψ 与其一阶导数在变量变化的全部区域内是有限且连续的，这样 $w = |\psi|^2$ 才能为有限，满足概率密度的物理意义；

(3) 单值性：由于在 t 时刻，粒子出现在空间任一点 r 的概率只有一个确定值。则要求 ψ 应是坐标和时间的单值函数，这样才能使概率密度有唯一的值。

这三个条件称为波函数的标准条件。在利用薛定谔方程求解波函数时，就是用这三个条件来选定物理上有意义的波函数，它类似于求解经典物理中波动方程所要求的边界条件。

6.5 定态薛定谔方程

6.5.1 定态薛定谔方程的形式

一般地说，在已知初始状态下求解薛定谔方程并非易事。采取分离变量法可将波函数中与时间有关的部分分离出来，进而简化问题。考虑势能 $V(\boldsymbol{r}, t)$ 与时间无关，可以写成 $V(\boldsymbol{r})$ 的形式，则可以使用分离变量法简化薛定谔方程。设波函数 $\psi(\boldsymbol{r}, t) = \psi(\boldsymbol{r})f(t)$，分为分别只和 $\boldsymbol{r}$、t 有关的部分，代入薛定谔方程(6.4.11)，有

$$i\hbar\psi(\boldsymbol{r})\frac{\partial f(t)}{\partial t} = f(t)\left[-\frac{\hbar^2}{2m}\nabla^2 + V(\boldsymbol{r}, t)\right]\psi(\boldsymbol{r}) \tag{6.5.1}$$

把只含 $\boldsymbol{r}$ 和 t 的部分分别放在等式两边，则

$$\frac{i\hbar}{f(t)}\frac{\partial f(t)}{\partial t} = \frac{\left[-\frac{\hbar^2}{2m}\nabla^2 + V(\boldsymbol{r})\right]\psi(\boldsymbol{r})}{\psi(\boldsymbol{r})} \tag{6.5.2}$$

上式左边是关于时间 t 的函数，右边是关于坐标 $\boldsymbol{r}$ 的函数。$\boldsymbol{r}$ 与 t 是相互独立的变量，要使二者相等，只能等于一个与 $\boldsymbol{r}$、t 都无关的常数，设此常数为 E，那么只含有 t 的部分：

$$i\hbar\frac{\mathrm{d}f(t)}{\mathrm{d}t} = Ef(t) \tag{6.5.3}$$

将上式两边积分 $i\hbar\ln f(t) = Et + C'$，得到其形式解为 $f(t) = Ce^{-\frac{i}{\hbar}Et}$，$C$ 为任意常数。

式(6.5.2)中只含有 r 的部分：

$$\left[-\frac{\hbar^2}{2m}\nabla^2 + V(r)\right]\psi(r) = E\psi(r) \tag{6.5.4}$$

该方程中的 $\psi(r)$ 称为振幅波函数，表示粒子能量为 E 的态。能量 E 取特定值的态，称为定态。式(6.5.4)称为定态薛定谔方程。定态波函数的状态有以下特点：①能量有确定值 E；②此时粒子的宏观状态(概率密度 w、概率流密度 J)不随时间改变；③任何力学量的概率分布均不随时间变化，也就是说，定态是所有的概率分布都不随时间变化的状态。

6.5.2 能量本征值与能量本征方程

对于定态薛定谔方程(6.5.4)，可以看作算符 $\left[-\frac{\hbar^2}{2m}\nabla^2 + V(r)\right]$ 作用在波函数上得到一个常量 E 乘以波函数。定义这个算符为哈密顿算符：$\hat{H} = -\frac{\hbar^2}{2m}\nabla^2 + V(r)$。在完整、保守的力学体系中，哈密顿函数 H 等于体系的能量，此算符也称为能量算符。那么定态薛定谔方程可以写成

$$\hat{H}\psi(r) = E\psi(r) \tag{6.5.5}$$

含时间的薛定谔方程写成

$$i\hbar\frac{\partial}{\partial t}\psi(r,t) = \hat{H}\psi(r,t) \tag{6.5.6}$$

数学上，如果算符 $\hat{F}$ 作用在函数 φ 上，等于某常数 λ 乘以 φ，即

$$\hat{F}\varphi = \lambda\varphi \tag{6.5.7}$$

则称 λ 为算符 $\hat{F}$ 的本征值，φ 为算符 $\hat{F}$ 的本征函数。式(6.5.7)称为本征方程，或特征方程，或固有方程。

那么物理上，定态薛定谔方程归结为一个本征值问题：$\hat{H}\psi = E\psi$。E 为算符 $\hat{H}$ 的本征值；ψ 为算符 $\hat{H}$ 的本征函数。

在实际问题中，很多粒子的势能只是坐标的函数，因此定态薛定谔方程在量子力学中占有重要位置。讨论定态问题就是求出体系可能有的定态波函数和这些态中的能量 E。可以通过求解定态薛定谔方程来求能量的可能值和相应的波函数。6.6 节与 6.7 节将通过两个简单的定态问题来讨论定态薛定谔方程的具体应用。

例 6.5 证明在定态中，概率流密度与时间无关。

证明 定态时，$\psi(r,t) = \psi(x)e^{-\frac{i}{\hbar}Et}$，则

$$\begin{aligned}
J &= \frac{i\hbar}{2m}[\psi^*\nabla\psi - \psi\nabla\psi^*] \\
&= \frac{i\hbar}{2m}[\psi(x)e^{-\frac{i}{\hbar}Et}\nabla(\psi^*(x)e^{\frac{i}{\hbar}Et}) - \psi^*(x)e^{\frac{i}{\hbar}Et}\nabla(\psi e^{-\frac{i}{\hbar}Et})] \\
&= \frac{i\hbar}{2m}[\psi\nabla\psi^* - \psi^*\nabla\psi]
\end{aligned}$$

所以概率流密度与时间 t 无关。

6.6 一维无限深势阱

一维无限深势阱是定态薛定谔方程应用的一个简单例子。考虑一维空间中运动的粒子,质量为 m,其势能分布如图 6.6.1 所示,这种情形为一维无限深势阱。势能满足:

$$V(x) = \begin{cases} 0, & |x| < a \\ \infty, & |x| \geq a \end{cases} \qquad (6.6.1)$$

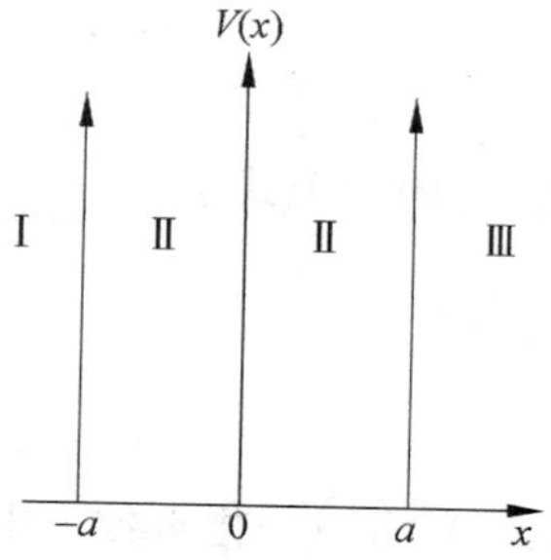

在阱内(区域 II)对应的定态薛定谔方程:

$$-\frac{\hbar^2}{2m}\frac{\mathrm{d}^2\psi}{\mathrm{d}x^2} = E\psi \qquad (6.6.2)$$

在阱外(区域 I / III)对应的定态薛定谔方程:

$$-\frac{\hbar^2}{2m}\frac{\mathrm{d}^2\psi}{\mathrm{d}x^2} + V_0\psi = E\psi, \quad V_0 \to \infty \qquad (6.6.3)$$

图 6.6.1 一维无限深势阱

在阱外势能无限大,找到粒子的概率为零(详细推导可参见参考文献[12]附录 I),即 $\psi = 0$。粒子被严格地束缚在势阱中,能量总是小于势阱的高度。这种极限情况下,问题大为简化,只需求解方程(6.6.2)得到能级。

引入符号 $\alpha = \left(\frac{2mE}{\hbar^2}\right)^{\frac{1}{2}}$,将式(6.6.2)化简为

$$\frac{\mathrm{d}^2\psi}{\mathrm{d}x^2} + \alpha^2\psi = 0, \quad |x| < a \qquad (6.6.4)$$

其形式解为

$$\psi = A\sin\alpha x + B\cos\alpha x, \quad |x| < a \qquad (6.6.5)$$

考虑到波函数的连续性,在 $x = \pm a$ 处,$\psi = 0$,那么根据式(6.5.5),可得

$$A\sin\alpha a + B\cos\alpha a = 0, \quad -A\sin\alpha a + B\cos\alpha a = 0 \qquad (6.6.6)$$

两式相加,得 $B\cos\alpha a = 0$;两式相减,得 $A\sin\alpha a = 0$。如果 A、B 同时等于 0,那么得到平庸解 $\psi = 0$,这样无物理意义,所以 A、B 不能同时等于 0,于是有

$$\begin{cases} A = 0 \text{ 时}, & \cos\alpha a = 0 \\ B = 0 \text{ 时}, & \sin\alpha a = 0 \end{cases} \qquad (6.6.7)$$

那么得到 $\alpha a = \frac{n}{2}\pi$,$n = 1, 2, \cdots$,这里 n 只取正值。这是因为若 $n = 0$,对应三个区域的波函数都为零,得到平庸解。若 n 为负数,没有给出新解。这样得到 α 便可以求出能量本征值为

$$E_n = \frac{\pi^2\hbar^2 n^2}{8ma^2}, \quad n = 1, 2, \cdots \qquad (6.6.8)$$

能量本征值 E_n 与整数 n 有关,n 称为量子数。由此在无限深势阱中的粒子,并不能取任意能量,只能取分立的 E_n 值,得到了分立的能级,呈现量子化的形式。

而对应的本征波函数：

$$当\ B=0\ 时,\psi_n=\begin{cases} A\sin\dfrac{n\pi}{2a}x, & n\ 为偶数,\quad |x|<a \\ 0, & |x|\geqslant a \end{cases}$$

$$当\ A=0\ 时,\psi_n=\begin{cases} B\cos\dfrac{n\pi}{2a}x, & n\ 为奇数,\quad |x|<a \\ 0, & |x|\geqslant a \end{cases}$$

合并为同一个式子：

$$\psi_n=\begin{cases} A'\sin\dfrac{n\pi}{2a}(x+a), & |x|<a \\ 0, & |x|\geqslant a \end{cases} \tag{6.6.9}$$

其中 A' 为归一化常数。由归一化条件 $\displaystyle\int_{-\infty}^{+\infty}|\psi|^2\mathrm{d}x=1$，求出 $A'=\dfrac{1}{\sqrt{a}}$。

当 $x\to\infty$ 时，波函数 $\psi_n(x)\to 0$，通常把这种无限远处为零的波函数描写的状态称为束缚态。能量量子化是束缚态的基本特征。当 $n=1$，给出能量 $E_1=\dfrac{\pi^2\hbar^2}{8ma^2}$，是所有能量值中最小的一个状态。能量最低的态称为基态（对于线性谐振子，$n=0$ 为基态，详见 6.7 节），其他状态都称为激发态。处于基态的粒子势能为零，但能量却不为零，这与经典粒子是不同的。

考虑波函数中含有 t 的部分，则一维无限深势阱的波函数为

$$\psi_n(x,t)=\psi_n(x)\mathrm{e}^{-\frac{\mathrm{i}}{\hbar}E_n t}=A'\sin\dfrac{n\pi}{2a}(x+a)\mathrm{e}^{-\frac{\mathrm{i}}{\hbar}E_n t} \tag{6.6.10}$$

这相当于普通物理中相对传播的平面波，可叠加成驻波。

图 6.6.2 中可以看出，除端点外，基态波函数无节点（即 ψ_n 为零的点），在第一激发态 $n=2$ 有一个节点，第 k 个激发态（$n=k+1$）有 k 个节点。另一方面，在区域Ⅰ内，找到粒子的概率并不是处处相等。

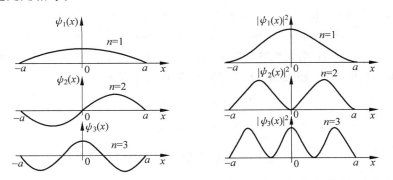

图 6.6.2　一维无限深势阱 $n=1,2,3$ 时能量本征函数及概率密度的概率分布

例 6.6　假设粒子作一维运动，波函数为

$$\psi(x)=\begin{cases} 0, & x\leqslant 0,x\geqslant a \\ A\sin\dfrac{\pi x}{a}, & 0<x<a \end{cases}$$

A 是任意常数，求：

（1）归一化的波函数；

（2）概率密度函数；

（3）粒子出现在 $\left[0, \dfrac{a}{2}\right]$ 的概率。

解　（1）波函数归一化：

$$\int |\psi(x)|^2 \mathrm{d}x = \int_0^a \left| A\sin\frac{\pi x}{a} \right|^2 \mathrm{d}x = A^2 \int_0^a \sin^2\frac{\pi}{a}x\,\mathrm{d}x = 1$$

利用三角函数公式 $\sin^2 x = \dfrac{1}{2}(1-\cos 2x)$ 得到

$$\begin{aligned} A^2\int_0^a \sin^2\frac{\pi}{a}x\,\mathrm{d}x &= \frac{1}{2}A^2\int_0^a(1-\cos 2x)\mathrm{d}x \\ &= \frac{1}{2}A^2\left(\int_0^a \mathrm{d}x - \int_0^a \cos 2x\,\mathrm{d}x\right) \\ &= \frac{a}{2}A^2 = 1 \end{aligned}$$

所以归一化因子 $A = \sqrt{\dfrac{2}{a}}$。归一化波函数为

$$\psi(x) = \begin{cases} 0, & x \leqslant 0, x \geqslant a \\ \sqrt{\dfrac{2}{a}}\sin\dfrac{\pi x}{a}, & 0 < x < a \end{cases}$$

（2）概率密度函数为

$$w(x) = |\psi(x)|^2 = \begin{cases} 0, & x \leqslant 0, x \geqslant a \\ \dfrac{2}{a}\sin^2\dfrac{\pi x}{a}, & 0 < x < a \end{cases}$$

（3）知道概率密度函数，计算某一区域内发现粒子的概率归结为计算积分。

$$\begin{aligned} \int_0^{\frac{a}{2}} |\psi(x)|^2 \mathrm{d}x &= \int_0^{\frac{a}{2}} \frac{2}{a}\sin^2\frac{\pi x}{a}\mathrm{d}x \\ &= \frac{2}{a}\cdot\frac{1}{2}\int_0^{\frac{a}{2}}(1-\cos 2x)\mathrm{d}x \\ &= \frac{1}{a}\left(\int_0^{\frac{a}{2}}\mathrm{d}x - \int_0^{\frac{a}{2}}\cos 2x\,\mathrm{d}x\right) \\ &= \frac{1}{a}\cdot\frac{a}{2} = \frac{1}{2} \end{aligned}$$

6.7　线性谐振子

一维定态情形的另一个典型例子是线性谐振子。线性谐振子在研究固体热容问题中有重要的作用；且许多实际体系可以简化成谐振子的运动。在经典力学里，一维线性谐振子受到线性恢复力 $-kx$ 作用而运动，相应的弹性势能是 $kx^2/2$，由于振动的角频率 $\omega = \sqrt{\dfrac{k}{m}}$，

取平衡位置为坐标原点，振子质量为 m，线性谐振子的势能为

$$V(x) = \frac{1}{2}kx^2 = \frac{1}{2}m\omega^2 x^2 \tag{6.7.1}$$

用半经典的方法，求得能级为 $E_n = \hbar\omega n$。

现在从量子力学定态方程的结果来分析线性谐振子的能级公式与波函数。根据势能，写出单个线性谐振子的哈密顿算符：

$$\hat{H} = -\frac{\hbar^2}{2m}\frac{\partial^2}{\partial x^2} + \frac{1}{2}m\omega^2 x^2 \tag{6.7.2}$$

其定态薛定谔方程有如下形式：

$$\frac{\hbar^2}{2m}\frac{\partial^2}{\partial x^2}\psi(x) + \left(E - \frac{1}{2}m\omega^2 x^2\right)\psi(x) = 0 \tag{6.7.3}$$

方便起见，引入一个无量纲变量 $\xi = \sqrt{\dfrac{m\omega}{\hbar}}x = \alpha x$，$\alpha = \sqrt{\dfrac{m\omega}{\hbar}}$，再令 $\lambda = \dfrac{2E}{\hbar\omega}$，则有

$$\frac{\mathrm{d}}{\mathrm{d}x} = \frac{\mathrm{d}\xi}{\mathrm{d}x}\frac{\mathrm{d}}{\mathrm{d}\xi} = \alpha\frac{\mathrm{d}}{\mathrm{d}\xi}$$

$$\frac{\mathrm{d}^2}{\mathrm{d}x^2} = \frac{\mathrm{d}}{\mathrm{d}x}\left(\alpha\frac{\mathrm{d}}{\mathrm{d}\xi}\right) = \alpha^2\frac{\mathrm{d}^2}{\mathrm{d}\xi^2}$$

那么定态薛定谔方程(6.7.3)可以简写成

$$\frac{\mathrm{d}^2\psi}{\mathrm{d}\xi^2} + (\lambda - \xi^2)\psi = 0 \tag{6.7.4}$$

方程(6.7.4)为二阶变系数常微分方程，不易直接求解。这个方程在 ξ 有限区域内没有奇点，我们先考虑其解在 ξ 趋于无限远时的行为。

首先分析当 $\xi \to \pm\infty$ 时，波函数的渐近行为，此时有

$$\lambda = \frac{2E}{\hbar\omega} \ll \xi^2 \tag{6.7.5}$$

所以式(6.7.4)中系数为 λ 的一项可略去，则有

$$\frac{\mathrm{d}^2\tilde{\psi}}{\mathrm{d}\xi^2} - \xi^2\tilde{\psi} = 0 \tag{6.7.6}$$

可以证明在 $\xi \to \pm\infty$ 时，此方程的形式解为：$\tilde{\psi} = \mathrm{e}^{\pm\frac{\xi^2}{2}}$，其中 $\mathrm{e}^{\frac{\xi^2}{2}}$ 不满足波函数的有限性条件，于是将式(6.7.4)的解在形式上试探性地设为 $\psi(\xi) = H(\xi)\mathrm{e}^{-\frac{\xi^2}{2}}$。其中 $H(\xi)$ 为待求函数，要求 $\xi \to \pm\infty$ 时，$H(\xi)\mathrm{e}^{-\frac{\xi^2}{2}}$ 为有限值。

把形式解 $\psi(\xi) = H(\xi)\mathrm{e}^{-\frac{\xi^2}{2}}$ 代入原方程(6.7.4)，得

$$H''(\xi) - 2\xi H'(\xi) + (\lambda - 1)H(\xi) = 0 \tag{6.7.7}$$

此公式仍然为二阶变系数常微分方程，可用幂级数展开方法求解。将 $H(\xi)$ 写成幂级数展开形式：

$$H(\xi) = a_0 + a_1\xi + a_2\xi^2 + \cdots = \sum_{\nu=0}^{\infty} a_\nu\xi^\nu \tag{6.7.8}$$

则相应的一阶、二阶微分式分别是

$$\begin{cases} H'(\xi) = a_1 + 2a_2\xi + 3a_2\xi^2 + \cdots + \nu a_\nu\xi^{\nu-1} + \cdots \\ H''(\xi) = 2a_2 + 3 \cdot 2\xi + \cdots + \nu(\nu-1)a_\nu\xi^{\nu-2} + \cdots + \\ \qquad\qquad (\nu+2)(\nu+1)a_{\nu+2}\xi^\nu + \cdots \end{cases} \tag{6.7.9}$$

将以上公式代入原方程(6.7.7),得到

$$\sum_\nu [(\nu+2)(\nu+1)a_{\nu+2} - 2\nu a_\nu + (\lambda-1)a_\nu]\xi^\nu = 0 \tag{6.7.10}$$

由于 ξ 的任意性,则对应各项 ξ^ν 的系数应为 0,得到展开系数的 a_ν 递推关系:

$$a_{\nu+2} = \frac{2\nu - \lambda + 1}{(\nu+2)(\nu+1)} a_\nu \tag{6.7.11}$$

这是系数 a_ν 的递推公式,如果已知 a_0 和 a_1,则可求出任意一个 a_ν,由此确定函数 $H(\xi)$,进而求出 $\psi(\xi)$。在未考虑归一化的情况下,可以设 a_0 和 a_1 为两个任意常数。另外,可以证明当 $\xi \to \pm\infty$ 时(即 $x \to \pm\infty$),如果式(6.7.8)为无穷级数,必然有 $\psi(\xi) \to \infty$,此时为发散的,与波函数的有限性条件相矛盾。因此,要得到满足平方可积条件的收敛解,则 $H(\xi)$ 必须是有限项的 ξ 的幂函数,即

$$a_\nu \neq 0, \quad a_{\nu'} = 0, \quad \nu' > \nu \tag{6.7.12}$$

从递推公式(6.7.11)知,只有当 $2\nu - \lambda + 1 = 0$ 时,才能满足 $H(\xi)$ 为有限项的条件。从而得到符合波函数有限性条件的解。假设对于 $H(\xi)$,处于 $a_n \neq 0, a_{n+2} = 0$ 的条件下,必然有

$$2n + 1 - \lambda = 0 \tag{6.7.13}$$

所以得到

$$\lambda = 2n + 1, \quad n = 0, 1, 2, \cdots \tag{6.7.14}$$

则谐振子的能量为

$$E_n = \frac{\lambda}{2m}\alpha^2\hbar^2 = \frac{\lambda}{2}\hbar\omega = \hbar\omega\left(n + \frac{1}{2}\right) \tag{6.7.15}$$

这样,得到了谐振子的能级是按量子数 n 等距离分布,能级间隔为 $\hbar\omega$。基态能量 E_0 不等于零,而是等于 $\frac{1}{2}\hbar\omega$。对应每个能级 E_n 的束缚态的解为

$$\begin{cases} \psi_n(\xi) = N_n \mathrm{e}^{-\frac{1}{2}\xi^2} H_n(\xi) \\ \psi_n(x) = N_n \mathrm{e}^{-\frac{1}{2}\alpha^2 x^2} H_n(\alpha x) \end{cases} \tag{6.7.16}$$

N_n 为归一化常数。利用归一化条件,确定

$$N_n = \left(\frac{\alpha}{\pi^{\frac{1}{2}} 2^n n!}\right)^{\frac{1}{2}}$$

下面讨论谐振子的定态波函数。在 $\lambda = 2n + 1$ 这个规定下,函数 $H(\xi)$ 满足的方程(6.7.7)可以写为

$$\frac{\partial^2 H_n}{\partial \xi^2} - 2\xi\frac{\partial H_n}{\partial \xi} + 2nH_n = 0, \quad n = 0, 1, 2, \cdots \tag{6.7.17}$$

这个方程称为厄米方程。从上面的讨论知道,当 n 为任意非负整数时,这个方程有且仅有一个多项式解,其中 $H_n(\xi)$ 称为厄米多项式,是有限项的幂级数,前 5 个厄米多项式的形式如下:

$$
\begin{cases}
n=0, & H_0(\xi)=1 \\
n=1, & H_1(\xi)=2\xi \\
n=2, & H_2(\xi)=4\xi^2-2 \\
n=3, & H_3(\xi)=8\xi^3-12\xi \\
n=4, & H_4(\xi)=16\xi^4-48\xi^2+12
\end{cases}
\tag{6.7.18}
$$

厄米多项式更一般的形式是

$$
H_n(\xi)=(-1)^n e^{\xi^2}\frac{d^n e^{-\xi^2}}{d\xi^n}
\tag{6.7.19}
$$

图 6.7.1 展示的是线性谐振子前 5 个波函数($n=0\sim4$)。

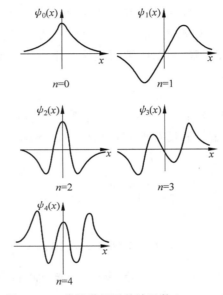

图 6.7.1　线性谐振子的波函数($n=0\sim4$)

再来看线性谐振子的概率密度。$n=0$ 表示基态。从图 6.7.2 中可以看出在 $x=0$ 处粒子的概率密度最大。随着 x 的增大,概率密度逐渐减小。虚线表示经典力学中线性谐振子的概率密度。在前 3 个量子态($n=0,1,2$),量子力学与经典方法得到的概率密度分布有很大差别,随着量子数 n 的增大,相似性也随之增加。当 $n=10$ 时(图 6.7.3),量子和经典两种情况在平均上已相当符合,差别在于 $|\psi_{10}(\xi)|^2$ 在量子中呈迅速振荡。这启发了人们,经典的结果可以看作是量子力学结果在量子数 n 极大时的一种近似。

通过一维无限深势阱与线性谐振子这两个实例,我们总结一下由定态薛定谔方程求能量本征值与本征函数的一般步骤:

(1) 首先确定粒子势能的表达式;

(2) 列出定态薛定谔方程,引入参数化简方程,求出方程的通解;

(3) 利用波函数满足的标准条件,求出能量本征值和本征函数;

(4) 利用波函数的归一化条件,将能量本征函数归一化。

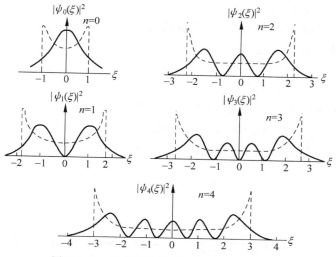

图 6.7.2 线性谐振子的概率密度($n=0\sim4$)

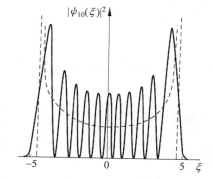

图 6.7.3 $n=10$ 时线性谐振子的概率密度

本章思维导图

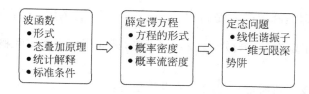

思考题

6-1 量子力学的基本特征是什么?

6-2 什么是波函数,有确定的物理意义吗? 波函数的模的平方呢?

6-3 简述波函数与粒子间的关系。

6-4 简述量子力学的理论基础。

6-5 列出一维谐振子波函数与能量的表达式。

6-6 简述态叠加原理,其意义是什么?

6-7 解释"简并"与"非简并"。

6-8 双缝衍射实验说明了什么?

6-9 试比较宏观粒子与微观粒子的粒子性与波动性。

6-10 请区别概率幅、概率密度、概率流密度。

6-11 什么是定态?什么是简谐近似?

习题

6-1 已知 $t=0$ 时自由粒子的波函数为 $\psi(\boldsymbol{r},0)=\psi(\boldsymbol{r},0)(2\pi\hbar)^{-\frac{3}{2}}\mathrm{e}^{\frac{\mathrm{i}}{\hbar}\boldsymbol{p}_0\cdot\boldsymbol{r}}$,假设 $\boldsymbol{p}_0$ 为已知动量,求 t 时刻的波函数 $\psi(\boldsymbol{r},t)$。

6-2 试对以下几种波函数进行归一化:

(1) $\psi(x)=\sin nx$,$0\leqslant x\leqslant\pi$,n 为正整数;

(2) $\psi(x)=\mathrm{e}^{-x^2/a^2}$,$-\infty<x<+\infty$,$a>0$。

6-3 微观粒子在大小、方向都不变的力场 $\boldsymbol{F}$ 中运动。分别列出其薛定谔方程和定态薛定谔方程。

6-4 证明在一维定态情形概率流密度 $J(x)$ 等于常数,即 $\dfrac{\partial J}{\partial x}=0$。

6-5 设粒子的状态波函数为 $\psi(x,t)=A\mathrm{e}^{-\mathrm{i}Et/\hbar}\mathrm{e}^{-ax^2/2}$($a$ 为实数),试求归一化系数 A 和位置概率密度函数。

6-6 一维运动的粒子,处在如下状态中:

$$\psi(x,t)=\begin{cases}A\mathrm{e}^{-\mathrm{i}Et/\hbar}x\mathrm{e}^{-\lambda x}, & x\geqslant 0\\ 0, & x<0\end{cases}$$

式中 $\lambda>0$,求归一化波函数以及粒子坐标的概率密度。

6-7 设 ψ 与 φ 都是薛定谔方程 $\mathrm{i}\hbar\dfrac{\partial\psi}{\partial t}=-\dfrac{\hbar^2}{2m}\nabla^2\psi+V\psi$ 的解,试证明 $\dfrac{\mathrm{d}}{\mathrm{d}t}\int\psi^*\varphi\mathrm{d}\tau=0$。

6-8 设粒子处于定态 $\psi(x,t)=\psi(x)\mathrm{e}^{-\mathrm{i}Et/\hbar}$ 中,试证明概率密度和概率流密度均与时间无关。

6-9 判断下列波函数所描写的状态是否为定态:

$$\psi_1(x,t)=U(x)\mathrm{e}^{\mathrm{i}kx-\frac{\mathrm{i}Et}{\hbar}}+V(x)\mathrm{e}^{\mathrm{i}kx-\frac{\mathrm{i}Et}{\hbar}}$$

$$\psi_2(x,t)=U(x)\mathrm{e}^{-\frac{\mathrm{i}E_1 t}{\hbar}}+U(x)\mathrm{e}^{-\frac{\mathrm{i}E_2 t}{\hbar}}$$

$$\psi_3(x,t)=U(x)\mathrm{e}^{-\frac{\mathrm{i}Et}{\hbar}}+U(x)\mathrm{e}^{\frac{\mathrm{i}Et}{\hbar}}$$

6-10 一维谐振子带电荷 e,放在均匀电场 ε 中,求在电场作用下,谐振子的能级与波函数。

6-11 求一维线性谐振子处于基态$(n=0)$和第一激发态$(n=1)$时的能量,坐标的概率分布和概率最大的位置。

6-12 粒子作一维运动,波函数为

$$\psi(x)=\begin{cases}0, & |x|>\dfrac{a}{2} \\ A\left(\cos\dfrac{\pi x}{a}+\sin\dfrac{\pi x}{a}\right), & |x|\leqslant\dfrac{a}{2}\end{cases}$$

A 是任意常数,求:

(1) 归一化的波函数;

(2) 概率密度函数和概率密度最大的位置;

(3) 在 $\left[0,\dfrac{a}{2}\right]$ 内发现粒子的概率。

第7章

力学量与粒子运动

微观粒子具有波粒二象性,其运动状态用波函数来描述,相应的力学量(如坐标、动量、角动量、能量等)则用算符表示。量子力学中的算符,表示对波函数的一种运算。在第 6 章引进了动量算符 $\hat{\boldsymbol{p}}=-\mathrm{i}\,\hbar\nabla$ 和拉普拉斯算符,在定态薛定谔方程中引进了哈密顿算符。这是因为由于波粒二象性,微观粒子的坐标和动量不能同时知道其确定值。这便是与任何状态下力学量都有确定值的经典粒子的差别。本章将进一步讨论在量子力学中,如何用算符来表示力学量以及力学量的一般性质。

7.1　力学量的算符理论

7.1.1　表示力学量的算符

算符是指一种操作,作用在一个函数上得到另一个函数的运算符号。如果经过某种运算把函数 $u\rightarrow v$,可以写成 $\hat{F}u=v$。其中表示运算的符号 $\hat{F}$ 就称为算符(数学中也习惯称为算子)。例如 $\dfrac{\mathrm{d}u}{\mathrm{d}x}=v$ 中,$\dfrac{\mathrm{d}}{\mathrm{d}x}$ 是微商算符。如果算符作用于一个函数等于这个函数乘以一常数:$\hat{F}\psi=\lambda\psi$,则这个方程称为算符 $\hat{F}$ 的本征方程,λ 是算符 $\hat{F}$ 的本征值,ψ 为本征函数。

在 6.1 节中引入动量算符 $\hat{p}_x=-\mathrm{i}\,\hbar\dfrac{\partial}{\partial x}$,它作用到波函数 $\psi_p(\boldsymbol{r},t)$ 上,等于力学量 p_x 乘以 $\psi_p(\boldsymbol{r},t)$,即 $\hat{p}_x\psi_p(\boldsymbol{r},t)=p_x\psi_p(\boldsymbol{r},t)$。在 6.5 节得到的定态薛定谔方程 $\hat{H}\psi=E\psi$,哈密顿算符作用在定态波函数上等于能量乘以定态波函数。从这两个例子可以看出量子力学中,引入的不同算符对应着不同的力学量,对波函数的作用也不同。动量算符表示动量 $\boldsymbol{p}$ 这个力学量,哈密顿算符表示能量 E 这个力学量。p_x 和 E 分别对应算符的本征值。坐标算符就是坐标本身 $\hat{\boldsymbol{r}}=\boldsymbol{r}$。

哈密顿算符是在哈密顿函数中将动量换成动量算符得到的,同样的规则可以推广到其他力学量。力学量 F 的算符,可以由其经典形式 $F(\boldsymbol{r},\boldsymbol{p})$ 将动量换成动量算符而得出,即

$$\hat{F}=\hat{F}(\hat{\boldsymbol{r}},\hat{\boldsymbol{p}})=\hat{F}(\boldsymbol{r},-\mathrm{i}\,\hbar\nabla) \tag{7.1.1}$$

下面以角动量为例说明。在经典力学中,动量为 $\boldsymbol{p}$,坐标 $\boldsymbol{r}$ 的粒子,绕坐标原点 O 的角动量:

$$\boldsymbol{L} = \boldsymbol{r} \times \boldsymbol{p} \qquad (7.1.2)$$

则量子力学中,对应的角动量算符为

$$\hat{\boldsymbol{L}} = \hat{\boldsymbol{r}} \times \hat{\boldsymbol{p}} = -\mathrm{i}\,\hbar \boldsymbol{r} \times \nabla = -\mathrm{i}\,\hbar \begin{vmatrix} \boldsymbol{i} & \boldsymbol{j} & \boldsymbol{k} \\ x & y & z \\ \dfrac{\partial}{\partial x} & \dfrac{\partial}{\partial y} & \dfrac{\partial}{\partial z} \end{vmatrix}$$

根据三维矢量的叉乘运算规则,上式计算得到

$$\hat{\boldsymbol{L}} = \hat{\boldsymbol{r}} \times \hat{\boldsymbol{p}} = -\mathrm{i}\,\hbar \left(y\frac{\partial}{\partial z} - z\frac{\partial}{\partial y} \right)\boldsymbol{i} - \mathrm{i}\,\hbar \left(z\frac{\partial}{\partial x} - x\frac{\partial}{\partial z} \right)\boldsymbol{j} - \mathrm{i}\,\hbar \left(x\frac{\partial}{\partial y} - y\frac{\partial}{\partial x} \right)\boldsymbol{k}$$

$$(7.1.3)$$

值得注意的是,有些力学量是经典力学中没有而量子力学中特有的,例如自旋,则需通过另外的方法引入算符。关于自旋的内容将在 7.6 节介绍。

在第 6 章已经求解了两个关于哈密顿算符 $\hat{H} = -\dfrac{\hbar^2}{2m}\nabla^2 + V(\boldsymbol{r})$ 的本征值方程(即定态薛定谔方程),回顾一下得到的结果:

(1) 一维无限深势阱的本征能量值与其对应的波函数为

$$E_n = \frac{\pi^2 \hbar^2 n^2}{8ma^2}, \quad n = 1, 2, \cdots \qquad (7.1.4)$$

$$\psi_n = \begin{cases} A' \sin \dfrac{n\pi}{2a}x, & |x| < a \\ 0, & |x| \geqslant a \end{cases}, \quad \text{其中 } A' = \frac{1}{\sqrt{a}} \qquad (7.1.5)$$

(2) 一维线性谐振子的本征能量值与其对应的波函数为

$$E_n = \hbar\omega\left(n + \frac{1}{2}\right), \quad n = 0, 1, 2, \cdots \qquad (7.1.6)$$

$$\psi_n(x) = N_n \mathrm{e}^{-\frac{1}{2}\alpha^2 x^2} H_n(\alpha x), \quad \text{其中 } N_n = \left(\frac{\alpha}{\pi^{\frac{1}{2}} 2^n n!}\right)^{\frac{1}{2}} \qquad (7.1.7)$$

当体系处于哈密顿算符 $\hat{H}$ 的本征态 $\psi_n(x)$ 时,$\hat{H}$ 对应的本征值 E 有确定值 E_n。由此总结出**量子力学的第三个基本假定**:

(1) 量子力学中每一个力学量都用相应的一个算符表示,称为力学量的算符;

(2) 每个力学量算符都有相应的本征方程、本征函数与本征值;

(3) 如果算符 $\hat{F}$ 表示力学量 F,那么当体系处于 $\hat{F}$ 的本征态 ψ 时,力学量 F 有确定值,且这个值就是 $\hat{F}$ 在 ψ 态中的本征值。

力学量算符 $\hat{F}$ 的构成法则是:先写出力学量 F 以坐标矢量和动量为变量的经典表达式 $F(\boldsymbol{r}, \boldsymbol{p})$,然后进行算符化。$\boldsymbol{r}$ 用 $\hat{\boldsymbol{r}}$,$\boldsymbol{p}$ 用 $\hat{\boldsymbol{p}}$ 代换,$F(\boldsymbol{r}, \boldsymbol{p}) \rightarrow \hat{F}(\hat{\boldsymbol{r}}, -\mathrm{i}\,\hbar\nabla)$。这样得到力学量 F 的算符。

下面通过一个例子来理解这个假设，线性谐振子的哈密顿算符 $\hat{H}$ 为

$$\hat{H} = -\frac{\hbar^2}{2m}\frac{\partial^2}{\partial x^2} + \frac{1}{2}m\omega^2 x^2$$

它的本征值与本征函数分别为

$$E_n = \left(n + \frac{1}{2}\right)\hbar\omega$$

$$\psi_n(x) = N_n \mathrm{e}^{-\frac{1}{2}\alpha^2 x^2} H_n(\alpha x), \quad n = 0, 1, 2, \cdots$$

如果线性谐振子处于能量的本征态 $\psi_n(x)$ 中，那么在本征态中每次测量能量的数值都是能量的本征值 E_n。如果线性谐振子所处的状态不是能量的本征态，那在此状态中测量能量，能量没有确定值，测得的数值只能是能量本征值 $\frac{1}{2}\hbar\omega, \frac{3}{2}\hbar\omega, \frac{5}{2}\hbar\omega, \cdots, \left(n + \frac{1}{2}\right)\hbar\omega$ 中的一个。对于后者的情况将在 7.7 节讨论。

7.1.2　算符的运算规则

1. 算符之和

如果 $(\hat{A} + \hat{B})\psi = \hat{A}\psi + \hat{B}\psi$，则定义 $\hat{A} + \hat{B}$ 为算符 $\hat{A}$ 与 $\hat{B}$ 的和，其中 ψ 为任意波函数。算符之和满足交换律：

$$\hat{A} + \hat{B} = \hat{B} + \hat{A} \tag{7.1.8}$$

也满足加法结合律：

$$(\hat{A} + \hat{B}) + \hat{C} = \hat{A} + (\hat{B} + \hat{C}) \tag{7.1.9}$$

算符 $\hat{A}$ 与 $\hat{B}$ 的线性叠加 $(c_1\hat{A} + c_2\hat{B})$ 也是算符，c_1 和 c_2 为任意的实常数，有

$$(c_1\hat{A} + c_2\hat{B})\psi = c_1\hat{A}\psi + c_2\hat{B}\psi \tag{7.1.10}$$

2. 算符之积

定义 $\hat{A}\hat{B}\psi = \hat{A}(\hat{B}\psi)$，表示算符 $\hat{A}$ 与 $\hat{B}$ 按顺序对 ψ 作用。算符的积一般不满足交换律：

$$\hat{A}\hat{B} \neq \hat{B}\hat{A} \tag{7.1.11}$$

例如：

$$\begin{cases} x\hat{p}_x\psi = -\mathrm{i}\hbar x\dfrac{\partial}{\partial x}\psi \\[2mm] \hat{p}_x x\psi = -\mathrm{i}\hbar\dfrac{\partial}{\partial x}(x\psi) = -\mathrm{i}\hbar\psi - \mathrm{i}\hbar x\dfrac{\partial}{\partial x}\psi = -\mathrm{i}\hbar\psi + x\hat{p}_x\psi \\[2mm] x\hat{p}_x - \hat{p}_x x = \mathrm{i}\hbar \end{cases} \tag{7.1.12}$$

算符交换后其积不相等。

3. 算符的对易式

算符 $\hat{A}$ 与 $\hat{B}$ 的对易式定义：$\hat{A}\hat{B} - \hat{B}\hat{A} = [\hat{A}, \hat{B}]$，则式(7.1.12)中的结果可以表示成：$[x, \hat{p}_x] = \mathrm{i}\hbar$，同样可以得到 $[y, \hat{p}_y] = \mathrm{i}\hbar$ 和 $[z, \hat{p}_z] = \mathrm{i}\hbar$。若 $[\hat{A}, \hat{B}] = 0$，则有 $\hat{A}\hat{B} = \hat{B}\hat{A}$，此时两算符对易。若 $[\hat{A}, \hat{B}] \neq 0$，则称算符 $\hat{A}$ 与 $\hat{B}$ 不对易。也就是说对易式等于零的两个算

符满足交换律。

一般情况下坐标和动量算符的对易式可以统一写成：

$$[x_\alpha, \hat{p}_\beta] = i\hbar\delta_{\alpha\beta}, \quad \delta_{\alpha\beta} = \begin{cases} 1, & \alpha = \beta \\ 0, & \alpha \neq \beta \end{cases} \tag{7.1.13}$$

此式称为量子力学的基本对易式。

例 7.1 计算 $[y, \hat{p}_x] = ?$

解 $[y, \hat{p}_x] = y\hat{p}_x - \hat{p}_x y$，设其值等于 A，则有

$$y\hat{p}_x\psi - \hat{p}_x y\psi = A\psi$$

$$左边 = -i\hbar y\frac{\partial\psi}{\partial x} + i\hbar\frac{\partial}{\partial x}(y\psi) = -i\hbar y\frac{\partial\psi}{\partial x} + i\hbar y\frac{\partial\psi}{\partial x} = 0$$

所以 $A = 0$，那么得到 $[y, \hat{p}_x] = 0$。说明算符 y 和 $\hat{p}_x$ 满足交换律。

7.2 厄米算符

7.2.1 厄米算符与本征值

如果对于任意两个函数 ψ 和 φ，算符 $\hat{F}$ 满足等式

$$\int \psi^* \hat{F}\varphi \, dx = \int (\hat{F}\psi)^* \varphi \, dx \tag{7.2.1}$$

则 $\hat{F}$ 称为厄米算符，x 表示所有变量，积分范围是所有变量变化的整个区域。厄米算符的本征值为实数，这是厄米算符的性质之一。

接下来先证明厄米算符的本征值为实数。由于 ψ 和 φ 的任意性，可以取 $\varphi = \psi$，ψ 为 $\hat{F}$ 的本征函数，对应的本征值为 λ，即 $\hat{F}\psi = \lambda\psi$，则式（7.2.1）左边为

$$\int \psi^* \hat{F}\varphi \, dx = \int \psi^* \lambda\varphi \, dx = \lambda \int \psi^* \varphi \, dx \tag{7.2.2}$$

而右边为

$$\int (\hat{F}\psi)^* \varphi \, dx = \int (\lambda\psi)^* \varphi \, dx = \int \lambda^* \psi^* \varphi \, dx = \lambda^* \int \psi^* \varphi \, dx \tag{7.2.3}$$

左右两边应相等，由此得 $\lambda = \lambda^*$。这就证明了厄米算符的本征值 λ 为实数。反之本征值为实数的算符是厄米算符，该定理也成立，读者可以试着进行证明。

量子力学中，表示力学量的算符应该都是厄米算符，因为这样才能使对应的本征值（即力学量的值）为实数。

7.2.2 厄米算符本征函数的正交性

如果两个不同的函数 ψ_1 和 ψ_2 满足关系式：$\int \psi_1^* \psi_2 \, d\tau = 0$，则称 ψ_1 和 ψ_2 相互正交。式中的积分是对变量变化的全部区域进行的。属于不同本征值的各本征函数相互正交，是厄米算符的本征函数共有的性质。证明如下：

设厄米算符 $\hat{F}$，其本征值为 $\lambda_1,\lambda_2,\cdots,\lambda_n$，且都不相等，对应的本征函数为 $\varphi_1,\varphi_2,\cdots,$ φ_n，任意取两个本征方程：

$$\hat{F}\varphi_k = \lambda_k\varphi_k \tag{7.2.4}$$

$$\hat{F}\varphi_l = \lambda_l\varphi_l \tag{7.2.5}$$

因为 $\hat{F}$ 是厄米算符，根据厄米算符的定义式(7.2.1)，则有

$$\int(\hat{F}\varphi_k)^*\varphi_l\mathrm{d}\tau = \int\varphi_k^*\hat{F}\varphi_l\mathrm{d}\tau \tag{7.2.6}$$

上式左边：

$$\int(\hat{F}\varphi_k)^*\varphi_l\mathrm{d}\tau = \lambda_k^*\int\varphi_k^*\varphi_l\mathrm{d}\tau = \lambda_k\int\varphi_k^*\varphi_l\mathrm{d}\tau$$

式(7.2.6)右边：

$$\int\varphi_k^*\hat{F}\varphi_l\mathrm{d}\tau = \lambda_l\int\varphi_k^*\varphi_l\mathrm{d}\tau$$

所以有

$$(\lambda_k-\lambda_l)\int\varphi_k^*\varphi_l\mathrm{d}\tau = 0$$

由于 $\lambda_k\neq\lambda_l$，则 $\int\varphi_k^*\varphi_l\mathrm{d}\tau=0$，因此 φ_k 与 φ_l 本征函数正交。

由于 φ_k 通常是归一化的，即 $\int\varphi_k^*\varphi_k\mathrm{d}\tau=1$，所以上面的结论可以写成

$$\int\varphi_k^*\varphi_l\mathrm{d}\tau = \delta_{kl} \tag{7.2.7}$$

其中，$\delta_{kl}=\begin{cases}1, & k=l \\ 0, & k\neq l\end{cases}$，式(7.2.7)为厄米算符的本征函数的正交归一化条件。满足式(7.2.7)条件的函数系称为正交归一化函数系。

如果 $\hat{F}$ 的本征值组成连续谱，则正交归一化条件可以写成

$$\int\varphi_\lambda^*\varphi_{\lambda'}\mathrm{d}\tau = \delta(\lambda-\lambda') \tag{7.2.8}$$

满足上述正交归一化条件的函数系 φ_k（分立谱）或 φ_λ（连续谱）称为正交归一系。

7.3   动量算符和角动量算符的本征方程

动量与角动量是最常用的两个力学量，本节将具体讨论动量算符和角动量算符的本征值及本征函数。

7.3.1   动量算符

一维情形与三维情形的动量算符形式分别如下：

$$\hat{p}_x = -\mathrm{i}\hbar\frac{\partial}{\partial x} \tag{7.3.1}$$

$$\hat{\boldsymbol{p}} = -\mathrm{i}\,\hbar\nabla \tag{7.3.2}$$

一维动量算符的本征方程：

$$-\mathrm{i}\,\hbar\frac{\partial}{\partial x}\psi(x) = p_x\psi(x) \tag{7.3.3}$$

将上式两边积分得

$$\ln\psi(x) = \frac{\mathrm{i}}{\hbar}p_x x + C$$

利用对数的定义得到方程的解，即本征函数：

$$\psi(x) = A\,\mathrm{e}^{\frac{\mathrm{i}}{\hbar}p_x x} \tag{7.3.4}$$

方程中本征值 p_x 可以取任意实数，动量算符的本征值构成连续谱。所以连续谱的本征函数 $\psi(x)$ 不能按照通常方法归一化，即 $\int_{-\infty}^{+\infty}\psi^*\psi\mathrm{d}x = 1$ 不成立，而是归一化为 δ 函数（此类波函数的箱归一化可进一步阅读参考资料）。

7.3.2　角动量算符

1. 直角坐标系中角动量算符的形式

量子力学中的角动量算符表示为

$$\hat{\boldsymbol{L}} = \hat{\boldsymbol{r}}\times\hat{\boldsymbol{p}} = -\mathrm{i}\,\hbar r\times\nabla = -\mathrm{i}\,\hbar\begin{vmatrix} \boldsymbol{i} & \boldsymbol{j} & \boldsymbol{k} \\ x & y & z \\ \dfrac{\partial}{\partial x} & \dfrac{\partial}{\partial y} & \dfrac{\partial}{\partial z} \end{vmatrix} \tag{7.3.5}$$

其分量形式为

$$\begin{cases} \hat{L}_x = y\hat{p}_z - z\hat{p}_y = -\mathrm{i}\,\hbar\left(y\dfrac{\partial}{\partial z} - z\dfrac{\partial}{\partial y}\right) \\[2mm] \hat{L}_y = z\hat{p}_x - x\hat{p}_z = -\mathrm{i}\,\hbar\left(z\dfrac{\partial}{\partial x} - x\dfrac{\partial}{\partial z}\right) \\[2mm] \hat{L}_z = x\hat{p}_y - y\hat{p}_x = -\mathrm{i}\,\hbar\left(x\dfrac{\partial}{\partial y} - y\dfrac{\partial}{\partial x}\right) \end{cases} \tag{7.3.6}$$

角动量平方算符是

$$\hat{L}^2 = \hat{L}_x^2 + \hat{L}_y^2 + \hat{L}_z^2 = -\hbar^2\left[\left(y\frac{\partial}{\partial z} - z\frac{\partial}{\partial y}\right)^2 + \left(z\frac{\partial}{\partial x} - x\frac{\partial}{\partial z}\right)^2 + \left(x\frac{\partial}{\partial y} - y\frac{\partial}{\partial x}\right)^2\right] \tag{7.3.7}$$

2. 球坐标系中的角动量算符

为了方便讨论角动量算符的本征值方程，将算符转换成球坐标形式。已知直角坐标系 (x,y,z) 与球坐标系 (r,θ,φ) 之间的关系为

$$\begin{cases} x = r\sin\theta\cos\varphi, \quad y = r\sin\theta\sin\varphi, \quad z = r\cos\theta \\[2mm] r^2 = x^2 + y^2 + z^2, \quad \cos\theta = \dfrac{z}{r}, \quad \tan\varphi = \dfrac{y}{x} \end{cases}$$

则角动量各分量算符和角动量平方 $\hat{L}^2$ 在球坐标系中可以写成：

$$\begin{cases} \hat{L}_x = i\,\hbar\left(\sin\varphi\,\dfrac{\partial}{\partial\theta} + \cot\theta\cos\varphi\,\dfrac{\partial}{\partial\varphi}\right) \\[2mm] \hat{L}_y = i\,\hbar\left(\cos\varphi\,\dfrac{\partial}{\partial\theta} - \cot\theta\sin\varphi\,\dfrac{\partial}{\partial\varphi}\right) \\[2mm] \hat{L}_z = -i\,\hbar\dfrac{\partial}{\partial\varphi} \\[2mm] \hat{L}^2 = -\hbar^2\left[\dfrac{1}{\sin\theta}\dfrac{\partial}{\partial\theta}\left(\sin\theta\dfrac{\partial}{\partial\theta}\right) + \dfrac{1}{\sin^2\theta}\dfrac{\partial^2}{\partial\varphi^2}\right] \end{cases} \tag{7.3.8}$$

3. 角动量平方算符 $\hat{L}^2$ 的本征值和本征函数

$\hat{L}^2$ 的本征方程为

$$-\hbar^2\left[\frac{1}{\sin\theta}\frac{\partial}{\partial\theta}\left(\sin\theta\frac{\partial}{\partial\theta}\right) + \frac{1}{\sin^2\theta}\frac{\partial^2}{\partial\varphi^2}\right]Y(\theta,\varphi) = \lambda\,\hbar^2 Y(\theta,\varphi) \tag{7.3.9}$$

根据数学物理方法的介绍(参见附录 E),此方程的本征值为 $\lambda\,\hbar^2$,其中

$$\lambda = l(l+1), \quad l = 0,1,2,\cdots \tag{7.3.10}$$

本征函数为球谐函数 $Y(\theta,\varphi)$,其形式为

$$\begin{cases} Y_{lm}(\theta,\varphi) = (-1)^m N_{lm} P_l^{|m|}(\cos\theta)e^{im\varphi}, \quad m = 0,1,2,\cdots,l \\[2mm] Y_{lm}(\theta,\varphi) = (-1)^m Y_{l-m}^*(\theta,\varphi), \quad m = -1,-2,-3,\cdots,-l \end{cases} \tag{7.3.11}$$

其中,$P_l^{|m|}(\cos\theta)$ 是连带勒让德多项式。N_{lm} 是归一化系数,其值由 $Y_{lm}(\theta,\varphi)$ 的归一化条件算得

$$N_{lm} = \sqrt{\frac{(l-|m|)!\ (2l+1)}{(l+|m|)!\ 4\pi}} \tag{7.3.12}$$

每个 l 对应一个不同的本征值 $\lambda\,\hbar^2 = l(l+1)\hbar^2$,$l$ 称为角量子数,m 称为磁量子数。由上面结果知 $\hat{L}^2$ 的本征值是 $l(l+1)\hbar^2$,本征函数 $Y_{lm}(\theta,\varphi)$,磁量子数 $m = -l,\cdots,-1,0,1,\cdots,l$,共有 $2l+1$ 个不同的取值。因而对应于 $\hat{L}^2$ 的每个本征值有 $2l+1$ 个不同的本征函数 $Y_{lm}(\theta,\varphi)$。

这种多个本征函数对应一个本征值的情形称为简并。一个本征值所对应的本征函数数目称为简并度。$\hat{L}^2$ 算符其本征值 $l(l+1)\hbar^2$ 的简并度为 $2l+1$。(本征值对应能量,本征函数对应状态,则相当于同一个能级上有多个不同的状态。)

4. 角动量的 z 分量的本征值和本征函数

对于 $\hat{L}_z$,其本征方程为

$$-i\,\hbar\frac{\partial}{\partial\varphi}\Phi(\varphi) = \lambda\Phi(\varphi) \tag{7.3.13}$$

其形式解为

$$\Phi(\varphi) = A e^{\frac{i}{\hbar}\lambda\varphi}$$

A 称为归一化常数,φ 是 2π 为周期的,则有 $\Phi(\varphi+2\pi) = \Phi(\varphi)$,即

$$A e^{\frac{i}{\hbar}\lambda\varphi} = A e^{\frac{i}{\hbar}\lambda(\varphi+2\pi)} \tag{7.3.14}$$

由此得出 $e^{\frac{i}{\hbar}\lambda 2\pi}=1$,因此得到量子化的本征值:

$$\lambda = m\hbar, \quad m=0,\pm 1,\pm 2,\cdots \tag{7.3.15}$$

对应本征函数为

$$\Phi_m(\varphi)=A e^{im\varphi} \tag{7.3.16}$$

再由归一化条件

$$\int_0^{2\pi}\Phi_m^*(\varphi)\Phi(\varphi)\mathrm{d}\varphi=2\pi\mid A\mid^2=1$$

求出 $A=\dfrac{1}{\sqrt{2\pi}}$。于是归一化本征函数表示为

$$\Phi_m(\varphi)=\frac{1}{\sqrt{2\pi}}e^{im\varphi}, \quad m=0,\pm 1,\pm 2,\cdots \tag{7.3.17}$$

综上所述,$\hat{L}_z$ 的本征值为 $m\hbar$。可以证明球谐函数 $Y_{lm}(\theta,\varphi)$ 也是 $\hat{L}_z$ 的本征函数,即有

$$\hat{L}_z Y_{lm}(\theta,\varphi)=m\hbar Y_{lm}(\theta,\varphi) \tag{7.3.18}$$

综合以上所知角动量的大小是量子化的,在空间的取向也是量子化的,只能取一些特定的方向。一般称 $l=0$ 的态为 s 态,$l=1,2,3,\cdots$ 的态依次称为 $p,d,f,\cdots$ 态。下面列出前几个球谐函数的表达式:

$$Y_{0,0}=\frac{1}{4\pi}, \qquad\qquad Y_{1,0}=\sqrt{\frac{3}{4\pi}}\cos\theta$$

$$Y_{1,1}=-\sqrt{\frac{3}{8\pi}}\sin\theta e^{i\varphi}, \qquad Y_{1,\pm 1}=\sqrt{\frac{3}{8\pi}}\sin\theta e^{-i\varphi}$$

$$Y_{2,0}=\sqrt{\frac{5}{16\pi}}(3\cos^2\theta-1)$$

$$Y_{2,1}=-\sqrt{\frac{15}{8\pi}}\sin\theta\cos\theta e^{i\varphi}, \quad Y_{2,-1}=\sqrt{\frac{15}{8\pi}}\sin\theta\cos\theta e^{-i\varphi}$$

$$Y_{2,2}=\sqrt{\frac{15}{32\pi}}\sin^2\theta e^{i2\varphi}, \qquad Y_{2,-2}=\sqrt{\frac{15}{32\pi}}\sin^2\theta e^{-i2\varphi}$$

7.4 单个电子在库仑场中的运动

本节讨论单个电子在一个带正电的核所产生的电场中运动的情况。电子质量为 m_e,电荷为 $-e$,核的电荷为 $+Ze$,当 $Z=1$ 时这个体系是氢原子,当 $Z>1$ 时这个体系称为类氢原子,如 $H^+(Z=2)$,$Li^{2+}(Z=3)$ 等。原子核的质量远大于电子质量,先假设原子核不动,电子在原子核的库仑势场作用下绕核运动。以原子核所在位置为坐标原点,电子到核的距离为 r,写出电子受核吸引的势能:

$$V(\boldsymbol{r})=-\frac{Ze_s^2}{r}=V(r) \tag{7.4.1}$$

其中,$e_s=e(4\pi\varepsilon_0)^{-\frac{1}{2}}$,$\varepsilon_0$ 为真空介电常数,$\varepsilon_0=8.854187817\times 10^{-12}$ F/m。于是该体系的哈密顿算符为

$$\hat{H} = -\frac{\hbar^2}{2m_e} \nabla^2 - \frac{Ze_s^2}{r} \qquad (7.4.2)$$

$\hat{H}$ 的本征方程(即定态薛定谔方程)可写为

$$\left(-\frac{\hbar^2}{2m_e} \nabla^2 - \frac{Ze_s^2}{r}\right)\psi = E\psi \qquad (7.4.3)$$

写成球坐标系中的形式:

$$-\frac{\hbar^2}{2m_e r^2}\left[\frac{\partial}{\partial r}\left(r^2\frac{\partial}{\partial r}\right) + \frac{1}{\sin\theta}\frac{\partial}{\partial\theta}\left(\sin\theta\frac{\partial}{\partial\theta}\right) + \frac{1}{\sin^2\theta}\frac{\partial^2}{\partial\phi^2}\right]\psi - \frac{Ze_s^2}{r}\psi = E\psi \quad (7.4.4)$$

通过分离变量法求解方程,首先设

$$\psi(r,\theta,\varphi) = R(r)Y(\theta,\varphi) \qquad (7.4.5)$$

其中,$R(r)$ 仅是 r 的函数,$Y(\theta,\varphi)$ 仅是 θ 和 φ 的函数。将式(7.4.5)代入薛定谔方程(7.4.4)中,并考虑 r、θ 和 φ 都是独立变量,最终可分离为两个方程:

$$\frac{1}{r^2}\frac{d}{dr}\left(r^2\frac{dR}{dr}\right) + \left[\frac{2m_e}{\hbar^2}\left(E + \frac{Ze_s^2}{r}\right) - \frac{\lambda}{r^2}\right]R = 0 \qquad (7.4.6)$$

$$\left[\frac{1}{\sin\theta}\frac{\partial}{\partial\theta}\left(\sin\theta\frac{\partial}{\partial\theta}\right) + \frac{1}{\sin^2\theta}\frac{\partial^2}{\partial\varphi^2}\right]Y(\theta,\varphi) = -\lambda Y(\theta,\varphi) \qquad (7.4.7)$$

式中,λ 为常数。式(7.4.6)称为径向方程。方程(7.4.7)正好是前面讨论过的角动量算符的本征方程,其本征值 $\lambda = l(l+1)$,$l = 0,1,2,\cdots$,以及对应的本征函数是球谐函数 $Y(\theta,\varphi)$。把 $\lambda = l(l+1)$,$l = 0,1,2,\cdots$代入径向方程(7.4.6)得

$$\frac{1}{r^2}\frac{d}{dr}\left(r^2\frac{dR}{dr}\right) + \left[\frac{2m_e}{\hbar^2}\left(E + \frac{Ze_s^2}{r}\right) - \frac{l(l+1)}{r^2}\right]R = 0 \qquad (7.4.8)$$

分析这个径向方程可知,当能量 E 为正数时,对于任何 E 值,方程(7.4.8)都有满足波函数条件的解,能量具有连续谱,电子处于非束缚态,可离开核运动到无限远处(电离)。当能量 E 为负数时,电子处于束缚态,获得了分立的能级。方程(7.4.8)为变系数二阶常微分方程(与谐振子模型类似,可用类似的方法求解),可解得粒子的径向函数与能量本征值分别为

$$R_{nl}(r) = N_{nl}e^{-\frac{Z}{na_0}r}\left(\frac{2Z}{na_0}r\right)^l L_{n+1}^{2l+1}\left(\frac{2Z}{na_0}r\right) \qquad (7.4.9)$$

$$E_n = -\frac{m_e Z^2 e_s^4}{2\hbar^2 n^2}, \quad n = 1,2,\cdots \qquad (7.4.10)$$

上述公式中 n 为总量子数,或称主量子数。$a_0 = \dfrac{\hbar^2}{m_e e_s^2}$ 是氢原子第一玻尔轨道半径。$L_{n+1}^{2l+1}(\rho)$ 为连带拉盖尔多项式。N_{nl} 是归一化常数,可由 $R_{nl}(r)$ 的归一化条件 $\displaystyle\int_0^\infty R_{nl}^2(r)r^2 dr = 1$ 求出:

$$N_{nl} = -\left\{\left(\frac{2Z}{na_0}\right)^3 \frac{(n-l-1)!}{2n[(n+l)!]^3}\right\}^{\frac{1}{2}} \qquad (7.4.11)$$

由此可见,在电子处于束缚态(能量小于零)的情况下,只有当电子能量取式(7.4.10)的分立值时,波函数才有满足有限性条件的解。此时,库仑场中运动的电子的定态波函数为

$$\psi_{nlm}(r,\theta,\varphi) = R_{nl}(r)Y_{lm}(\theta,\varphi) \qquad (7.4.12)$$

此定态波函数只与 n、l 和 m 有关,能级 E_n 只与主量子数 n 有关,对应一个确定的 n,角量

子数 l 可以取 $l=0,1,2,\cdots,n-1$，共 n 个值；而对应一个确定的 l，磁量子数 m 可以取 $m=-l,\cdots,-1,0,1,\cdots,l$，共有 $2l+1$ 个不同的值。所以对于能级 E_n，共 $\sum\limits_{l=0}^{n-1}(2l+1)=n^2$ 个不同的状态。E_n 是 n^2 度简并的。对于基态($n=1,l=0,m=0$)，只有一个状态，所以基态不简并。另一方面，相邻的能级是不等间隔，随 n 的增大而减小。对于高能级，能级基本上可以看成是连续的。当能级 n 趋于无穷时，$E=0$，电子不再束缚在原子核周围，而完全脱离原子核，出现电离现象。E_∞ 与电子基态能量之差称为电离能。$R_{nl}(r)$ 为径向波函数，与主量子数 n 和角量子数 l 有关。

下面列出前面几个径向函数 $R_{nl}(r)$：

$$R_{1,0}(r)=\left(\frac{Z}{a_0}\right)^{\frac{3}{2}}2\mathrm{e}^{\left(-\frac{Zr}{a_0}\right)}$$

$$R_{2,0}(r)=\left(\frac{Z}{2a_0}\right)^{\frac{3}{2}}\left(2-\frac{Zr}{a_0}\right)\mathrm{e}^{\left(-\frac{Zr}{2a_0}\right)}$$

$$R_{2,1}(r)=\left(\frac{Z}{2a_0}\right)^{\frac{3}{2}}\frac{Zr}{a_0\sqrt{3}}\mathrm{e}^{\left(-\frac{Zr}{2a_0}\right)}$$

$$R_{3,0}(r)=\left(\frac{Z}{3a_0}\right)^{\frac{3}{2}}\left[2-\frac{4Zr}{3a_0}+\frac{4}{27}\left(\frac{Zr}{a_0}\right)^2\right]\mathrm{e}^{\left(-\frac{Zr}{3a_0}\right)}$$

$$R_{3,1}(r)=\left(\frac{Z}{a_0}\right)^{\frac{3}{2}}\left(\frac{2}{27\sqrt{3}}-\frac{Zr}{81a_0\sqrt{3}}\right)\frac{Zr}{a_0}\mathrm{e}^{\left(-\frac{Zr}{3a_0}\right)}$$

$$R_{3,2}(r)=\left(\frac{2Z}{a_0}\right)^{\frac{3}{2}}\frac{1}{81\sqrt{15}}\left(\frac{Zr}{a_0}\right)^2\mathrm{e}^{\left(-\frac{Zr}{3a_0}\right)}$$

7.5　氢原子

7.4 节考虑了原子核的位置固定，电子在核的库仑场中运动。若其结果直接用于氢原子，似乎只需令 $Z=1$ 就行，但这只有在原子核固定时才是准确的。实际上，氢原子还应考虑电子与原子核这两个粒子在库仑场中的相互运动。这是一个两体问题，可以通过引入约化质量和约化坐标(计算过程可参见参考文献[12]第 71—74 页)，归结为一个粒子在库仑场中的运动，那么求解氢原子的过程即与 7.4 节内容类似。由于氢原子核质量远大于电子质量，所以约化质量与电子质量差别很小。由此可见，氢原子的总能量 $E_{总}$ 由氢原子整体运动的能量和电子相对核运动的能量合成。

7.5.1　能级

在式(7.4.10)中取 $Z=1$，用约化质量 μ 取代电子质量，得到氢原子的能级为

$$E_n=-\frac{\mu e_s^4}{2\hbar^2 n^2},\quad n=1,2,3,\cdots \tag{7.5.1}$$

基态能量 $E_1=-\frac{\mu e_s^4}{2\hbar^2}\approx-13.597\ \mathrm{eV}$，$\mu$ 为约化质量。束缚态能级取分立值，且随 n 增大而

增大($|E_n|$减小),能级间距

$$\Delta E = E_{n+1} - E_n = -\frac{\mu Z^2 e_s^4}{2\hbar^2}\frac{2n+1}{n^2(n+1)^2}$$ (7.5.2)

随 n 的增大而减小,即能级越来越密。

电子由能级 E_n 跃迁至 $E_{n'}$ 时辐射出光子,频率为

$$\nu = \frac{E_n - E_{n'}}{2\pi\hbar} = \frac{\mu e_s^4}{4\pi\hbar^3}\left(\frac{1}{n'^2} - \frac{1}{n^2}\right) = R_\infty c\left(\frac{1}{n'^2} - \frac{1}{n^2}\right)$$ (7.5.3)

式中,$R_\infty = \frac{\mu e_s^4}{4\pi\hbar^3 c} = 1.0973731\times10^7$ m^{-1} 是里德伯常数。这个结论若用约化质量 μ,则 $R_\infty = 1.0967758\times10^7$ m^{-1},与实验值 1.09677576×10^7 m^{-1} 符合得很好。当 $n\to\infty$,电子不再束缚在核的周围,完全电离,因此 $E_\infty = 0$ 与基态电子能量之差即电离能。氢原子的电离能(基态原子的离解能)为

$$E_\infty - E_1 = \frac{\mu e_s^4}{2\hbar^2} \approx 13.5926 \text{ eV}$$

氢原子的能量本征值是简并的,主量子数 n 确定了,E_n 也就确定了,但角量子数 l 与磁量子数 m 未确定。这时,$l = 0,1,2,3,\cdots,(n-1)$ 共 n 个值,$m = 0,\pm1,\pm2,\cdots,\pm l$,共 $(2l+1)$ 个值。所以氢原子的能级简并度

$$f(n) = \sum_{l=0}^{n-1}(2l+1) = n^2$$

产生这种简并的原因之一是由于中心力场的对称性使得决定能级的径向方程与磁量子数 m 无关,另一个原因是库仑场的特殊形式使得能级与角量子数 l 也无关。而在其他形式的中心力场中,例如碱金属原子的势场不是严格的库仑势,能级不对 l 简并。

例 7.2 写出氢原子 $n=3$ 时的能量本征函数。

解 已知氢原子的能级简并度为 n^2,$n=3$ 时有 9 个不同的本征函数

$$l = 0, \quad m = 0$$
$$l = 1, \quad m = 0$$
$$l = 1, \quad m = \pm1$$
$$l = 2, \quad m = 0$$
$$l = 2, \quad m = \pm1$$
$$l = 2, \quad m = \pm2$$

所以能量的本征函数分别是 ψ_{300}、ψ_{310}、ψ_{311}、ψ_{31-1}、ψ_{320}、ψ_{321}、ψ_{32-1}、ψ_{322}、ψ_{32-2}。

7.5.2 电子的空间概率分布

接下来通过波函数进一步讨论氢原子内电子在空间各点的概率分布。当氢原子的波函数为 $\psi_{nlm}(r,\theta,\varphi)$ 时,电子在空间体积元 $d\tau = r^2 dr\sin\theta d\theta d\varphi$ 内的概率为

$$\begin{aligned}dw &= \psi_{nlm}^*(r,\theta,\varphi)\psi_{nlm}(r,\theta,\varphi)d\tau\\&= R_{nl}^2(r)|Y_{lm}(\theta,\varphi)|^2 r^2 dr\sin\theta d\theta d\varphi\end{aligned}$$ (7.5.4)

概率密度是

$$w_{nlm}(r,\theta,\varphi)=\frac{\mathrm{d}w}{\mathrm{d}\tau}=R_{nl}^2(r)\mid Y_{lm}(\theta,\varphi)\mid^2 \qquad (7.5.5)$$

将式(7.5.4)对 r 从 $0\to\infty$ 积分, $R_{nl}(r)$ 是归一化的,得到电子在 (θ,φ) 方向立体角元 $\mathrm{d}\Omega$ 内的概率分布,用 $w_{lm}(\theta,\varphi)\mathrm{d}\Omega$ 表示。由于在立体角元 $\mathrm{d}\Omega$ 内 θ 和 φ 的变化无穷小,所以对 θ 和 φ 不积分,只对 r 积分,于是得到

$$
\begin{aligned}
w_{lm}(\theta,\varphi)\mathrm{d}\Omega &=\int_{r=0}^{\infty} w_{nlm}(r,\theta,\varphi)\mathrm{d}\tau \\
&=\mid Y_{lm}(\theta,\varphi)\mid^2\mathrm{d}\Omega \\
&=N_{lm}^2\big[P_l^m(\cos\theta)\big]^2\mathrm{d}\Omega
\end{aligned} \qquad (7.5.6)
$$

因为 $\mid Y_{lm}(\theta,\varphi)\mid^2$ 与 φ 无关,所以概率密度是关于 z 轴对称的。图 7.5.1 是 s 态与 p 态电子的空间分布示意图。 s、p、d、f 分别表示 $l=0,1,2,3$。图形绕 z 轴旋转可以得到电子分布的立体图形。可以看出当 n 和 l 相同, m 不同的运动状态下电子概率密度分布的差异。例如,当 $l=0,m=0$ 时概率密度为 $w_{00}=\frac{1}{4\pi}$,与 θ 无关,所以是一个球面,即 $1s$ 电子是各方向等概率的球对称分布。当 $l=1,m=0,\pm1$ 时,电子有三种状态,其概率密度也不同: $m=0$ 时,概率密度 $w_{10}(\theta)=\frac{3}{4\pi}\cos^2\theta$,在 $\theta=0$(极轴方向)处有最大值,在 $\theta=\frac{\pi}{2}$ 处概率为零; 而在 $m=\pm1$,情况恰好相反,概率密度 $w_{1\pm1}(\theta)=\frac{3}{8\pi}\sin^2\theta$,在 $\theta=\frac{\pi}{2}$ 处有最大值,在 $\theta=0$ 处为零。可见电子并不是在某一特定的轨道上运动,而是以一定的概率出现,有些地方概率大,有些地方概率小,如图 7.5.1(b)所示,黑点越密集的地方表示电子出现的可能性越大,黑点稀疏的地方表示电子出现的可能性小,像云一样,故称电子云图。

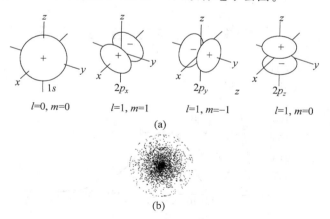

图 7.5.1　电子的空间分布示意图

(a) s 态与 p 态的情况;(b) $1s$ 态电子云图

7.5.3　径向概率分布

利用电子的概率密度可求出电子的径向分布情况,也就是电子在 $r\sim r+\mathrm{d}r$ 的球壳内的概率分布。用 $w_{nl}(r)\mathrm{d}r$ 表示在球壳内找到电子的概率。由于球壳的厚度 $\mathrm{d}r$ 是个无穷小

量,对 r 不积分,将式(7.5.4)对 θ 从 $0 \to \pi$,φ 从 $0 \to 2\pi$ 积分,$Y_{lm}(\theta,\varphi)$ 是归一化的,于是得到

$$\begin{cases} w_{nl}(r)\mathrm{d}r = \int_{\theta=0}^{\pi} \int_{\varphi=0}^{2\pi} w_{nlm}(r,\theta,\varphi)\mathrm{d}\tau = R_{nl}^2(r)r^2 \mathrm{d}r \\ w_{nl}(r) = R_{nl}^2(r)r^2 \end{cases} \tag{7.5.7}$$

$w_{nl}(r)$ 称为径向概率密度。图 7.5.2 给出了电荷的径向分布,曲线表示 $w_{nl}(r)$ 取不同的 n、l 值时和 r/a_0 的关系。曲线上的数字表示 n 的值,字母表示 l 的值。例如 $3s$ 表示 $n=3,l=0$ 的分布情况。可以看出,电子径向概率大都分布在几个 a_0(氢原子第一玻尔轨道半径)内。在基态时,由基态的径向波函数 $R_{10}(r)$ 可以求出电子在核距离为 $r=a_0$ 处的概率最大。

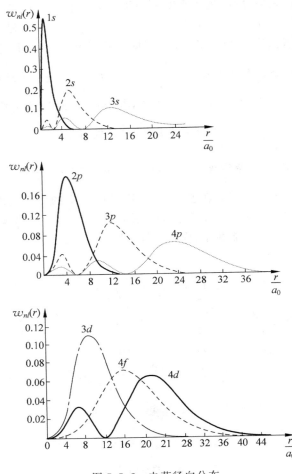

图 7.5.2   电荷径向分布

7.6   自旋

在本章的开始,我们介绍了量子力学中的力学量可以从经典力学对应量通过一定的规则得到。而微观粒子(如电子、质子、中子和光子等)的自旋角动量(简称自旋)则是没有相对

应的经典力学量,只在量子力学里才有的运动形式。自旋是微观粒子的特殊属性(微观粒子另一个特殊性质是全同粒子的不可区分性),具有角动量性质,同时也因带电粒子的"转动"而具有磁矩。但是自旋对某一种粒子来说有确定值,这是与通常轨道角动量(大小可以变化)的一个重要差别。不同种粒子的自旋值可以不同。明确的说,有些粒子的自旋具有半整数值,还有些粒子具有整数值。因此,自旋也和电荷、质量一样成为微观粒子的一个重要特征。

电子自旋的提出最早是源于原子光谱能级分裂的现象,如弱磁场中的反常塞曼效应,当时的量子理论无法解释这些现象。最明确直接证明电子具有自旋的实验是施特恩-格拉赫(Stern-Gerlach)实验。此实验中,一束中性银原子在不加磁场时只有一条痕迹,通过不均匀磁场之后观察到两条黑斑状的不连续分布结果。这说明价电子是具有磁矩的,且在磁场中只有两种取向(与磁场方向平行或反平行)。1924 年泡利提出泡利不相容原理来解释碱金属钠原子光谱的双线结构(波长分别为 589.0 nm 和 589.6 nm),指出确定电子的运动状态需要第四个量子数,且这个新的量子数只能取两个不同的数值。1925 年乌伦贝克(Uhlenbeck)与哥德斯密特(Goudsmit)在大量实验基础上提出电子自旋的两点假设:

(1) 每个电子具有自旋角动量 $\boldsymbol{S}$,它在空间任意方向的投影只取两个值,根据量子化要求,在 z 方向只能取 $S_z = \pm \dfrac{\hbar}{2}$;

(2) 每个电子具有自旋磁矩 $\boldsymbol{M}_s$ 和自旋角动量的关系是

$$\boldsymbol{M}_s = -\frac{e}{m_e}\boldsymbol{S} \tag{7.6.1}$$

式中,$-e$ 是电子的电荷,$\boldsymbol{M}_s$ 在空间任意方向上的投影只能取两个数值:

$$M_{sz} = \pm \frac{e\hbar}{2m_e} = \pm M_B \tag{7.6.2}$$

M_B 称为玻尔磁子。电子自旋磁矩 $\boldsymbol{M}_s$ 与自旋角动量 $\boldsymbol{S}$ 的比值是 $-\dfrac{e}{m_e}$,称作电子自旋的回转磁比率。轨道磁矩与轨道角动量的比值是 $-\dfrac{e}{2m_e}$。两者之间存在 2 倍的关系。这表明电子自旋不能用经典模型来解释,是微观粒子所特有的性质。狄拉克在 1928 年建立了描述电子的狄拉克方程,将电子自旋包括在内,其发展的相对论量子力学中说明了自旋的存在属于相对论的效应。在非相对论量子力学中则借助于实验事实引入。

7.6.1　电子自旋算符与自旋波函数

1. 电子自旋算符

自旋角动量 $\boldsymbol{S}$ 满足角动量的对易关系,在空间任意方向的投影只取 $\pm \hbar/2$ 两个值,各分量的本征值只有两种取值,所以有

$$\begin{cases} \hat{S}_x^2 = \hat{S}_y^2 = \hat{S}_z^2 = \dfrac{\hbar^2}{4} \\ \hat{S}^2 = \hat{S}_x^2 + \hat{S}_y^2 + \hat{S}_z^2 = \dfrac{3}{4}\hbar^2 = \dfrac{1}{2}\left(\dfrac{1}{2}+1\right)\hbar^2 \end{cases} \tag{7.6.3}$$

$\hat{S}_x^2$、$\hat{S}_y^2$、$\hat{S}_z^2$、$\hat{S}^2$ 都是常数算符,与任何算符都对易。令 $\hat{S}^2$ 的本征值为 $s(s+1)\hbar^2$,则得到 $s=1/2$。我们称 s 为自旋量子数。类比轨道角动量平方算符 $\hat{L}^2$ 的本征值 $l(l+1)\hbar^2$,可知自旋量子数与角量子数相当。值得强调的是,电子的自旋量子数只有一个数值,即 $s=1/2$。

实际应用中常用无量纲的泡利算符 $\hat{\sigma}$ 表示自旋算符,即

$$\hat{S} = \frac{\hbar}{2}\hat{\sigma}, \quad \left(\hat{S}_x = \frac{\hbar}{2}\hat{\sigma}_x, \hat{S}_y = \frac{\hbar}{2}\hat{\sigma}_y, \hat{S}_z = \frac{\hbar}{2}\hat{\sigma}_z\right) \tag{7.6.4}$$

$$\hat{\sigma}_x = \begin{pmatrix} 0 & 1 \\ 1 & 0 \end{pmatrix}, \quad \hat{\sigma}_y = \begin{pmatrix} 0 & -\mathrm{i} \\ \mathrm{i} & 0 \end{pmatrix}, \quad \hat{\sigma}_z = \begin{pmatrix} 1 & 0 \\ 0 & -1 \end{pmatrix} \tag{7.6.5}$$

泡利算符 $\hat{\sigma}$ 满足如下性质:

(1) 对易关系:

$$\begin{cases} \hat{\sigma}_x\hat{\sigma}_y - \hat{\sigma}_y\hat{\sigma}_x = 2\mathrm{i}\hat{\sigma}_z \\ \hat{\sigma}_y\hat{\sigma}_z - \hat{\sigma}_z\hat{\sigma}_y = 2\mathrm{i}\hat{\sigma}_x \\ \hat{\sigma}_z\hat{\sigma}_x - \hat{\sigma}_x\hat{\sigma}_z = 2\mathrm{i}\hat{\sigma}_y \end{cases} \tag{7.6.6}$$

或写成

$$\hat{\sigma} \times \hat{\sigma} = 2\mathrm{i}\hat{\sigma} \tag{7.6.7}$$

(2) 反对易关系:

$$\begin{cases} \hat{\sigma}_x\hat{\sigma}_y + \hat{\sigma}_y\hat{\sigma}_x = 0 \\ \hat{\sigma}_y\hat{\sigma}_z + \hat{\sigma}_z\hat{\sigma}_y = 0 \\ \hat{\sigma}_z\hat{\sigma}_x + \hat{\sigma}_x\hat{\sigma}_z = 0 \end{cases} \tag{7.6.8}$$

(3) 本征值都是 ± 1,即 $\hat{\sigma}_x^2 = \hat{\sigma}_y^2 = \hat{\sigma}_z^2 = 1$;

(4) 由对易关系和反对易关系可知 $\hat{\sigma}_x\hat{\sigma}_y = \mathrm{i}\hat{\sigma}_z$,所以 $\hat{\sigma}_x\hat{\sigma}_y\hat{\sigma}_z = \mathrm{i}\hat{\sigma}_z^2 = \mathrm{i}$。

2. 自旋波函数

考虑自旋变量,电子的完整波函数为

$$\psi = \psi(x, y, z, s_z, t) \tag{7.6.9}$$

s_z 只能取两个数值,上式可以改写为

$$\psi = \begin{pmatrix} \psi_1 \\ \psi_2 \end{pmatrix} = \begin{pmatrix} \psi\left(x, y, z, \dfrac{\hbar}{2}, t\right) \\ \psi\left(x, y, z, -\dfrac{\hbar}{2}, t\right) \end{pmatrix} \tag{7.6.10}$$

归一化条件为

$$\int (\psi_1^* \ \psi_2^*) \begin{pmatrix} \psi_1 \\ \psi_2 \end{pmatrix} \mathrm{d}\tau = \int (|\psi_1|^2 + |\psi_2|^2)\mathrm{d}\tau = 1 \tag{7.6.11}$$

由波函数所定义的概率密度是 $w(x, y, z, t) = |\psi_1|^2 + |\psi_2|^2$,表示在 t 时刻,在点 (x, y, z) 周围单位体积内电子出现的概率。$|\psi_1|^2$ 表示在 r 处自旋朝上出现的概率,$|\psi_2|^2$ 表示自旋朝下出现的概率。

7.6.2 总角动量

电子的总角动量包括轨道角动量 L 与自旋角动量 S,按照矢量求和规则 $J = L + S$,其

分量形式：

$$\begin{cases} \hat{J}_x = \hat{L}_x + \hat{S}_x \\ \hat{J}_y = \hat{L}_y + \hat{S}_y \\ \hat{J}_z = \hat{L}_z + \hat{S}_z \end{cases} \tag{7.6.12}$$

$\hat{L}$ 和 $\hat{S}$ 是相互独立变量的算符，各分量彼此对易，因此可导出 $\hat{J}$ 各分量满足对易关系。所以也有

$$\hat{J} \times \hat{J} = i\hbar \hat{J} \tag{7.6.13}$$

总角动量平方算符 $\hat{J}^2 = \hat{J}_x^2 + \hat{J}_z^2$，容易证明，$\hat{J}^2$ 与 $\hat{J}$ 的各分量都对易，即

$$[\hat{J}^2, \hat{J}_x] = [\hat{J}^2, \hat{J}_y] = [\hat{J}^2, \hat{J}_z] = 0 \tag{7.6.14}$$

同样，由 $\hat{J}^2 = (\hat{L} + \hat{S})^2 = \hat{L}^2 + \hat{S}^2 + 2\hat{L} \cdot \hat{S}$ 可得

$$\begin{cases} [\hat{J}^2, \hat{L}^2] = 0, \quad [\hat{J}_z, \hat{L}^2] = 0 \\ [\hat{J}^2, \hat{S}^2] = 0, \quad [\hat{J}_z, \hat{S}^2] = 0 \end{cases} \tag{7.6.15}$$

我们知道当角量子数 l 给定的情形下，角动量 $\hat{L}$ 的取向并不固定，在 z 方向的分量还有 $2l+1$ 个不同的取值。自旋 $\hat{S}$ 则只有两个独立的本征态。这就使得总角动量比两个矢量求和来得更复杂。

7.7　算符与力学量的关系

在 7.1 节引进了一个基本假定，当体系处于表示力学量的算符 $\hat{F}$ 的本征态 ψ 时，此力学量有确定值，这个值就是算符在本征态中的本征值。但是，如果体系所处的状态 ψ 不是算符 $\hat{F}$ 的本征态，而是任意状态时，力学量的值应该是多少？算符与其所表示的力学量又是什么关系？这些问题在前边的讨论中并未涉及。因此为了适用于更一般的情况，需要引进新的假定。

7.7.1　力学量与算符关系的假定

假设 $\hat{F}$ 是满足某种条件的厄米算符，且有本征方程：

$$\hat{F}\varphi_n = \lambda_n \varphi_n \tag{7.7.1}$$

φ_n 为正交归一系，则任何函数都可展开为

$$\psi(x) = \sum_n c_n \varphi_n(x) \tag{7.7.2}$$

其中，c_n 为常系数，又被称作概率振幅，因为 $|c_n|^2$ 表示体系处于波函数 $\psi(x)$ 所描写的状态时，测量力学量 F 得到的结果是 $\hat{F}$ 的本征值 λ_n 的概率。且总的概率等于 1，即 $\sum_n |c_n|^2 = 1$。

通过以上讨论，引入关于力学量与算符关系的一个基本假设（**量子力学的第四个基本假**

设）：量子力学中表示力学量的算符都是厄米算符，它们的本征函数组成完全系。体系处于的波函数 $\psi(x)$ 所描写的任意状态都可以表示为本征函数的线性组合 $\psi(x) = \sum\limits_n c_n \varphi_n(x)$，此时测量力学量 F 所得数值，必定是算符 $\hat{F}$ 的本征值之一，测得 λ_n 的概率是 $|c_n|^2$。这个假设的正确性也是从理论与实验结果符合而得到验证。

　　根据这一假定，力学量在一般的状态（非本征态）中没有确定的数值，每次测量得到的是一系列可能值中的一个，每个可能值都以确定的概率出现。晶体中电子衍射实验，电子离开晶体后可能沿着各种方向运动，因其沿着这些方向的动量都是动量算符的本征值，具有某一动量的概率是确定的。

　　由此可见，知道了波函数的具体形式，将波函数向力学量对应算符的本征函数系展开，就可得到所需要的相关信息。不仅粒子坐标的各种可能取值的概率 $|\psi(x)|^2$ 完全确定，任一力学量的各种可能取值 λ_n 及其出现的概率 $|c_n|^2$ 也完全确定。

7.7.2　平均值

　　按照由概率求平均值的法则，可求得力学量 F 在波函数 $\psi(x)$ 所描述的状态中的平均值 $\bar{F}$：

$$\bar{F} = \sum_n \lambda_n \, |\, c_n\, |^2 \tag{7.7.3}$$

改写为积分形式：

$$\bar{F} = \int \psi^*(x) \hat{F} \psi(x) \, \mathrm{d}x \tag{7.7.4}$$

当 $\psi(x)$ 是 $\hat{F}$ 的本征态时，则有 $\bar{F} = \lambda \int \psi^* \psi \, \mathrm{d}x = \lambda$；若 $\psi(x)$ 不是 $\hat{F}$ 的本征态，则将 $\psi(x)$ 向 $\hat{F}$ 的本征态函数系 φ_n 展开，$\psi(x) = \sum\limits_n c_n \varphi_n(x)$ 代入式（7.7.4），有

$$\begin{aligned}
\bar{F} &= \int \psi^*(x) \hat{F} \psi(x) \, \mathrm{d}x \\
&= \int \left(\sum_m c_m \varphi_m(x) \right)^* \hat{F} \left(\sum_n c_n \varphi_n(x) \right) \mathrm{d}x \\
&= \sum_{mn} \lambda_n c_m^* c_n \int \varphi_m^*(x) \varphi_n(x) \, \mathrm{d}x \\
&= \sum_{mn} \lambda_n c_m^* c_n \delta_{mn} = \sum_n \lambda_n \, |\, c_n\, |^2
\end{aligned}$$

式（7.7.4）是求力学量平均值的一般公式，这个公式中的波函数 $\psi(x)$ 是归一化的。对于没有归一化的波函数，在式（7.7.4）中乘上归一化因子，改写为

$$\bar{F} = \frac{\int \psi^*(x) \hat{F} \psi(x) \, \mathrm{d}x}{\int \psi^*(x) \psi(x) \, \mathrm{d}x} \tag{7.7.5}$$

以上讨论的是算符 $\hat{F}$ 的本征值 λ 组成分立谱的情况。如果算符 $\hat{F}$ 的本征值 λ 组成连续谱，则式（7.7.3）由求和变为求积分：

$$\bar{F} = \int \lambda \, |\, c_\lambda\, |^2 \, \mathrm{d}\lambda \tag{7.7.6}$$

$|c_\lambda|^2 d\lambda$ 表示在 $\lambda \sim \lambda + d\lambda$ 内的概率。如果部分本征值组成分立谱,部分本征值组成连续谱,式(7.7.3)由式(7.7.7)代替:

$$\overline{F} = \sum_n \lambda_n |c_n|^2 + \int \lambda |c_\lambda|^2 d\lambda \qquad (7.7.7)$$

例 7.3　粒子在阱宽为 a 的一维无限深势阱中运动,设粒子处于状态 $\psi(x) = Ax(a - x)$ 下,求此状态下粒子能量 E_1 的概率,并计算能量的平均值。

解　由第 6 章可知,一维无限深势阱中粒子的能量本征值和本征函数分别为

$$E_n = \frac{n^2 \hbar^2 \pi^2}{2ma^2}, \quad \psi_n = \sqrt{\frac{2}{a}} \sin \frac{n\pi x}{a}, \quad n = 1, 2, 3, \cdots$$

先求归一化常数 A:

$$\int_0^a \psi^*(x)\psi(x) dx = A^2 \int_0^a x^2 (a - x)^2 dx = A^2 a^5/30 = 1$$

所以 $A = \sqrt{\dfrac{30}{a^5}}$。

再求概率振幅,把波函数用哈密顿算符的本征函数系展开:

$$c_n = \int_0^a \psi_n^*(x)\psi(x) dx$$

$$= \sqrt{\frac{30}{a^5}} \cdot \sqrt{\frac{2}{a}} \int_0^a x(a - x) \sin \frac{n\pi x}{a}$$

$$= \begin{cases} \dfrac{8\sqrt{15}}{n^3 \pi^3}, & n = 1, 3, 5, \cdots \\ 0, & n = 2, 4, 6, \cdots \end{cases}$$

$n = 1$ 时,基态概率 $|c_1|^2 = \dfrac{960}{\pi^6} = 0.99856$。

按式(7.7.4)计算平均值,有

$$\overline{E} = \int_0^a \psi^*(x) \hat{H} \psi(x) dx$$

$$= \frac{30}{a^5} \int_0^a x(a - x) \left(-\frac{\hbar}{2m} \frac{\partial^2}{\partial x^2} \right) [x(a - x)] dx$$

$$= \frac{30}{a^5} \cdot \frac{\hbar}{m} \int_0^a x(a - x) dx$$

$$= \frac{5}{ma^2} \hbar^2$$

7.8　力学量的对易关系与测不准关系

在经典力学中,对物体的任意两个物理量同时进行测量如坐标与速度可以都得到精确值。但对于微观体系,由于波粒二象性,有些物理量原则上就不能同时进行精确测量,这就是测不准关系。介绍测不准关系之前,我们先回顾一下算符的对易关系。在本章开头介绍算符运算规则时定义 $[\hat{A}, \hat{B}] = \hat{A}\hat{B} - \hat{B}\hat{A}$,若 $[\hat{A}, \hat{B}] \neq 0$,则称算符 $\hat{A}$ 与 $\hat{B}$ 不对易;若

$[\hat{A},\hat{B}]=0$,有 $\hat{A}\hat{B}=\hat{B}\hat{A}$,此时两算符对易。

7.8.1   坐标与动量算符的对易关系

将坐标算符 $\hat{x}$ 与动量算符 $\hat{p}_x$ 同时作用于任一波函数 φ,所得结果取决于这两个算符作用的顺序,则有

$$\hat{x}\hat{p}_x\varphi = \frac{\hbar}{i}x\frac{d\varphi}{dx}$$

$$\hat{p}_x\hat{x}\varphi = \frac{\hbar}{i}\frac{d}{dx}(x\varphi) = \frac{\hbar}{i}x\frac{d\varphi}{dx} + \frac{\hbar}{i}\varphi$$

由此得出

$$\hat{x}\hat{p}_x\varphi - \hat{p}_x\hat{x}\varphi = i\hbar\varphi \tag{7.8.1}$$

φ 为任意波函数,式(7.8.1)写为 $[\hat{x},\hat{p}_x]=\hat{x}\hat{p}_x\varphi-\hat{p}_x\hat{x}\varphi=i\hbar$。等式右边不等于零,因此坐标算符 $\hat{x}$ 与动量算符 $\hat{p}_x$ 是不对易的。同理可以得到:

$$[\hat{y},\hat{p}_y]=i\hbar, \quad [\hat{z},\hat{p}_z]=i\hbar$$

$$[\hat{x},\hat{y}]=[\hat{y},\hat{z}]=[\hat{z},\hat{x}]=0$$

$$[\hat{p}_x,\hat{p}_y]=[\hat{p}_y,\hat{p}_z]=[\hat{p}_z,\hat{p}_x]=0$$

$$[\hat{x},\hat{p}_y]=[\hat{x},\hat{p}_z]=[\hat{y},\hat{p}_x]=[\hat{y},\hat{p}_z]=[\hat{z},\hat{p}_x]=[\hat{z},\hat{p}_y]=0$$

说明不同维度的坐标分量算符之间,不同维度的动量分量算符之间是对易的;动量分量与它所对应的坐标是不对易的,而与不对应的坐标是对易的。

7.8.2   角动量算符的对易关系

知道了坐标和动量之间的对易关系,可以得到其他力学量之间的对易关系,因为力学量都是坐标和动量的函数。经典力学中轨道角动量的定义为坐标与动量的矢量积 $\boldsymbol{L}=\boldsymbol{r}\times\boldsymbol{p}$,角动量在直角坐标系中的三个分量分别是

$$\hat{L}_x = \hat{y}\hat{p}_z - \hat{z}\hat{p}_y$$

$$\hat{L}_y = \hat{z}\hat{p}_x - \hat{x}\hat{p}_z$$

$$\hat{L}_z = \hat{x}\hat{p}_y - \hat{y}\hat{p}_x$$

利用坐标与动量的对易关系可以得到角动量分量之间的对易关系:

$$[\hat{L}_x,\hat{L}_y]=i\hbar\hat{L}_z, \quad [\hat{L}_y,\hat{L}_z]=i\hbar\hat{L}_x, \quad [\hat{L}_z,\hat{L}_x]=i\hbar\hat{L}_y \tag{7.8.2}$$

这三个对易关系可以合成一个矢量公式

$$\hat{\boldsymbol{L}}\times\hat{\boldsymbol{L}}=i\hbar\hat{\boldsymbol{L}} \tag{7.8.3}$$

这个公式可以看作更普遍的角动量算符的定义,不仅是轨道角动量还包括了自旋角动量算符。

由上可知角动量算符 $\hat{\boldsymbol{L}}$ 的各直角分量是不对易的,而角动量算符的平方 $\hat{L}^2$ 与角动量分量之间是对易的,即

$$[\hat{L}^2,\hat{L}_x]=[\hat{L}^2,\hat{L}_y]=[\hat{L}^2,\hat{L}_z]=0 \tag{7.8.4}$$

7.8.3　两力学量算符同时具有确定值的条件

可以证明如果两个算符 $\hat{F}$ 和 $\hat{G}$ 有一组构成完全系的共同本征函数 φ_n，则这两个算符对易。反之，如果两个算符对易，则这两个算符有组成完全系的共同本征函数，这个定理也成立[①]。而且可以推广到两个以上算符的情况中去：如果一组算符有共同的本征函数，而且这些共同的本征函数组成完全系，则这组算符中的任何一个和其余的算符对易。这个定理的逆定理也成立。

在共同本征函数所描写的态中，这些对易的算符表示的力学量同时有确定值。也就是说 φ_n 既是 $\hat{F}$ 的本征态，又是 $\hat{G}$ 的本征态，则 $\hat{F}$ 与 $\hat{G}$ 都有确定值，可以同时精确测量。

如果有一组彼此独立且相互对易的厄米算符，通过它们的本征值可以完全确定体系所处的状态。这样一组力学量称为力学量的完全集合。在完全集合中力学量的数目一般与体系自由度的数目相等。例如，不考虑自旋情况下，三维空间中自由粒子的自由度是 3，粒子状态由三个力学量 $\hat{p}_x$、$\hat{p}_y$ 和 $\hat{p}_z$ 来决定。完全确定氢原子中电子的状态需要三个量子数 n、l 和 m 来决定。从算符的对易关系可以看出普朗克常量在力学量的对易关系中占重要的地位，标志着微观规律性与宏观规律性之间的差异。

7.8.4　测不准关系（不对易的情形）

从上面的讨论中可知当两个算符不对易时，不能同时有确定值。不对易算符之间不确定程度的关系称为测不准关系。我们直接从算符的对易关系来推导测不准关系的表达式。

设算符 $\hat{F}$ 和 $\hat{G}$ 满足对易关系：$\hat{F}\hat{G}-\hat{G}\hat{F}=\mathrm{i}\hat{k}$，其中 $\hat{k}$ 是一个算符或者数。在一个共同状态 ψ 中，$\bar{F}$、$\bar{G}$、$\bar{k}$ 为对应算符在该态中的平均值。定义：

$$\Delta\hat{F}=\hat{F}-\bar{F}，\quad \Delta\hat{G}=\hat{G}-\bar{G} \tag{7.8.5}$$

$\hat{F}$ 和 $\hat{G}$ 均为厄米算符，不难证明 $\hat{k}$、$\Delta\hat{F}$、$\Delta\hat{G}$ 都是厄米算符。且有

$$
\begin{aligned}
\Delta\hat{F}\Delta\hat{G}-\Delta\hat{G}\Delta\hat{F} &=(\hat{F}-\bar{F})(\hat{G}-\bar{G})-(\hat{G}-\bar{G})(\hat{F}-\bar{F})\\
&=\hat{F}\hat{G}-\hat{F}\bar{G}-\bar{F}\hat{G}+\bar{F}\bar{G}-\hat{G}\hat{F}+\hat{G}\bar{F}+\bar{G}\hat{F}-\bar{G}\bar{F}\\
&=\hat{F}\hat{G}-\hat{G}\hat{F}=\mathrm{i}\hat{k}
\end{aligned}
$$

上式可以写为 $[\Delta\hat{F},\Delta\hat{G}]=[\hat{F},\hat{G}]=\mathrm{i}\hat{k}$ 的形式。

考虑以下积分

$$I(\xi)=\int\mid(\xi\Delta\hat{F}-\mathrm{i}\Delta\hat{G})\psi\mid^2\mathrm{d}\tau\geqslant 0 \tag{7.8.6}$$

其中 ξ 为实参数，积分区域是变量变化的整个空间。因被积函数是绝对值的平方，所以积分恒大于或等于零。将此积分的平方项展开，得

---

① 相关证明可参见参考文献[12]与文献[14]：周世勋. 量子力学教程. 北京：高等教育出版社，2001：89。
关洪. 量子力学基础. 北京：高等教育出版社，2000：87。

$$I(\xi) = \int (\xi \Delta \hat{F} \psi - i\Delta \hat{G} \psi) [\xi (\Delta \hat{F} \psi)^* + i(\Delta \hat{G} \psi)^*] d\tau$$

$$= \xi^2 \int (\Delta \hat{F} \psi)(\Delta \hat{F} \psi)^* d\tau + \int (\Delta \hat{G} \psi)(\Delta \hat{G} \psi)^* d\tau -$$

$$i\xi \int [(\Delta \hat{G} \psi)(\Delta \hat{F} \psi)^* - (\Delta \hat{F} \psi)(\Delta \hat{G} \psi)^*] d\tau$$

由于 $\Delta \hat{F}$、$\Delta \hat{G}$ 均为表示力学量的厄米算符,则

$$I(\xi) = \xi^2 \int \psi^* (\Delta \hat{F})^2 \psi d\tau - i\xi \int \psi^* (\Delta \hat{F} \Delta \hat{G} - \Delta \hat{G} \Delta \hat{F}) \psi d\tau + \int \psi^* (\Delta \hat{G})^2 \psi d\tau$$

利用 $[\Delta \hat{F}, \Delta \hat{G}] = [\hat{F}, \hat{G}] = i\hat{k}$,代入上面得到的 $I(\xi)$,式(7.8.6)最后写为

$$I(\xi) = \overline{(\Delta \hat{F})^2} \xi^2 + \bar{k} \xi + \overline{(\Delta \hat{G})^2} \geqslant 0 \qquad (7.8.7)$$

不等式(7.8.7)成立的条件是

$$\bar{k}^2 - 4\overline{(\Delta \hat{F})^2} \cdot \overline{(\Delta \hat{G})^2} \leqslant 0$$

移项得

$$\overline{(\Delta \hat{F})^2} \cdot \overline{(\Delta \hat{G})^2} \geqslant \frac{\bar{k}^2}{4} \qquad (7.8.8)$$

式(7.8.8)称为测不准关系。如果 $\bar{k}$ 不为零,则 $\hat{F}$ 和 $\hat{G}$ 的均方偏差不会同时为零,它们的乘积要大于一正数。并且 $\overline{(\Delta \hat{F})^2}$ 与 $\overline{(\Delta \hat{G})^2}$ 不能同时趋于无穷小,F 的不确定度越小,则 G 的不确定度越大,反之亦然。

把测不准关系应用于坐标与动量:$x\hat{p}_x - \hat{p}_x x = i\hbar$,$\bar{k} = \hbar$,则有

$$\overline{(\Delta \hat{x})^2} \cdot \overline{(\Delta \hat{p}_x)^2} \geqslant \frac{\hbar^2}{4} \qquad (7.8.9)$$

这就是坐标与动量的测不准关系。$\overline{(\Delta \hat{x})^2}$ 和 $\overline{(\Delta \hat{p}_x)^2}$ 都不能为零,微观粒子的坐标和动量是不可能同时无限精确测量的两个力学量,位置测量越精确,动量测量的误差越大,反之亦然。测不准关系于 1927 年由海森伯提出,用来讨论经典力学概念在微观世界(存在波粒二象性)的适用程度,是微观粒子运动服从统计规律性的结果。

把测不准关系应用于角动量分量之间,则由

$$\hat{L}_x \hat{L}_y - \hat{L}_y \hat{L}_x = i\hbar \hat{L}_z$$

有

$$\overline{(\Delta \hat{L}_x)^2} \cdot \overline{(\Delta \hat{L}_y)^2} \geqslant \frac{\hbar^2}{4} \hat{L}_z^2$$

在 L_z 的本征态 Y_{lm} 中,$\hat{L}_z = m\hbar$,因而在该状态中,角动量分量 L_x 与 L_y 的测不准关系是

$$\overline{(\Delta \hat{L}_x)^2} \cdot \overline{(\Delta \hat{L}_y)^2} \geqslant \frac{m^2 \hbar^4}{4} \qquad (7.8.10)$$

由能量算符 $\hat{E} = i\hbar \dfrac{\partial}{\partial t}$ 与时间 t 的对易关系

$$[\hat{E}, t] = \left[i\hbar \frac{\partial}{\partial t}, t \right] = i\hbar$$

可类似地得到能量与时间的测不准关系

$$\Delta E \cdot \Delta t \geqslant \frac{\hbar}{2} \qquad (7.8.11)$$

例 7.4　利用测不准关系估计阱宽为 a 的无限深势阱中粒子的基态能量。

解　因为对基态波函数有 $\bar{x} = \bar{p} = 0$，所以 $\Delta x \sim a$，$\Delta p \sim p$，代入测不准关系

$$\Delta x \cdot \Delta p \geqslant \frac{\hbar}{2}$$

给出 $p \geqslant \dfrac{\hbar}{2a}$，因此基态能量为

$$E_0 = \frac{p^2}{2m} \sim \frac{\hbar^2}{8ma^2}$$

本章思维导图

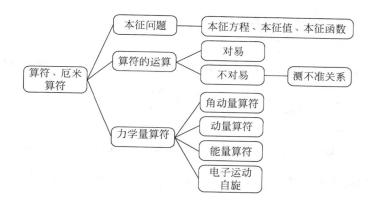

思考题

7-1　为什么要用算符来表示力学量？

7-2　算符在量子力学中的意义是什么？

7-3　如何构造一个力学量算符？

7-4　力学量算符的本征函数是否就是波函数？

7-5　力学量 $\hat{F}$ 是线性厄米算符，由此能否说明线性厄米算符都可以表示为力学量？

7-6　可测量力学量的算符具有什么性质？

7-7　力学量算符的本征方程中本征值的物理意义是什么？

7-8　量子力学中，测量概率为零的值与不可测量的值有何不同？

7-9　列出测不准关系的普遍表达式。

7-10　测不准关系的物理意义是什么？

7-11　在一维无限深势阱中运动的粒子，能量是守恒量，能否处于能量没有确定值的状态？试举例说明。

习题

7-1   求算符 $\hat{F} = -\mathrm{i}\mathrm{e}^{\mathrm{i}x}\dfrac{\mathrm{d}}{\mathrm{d}x}$ 与 $\hat{G} = \mathrm{e}^{\mathrm{i}x}$ 的对易关系。

7-2   已知 $\hat{A}$ 和 $\hat{B}$ 为厄米算符,那么 $\hat{F} = \dfrac{\mathrm{i}}{2}\hat{A}\hat{B}$ 是厄米算符的条件是什么?

7-3   求下列算符的本征函数和本征值: $\hat{F} = \hat{p}_x + x$, $\hat{F} = -\mathrm{i}\mathrm{e}^{\mathrm{i}x}\dfrac{\mathrm{d}}{\mathrm{d}x}$。

7-4 $\hat{F}$ 是线性厄米算符,b 是任意常实数,证明 $\hat{F} - b$ 也是线性厄米算符。

7-5   证明任何状态下,厄米算符的平均值必为实数。

7-6   证明以下等式:

(1) $[\hat{H}, \hat{x}] = -\dfrac{\mathrm{i}\hbar}{m}\hat{p}_x$; (2) $[x, \hat{p}_x^2 f(x)] = 2\mathrm{i}\hbar\hat{p}_x f(x)$; (3) $[\hat{p}_x, f(x)] = -\mathrm{i}\hbar\dfrac{\partial f(x)}{\partial x}$。

7-7   判断下列算符是否为厄米算符:

(1) $\mathrm{i}\hat{p}_x$; (2) $x\hat{p}_x$; (3) $\hat{L}_z = x\hat{p}_y - y\hat{p}_x$。

7-8   已知在阱宽为 a 的无限深势阱中运动粒子的能量本征值与本征函数分别为

$$E_n = \frac{n^2\hbar^2\pi^2}{2ma^2}, \quad \psi_n = \sqrt{\frac{2}{a}}\sin\frac{n\pi x}{a}, \quad n = 1,2,3,\cdots$$

(1) 动量和能量的平均值;

(2) 设阱内粒子处于 $\psi(x) = x$ 的状态,求在该态下,能量的测值为 E_1 的概率。

7-9   一维谐振子处于基态 $\psi(x) = \sqrt{\dfrac{a}{\pi^{1/2}}}\mathrm{e}^{(-a^2x^2-\mathrm{i}\omega t)/2}$,求势能的平均值 $\overline{V} = \dfrac{1}{2}m\omega^2\overline{x^2}$,动能的平均值 $\overline{T} = \overline{p^2}/2m$,动量的概率分布。

7-10   已知一维谐振子处于基态,且测得其坐标的不确定度 $\Delta x = l$,求该谐振子跃迁到第一激发态所需的能量。

7-11   证明线性谐振子的动量不是守恒量。

7-12   氢原子处于基态 $\psi_{100} = \dfrac{1}{\sqrt{\pi a_0^3}}\mathrm{e}^{-r/a_0}$,求 r 的平均值以及势能 $-\dfrac{e_s^2}{r}$ 的平均值。

7-13   氢原子处于 $1s$ 态,径向分布为 $w_{10}(r) = \dfrac{4}{a_0^3}\mathrm{e}^{-2r/a_0}r^2$,求在 $r = \dfrac{a_0}{2}$ 处单位厚度的球壳内发现电子的概率是多少?

7-14   氢原子中的电子,在 $l=1$,$m=0$ 的量子态上,概率密度为 $w_{10}(\theta) = \dfrac{3}{4\pi}\cos^2\theta$,求 $\theta = 60°$ 的方向上,单位立体角内发现电子的概率是多少?

第8章

定态问题的近似方法

量子力学中能够精确求出薛定谔方程解的情况是极少的,在绝大多数情况下,由于体系的哈密顿算符比较复杂,只能求出近似解。因此,求薛定谔方程解的近似方法就变得十分重要。近似方法通常是从先求出体系中主要问题的精确解,将其他问题作为微扰,逐级对解加以修正,最后求出较复杂问题的近似解。求近似解的方法有很多,如微扰理论、变分法等,各有适用范围。在这些近似方法中,应用最为广泛的是微扰理论。例如多电子体系中先考虑原子核与电子的作用,求出零级近似解,然后将电子间的相互作用作为微扰,逐级对零级近似解作修正。再如外力场(外电场或外磁场)中的原子,外力对电子的作用远小于核对电子作用时,把外力场的作用作为微扰进行处理,进而求出外力场对原子能级的影响。按照哈密顿算符一般分为显含时间与不含时间两类情况,本章讨论不含时间的情况:定态微扰与变分法。与时间有关的微扰理论本书不详细介绍,读者可参阅相关资料。

8.1 非简并定态微扰理论

假设定态方程 $\hat{H}\psi = E\psi$ 中哈密顿算符较复杂,方程无法精确求解,将哈密顿算符分为两部分:

$$\hat{H} = \hat{H}^{(0)} + \hat{H}'\tag{8.1.1}$$

其中,$\hat{H}^{(0)}$ 是主要部分,本征值 $E_n^{(0)}$ 和本征函数 $\psi_n^{(0)}$ 是已知的,即本征方程 $\hat{H}^{(0)}\psi_n^{(0)} = E_n^{(0)}\psi_n^{(0)}$ 有精确解。$\hat{H}'$ 很小,看作是对 $\hat{H}^{(0)}$ 的微扰。三个算符都是厄米算符。引入实数参量 $\lambda(\lambda \ll 1)$ 来刻画微扰作用的强度,令 $\hat{H}' = \lambda\hat{H}^{(1)}$,$\hat{H}^{(1)}$ 与 $\hat{H}^{(0)}$ 对方程的贡献相当。这样,所求解的定态方程则为

$$\hat{H}\psi_n = (\hat{H}^{(0)} + \lambda\hat{H}^{(1)})\psi_n = E_n\psi_n\tag{8.1.2}$$

因为微扰项很小,对能量与波函数的修正小,将能量与波函数按 λ 的幂次展开

$$\begin{cases} E_n = E_n^{(0)} + \lambda E_n^{(1)} + \lambda^2 E_n^{(2)} + \lambda^3 E_n^{(3)} + \cdots \\ \psi_n = \psi_n^{(0)} + \lambda\psi_n^{(1)} + \lambda^2\psi_n^{(2)} + \lambda^3\psi_n^{(3)} + \cdots \end{cases}\tag{8.1.3}$$

式中,$E_n^{(0)}$ 和 $\psi_n^{(0)}$ 分别称为零级近似能量与零级近似波函数,表示体系无微扰项时的能量和

波函数。$\lambda E_n^{(1)}$ 和 $\lambda \psi_n^{(1)}$ 是能量和波函数的一级修正。将式(8.1.3)代入式(8.1.2),按 λ 的幂次整理得到各阶次的微扰方程如下:

零级: $\quad (\hat{H}^{(0)} - E_n^{(0)}) \psi_n^{(0)} = 0$ (8.1.4)

一级: $\quad (\hat{H}^{(0)} - E_n^{(0)}) \psi_n^{(1)} = (E_n^{(1)} - \hat{H}^{(1)}) \psi_n^{(0)}$ (8.1.5)

二级: $\quad (\hat{H}^{(0)} - E_n^{(0)}) \psi_n^{(2)} = (E_n^{(1)} - \hat{H}^{(1)}) \psi_n^{(1)} + E_n^{(2)} \psi_n^{(0)}$ (8.1.6)

三级: $\quad (\hat{H}^{(0)} - E_n^{(0)}) \psi_n^{(3)} = (E_n^{(1)} - \hat{H}^{(1)}) \psi_n^{(2)} + E_n^{(2)} \psi_n^{(1)} + E_n^{(3)} \psi_n^{(0)}$ (8.1.7)

以上就是微扰理论的基本方程。为了方便,接下来的讨论过程中把各阶次微扰方程中 $\hat{H}^{(1)}$ 直接理解为 $\hat{H}'$,把 $E_n^{(1)}$ 和 $\psi_n^{(1)}$ 理解为能量和波函数的一级修正,省去 λ 这个常数。因为引入常数 λ 是为了将定态方程展开为数量级的形式,达到这个目的后省去此常数也不影响后续的理解与计算。

1. 一级近似解

非简并情况下,每一个本征值 $E_n^{(0)}$ 对应一个本征函数 $\psi_n^{(0)}$,也就是零级近似解是已知的。为了解出一级微扰方程中的一级能量修正项 $E_n^{(1)}$ 和一级波函数修正项 $\psi_n^{(1)}$,式(8.1.5)两边左乘 $\psi_n^{(0)*}$ 并对整个空间积分,得

$$\int \psi_n^{(0)*} (\hat{H}^{(0)} - E_n^{(0)}) \psi_n^{(1)} \, d\tau = E_n^{(1)} \int \psi_n^{(0)*} \psi_n^{(0)} \, d\tau - \int \psi_n^{(0)*} \hat{H}' \psi_n^{(0)} \, d\tau \quad (8.1.8)$$

因为 $\hat{H}^{(0)}$ 是厄米算符,$E_n^{(0)}$ 是实数,于是有

$$\int \psi_n^{(0)*} (\hat{H}^{(0)} - E_n^{(0)}) \psi_n^{(1)} \, d\tau = \int [(\hat{H}^{(0)} - E_n^{(0)}) \psi_n^{(0)}]^* \psi_n^{(1)} \, d\tau = 0 \quad (8.1.9)$$

于是由式(8.1.8)与 $\psi_n^{(0)}$ 的正交归一性得到

$$E_n^{(1)} = \int \psi_n^{(0)*} \hat{H}' \psi_n^{(0)} \, d\tau \quad (8.1.10)$$

即能量的一级修正 $E_n^{(1)}$ 等于 $\hat{H}'$ 在 $\psi_n^{(0)}$ 态中的平均值。

得到 $E_n^{(1)}$ 后,代入式(8.1.5)求一级波函数修正项 $\psi_n^{(1)}$。因为零级波函数具有完备性,所以 $\psi_n^{(1)}$ 可以展开为 $\psi_n^{(0)}$ 的线性组合来表示:

$$\psi_n^{(1)} = \sum_{l \neq n} a_l^{(0)} \psi_l^{(0)} \quad (8.1.11)$$

注意式(8.1.11)中不包含 $l = n$ 的项 $\psi_n^{(0)}$,这一操作相当于选取与零级波函数 $\psi_n^{(0)}$ 正交的一级波函数 $\psi_n^{(1)}$,目的是为了方便进一步的运算。可以这样操作的原因是波函数 ψ_n 的展开式(8.1.3)中已经有 $\psi_n^{(0)}$ 这一项,$\psi_n^{(1)}$ 的求和公式中写上或不写上 $\psi_n^{(0)}$,只会对 ψ_n 中所含 $\psi_n^{(0)}$ 的系数,也就是只会影响到 ψ_n 的归一化常数,而对 ψ_n 的普遍性不会产生实质性影响。将式(8.1.11)代入式(8.1.5)后,得

$$\sum_{l \neq n} E_l^{(0)} a_l^{(1)} \psi_l^{(0)} - E_n^{(0)} \sum_{l \neq n} a_l^{(1)} \psi_l^{(0)} = E_n^{(1)} \psi_n^{(0)} - \hat{H}' \psi_n^{(0)} \quad (8.1.12)$$

两边左乘 $\psi_m^{(0)*}$ $(m \neq n)$ 并对整个空间积分,同时考虑 $\psi_l^{(0)}$ 的正交归一性,得

$$\int \psi_m^{(0)*} \psi_l^{(0)} \, d\tau = \delta_{ml} \quad (8.1.13)$$

得到

$$\sum_{l \neq n} E_l^{(0)} a_l^{(1)} \delta_{ml} - E_n^{(0)} \sum_{l \neq n} a_l^{(1)} \delta_{ml} = -\int \psi_m^{(0)*} \hat{H}' \psi_n^{(0)} \, \mathrm{d}\tau \tag{8.1.14}$$

令

$$\int \psi_m^{(0)*} \hat{H}' \psi_n^{(0)} \, \mathrm{d}\tau = H'_{mn} \tag{8.1.15}$$

H'_{mn} 称为微扰矩阵元。式(8.4.14)简化为

$$(E_n^{(0)} - E_m^{(0)}) a_m^{(1)} = H'_{mn} \tag{8.1.16}$$

或

$$a_m^{(1)} = \frac{H'_{mn}}{E_n^{(0)} - E_m^{(0)}} \tag{8.1.17}$$

将式(8.1.16)、式(8.1.17)分别代入式(8.1.11)，得到

$$\begin{cases} \psi_n^{(1)} = \sum_{m \neq n} \dfrac{H'_{mn}}{E_n^{(0)} - E_m^{(0)}} \psi_m^{(0)} \\[3mm] E_n^{(1)} = E_n^{(0)} + H'_{nn} \end{cases} \tag{8.1.18}$$

2. 二级近似解

同样的方法将式(8.1.11)代入二级微扰方程(8.1.6)，并用 $\psi_n^{(0)*}$ 左乘公式两边后，对整个空间积分，运用正交性条件，求出能量的二级近似解

$$E_n^{(2)} = \sum_{l \neq n} \frac{|H'_{nl}|^2}{E_n^{(0)} - E_l^{(0)}} \tag{8.1.19}$$

类似的步骤再求出 $\psi_n^{(2)}$，这里不做详细推导。

这样得到微扰理论计算的能量与波函数分别为

$$E_n = E_0 + H'_{nn} + \sum_{m \neq n} \frac{|H'_{mn}|^2}{E_n^{(0)} - E_m^{(0)}} + \cdots$$

$$\psi_n = \psi_n^{(0)} + \sum_{m \neq n} \frac{H'_{mn}}{E_n^{(0)} - E_m^{(0)}} \psi_m^{(0)} + \cdots \tag{8.1.20}$$

从以上计算可以看出，知道 $\psi_n^{(0)}$ 可以求出 $E_n^{(1)}$，知道 $\psi_n^{(1)}$ 也可以求出 $E_n^{(2)}$。能级的各级修正值依赖于比它低一级的波函数修正项，为了得到第 n 级能量的修正值，只需要求出第 $(n-1)$ 级波函数修正项。

微扰理论的适用条件是级数的收敛。判断级数是否收敛必须知道级数的一般项。而讨论的两个级数的高级项在这里并不知道，此时只能要求级数的已知几项中后面的项远小于前面的项，由此得到微扰理论的适用条件是

$$\left| \frac{H'_{mn}}{E_n^{(0)} - E_m^{(0)}} \right| \ll 1, \quad E_n^{(0)} \neq E_m^{(0)} \tag{8.1.21}$$

当式(8.1.21)满足时，一级修正的结果一般就相当精确。这取决于矩阵元 H'_{mn} 的大小以及能级间距 $|E_n^{(0)} - E_m^{(0)}|$。对于基态原子，由于能级间隔大，用微扰理论容易得到好的结果；若随着 n 的增大，能级间距变小，结果就不精确。对于 n 趋于无穷能级已趋连续时，这种情形下，微扰理论便不再适用。所以应用微扰理论处理问题时，应尽量合理选取 $\hat{H}^{(0)}$，一方面要使 $\hat{H}^{(0)}$ 的本征方程有精确解或解已知，另一方面又要尽量把 $\hat{H}$ 的主要部分包括进去，使得剩下的微扰比较小。当式(8.1.21)满足时就能达到一定的精确度，这样通常也不需要二

级以上更复杂的微扰计算。

一般说来,系统的基态以及一维束缚态能级总是非简并的,因此可以用以上方法求各级微扰能,对于简并能级的微扰能计算,因同一能级存在不止一个状态,则式(8.1.21)可能出现能量分母为零的情形,关于能量与波函数的修正公式不再适用,需要重新处理,在 8.2 节将加以介绍。

8.2　简并情况的定态微扰理论

8.1 节讨论了能级非简并时,哈密顿算符的近似本征值与本征函数的算法。本节将讨论能级 $E_n^{(0)}$ 为简并时,按照微扰理论计算 $\hat{H} = \hat{H}^{(0)} + \hat{H}'$ 的近似本征能量与本征函数。对于体系的简并能级,上述的微扰公式不适用。体系的能级简并与体系的对称有关。当考虑微扰后,如体系的某种对称受到破坏,能级将发生分裂,简并将被部分解除或全部解除。

体系的哈密顿算符为

$$\hat{H} = \hat{H}^{(0)} + \hat{H}' = \hat{H}^{(0)} + \lambda \hat{H}^{(1)} \tag{8.2.1}$$

设 $E_n^{(0)}$ 的简并度为 k,即 $E_n^{(0)}$ 能级下有 k 个波函数相对应,记为 $\varphi_1, \varphi_2, \cdots, \varphi_k$,满足定态方程:

$$\hat{H}^{(0)} \varphi_i = E_n^{(0)} \varphi_i, \quad i = 1, 2, \cdots, k \tag{8.2.2}$$

同时满足正交归一条件 $\int \varphi_i^* \varphi_j \mathrm{d}\tau = \delta_{ij}$。

处理简并微扰问题的关键是如何选取合适的零级近似波函数 $\psi_n^{(0)}$。作为零级近似波函数必须满足定态方程有解这一条件。首先把零级近似波函数写成 k 个 φ 线性组合形式:

$$\psi_n^{(0)} = \sum_{i=1}^{k} c_i^{(0)} \varphi_i \tag{8.2.3}$$

按下列步骤求解系数 $c_i^{(0)}$。将式(8.2.3)代入式(8.1.5):

$$(\hat{H}^{(0)} - E_n^{(0)}) \psi_n^{(1)} = E_n^{(1)} \sum_{i=1}^{k} c_i^{(0)} \varphi_i - \sum_{i=1}^{k} c_i^{(0)} \hat{H}' \varphi_i \tag{8.2.4}$$

以 φ_l 左乘式(8.2.4)两边并对整个空间积分。由于式(8.1.9),式(8.2.4)左边为零,得到

$$\sum_{i=1}^{k} (\hat{H}'_{li} - E_n^{(1)} \delta_{li}) c_i^{(0)} = 0, \quad l = 1, 2, \cdots, k \tag{8.2.5}$$

式中,$\hat{H}'_{li} = \int \varphi_l^* \hat{H}' \varphi_i \mathrm{d}\tau$。式(8.2.5)是以系数 $c_i^{(0)}$ 为未知量的一次齐次方程组,有不全为零的解的条件是

$$\begin{vmatrix} H'_{11} - E_n^{(1)} & H'_{12} & \cdots & H'_{1k} \\ H'_{21} & H'_{22} - E_n^{(1)} & \cdots & H'_{2k} \\ \vdots & \vdots & \ddots & \vdots \\ H'_{k1} & H'_{k2} & \cdots & H'_{kk} - E_n^{(1)} \end{vmatrix} = 0 \tag{8.2.6}$$

此行列式称为久期方程,解这个方程可以得到能量一级修正 $E_n^{(1)}$ 的 k 个根。若 $E_n^{(1)}$ 的 k 个根都不相等,则一级微扰可以将 k 度简并完全消除;若 $E_n^{(1)}$ 有几个重根,说明简并只是部

分被消除,必须进一步考虑能量的二级修正,才有可能使能级完全分裂开来。为了确定能量 $E_n = E_n^{(0)} + E_{nj}^{(1)}$ 所对应的零级近似波函数,可以把久期方程的解代入式(8.2.5)中解出一组系数 $c_i^{(0)}$,再代入式(8.2.4)求得。

例 8.1 氢原子的一级斯塔克效应。

解 原子在外电场作用下,所发射的光谱谱线会发生分裂,这一现象称为斯塔克效应。为简单起见,只讨论氢原子拉曼线系第一条谱线($E_2 \rightarrow E_1$)的分裂。因分裂的谱线间能量差与外电场一次方成正比,所以又称一级斯塔克效应。外电场破坏了库仑场的球对称性,但未破坏绕 z 轴旋转的对称性。处于沿 z 方向的外电场中的氢原子体系的哈密顿算符为

$$\hat{H} = \hat{H}^{(0)} + \hat{H}' = \hat{H}^{(0)} + e\varepsilon r\cos\theta$$

ε 是外电场强度,通常比起原子内部的电场强度来说是很小的,所以可以把外电场看作微扰。

不考虑自旋,氢原子的能级 E_n 是 n^2 度简并的。基态简并度为1,即基态不发生简并。第一激发态($n=2$)的简并度 $f_2 = 4$。$E_2^{(0)} = -\dfrac{e_s^2}{8a_0}$($a_0$ 是第一玻尔轨道半径),属于这个能级的四个正交归一简并态波函数为

$$\begin{cases} \varphi_1 = \psi_{200} = R_{20}Y_{00} = \dfrac{1}{4\sqrt{2\pi}}\left(\dfrac{1}{a_0}\right)^{3/2}\left(2 - \dfrac{r}{a_0}\right)e^{-r/2a_0} \\[2mm] \varphi_2 = \psi_{210} = R_{21}Y_{10} = \dfrac{1}{4\sqrt{2\pi}}\left(\dfrac{1}{a_0}\right)^{3/2}\left(\dfrac{r}{a_0}\right)e^{-r/2a_0}\cos\theta \\[2mm] \varphi_3 = \psi_{211} = R_{21}Y_{11} = \dfrac{-1}{8\sqrt{\pi}}\left(\dfrac{1}{a_0}\right)^{3/2}\left(\dfrac{r}{a_0}\right)e^{-r/2a_0}\sin\theta e^{i\varphi} \\[2mm] \varphi_4 = \psi_{21-1} = R_{21}Y_{1-1} = \dfrac{1}{8\sqrt{\pi}}\left(\dfrac{1}{a_0}\right)^{3/2}\left(\dfrac{r}{a_0}\right)e^{-r/2a_0}\sin\theta e^{-i\varphi} \end{cases}$$

计算微扰项 $\hat{H}'$ 在简并子空间中的矩阵元 $H'_{ij} = \int \varphi_i^* \hat{H}' \varphi_j \mathrm{d}\tau$,由于球谐函数的奇偶性,矩阵元 H'_{12} 以外的矩阵都为零,所以只要计算 H'_{12} 与 H'_{21}。通过计算得到

$$H'_{12} = H'_{21} = \int \varphi_1^* \hat{H}' \varphi_2 \mathrm{d}\tau = -3e\varepsilon a_0$$

将结果代入久期方程(8.2.6),有

$$\begin{vmatrix} -E_2^{(1)} & -3e\varepsilon a_0 & 0 & 0 \\ -3e\varepsilon a_0 & -E_2^{(1)} & 0 & 0 \\ 0 & 0 & -E_2^{(1)} & 0 \\ 0 & 0 & 0 & -E_2^{(1)} \end{vmatrix} = 0$$

求解得到

$$E_{21}^{(1)} = 3e\varepsilon a_0$$
$$E_{22}^{(1)} = -3e\varepsilon a_0$$
$$E_{23}^{(1)} = E_{24}^{(1)} = 0$$

由此可见,外电场的作用使得简并的能级分裂成三条,解除部分简并。能级与谱线的分裂情况如图 8.2.1 所示,原来的一条谱线分裂为三条,一条频率未变,一条变大,另一条变小。

将 $E_{21}^{(1)} = 3e\varepsilon a_0$ 代入上述行列式,得

$$\varphi_1^{(0)} = \frac{1}{\sqrt{2}}(\psi_{200} - \psi_{210});$$

将 $E_{22}^{(1)} = -3e\varepsilon a_0$ 代入上述行列式得

$$\varphi_2^{(0)} = \frac{1}{\sqrt{2}}(\psi_{200} + \psi_{210})。$$

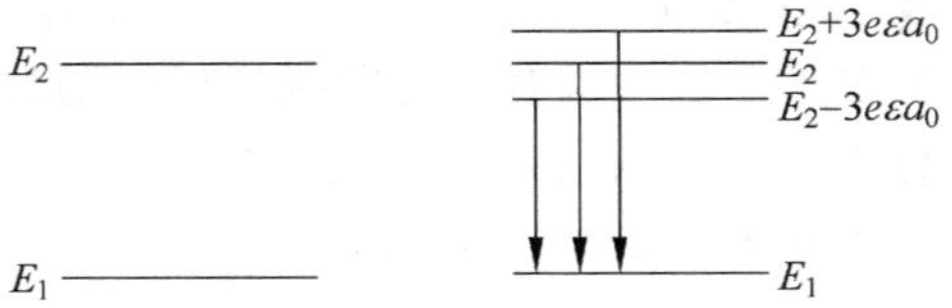

图 8.2.1   氢原子的一级斯塔克效应

对于重根 $E_{23}^{(1)} = E_{24}^{(1)} = 0$,解得两项为零,另两个不同时等于零的常数无法唯一确定,这是由于简并未完全解除的缘故。

8.3   变分法

变分法是量子力学中求解定态问题的另一种近似方法,当体系不满足 8.2 节微扰方法的适用条件时,如哈密顿算符无法拆分,采用变分法往往更有效。

变分法的原理:任意一个波函数算出哈密顿算符的平均值总是不小于体系基态能量,即基态能量的上限,那么如果选择多个波函数并算出哈密顿算符的平均值,这些平均值中最小的一个最接近于基态能量,当作是基态能量的近似值。

具体步骤是:根据实际情况,选取含有参数 λ(λ 可以是一个也可以是一组参数)的试探波函数,那么得到的平均值是含 λ 的一个函数。求出这个函数的极小值,所得结果便作为基态能量的近似值。所以试探波函数的选取决定了变分法的有效程度。

首先证明体系处在任意波函数时,哈密顿算符 $\hat{H}$ 的平均值总是不小于体系基态能量。设体系的哈密顿算符本征值由小到大的顺序排列如下:

$$E_0, E_1, E_2, \cdots, E_n, \cdots \tag{8.3.1}$$

与之对应的本征函数是

$$\psi_0, \psi_1, \psi_2, \cdots, \psi_n, \cdots \tag{8.3.2}$$

E_0 和 ψ_0 分别是基态能量和基态波函数。为简单起见,假定 $\hat{H}$ 的本征值 E_n 是分立的,本征函数 ψ_n 组成正交归一系。于是有

$$\hat{H}\psi_n = E_n\psi_n \tag{8.3.3}$$

设 ψ 是任意一个归一化的波函数,将其按 ψ_n 展开:

$$\psi = \sum_n a_n\psi_n \tag{8.3.4}$$

在 ψ 所描写的状态中,体系能量的平均值是

$$\bar{E} = \int \psi^* \hat{H}\psi \mathrm{d}\tau \tag{8.3.5}$$

将式(8.3.4)代入式(8.3.5),得

$$\bar{E} = \sum_{m,n} a_m^* a_n \int \psi_m^* \hat{H}\psi_n \mathrm{d}\tau \tag{8.3.6}$$

将式(8.3.6)代入式(8.3.3)得到

$$\overline{E} = \sum_{m,n} a_m^* a_n E_n \int \psi_m^* \psi_n \mathrm{d}\tau$$

$$= \sum_{m,n} a_m^* a_n E_n \delta_{mn}$$

$$= \sum_n |a_n|^2 E_n \tag{8.3.7}$$

基态能量 E_0 是最小的本征值，所以有 $E_0 < E_n (n=1,2,\cdots)$，式(8.3.7)用 E_0 代替 E_n，同时考虑 ψ 的归一化条件 $\sum_n |a_n|^2 = 1$，则有

$$\overline{E} = \sum_n |a_n|^2 E_n \geqslant E_0 \sum_n |a_n|^2 = E_0 \tag{8.3.8}$$

结合式(8.3.5)，所以

$$E_0 \leqslant \int \psi^* \hat{H} \psi \mathrm{d}\tau \tag{8.3.9}$$

这个不等式说明，用任意波函数 ψ 算出的能量平均值总是大于体系的基态能量，而只有当 ψ 恰好是体系的基态波函数 ψ_0 时，能量平均值才等于基态能量 E_0。

如果 ψ 不是归一化，那么式(8.3.5)应是

$$\overline{E} = \frac{\int \psi^* \hat{H} \psi \mathrm{d}\tau}{\int \psi^* \psi \mathrm{d}\tau} \tag{8.3.10}$$

不等式(8.3.9)则改写为

$$E_0 \leqslant \frac{\int \psi^* \hat{H} \psi \mathrm{d}\tau}{\int \psi^* \psi \mathrm{d}\tau} \tag{8.3.11}$$

选取含有参数 λ 的试探波函数 $\psi(\lambda)$ 代入式(8.3.5)或式(8.3.10)中，算出平均能量 $\overline{E}(\lambda)$，然后由 $\dfrac{\mathrm{d}\overline{E}(\lambda)}{\mathrm{d}\lambda} = 0$ 求出 $E(\lambda)$ 的最小值，所得结果就是 E_0 的近似值。

例 8.2 用变分法求一维谐振子基态能量和基态波函数，设试探波函数为 $\psi(x) = N\mathrm{e}^{-\lambda x^2}$。

解 把波函数 $\psi(x)$ 归一化，令

$$\int \psi^*(x)\psi(x)\mathrm{d}x = |N|^2 \int_{-\infty}^{\infty} \mathrm{e}^{-2\lambda x^2} \mathrm{d}x = |N|^2 \sqrt{\frac{\pi}{2\lambda}} = 1$$

得

$$N = \left(\frac{2\lambda}{\pi}\right)^{1/4}$$

在波函数 $\psi(x)$ 描述的状态下，动能平均值为

$$\overline{T} = \int \psi^* \left(-\frac{\hbar^2}{2m}\frac{\partial^2}{\partial x^2}\right)\psi \mathrm{d}x = -\frac{\hbar^2 |N|^2}{2m} \int_{-\infty}^{\infty} \mathrm{e}^{-\lambda x^2} \frac{\partial^2}{\partial x^2} \mathrm{e}^{-\lambda x^2} \mathrm{d}x = -\frac{\hbar^2 \lambda}{2m}$$

势能平均值为

$$\overline{V} = \int \psi^* \left(\frac{1}{2}m\omega^2 x^2\right)\psi \mathrm{d}x = \frac{1}{2}m\omega^2 |N|^2 \int_{-\infty}^{\infty} x^2 \mathrm{e}^{-2\lambda x^2} \mathrm{d}x = \frac{m\omega^2}{8\lambda}$$

总能量平均值为

$$E(\lambda) = \overline{T} + \overline{V} = -\frac{\hbar^2 \lambda}{2m} + \frac{m\omega^2}{8\lambda}$$

令 $\dfrac{\mathrm{d}E(\lambda)}{\mathrm{d}\lambda} = 0$，得 $\lambda_0 = \dfrac{m\omega}{2\hbar}$，所以基态能量近似值为

$$E_0 \approx E(\lambda_0) = -\frac{\hbar^2}{2m} \frac{m\omega}{2\hbar} + \frac{m\omega^2}{8} \frac{2\hbar}{m\omega} = \frac{\hbar\omega}{2}$$

基态波函数为

$$\psi_0(x) = \left(\frac{2\lambda_0}{\pi}\right)^{1/4} \mathrm{e}^{-\lambda_0 x^2} = \left(\frac{2}{\pi} \frac{m\omega}{2\hbar}\right)^{1/4} \mathrm{e}^{-\frac{m\omega}{2\hbar}x^2} = \sqrt{\frac{a}{\sqrt{\pi}}} \mathrm{e}^{-a^2 x^2/2}$$

因为所选的试探波函数就是基态波函数，所以本题所求得的近似值结果就是基态能量的精确值。

例8.3 用变分法求氦原子基态近似能量和波函数。

解 氦原子的哈密顿算符为

$$\hat{H} = -\frac{\hbar^2}{2m_e} \nabla_1^2 - \frac{\hbar^2}{2m_e} \nabla_2^2 - \frac{2e_s^2}{r_1} - \frac{2e_s^2}{r_2} + \frac{e_s^2}{r_{12}}$$

式中前两项分别是两个电子的动能，第三项与第四项分别是两个电子的势能，最后一项是两个电子的静电相互作用能。m_e 是电子质量，r_1 与 r_2 分别是第一个电子和第二个电子到核的距离，r_{12} 是两个电子之间的距离，$e_s = \dfrac{e}{\sqrt{4\pi\varepsilon_0}}$（$\varepsilon_0$ 是真空介电常数）。定态方程

$$\hat{H}\psi(r_1, r_2) = E\psi(r_1, r_2)$$

无法精确求解。如果不考虑电子之间的相互作用 $\dfrac{e_s^2}{r_{12}}$，通过分离变量 r_1 与 r_2，求得

$$\psi(r_1, r_2) = \psi_{n_1 l_1 m_1}(r_1, Z = 2)\psi_{n_2 l_2 m_2}(r_2, Z = 2)$$

其中，$\psi_{nlm}(r, Z = 2)$ 是原子核电荷数 $Z = 2$ 的类氢离子定态波函数。基态波函数为

$$\psi(r_1, r_2) = \psi_{100}(r_1, Z = 2)\psi_{100}(r_2, Z = 2)$$
$$= \frac{1}{\pi}\left(\frac{2}{a_0}\right)^3 \mathrm{e}^{-2(r_1 + r_2)/a_0}$$

但是氦原子两个电子之间存在不可忽略的相互作用，因此上式不能作为氦原子基态的近似波函数。可以把 Z 作为待定参数，则试探波函数为

$$\psi(r_1, r_2, Z) = \psi_{100}(r_1, Z)\psi_{100}(r_2, Z)$$
$$= \frac{1}{\pi}\left(\frac{Z}{a_0}\right)^3 \mathrm{e}^{-Z(r_1 + r_2)/a_0}$$

$\psi(r_1, r_2, Z)$ 满足归一化条件：

$$\iint |\psi_{100}(r_1, Z)\psi_{100}(r_2, Z)|^2 \mathrm{d}\tau_1 \mathrm{d}\tau_2 = 1$$

$$E(Z) = \iint |\psi_{100}^*(r_1, Z)\psi_{100}^*(r_2, Z)|^2 \hat{H}\psi_{100}(r_1, Z)\psi_{100}(r_2, Z)\mathrm{d}\tau_1 \mathrm{d}\tau_2$$

将试探波函数代入上式，最终求得

$$E(Z) = \frac{e_s^2 Z^2}{a_0} - \frac{27 e_s^2 Z}{8 a_0}$$

由 $\frac{\partial E(Z)}{\partial Z} = 0$，计算出 $Z = 27/16 = 1.69$。

将 $Z = 27/16$ 代入试探波函数与 $E(Z)$ 得到基态近似能量与基态近似波函数

$$E_0 = -\frac{2.85 e_s^2}{a_0}$$

$$\psi(r_1, r_2) = \frac{27^3}{16^3 \pi a_0^3} e^{-\frac{27}{16 a_0}(r_1 + r_2)}$$

氦原子基态能量的实验值为 $-\dfrac{2.904 e_s^2}{a_0}$，与计算值很接近。而用微扰理论计算能量的一级修正值为 $-\dfrac{2.75 e_s^2}{a_0}$，所得结果并不精确。采用变分法求得的氦原子基态能量比微扰法更接近于实验值，原因在于氦原子的哈密顿算符中 $\dfrac{e_s^2}{r_{12}}$ 与 $-\dfrac{2 e_s^2}{r}$ 相比，在数量级上不一定很小。

值得注意的是，本章讨论的是哈密顿算符不含时间的定态问题，即求解的是定态薛定谔方程。而例如能级的跃迁、光的吸收和发射、晶格中电子的散射都属于含时薛定谔方程求解，需要用与时间有关的微扰理论处理。含时微扰理论可参考其他教材或资料。

本章思维导图

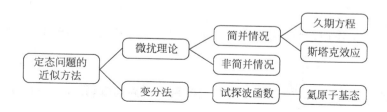

思考题

8-1　在量子理论中，发展近似方法的原因是什么？

8-2　近似方法的原理是什么？

8-3　有哪些近似方法？适用情况有何不同？

8-4　简述微扰论的基本思想。

8-5　分别从数学与物理的角度讨论如何考察微扰的有效性。

8-6　简述变分法的主要思想。

8-7　在变分法中，选取试探波函数的依据是什么？

8-8　什么是斯塔克效应？

习题

8-1   一维谐振子受到一个弹性力作用,微扰 $\hat{H}' = \dfrac{bx^2}{2}$,试用微扰理论计算谐振子基态能量的一级近似解。

8-2   已知一维谐振子的能量本征值和本征函数分别为

$$E_n = \hbar\omega\left(n + \frac{1}{2}\right), \quad \psi_n(x) = N_n \mathrm{e}^{-\frac{1}{2}\alpha^2 x^2} H_n(\alpha x), \quad n = 0, 1, 2, \cdots$$

设粒子受到微扰 $\hat{H}' = A\mathrm{e}^{-\beta x^2}$,其中 β 为正常数,试用微扰理论计算谐振子基态能量的一级修正值。

8-3   质量为 m 的粒子在一维无限深势阱($0 < x < a$)中运动,受到微扰 $\hat{H}' = V_0 (0 < x < a)$ 的作用,求第 n 个能级的一级近似解。

8-4   粒子处在阱宽为 a 的一维无限深势阱中运动,假设受微扰

$$\hat{H}' = \begin{cases} 2k\,\dfrac{x}{a}, & 0 < x < \dfrac{a}{2} \\ 2k\left(1 - \dfrac{x}{a}\right), & \dfrac{a}{2} < x < a \end{cases}$$

求基态能量的一级修正值。

8-5   粒子处在阱宽为 a_0 的一维无限深势阱中运动,$V(x) = \begin{cases} 0, & 0 < x < a_0 \\ \infty, & x < 0, x > a_0 \end{cases}$,受微扰 $\hat{H}' = a\delta\left(x - \dfrac{a}{2}\right)$ 作用,用微扰法求粒子能量至二级修正值,并指出所得结果的适用性条件。

8-6   一维无限深势阱,在 $x = 0, x = L$ 处有两个无限高壁,在 $x = \dfrac{1}{4}L, x = \dfrac{3}{4}L$ 处有两个宽为 $a(a \ll L)$,高为 V 的小微扰势。用微扰方法估计 $n = 2$ 与 $n = 4$ 能级的差异(精确到一阶微扰)。

8-7   粒子在一维势场 $V(x)$ 中运动,能级为 $E_n^0 (n = 1, 2, 3, \cdots)$,如受到微扰 $H' = \dfrac{\lambda}{m}p$ 的作用,求能级的二级修正。

8-8   利用以下形式为试探波函数,用变分法求谐振子基态能量的近似值并与正确值比较,式中 a 为变分参量:

(1) $\psi(x) = N\left(1 + \dfrac{x^2}{a^2}\right)^{-2}$; (2) $\psi(x) = N\left(1 - \dfrac{x^2}{a^2}\right)^{-1}$。

8-9   质量为 m 的粒子在势阱中运动,$V(r) = -V_0\dfrac{r}{a_0}\mathrm{e}^{\frac{r}{a_0}} (V_0 > 0, a_0 > 0)$,取试探波函数为 $\psi(r, \alpha) = c\,\mathrm{e}^{\frac{\alpha r}{3a_0}}$,求基态的能级和相应的波函数。

第9章

晶 体 结 构

　　宏观上说,固体通常指在承受切应力时具有一定程度刚性的物质。从原子分子层面而言,固体是由大量原子或分子、离子组成的复杂多粒子体系。对固体材料宏观物理性质和各种微观过程的研究建立在固体中原子排列形式的基础上。宏观固体具有力学性质、热性质、声性质、电性质、磁性质、光性质等各种物理化学性质,而微观粒子则具有不同的微观组成和微观结构,遵守微观世界的基本规律。固体物理从根本上说研究的是组成固体的微观粒子的运动,如电子或离子实(通常把原子核与内层电子称为离子实,外层电子称为价电子),所涉及的微观粒子种类不一、数目庞大(阿伏伽德罗常数数量级,$10^{22} \sim 10^{23}/\mathrm{cm}^3$),组成固体的微粒之间还存在着相互作用。诸多自由分立的微观粒子之所以能组成一个个稳定的固体,从能量的角度来说,是因为固体代表了这些微观粒子集合体的一种能量更低的稳定态,由分立的微观粒子到稳定的固体是一个体系能量降低到极小的过程。

　　固体物理学是研究固体物质的物理性质、微观结构、构成物质的各种粒子的运动形态,及其相互关系的学科,是一个联结微观世界和固体宏观性质的桥梁。它是物理学中内容极丰富、应用极广泛的分支学科。从某种程度上说,**固体物理可以看作是把量子和统计理论应用于指导实践的一个示例。**量子力学的思想构筑了微观世界理论的基石,这些粒子应当遵循的是量子力学。而因组成实际固体的微观粒子的数目太多,也常常借用统计物理的方法进行研究。

　　本书从第 9 章开始介绍固体物理学最基础的理论部分,包括晶体结构、晶格振动与晶体的热学性质和固体能带理论这三章核心内容,涉及固体的结合、半导体的一些基本概念和金属电导的初步内容。固体缺陷这一部分内容因为在与本课程并行的"材料科学基础"课程中讲授更合适,本书不做介绍。

9.1　固体、晶体和非晶体

　　早期的固体物理研究按照组成固体的粒子空间位置的区别,即物质结构上的差异,通常将固体分为两大类:晶体和非晶体。其主要判断标准为是否存在组成粒子(原子、分子)排列的长程有序——相对于原子间距的特征长度(数量级为 10^{-10} m),如图 9.1.1 所示。

　　一般认为,如果构成固体的原子、分子在微米量级以上是排列有序的,称为长程有序(长

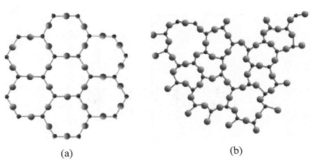

图 9.1.1　二维示意图

(a) 晶体结构的规则网络；(b) 非晶体结构的无规则网络

程序)，该固体可视为晶体。晶体又分为单晶体和多晶体。单晶体中的组成粒子在整个固体中排列有序，大的单晶体例如人工制备 Si 单晶棒，可以长达几米，直径达 $300\sim400$ mm，涉及 $10^{28}\sim10^{30}$ 个原子的规则排列。当然，实际晶体中原子排列总会或多或少地存在一些缺陷，如空位、间隙原子、位错、晶界等，完美的晶体是很难获得的。而多晶体中组成粒子只在微米量级范围内排列有序，称为晶粒，晶粒具有取向性，整个固体由这些晶粒随机地堆砌而成。一般的金属和合金，以及陶瓷都是多晶体。如果晶粒的线度小到纳米数量级，我们也可称之为微晶或纳米晶。

按照晶体的概念来鉴别物质时，人们发现，地球上的大部分固态物质都属于晶体。不仅地球上到处都是有机晶体和无机晶体，而且在其他天体上也不断进行着晶体形成与破坏的演变过程，在整个宇宙中广泛地存在着晶体物质，如飞落地球的陨石也基本上是晶体物质。

晶体组成粒子的排列不仅具有长程有序性，而且具有平移对称性（周期性），这使得晶体具有一些共同的性质，如密度均匀、各向异性（物理性质是各向异性的）、自限性（自发的规则外形）、对称性（在某几个特定方向上表现出来的物理化学性质完全相同）、解理性（具有某些确定方向的沿晶面劈裂的性质）。另外，晶体还具有固定的熔点和最小内能——同一物质的几种不同形态中（气态、液态、非晶态、晶态）晶体的内能最小。晶体中，多晶体由于晶粒堆积的无规则性，因此不具有规则的外形，一般不表现出宏观性质的各向异性。

完全的非晶中，粒子的组成排列原则上属于无序结构，是完全杂乱无章的，属于埃利奥特（S. R. Elliott）关于四种无序固体分类中的拓扑无序固体[①]（另外三种分别是自旋无序、原子置换无序和原子振动无序）。或者认为只在几个原子的范围内（1 nm 以下）存在有序性，称为短程有序，如玻璃、石蜡、沥青等，这是由于近邻原子的相互作用，才使得一两个原子间距范围内在某些方面表现出一定的特征。

晶体和非晶体在一定条件下可以相互转化，即固态物质的结构特征发生质的变化。如玻璃调整其内部结构可以使其原子排列向晶体转化，变成石英晶体（水晶），这个过程称为"晶化"。晶体内部单元的周期性排列遭到破坏，也可以向非晶体转化，称为玻璃化或非晶化，例如急冷可以造成金属固体出现非晶状态。对于同一物质的不同凝聚态，晶态是最稳定的。晶体玻璃化作用的发生，必然与能量的输入或物质成分的变化相关联，而晶化过程可以

①　ELLIOTT S R. Physics of amophous materials[M]. Hong Kong：Longman Scientific and Technical，1990.

自发产生,从而转向更稳定的晶态。晶化是自发过程,而非晶化是非自发过程。

随着固体物理研究的发展,人们还发现了一类新的固体,该固体中组成粒子在空间的排列也呈有序结构,但是不具有平移对称性,它具有晶体学中不允许的长程取向序,人们把这种结构的固体称为准晶体,如图 9.1.2 所示。准晶体是固体结构研究的一个新领域。

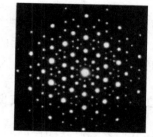

图 9.1.2　1984 年谢赫特曼等报道的 AlMn 合金的电子衍射图

由以上各种固体结构可以看出,晶体是最简单的一类固体。如今,人们对晶体的性质已经有了深入的认识,晶体物理学与其他材料物理学相比也已经发展到了成熟的阶段。遵循研究由简单到复杂的原则,作为本科固体物理教材,本书只讨论晶体,而且只讨论单晶体。

9.2　晶体的周期性结构及描述

人们早已发现各种矿物晶体具有十分规则的几何外形,经过长期的观察和研究,到 19 世纪初已经建立起比较完善的研究晶体外形几何规律性的几何晶体学,并推断晶体中的原子是规则排列的,建立了完整的晶体点阵学说。20 世纪初,由于发现了 X 射线通过晶体的衍射现象,使得从实验上测定晶体结构成为可能,从此固体物理学的发展进入了新的阶段。利用 X 射线衍射方法对各种晶体结构的分析,证实了晶体中原子的周期性排列是晶体最基本的特征。

9.2.1　基元、格点

既然晶体结构是周期性的,这种周期性排列可以看作由一个"重复单元"在空间重复堆砌而成,如图 9.2.1 所示。我们只需要研究这个重复单元及其在空间的周期性分布,即可等效于对整个晶体的研究,因此我们将对晶体的研究简化为对重复单元及其周期性分布的研究。

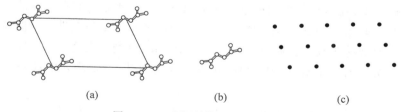

(a)　　　　　　　(b)　　　　　　　(c)

图 9.2.1　实际晶体结构及其点阵

(a) 晶体结构；(b) 基元；(c) 点阵

重复单元的选择可大可小,满足"雷同"和周期性分布的条件即可:每个重复单元都是绝对等价的,每个重复单元的内部和外部环境都是完全相同的,包括组成、位形和取向等。

这里我们作了一个理想化的假定,即认为重复单元在空间是无限延伸的,而不管实际晶体的体积总是有限的事实。对于一个宏观晶体,其尺度相对于原子间距(10^{-10} m 量级)可以认为近乎无限,以上假定是个很好的近似。但如果晶体尺度到纳米量级,这个假定就不能成立了。

我们选择一个最小的周期性重复单元,称之为基元。它可以是单个原子,也可以是多个原子、原子团或分子构成。基元的选择不唯一,但是一次只可以选定一种基元作为重复单元。有时为了处理问题的方便,人们会选择一个比基元更大的重复单元进行研究。

9.2.2　格点和空间点阵理论

假设我们只想研究晶体的周期性结构的影响,可以忽略基元内部的实际组成结构,将基元抽象为一个数学上的点(包含了基元位置信息的代表点),称之为**格点**(有的书也称作结点,本书统一称为格点)。格点没有大小之分,只与位置相关。

格点的位置可以选择在基元中的任何位置(如中心、重心等),甚至选取基元外的某个固定位置。当基元在空间作周期性无限拓展时,其代表点(格点)也就在空间作周期性无限分布。晶体的周期性结构等效为格点在空间的周期性无限分布,研究晶体的周期性问题等效为研究格点在空间分布的周期性问题。

当格点在空间作规则且周期性的无限排列时,其总体构成一个阵列,晶体学中又称**布拉维(Bravais)点阵**。空间点阵理论可以描述为:**晶体的内部结构可以概括为由一些相同的格点在空间作规则的周期性无限分布,这些相同的格点代表晶体的基元。这些格点在空间排列组成的总体称为空间点阵。**

如果将格点之间用一些相互平行的连线连接起来,就组成一些网格,我们称之为晶格,相应地,在晶体学中称为布拉维格子。需要指出的是,这些连线是人们为了方便而引入的,并不代表真实的格点连接(如键合)。

如果我们知道了基元(重复单元)的内部结构,也知道了其代表格点在空间周期性排列的方式,我们就能知道构成晶体的实际原子的空间分布,后者称之为晶体结构。简而言之,**晶体结构=基元结构+空间点阵。**

9.2.3　晶格结构的代表单元——原胞和晶胞

代表晶体周期性结构重复单元的格点在空间作周期性无限分布形成点阵。对于三维晶体,可以看作格点是沿空间三个(不共线、不共面)方向各按一定长度进行周期性平移而构成的,每一个平移距离称为周期。假设三个矢量 a_1、a_2、a_3 分别代表这三个方向的最小位移矢量(矢量的两端分别有一个格点,中间没有格点),称之为基矢,则晶体中任一格点的位置都可以表示为

$$\boldsymbol{R} = n_1\boldsymbol{a}_1 + n_2\boldsymbol{a}_2 + n_3\boldsymbol{a}_3, \quad \text{其中 } n_1、n_2、n_3 \text{ 为整数} \tag{9.2.1}$$

$\boldsymbol{R}$ 也称作晶格平移矢量,即从任一格点出发平移 $\boldsymbol{R}$ 后必然到达另一格点。容易看出,布拉维晶格中任一格点的位置都可以由该式表示。

1. 原胞

由这三个不共线、不共面的矢量为棱边,可以组成一个平行六面体(三维,图 9.2.2),这个平行六面体是晶体结构的最小重复结构单元,它们平行地、无交叠地堆积在一起,可以形

成整个晶体。我们将这样的最小重复单元称为原胞。可以很容易确定,每一个原胞只包含一个格点。原胞的体积可以用这三个矢量表示为

$$\Omega = \boldsymbol{a}_1 \cdot (\boldsymbol{a}_2 \times \boldsymbol{a}_3) \tag{9.2.2}$$

值得注意的是,对于同一个布拉维格子而言,其基矢的选择不是唯一的,只需要满足该方向的最小位移长度,不同基矢间不共线、不共面即可。基矢选择的不同,导致原胞的选择也是多样性的,如图 9.2.2 所示。

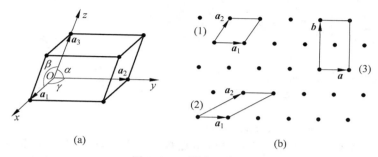

图 9.2.2 原胞示意图

(a)原胞的三维立体几何描述;(b)以二维晶格为例,示意原胞不一样的选取方式

(1),(2)满足原胞的定义;(3)不是原胞

原胞选取最主要是反映晶体晶格的周期性,从这个意义上来看它与基元/格点的概念是一致的,主要反映基元/格点对晶体所占据空间的分割。各原胞中对应点的一切性质相同,因此作为位置函数的各种物理量 $f(\boldsymbol{r})$ 应该具有晶格周期性或平移对称性,一般使用晶格平移矢量 $\boldsymbol{R}$ 来标识各个原胞的空间位置,物理量的晶格周期性即可表示为

$$f(\boldsymbol{r} + \boldsymbol{R}) = f(\boldsymbol{r}) \tag{9.2.3}$$

2. 晶胞

晶体除了周期性外,往往还具有某种特有的对称性。原胞作为晶体的最小重复单元,其选取只考虑了晶体的周期性。因此,为了同时反映晶体对称的特征,有时会选取一个略大的、能直观反映上述对称性的晶格重复结构单元,称之为晶胞,或称晶体学原胞(因为对称性有助于系统描述的简化,实际处理问题过程中会倾向于选取具有一定对称性的单元)。由晶胞的一个顶点引出的三条棱称为晶胞基矢,习惯用 $\boldsymbol{a}$、$\boldsymbol{b}$、$\boldsymbol{c}$ 表示,也可称为晶格常数,它不一定等于近邻原子的间距。对晶胞而言,格点不仅出现在顶点,也可能出现在其他位置,如体心、面心等。每个晶胞不一定只包含一个格点,但会包含整数个格点,其体积是原胞体积的整数倍。

例如,在晶体学中有一类晶胞,其三个基矢相互垂直且相等,构成立方晶系。立方晶系包含三种晶胞,分别是简单立方、体心立方和面心立方,如图 9.2.3 所示。设立方体边长为 a,其晶胞基矢均为从某一顶点引出的立方体的三条边。为方便表示,在晶胞基矢坐标系基础上叠加一套三维直角坐标系,令三个晶胞基矢分别与直角坐标系的三个方向重合,以 $\boldsymbol{i}$、$\boldsymbol{j}$、$\boldsymbol{k}$ 分别表示直角坐标系的单位矢量,则三种立方晶格的晶胞基矢都可以在直角坐标系中表示为

$$\boldsymbol{a} = a\boldsymbol{i}, \quad \boldsymbol{b} = a\boldsymbol{j}, \quad \boldsymbol{c} = a\boldsymbol{k} \tag{9.2.4}$$

然而,三种立方晶格的原胞是不一样的,以下分别讨论。

（1）简单立方（simple cubic，sc）

该晶格的格点都在立方体的顶角上，如图 9.2.3（a）所示，原胞和晶胞可以采取一样的取法（图 9.2.4），原胞基矢可以表示为

$$a_1 = ai, \quad a_2 = aj, \quad a_3 = ak$$

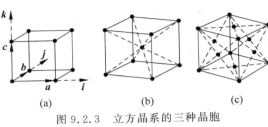

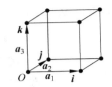

图 9.2.3   立方晶系的三种晶胞

（a）简单立方；（b）体心立方；（c）面心立方

图 9.2.4   简单立方晶格的原胞与原胞基矢

（2）体心立方（body centered cubic，bcc）

明显看出，一个体心立方晶胞中包含的格点数不是 1 个，而是 2 个：体心 1 个，8 个顶角一起贡献 1 个。要特别指出的是，体心立方晶格中各个格点是完全等价的。

因为原胞的基本特性之一就是只包含一个格点，因此体心立方晶胞不是该晶格的原胞，可以看出晶胞基矢长度（晶格常数）不是格点之间的最近距离，原胞基矢可以这样构筑：取体心格点（或任一顶角格点）为原点，引 3 条不共面的最近邻格点的连线（最近邻格点为顶角方向）作为原胞基矢 a_1、a_2、a_3，在直角坐标系中，三个原胞基矢可以表示为（图 9.2.5）

$$a_1 = \frac{1}{2}a(i+j-k), \quad a_2 = \frac{1}{2}a(-i+j+k), \quad a_3 = \frac{1}{2}a(i-j+k)$$

容易证明由这三个基矢构成的平行六面体的体积是 $\frac{1}{2}a^3$（包含 1 个格点），刚好是体心立方晶胞体积的一半（包含 2 个格点）。

（3）面心立方（face centered cubic，fcc）

一个面心立方晶胞中包含的格点数有 4 个：8 个顶角一起贡献 1 个，6 个面心格点每个由 2 个面心立方格子共有，一起贡献 3 个。面心立方晶胞不是该晶格的原胞，但其中所有格点也是等价的。面心立方晶胞中格点之间的最近距离为顶点到面心的距离，因此原胞基矢可以这样构筑：取某一顶点为坐标原点，引 3 条连接 3 个面心的连线作为原胞基矢 a_1、a_2、a_3，同样在直角坐标系中表示出来（图 9.2.6）：

$$a_1 = \frac{1}{2}a(j+k), \quad a_2 = \frac{1}{2}a(i+k), \quad a_3 = \frac{1}{2}a(i+j)$$

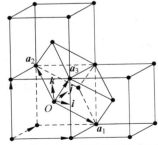

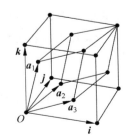

图 9.2.5   体心立方晶格的原胞与原胞基矢

图 9.2.6   面心立方的原胞与原胞基矢

容易证明由这三个基矢构成的平行六面体的体积是 $\frac{1}{4}a^3$（包含 1 个格点），刚好是面心立方晶胞体积的 1/4（包含 4 个格点）。

例 9.1　以刚性原子球堆积模型，分别计算简单立方、体心立方与面心立方的致密度。

解　设想晶体是由刚性原子球堆积而成的。一个晶胞中刚性原子球占据的体积与晶胞体积的比值称为结构的致密度。设一个晶胞中的刚性原子球数为 n，r 表示刚性原子球半径，V 表示晶胞体积，则致密度为 $\rho = \dfrac{n}{V}\dfrac{4\pi r^3}{3}$。

（1）简单立方中任一个原子有 6 个最近邻，若原子以刚性球堆积，如图 9.2.7 所示，中心在 1、2、3、4 处的原子球依次相切。因为 $a = 2r$，$V = a^3$，晶胞内包含 1 个原子，所以

$$\rho = \frac{\frac{4}{3}\pi\left(\frac{a}{2}\right)^3}{a^3} = \frac{\pi}{6}$$

（2）体心立方中任一个原子有 8 个最近邻，若原子以刚性球堆积，如图 9.2.8 所示，体心位置 O 的原子与 8 个角顶位置的原子球相切。因为晶胞空间对角线的长度为 $\sqrt{3}\,a = 4r$，$V = a^3$，晶胞内包含 2 个原子，所以

$$\rho = \frac{2 \times \frac{4}{3}\pi\left(\frac{\sqrt{3}\,a}{4}\right)^3}{a^3} = \frac{\sqrt{3}\,\pi}{8}$$

（3）面心立方任一个原子有 12 个最近邻，若原子以刚性球堆积，如图 9.2.9 所示，中心位于顶角的原子 O 与相邻的 3 个面心 1、2、3 原子球相切。因为 $\sqrt{2}\,a = 4r$，$V = a^3$，晶胞内包含 4 个原子，所以

$$\rho = \frac{4 \times \frac{4}{3}\pi\left(\frac{\sqrt{2}\,a}{4}\right)^3}{a^3} = \frac{\sqrt{2}\,\pi}{6}$$

图 9.2.7　简单立方晶胞

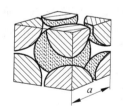
图 9.2.8　体心立方晶胞

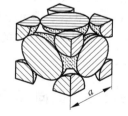
图 9.2.9　面心立方晶胞

3. 维格纳-塞茨原胞

以上选取的原胞或晶胞的特征是顶角都有格点。由于原胞只包含一个格点，但不能反映晶体的特殊对称性；而晶胞能反映晶体的对称性，却不一定是最小单元，包含的格点数可能大于 1 个。为了既反映原晶体所具有的一切对称性又反映它是最小重复单元，维格纳和塞茨提出了另一种原胞，称为维格纳-塞茨（Wigner-Seitz）原胞（简写成 WS 原胞），也称对称原胞。它的取法是：作某一选定的格点与其他格点连线的中垂面，被这些中垂面所围成的

多面体便是 WS 原胞。显然,WS 原胞只包含一个格点,因此它具有和原胞一样的体积,因而也是最小周期性重复单元,如图 9.2.10 所示。

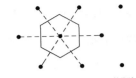

图 9.2.10   维格纳-塞茨原胞

说明:以上无论是原胞、晶胞还是维格纳-塞茨原胞,都是作为晶体结构的代表单元,具体选择哪种更合适以及如何选取需要根据实际情况来确定。

9.2.4   简单格子与复式格子

以上的讨论都是基于格点(数学上的点)或基元,所有的格点/基元都是等价的,由格点/基元构成的点阵都是布拉维格子。但并没有考虑到基元的内部结构。基元内部的各原子一般是相互不等价的。

如果考虑基元的内部结构,设基元包含 n 个原子,从组成晶体的具体原子出发,这些不等价的原子构成的点阵不是布拉维点阵。这种不同可能是原子种类的不同,也可能是原子周围位形的不同。不同种类原子之间不等价容易理解。对于同种原子构成的晶格,如石墨烯晶格(图 9.2.11)都由碳原子构成,但由于 A 类碳原子和 B 类碳原子周围位形的不同,石墨烯晶格的基元应该包含 2 个原子。

图 9.2.11   二维石墨烯晶格

我们可以看到,如果单独看各个基元内的相应原子(如 A 类原子和 B 类原子),它们构成的点阵都是布拉维点阵,而且是完全相同的,只是这些晶格之间存在相对位移,该点阵和由基元构成的点阵也是完全相同的。我们把由若干个相同结构的布拉维格子相互套构而成的格子称为复式格子。如果给复式格子一个简单的判断标准,我们可以这样理解:从基元的原子组成来看,如果一个晶格的基元只包含 1 个原子,称之为简单格子,否则就称之为复式格子。

为了方便实际问题的处理,在后文我们都以原子作为结构点,把晶体分为简单格子和复式格子。简单格子满足布拉维格子定义中所有格点等价的要求,所以也可称为布拉维格子。如 Cu、Al 等是面心立方的简单格子,而 NaCl 则是由 Na^+ 和 Cl^- 各自的简单格子套构而成的复式格子。

9.2.5   晶向、晶面和指数

用基元、格点以及布拉维点阵的概念描述晶体,其采用的角度是将晶体看作由一个个的点在空间无限周期性分布组成。晶体几何学中,还常常用到晶向(crystal direction)和晶面(crystal plane)的概念。

在点阵中,连接任意两个格点所形成的直线构成一个晶列,在一晶列外的格点可作一些与原晶列平行的晶列。这些晶列的总和称为一簇晶列。同簇晶列中的晶列相互平行,并且其上格点排布完全等同,所以一簇晶列的特点是晶列的取向。晶列的取向称为晶向。可以认为,晶向的概念是以格点先组成互相平行的直线,再构成晶体的,如图 9.2.12 所示。

点阵中,晶体内三个非共线格点组成一个平面,在这个晶面外过其他格点可以作一系列

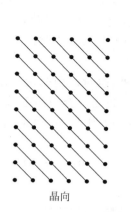 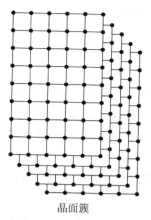

晶向 晶面簇

图 9.2.12 晶向与晶面

与原晶面平行的晶面,从而得到一组等距的晶面,各晶面上格点的分布情况是相同的,这组等距的晶面称为一簇晶面。可以认为,晶面的概念是以格点先组成互相平行的平面,再构成晶体。

以上介绍中,点阵、晶向和晶面的概念都是对晶体结构的描述,只是角度不同。容易看出,任何一簇晶列或晶面都包含所有的格点。对同一个点阵,可以有无数簇不同的晶列,也可以有无数簇不同的晶面。为了描述不同的晶列与晶面,引入晶向指数和晶面指数的概念。

1. 晶向的表示法

对于一个简约格矢量 $R = l_1 a_1 + l_2 a_2 + l_3 a_3$,其中 l_1、l_2、l_3 为互质整数,晶向记为 $[l_1, l_2, l_3]$,这组数称为晶向指数。立方晶系有六个等价的 $[001]$,则以 $<001>$ 表示;8 个等价的 $[111]$,习惯上以 $<111>$ 来表示。

2. 晶面的表示法

与晶列相似,同簇晶面中的晶面完全等同,所以晶面的特点也由其取向决定。确定晶面的方向有多种方法,例如以原胞基矢 a_1、a_2、a_3 为坐标轴,若一簇晶面中任一不过原点的晶面在三个轴上的截距 $h'_1 a_1$、$h'_2 a_2$、$h'_3 a_3$ 已知,那么这一晶面的取向就完全确定了,如图 9.2.13 所示。习惯上用三个截距 h'_1、h'_2、h'_3 倒数的互质整数比

$$\frac{1}{h'_1} : \frac{1}{h'_2} : \frac{1}{h'_3} = h_1 : h_2 : h_3 \qquad (9.2.5)$$

来表示晶面的取向,三个互质整数称为该晶面簇的面指数,记为 (h_1, h_2, h_3)。

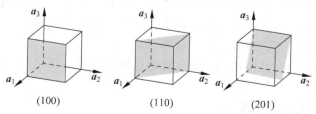

(100)　　　　　(110)　　　　　(201)

图 9.2.13 简单立方晶格的几个晶面(设立方体边长为 a)

建立在原胞基矢坐标系下的晶面的指数称为晶面指数或面指数。如果我们选取的坐标系是晶胞基矢坐标系,在这个坐标系下定义的截距及相应的互质指数称为密勒指数,习惯于用 (h,k,l) 表示。由于在实际问题处理中,如 X 射线衍射,人们更倾向于用晶胞来作为晶格的代表单元,因此密勒指数应用更广泛。

除了用晶面在三个坐标轴的截距来确定晶面之外,也可以用晶面的法线与三个坐标轴的夹角的方向余弦之比来确定晶面方向。具体做法可以自行查阅参考书。

晶面指数不仅可以标识晶面簇,还可用以得出晶面系中相邻晶面的面间距(见倒易点阵部分)和不同晶面系中两个晶面之间的夹角等。

例 9.2   在简单立方晶胞中,画出晶面指数为 $(011),(201),(212),(120)$ 的晶面。

解   图 9.2.14 中虚线标出的面即为所求晶面。

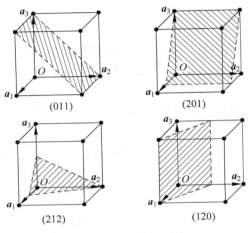

图 9.2.14   例 9.2 图

9.3   晶体结合与常见的实际晶体结构

物质之所以能以固体状态存在,是由于构成固体的原子、分子之间存在着相当大的相互作用,而且最后结合成的固体的总体能量状态更低。晶体结合的具体形式与固体材料的结构以及物理、化学性质都有密切的关系,因此确定晶体的结合形式是研究固体材料性质的重要基础。

原子结合成晶体时,原子的外层电子要作重新分布,外层电子的不同分布产生了不同类型的结合力。不同类型的结合力,导致了晶体结合的不同类型,典型的晶体结合类型有共价结合、离子结合、金属结合、分子结合和氢键结合。同一种原子,在不同结合类型中有不同的电子云分布,因此呈现出不同的原子半径和离子半径。

本节从化学键的角度,从键的性质出发将固体进行分类,同时引进固体结合能的概念。

9.3.1   原子的负电性

中性原子能够结合成晶体,除了外界的压力和温度等条件的作用外,主要取决于原子最外层电子的作用。晶体结合类型与原子的电性密切相关。

1. 原子的电子组态

原子的电子组态,即电子的状态,可以用 4 个量子数唯一确定,分别是主量子数 n、角量子数 l、磁量子数 m 和自旋量子数 s。

(1) 主量子数 n

n 相同的电子为一个电子层,电子近乎在同样的空间范围内运动,故称主量子数。当 $n=1,2,3,4,5,6,7$ 时,电子层符号分别为 K,L,M,N,O,P,Q。当主量子数增大,电子离核的平均距离也相应增大,电子的能量更高。

(2) 角量子数 l

角量子数 l 确定原子轨道的形状并在多电子原子中和主量子数一起决定电子的能级。电子绕核运动,不仅具有一定的能量,而且也有一定的角动量,它的大小同原子轨道的形状密切相关。例如当 $l=0$ 时,说明原子中电子运动情况同角度无关,即原子轨道是球形对称的;当 $l=1$ 时,其原子轨道呈哑铃形分布;当 $l=2$ 时,则呈花瓣形分布。$l=0,1,2,\cdots$ 时,对应的名称分别为 $s,p,d,\cdots$。

对于给定的 n 值,量子力学证明 l 只能取小于 n 的正整数:$l=0,1,2,3,\cdots,(n-1)$。

(3) 磁量子数 m

磁量子数 m 决定原子轨道在空间的取向。某种形状的原子轨道,可以在空间取不同方向的伸展方向,从而得到几个空间取向不同的原子轨道。这是根据线状光谱在磁场中能发生分裂,显示出微小的能量差别的现象得出的结果。磁量子数的取值范围是 $[-1,1]$ 的整数。

(4) 自旋量子数 s

直接从薛定谔方程得不到第四个量子数——自旋量子数 s,它是根据后来的理论和实验要求引入的。精密观察强磁场存在下的原子光谱,发现大多数谱线其实由靠得很近的两条谱线组成。这是因为电子在核外运动,还可以取数值相同、方向相反的两种运动状态,通常用"↑"和"↓"表示。

2. 核外电子的排布

对于多电子原子,原子中核外电子的排布需要遵守下面三个原理。

(1) 能量最低原理

体系能量越低越稳定,这是一个自然界的普适规律。因此,多电子原子在基态时,核外电子总是尽可能分布在能量最低的轨道上,这就是能量最低原理。

(2) 泡利不相容原理

由于电子是费米子,需要遵循费米-狄拉克统计。泡利不相容原理指出,原子中每一条原子轨道中最多只能容纳两个电子,而且这两个电子自旋方向必须相反。或者说,在同一个原子中,不可能有两个运动状态完全相同(即四个量子数完全相同)的电子存在。由该原理我们可以推出:s、p、d 和 f 各能级中的原子轨道数分别为 1、3、5 和 7,所以它们中分别最多能容纳 2、6、10 和 14 个电子。

(3) 洪德规则

洪德(F. Hund)根据大量光谱数据在 1925 年提出:电子分布到能量相同的等价轨道

时,总是尽量以自旋相同的方向单独占据能量相同的原子轨道(即 m 不同的轨道),这就是洪德规则。量子力学理论也指出:在等价轨道上的电子排布为全充满、半充满或全空状态时是比较稳定的。

3. 电离能

原子的电离能是使原子失去一个电子所需要的能量。从原子中移去第一个电子所需要的能量称为第一电离能。从 +1 价离子中再移去一个电子所需要的能量称为第二电离能,依此类推。电离能的大小可用来表征原子对价电子的束缚强弱,另一个可以用来度量原子对价电子束缚程度的是电子亲和能。表 9.3.1 列出来两个周期原子的第一电离能的实验值,可以看出,在一个周期内从左到右,电离能不断增加。更内一层的电子对价电子的束缚有较为复杂的影响,所以表中没有列出过渡族元素的电离能数值。

表 9.3.1　第一电离能实验值　　　　　　　　　　　　　　　eV

元素	Na	Mg	Al	Si	P	S	Cl	Ar
电离能	5.138	7.644	5.984	8.149	10.55	10.357	13.01	15.755
元素	K	Ca	Ga	Ge	As	Se	Br	Kr
电离能	4.339	6.111	6.00	7.88	9.87	9.750	11.84	13.996

4. 电子亲和能

一个中性原子获得一个电子成为负离子所释放的能量称为电子亲和能。亲和过程不能单独看成是电离过程的逆过程。第一次电离过程是中性原子失去一个电子变成 +1 价离子,其逆过程是 +1 价离子获得一个电子成为中性原子。通过以下两个表达式可更直观地看出两者的区别。

亲和能:中性原子 + (−e) ⟶ 离子

第一次电离逆过程:正离子 + (−e) ⟶ 中性原子

电子亲和能一般随原子半径的减小而增大。表 9.3.2 列出了部分元素的电子亲和能。

表 9.3.2　电子亲和能[*]　　　　　　　　　　　　　　kJ/mol

元素	理论值	实验值	元素	理论值	实验值
H	72.766	72.9	Na	52	52.9
He	−21	<0	Mg	−230	<0
Li	59.8	59.8	Al	48	44
Be	240	<0	Si	134	120
B	29	23	P	75	74
C	113	122	S	205	200.4
N	−58	0±20	Cl	343	348.7
O	120	141	Ar	−35	<0
F	312~325	322	K	45	48.4
Ne	−29	<0	Ca	−156	<0

[*] 数据引自参考文献[26]:王矜奉.固体物理教程.济南:山东大学出版社,2003,49.

5. 电负性

电离能和电子亲和能从不同的角度表征了原子争夺电子的能力。为了统一地衡量不同原子得失电子的难易程度，人们提出了原子电负性的概念。由于原子吸引电子的能力是相对的，因此一般选定某原子的电负性为参考值，把其他原子的电负性与此参考值作比较。电负性有几个不同的定义，其中最简单的定义式是由马利肯布(R. S. Mulliken)提出的：

原子的电负性 $=0.18$ （电离能 $+$ 亲和能）

所取计算单位是电子伏特，选取系数 0.18 目的是为了让 Li 元素的电负性为 1。

目前较通用的是泡令(Pauling)提出的电负性的计算方法，实际上，二者计算所得的原子电负性的值是很接近的。对双原子分子而言，设 x_A 和 x_B 分别表示 A 原子和 B 原子的电负性，令 $E(A-B)$、$E(A-A)$ 和 $E(B-B)$ 分别表示双原子分子 AB、AA 和 BB 的离解能，利用关系式：

$$E(A-B)=[E(A-A)\times E(B-B)]^{1/2}+96.5(x_A-x_B)$$

即可求得 A 原子和 B 原子的电负性之差。规定氟的电负性为 4.0，其他原子的电负性即可相应求出。

元素的电负性的一般性规律是：①周期表由上往下，元素的电负性逐渐减小；②一个周期内重元素的电负性差别较小。

通常把元素易于失去电子的倾向称为元素的金属性，把元素易于获得电子的倾向称为元素的非金属性，因此，电负性小的是金属性元素，电负性大的是非金属性元素。

9.3.2 晶体的结合能

固体结构的稳定性说明晶体的能量比构成晶体的粒子处在自由状态时的能量总和更低。如果晶体在绝对零度时的总能量用 E 表示，组成晶体的 N 个自由原子能量的总和用 E_a 表示，那么晶体的结合能 E_b 定义为

$$E_b=E-E_a \tag{9.3.1}$$

因此 E_b 是一负值，其绝对值就是把晶体分离成自由原子所需要的能量，故 E_b 也称为晶体的总相互作用能。

计算结合能 E_b 的关键在于计算晶体的总能量。精确计算晶体的总能量需要求解复杂的多粒子体系定态薛定谔方程，这是非常困难的，因此人们常常会采用一种简化模型，即把晶体的结合能看成是原子对间相互作用能之和。这是一种近似处理方法。

知道了晶体的总相互作用能，我们可以求出晶体中与体积相关的某些物理特性，如最常见的晶体压缩系数和体弹性模量：

（1）压缩系数与体弹性模量

晶体的压缩系数 κ 定义为

$$\kappa=-\frac{1}{V}\left(\frac{\partial V}{\partial p}\right)_T$$

其中 p 为压力，V 为晶体的体积。利用 p 与 V 的关系 $p=-\dfrac{\partial U}{\partial V}$，再根据压缩系数与体弹性

模量的关系 $\kappa = \dfrac{1}{K}$，可以得到体弹性模量

$$K = \frac{1}{\kappa} = V\left(\frac{\partial^2 U}{\partial V^2}\right)_T \tag{9.3.2}$$

（2）抗张强度

晶体所能负荷的最大张力，称为抗张强度。负荷超过抗张强度时，晶体就会断裂。显然两原子间的最大张力就是原子间的最大吸引力，若此时原子间的距离是 r_m，应该有

$$\left.\frac{\partial f(r)}{\partial r}\right|_{r_m} = -\left.\frac{\partial^2 U(r)}{\partial r^2}\right|_{r_m} = 0$$

上式可求出最大原子间距 r_m 和最大抗张力 $f(r_m)$。设与 r_m 对应的晶体体积为 V_m，由 $\left.\dfrac{\partial^2 U(r)}{\partial r^2}\right|_{r_m} = 0$，可求出 V_m，抗张强度亦可表示成

$$p = -\left(\frac{\partial U}{\partial V}\right)_{V_m} \tag{9.3.3}$$

9.3.3　晶体的结合类型与常见的实际晶体结构

原子结合成晶体的过程中，因不同原子对电子的争夺能力不同，使得原子外层的电子要重新分布。亦即原子的电负性决定了结合力的类型。按照结合力的性质和特点，晶体可以分为五种不同的基本结合类型：离子结合、共价结合、金属结合、分子结合和氢键结合。对应五种基本的化学键，分别是离子键、共价键、金属键、范德瓦尔斯键和氢键。实际晶体可以是这五种基本类型的一种，也可以是几种结合类型的综合或者是介于某两种类型之间的过渡。以下只介绍这五种基本类型，但实际晶体都可用这五种结合类型进行分析。

1. 离子晶体

离子晶体由正、负离子组成，依靠离子间的库仑相互作用结合在一起。最典型的离子晶体是由碱金属元素（Li、Na、K、Rb、Cs）和卤素元素（F、Cl、Br、I）形成的，它们的晶体结构简单，分别属于 NaCl 和 CsCl 两种晶体结构，属于立方晶系。图 9.3.1 示出了 NaCl 结构和 CsCl 结构的立方晶胞。

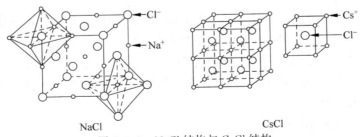

图 9.3.1　NaCl 结构与 CsCl 结构

NaCl 晶体是由正离子 Na^+ 和负离子 Cl^- 两种离子相间排列，Na^+ 和 Cl^- 各自构成面心立方晶格，这两个晶格具有相同的基矢，它们沿轴矢方向相互错位半个晶格常数互相套构在一起形成 NaCl 晶体结构。碱金属（Li、Na、K、Rb）和卤素元素（F、Cl、Br、I）的化合物都具有 NaCl 结构。

对于 CsCl 晶格,看似一个体心立方结构,但实际上 Cs^+ 和 Cl^- 分别构成的是简单立方晶格,两个简单立方晶格沿立方体体对角线位移(1/2)长度相互套构而成,其基元由相距为体对角线一半的正负离子组成。CsCr、CsI、TiCl、TiBr、TiI 等化合物晶体均属于 CsCl 结构。

离子晶体中每一种离子都是以电荷异性离子为最近邻,这些离子都具有满电子壳层,其电子云一般为球对称,离子间的相互作用是各向同性的,总的库仑相互作用的效果是吸引,结合力较强,一般熔点较高,硬度较大,电子不容易离开离子,离子也不容易离开格点位置,多是绝缘体;当离子过于靠近时,由于电子云重叠及泡利不相容原理,它们之间将产生强的排斥作用。正是依靠离子间的吸引和排斥作用相平衡而结合成稳定的晶体。

2. 共价晶体

以共价键结合的晶体称为共价晶体。电负性较大的原子倾向于获得电子而难以失去电子,因此,由电负性较大的同种原子结合成晶体时,最外层的电子不会脱离原来的原子,称这类晶体为原子晶体。虽然电子不能脱离原子,但是当两个电负性大的原子接近时,若电子自旋平行,根据泡利不相容原理两个原子将互相排斥而不能形成分子。当电子自旋反向平行,电子与靠近的两个原子核同时有较强的吸引作用时,形成电子共享的形式,这一对电子主要活动于两个原子之间,把两个原子联结起来。这一对自旋相反的电子,称为配对电子,这种电子配对的方式称为共价键。Ⅳ族元素形成最典型的共价晶体。C、Si、Ge 电负性依次减弱,最外层都有四个电子,一个原子与最近邻的四个原子各出一个电子,形成四个共价键。电负性最强的金刚石具有最强的共价键,是典型的绝缘体。硅、锗是典型的半导体。换句话说,Ⅳ族的元素晶体,任一个原子有四个最近邻。实验证明,若取某原子为四面体的中心,四个最近邻处在四面体的顶角上(图 9.3.2)。除Ⅳ族元素之外,Ⅴ、Ⅵ和Ⅶ族元素的晶体也是共价晶体。

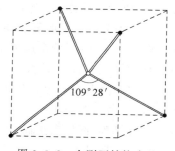

图 9.3.2 金刚石结构中的正四面体

共价键有两个共同特点:饱和性与方向性。饱和性是指一个原子只能形成一定数目的共价键,和一定数目的其他原子相结合。设 N 为价电子数目,对于Ⅳ、Ⅴ、Ⅵ和Ⅶ族元素,价电子壳层一共有 8 个量子态,最多能接纳 $(8-N)$ 个电子,形成 $(8-N)$ 个共价键,$(8-N)$ 就是饱和的共价键数。共价键的方向性是指原子只在某一特定的方向上形成共价键,即电子云密度最大的方向成键。

共价结合使两个原子核之间出现一个电子云密集区,降低了两核间的正电排斥,使体系的能量降低,形成稳定的结构。由于共价键的饱和性,结合力强,使得共价晶体的硬度高,熔点高,热膨胀系数小,导电性差。又因为共价键的方向性,共价晶体具有硬而脆、不能明显弯曲的特点。

金刚石全部由碳原子构成,其键合类型是典型的共价键。由于构成四面体的顶角原子和中心原子周围所处的位形不同,属于典型的三维复式格子,其布拉维晶胞属于面心立方晶格。在面心立方晶胞内部还有 4 个原子分别位于 4 个体对角线的 1/4 处。整个金刚石结构可以看成是由沿体对角线相互错开 1/4 长度的两个面心立方晶格套构而成的,如图 9.3.3(a)所示。金刚石结构是一种常见的晶体结构,一些重要的半导体材料如硅、锗等,它们的结构也是金刚石结构。

闪锌矿结构和金刚石结构非常类似。闪锌矿结构也叫立方硫化锌(ZnS)结构,硫原子和锌原子分别组成面心立方格子,如图 9.3.3(b)所示。而两面心立方格子套构的相对位置和金刚石完全相同。图 9.3.3(c)示意了两个面心立方格子沿体对角线套构的情形,许多重要的化合物半导体,如锑化铟、砷化镓等都是闪锌矿结构。但是从键合类型而言,闪锌矿结构应该更倾向于离子晶体。

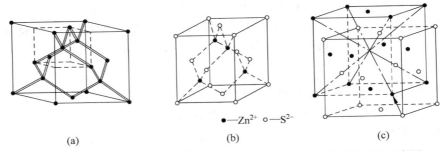

$\bullet$—Zn^{2+} $\circ$—S^{2-}

(a)　　　　　　　　(b)　　　　　　　　(c)

图 9.3.3　(a) 金刚石结构,(b) 闪锌矿结构和(c) 面心立方晶格套构示意图

3. 金属晶体

第 Ⅰ、Ⅱ 族及过渡元素电负性小,组成的晶体都是典型的金属晶体。最外层价电子容易失去,构成元素晶体时,价电子不再属于个别原子,而是为所有原子所共有,在晶体中作共有化运动。因为晶格上既有金属原子,又有失去电子的金属离子,且都是不稳定的。价电子会向正金属离子运动,即金属离子随时会变成金属原子,金属原子随时会变成金属离子。一个更简化的模型包含如下思想:金属的电子云中,金属晶体的结合力主要是原子实和共有化电子之间的静电库仑力。金属晶体只受最小能量的限制。金属键是一种体积效应,原子越紧凑,电子云与离子实就越紧密,库仑能就越低,结合也就越稳定。所以大多数金属原子是立方密堆排列,配位数最高,为 12。其次较紧密的结构是体心立方结构,配位数为 8。

由于金属晶体中大量共有化运动电子的存在,所以金属的性质主要由价电子决定,金属具有良好的导电性、导热性,不同金属存在接触电势差等,这都是由共有化电子的性质决定的。

同时,原子实和电子云之间的作用不存在明显的方向性。原子实与原子实之间的相对滑动并不破坏密堆积结构,系统内能不会增加。金属原子容易相对滑动的特点,是金属具有延展性的微观根源。

4. 分子晶体

固体表面有吸附现象,气体能凝结成液体,液体能凝结成固体,都说明分子间有结合力存在。分子间的结合力称为范德瓦尔斯力,一般可以分为三种类型:

(1) 极性分子间的结合,主要是极性分子电偶极矩之间的静电相互作用力(静电力);

(2) 极性分子与非极性分子的结合,主要是极性分子的电偶极矩在非极性分子上诱导产生的偶极矩之间的静电作用力(诱导力);

(3) 非极性分子间的结合,由非极性分子之间产生的瞬时偶极矩之间的作用力(色散力)引起。

范德瓦尔斯力一般很弱,因此分子晶体的熔点都很低,如 Ne、Ar、Kr 和 Xe 等晶体的熔点分别是 24 K、84 K、117 K 和 161 K。

5. 氢键晶体

通过氢原子结合在一起的晶体称为氢键晶体。氢原子很特殊,虽然属于Ⅰ族,但它的电负性很大(2.2),是钠原子电负性(0.93)的两倍多,与碳原子的电负性(2.55)差不多。这样的原子很难与其他原子形成离子结合。同时,氢原子核比其他离子实小得多,因而当氢原子的唯一价电子与另一个原子形成共价键之后,氢核便暴露在外了,该氢核又可通过库仑力的作用同另一个负电性原子结合起来。也就是说,在某些条件下,一个氢原子可以同时吸引两个原子,从而把这两个原子结合起来,这种结合力称为氢键。冰是典型的氢键晶体,铁电晶体磷酸二氢钾(KH_2PO_4)和许多有机物如蛋白质、脂肪、糖等都含有氢键。

需要指出的是,以上根据结合力的性质,介绍了 5 种典型晶体类型,但实际上晶体中原子的相互作用比较复杂,往往一种晶体内同时存在多种键。例如石墨晶体与金刚石,虽然它们都是由碳原子构成的,但两者的结合力截然不同。石墨是通过共价键和金属键共同作用结合的,组成石墨的一个碳原子其中 3 个价电子与其最近邻的 3 个原子组成共价键,这 3 个键几乎在同一平面上,另一个价电子则较自由地在整个平面层上运动,具有金属键的特征。金属键决定了石墨具有良好的导电性能。层和层之间的共价键结合是石墨疏松的根源。

9.4　晶体结构的对称性与晶系

晶体除了微观结构具有周期性这一本征特征之外,宏观上还表现出外形上的规则性。晶体外形上的对称性是其内部结构规律性的反映。研究晶体的对称性是研究晶体内部结构的重要手段之一,且能大大简化繁杂的计算,对称性越高的系统,描述起来就越简单,需要独立表征的系统要素就越少。

另外,对晶体对称性的研究可以定性或半定量地确定与其结构有关的物理性质。例如,若知道一个体系的原子结构具有中心反演对称性,则原子没有固有偶极矩;若一个体系具有镜像对称性,而镜面对称操作将使左旋矢量变为右旋矢量,因此体系有旋光性;若一个体系具有轴对称操作,则偶极矢必定在对称轴上。若有两个以上的非重合对称轴,就无偶极矩;若有对称面,偶极矢必在对称面上,若有两个对称面,偶极矢必在两个对称面的交线上。由此可见,不必讨论体系结构的细节,仅从体系的对称性质即可对其物理性质作出某些判断。因此晶体对称性研究已经成为定性、半定量研究物理问题的重要方法。

在晶格这个物理系统中,为了清楚地显示出某一种点阵对称性,需要进行相应的对称操作。对点阵对称性的精确数学描述,需要用到群论(group theory)的知识,包括点群(point group)和空间群(space group)。这是 19 世纪由几位科学家完成的工作,包括赫塞耳、布拉维、费奥多罗夫、申夫利斯等。有关群论的知识超出了本书的范围,不在此赘述。以下只是简单介绍一些晶体对称性的基本内容。

对晶体点阵而言,具有某种对称性意味着在这种对称操作之下晶体与自身重合。晶体结构的根本特性是不完全的平移对称性。这里完全的平移对称性指将系统平移任意的连续矢量仍与自身重合,但由于点阵本身不是连续的物理系统,而是由格点组成的分立系统,因此晶体不具有完全的平移对称性。但晶体具有周期性结构,平移任意格矢量能与自身重合,因此可以说晶体具有不完全的平移对称性。此外,不同的点阵还具有不同的旋转对称性和反演对称性(包括中心反演和镜面反演)。不完全的平移对称性、旋转对称性和反演对称性是晶格具有的三大类对称性。

研究晶体对称性的方法之一是对称操作。物体在一定几何变换下不变,称这一变换为物体的对称操作。对于晶格点阵而言,对称操作即操作前后点阵不变。在研究晶体结构时,一般将晶体视为刚体,在对称操作变换中若任意两点间的距离不变,称这种变换为正交变换。在数学上可用正交矩阵表示。研究晶体对称性的时候采用的变换都是正交变换。

9.4.1 晶体对称性定律

一个旋转对称操作意味着将点阵绕着某一个轴旋转某个角度 ϕ 或 $-\phi$ 以后,点阵保持不变。这表明点阵中围绕这个对称轴的一系列格点对应于这个旋转轴和一定的旋转角是等价的,点阵具有旋转对称性。令 $\phi = 2\pi/n$,n 为整数,我们把旋转轴称为晶体的 n 次对称轴,用符号 C_n(申夫利斯符号)表示。例如以立方晶体的 4 条体对角线为旋转轴转动 $120°$ 或 $2\pi/3$,立方体复原,于是称这 4 条体对角线为三次对称轴。

晶体对称性定律:由于受到晶体不完全平移对称性的制约,轴次只能取 1、2、3、4、6 共 5 种,$n=5$ 和 $n>6$ 的对称轴不存在。以下作个简单的证明。

设转动前晶格格点的位置矢量为

$$\boldsymbol{R} = n_1 \boldsymbol{a}_1 + n_2 \boldsymbol{a}_2 + n_3 \boldsymbol{a}_3, \quad n_1, n_2, n_3 \text{ 为整数}$$

转动后格点移到 $\boldsymbol{R}'$,且

$$\boldsymbol{R}' = n_1' \boldsymbol{a}_1 + n_2' \boldsymbol{a}_2 + n_3' \boldsymbol{a}_3$$

$$\boldsymbol{R}_n' = A\boldsymbol{R}_n$$

这里 A 是转动操作,如果是绕 n_1 轴转动 θ 角,其矩阵形式为

$$\begin{pmatrix} n_1' \\ n_2' \\ n_3' \end{pmatrix} = \begin{pmatrix} 1 & 0 & 0 \\ 0 & \cos\theta & -\sin\theta \\ 0 & \sin\theta & \cos\theta \end{pmatrix} \begin{pmatrix} n_1 \\ n_2 \\ n_3 \end{pmatrix} \tag{9.4.1}$$

即

$$\begin{cases} n_1' = n_1 \\ n_2' = n_2\cos\theta - n_3\sin\theta \\ n_3' = n_2\sin\theta - n_3\cos\theta \end{cases} \tag{9.4.2}$$

要使转动后晶体自身重合,n_1'、n_2'、n_3' 也必须为整数,即 $n_1' + n_2' + n_3' =$ 整数。把式(9.4.2)左右两边各自相加,得 $(n_2 - n_3)\sin\theta + (n_2 + n_3)\cos\theta =$ 整数。此式对任意 n_1、n_2、n_3 都成立,取 $n_1 = n_2 = n_3 = 1$,则有

$$1 + 2\cos\theta = \text{整数} \tag{9.4.3}$$

因为 $-1 \leqslant \cos\theta \leqslant 1$,所以有 $-1 \leqslant 1 + 2\cos\theta \leqslant 3$。这样 $1 + 2\cos\theta$ 只能取 -1、0、1、2、3 这 5 个值,把这 5 个值分别代入式(9.4.3),求出转动角 θ 的允许值为 2π、$2\pi/2$、$2\pi/3$、$2\pi/4$ 和 $2\pi/6$。也就是说晶体只能有 C_1、C_2、C_3、C_4、C_6 这 5 种旋转对称轴。C_5 和 $n>6$ 以上的旋转对称轴不存在。这个规律称为晶体对称性定律。

晶体对称性定律也可以由图 9.4.1 直观看出,不难设想如果晶体中有 $n=5$ 的对称轴,则垂直于轴的平面上格点的分布至少应是五边形的,但这些五边形不可能相互拼接而充满整个平面,从而不能保证晶格的周期性,所以 C_5 不能存在。$n>6$ 的情形也可以作类似的说明。

然而现在已经发现了一些固体具有 5 次旋转对称轴,这些具有 5 次或 6 次以上旋转对称轴,但又不具有周期结构的有序固体,为了区分,人们称之为准晶,准晶也是物理和材料学研究的前沿。

图 9.4.1 不可能使五边形相互连接充满整个平面

9.4.2 晶体的宏观对称性与基本的点对称操作

从宏观上看晶体是有限的,因此任何平移操作都不可能是宏观对称操作。宏观对称操作只能是点对称操作,即在操作过程中至少保持一点不动的操作,包括对称中心、对称轴和对称面。上面介绍了晶格不完全平移对称性对晶格对称性的制约,科学家已经证明了晶体的宏观对称操作类型只有有限多个,每种对称操作类型都可用 8 种基本对称操作的组合来表示。

晶体中基本的点对称操作分述如下。

（1）旋转对称轴（C_n）

如前所述,晶体可能的旋转操作包括 C_1、C_2、C_3、C_4、C_6 五种,其中 C_1 表示不动操作,也可表示为 E。

（2）中心反演（中心对称）

若取中心为坐标原点,中心反演操作是把图形中的任一点 (x,y,z) 变成 $(-x,-y,-z)$,用符号 i 表示。

（3）平面反演（镜面对称）

设以某个面（如 $z=0$ 平面）为反映平面,平面反演的操作是将点 (x,y,z) 变成 $(x,y,-z)$。用符号 m 表示,也可写作 σ。

（4）像转轴

除了以上 7 种基本点对称操作之外,还有一类对称操作,称为像转轴操作。像转轴操作是把晶体的三类基本对称操作进行复合得到的一类新操作元素。像转轴的定义在不同的固体物理书籍中略有区别:在有的书中,像转轴操作定义为绕某转动轴转动 $2\pi/n$ 之后,再作平面反演操作;而有的书中定义为绕某转动轴转动 $2\pi/n$ 之后,再作中心反演操作。像转轴的符号一般用 S_n 表示,也有的书用 $\bar{C}_n$ 表示,本书像转轴定义为绕某轴转动 $2\pi/n$ 之后再垂直于此轴的平面进行平面反演,用 S_n 表示。受制于晶体的不完全平移对称性,像转轴也只能取 1、2、3、4、6 五种,不过只有 S_4 是一个全新的基本点操作,而其余几个像转轴操作已经在前面定义了,或能表示为前面几个基本点对称操作的组合:

$$S_1 = C_1 m = m$$
$$S_2 = C_2 m = i$$
$$S_3 = C_3 m = C_3 \circ m$$

$$S_6 = C_6 m = C_3 \circ i$$

式中符号"$\circ$"表示联合操作,例如 $S_3 = C_3 m = C_3 \circ m$,表示晶体既有 C_3 轴,也有一与 C_3 轴垂直的对称面。所以以上 4 种都不是新的对称操作。只有 $S_4 = C_4 m$ 不能表示成 C_n 与 i 或 m 的联合操作,它是一种新的独立的对称操作。

综上所述,我们已经找到了 8 种基本的宏观对称操作:C_1、C_2、C_3、C_4、C_6、i、m、S_4。关于晶体中只有这 8 种操作的证明,请读者查阅相关文献。

9.4.3　晶体宏观对称性的描述与点群

晶体的宏观对称性用其所有的对称操作的集合来描述,一个晶体所具有的对称操作越多,其对称性就越高。晶体的独立或基本对称操作只有 8 种,所有晶体的宏观对称性都可用以上 8 种基本对称操作的组合来描述。

从数学上看,每个基本操作的集合构成一个"群",每个基本操作称作群的一个元素。晶格对称性的精确数学描述,是用群论的方法。群是一种具有特殊运算规则的数学元素的集合,具有以下性质:

(1) 任意两个元素操作的结果仍属于该群;

(2) 任意元素必存在逆元素($AB = BA = E$);

(3) 存在元素 E($EA = AE = A$);

(4) 满足结合律($A(BC) = (AB)C$)。

有关群的更进一步的理论可以参看相关文献。

从宏观上看,晶体是有限的,有限物体的对称群不能包含平移操作,所以晶体的宏观对称性质用点群描写。由 8 个基本点对称操作所构成的对称操作群称作"点群"。由于晶格周期性的限制,晶体的点群并不可以有任意多个,可以证明,8 种点对称操作最多只有 32 种组合,即构成 32 个点群。群中的元素越多,对称性越高。这 32 种点群列于表 9.4.1 中。

表 9.4.1　晶体的 32 种宏观对称类型(点群)

符号	符号的意义	对称类型	数目
C_n	具有 n 重旋转对称轴	C_1, C_2, C_3, C_4, C_6	5
C_i	对称心(I)	$C_i (=S_2)$	1
C_1	对称面(m)	C_1	1
C_{nh}	h 代表除 n 重轴外还有与轴重直的水平对称面	$C_{2h}, C_{3h}, C_{4h}, C_{6h}$	4
C_{nv}	v 代表除 n 重轴还有通过该轴的铅垂对称面	$C_{2v}, C_{3v}, C_{4v}, C_{6v}$	4
D_n	具有 n 重旋转轴及 n 个与之垂直的二重旋转轴	D_2, D_3, D_4, D_6	4
D_{nh}	h 的意义与前相同	$D_{2h}, D_{3h}, D_{4h}, D_{6h}$	4
D_{nd}	d 表示还有 1 个平分两个二重轴间夹角的对称面	D_{2d}, D_{3d}	2
S_n	经 n 重旋转后,再垂直于该轴的平面进行平面反演	$C_{3i} (=S_6)$ $C_{4i} (=S_4)$	2
T	代表有 4 个三重旋转轴和 3 个二重轴(四面体的对称性)	T	1
T_h	h 的意义与前相同	T_h	1
T_d	d 的意义与前相同	T_d	1
O	代表 3 个互相垂直的四重旋转轴及 6 个二重、4 个三重的转轴	O, O_k	2
共计			32

9.4.4 晶体微观对称性的描述与空间群

从宏观上看晶体是有限的,所以平移操作不是晶体的对称元素。但从微观上看,晶格的排列近乎是无限的,描述晶体结构的微观对称性可以引入平移对称操作。考虑平移操作之后,晶体的对称操作可以多出如下两类操作:

（1）n 度螺旋轴

一个 n 度螺旋轴 C 表示绕轴转 $2\pi/n$ 角度后,再沿该轴的方向平移 T/n 的 l 倍,则晶体中的原子和相同原子重合。其中 T 为沿 C 轴方向上的周期矢量,l 为小于 n 的整数。晶体也只能有 1、2、3、4 和 6 度螺旋轴。例如在金刚石结构中,如取原胞上下底面心到各底相应棱边垂线的中点,连接这两个中点的直线就是个 4 度螺旋轴。图 9.4.2(a)表示一个 4 度螺旋轴,晶体绕轴转 90°后,再沿着该轴平移 $T/4$,能自身重合。

（2）滑移反映面

一个滑移反映面表示经过该面的镜面反映操作后,再沿平行于该面的某个方向平移 T/n 的距离,则晶体中相同原子重合,其中 T 是该方向上的周期矢量,n 为 2 或 4,图 9.4.2(b)表示一个 $n=2$ 的滑移反映面 NN'。

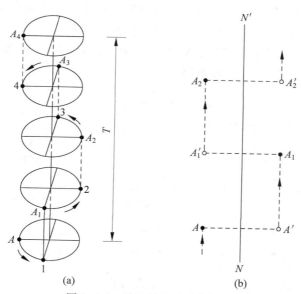

图 9.4.2　计入平移后对称操作

(a) 4 度螺旋轴;(b) 滑移反映面

描述晶体宏观对称性的 32 种对称操作类型加上如上所述的 2 类微观对称操作,便可得出 230 种对称类型,称为 230 种空间群,每种空间群对应于一种晶体结构。

9.4.5 晶系与布拉维晶胞

如前所述,晶胞选取的原则是除了作为晶格的代表单元之外,还要反映晶体的宏观对称性。由于宏观晶体只可能存在 32 种对称类型,所以晶胞的取法是有限的。科学家证明满足 32 种对称类型的晶胞,其基矢 a、b、c 的组合方式只可能有 7 种,分别是三斜、单斜、正交、四方、立方、三角及六角。

如图 9.4.3 所示,按晶胞基矢间的夹角和基矢的长度,七大晶系的结构特点见表 9.4.2。

立方晶系　　四方晶系　　　正交晶系　　单斜晶系　　三斜晶系　　　三角晶系　　　六角晶系

图 9.4.3　七大晶系示意图

表 9.4.2　七大晶系的晶胞矢量特征

晶　　系	晶胞矢量特征	晶　　系	晶胞矢量特征
立方晶系	$a=b=c,\alpha=\beta=\gamma=90°$	三斜晶系	$a\neq b\neq c,\alpha\neq\beta\neq\gamma\neq90°$
四方晶系	$a=b\neq c,\alpha=\beta=\gamma=90°$	三角晶系	$a=b=c,\alpha=\beta=\gamma=90°$
正交晶系	$a\neq b\neq c,\alpha=\beta=\gamma=90°$	六角晶系	$a=b\neq c,\alpha=\beta=90°,\gamma=120°$
单斜晶系	$a\neq b\neq c,\alpha=\gamma=90°\neq\beta$		

　　某些晶系的晶胞还可在体心、面心、底心处放置格点,因而晶系中不止一种晶胞,但并不是所有晶系都存在简单、体心、底心、面心四种晶胞。例如四方晶系中 $a\perp b,a\perp c,b\perp c$ 且 $a=b\neq c$,存在简单四方与体心四方,而不存在底心四方与面心四方晶胞。

　　1850 年,布拉维首先证明了三维晶格只有 14 种点阵,称为 14 种布拉维晶胞,它们分属于七大晶系。图 9.4.4 给出了 14 种布拉维晶胞。

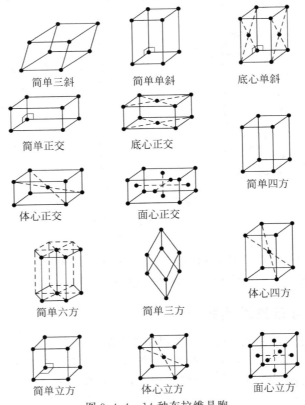

图 9.4.4　14 种布拉维晶胞

9.5 倒格子与布里渊区

9.5.1 倒格子概念的引入

1. 通过 X 射线衍射现象引入倒格子的概念

在将 X 射线应用于晶体结构的测定之前,晶体内部原子结构对人们来说实际上是未知的。人们发现 X 射线之后,由于 X 射线的波长接近并可以达到小于晶体中原子的间距(与晶格常数可以比拟),当人们将 X 射线波段的电磁波投射到晶体上时,晶格的周期性决定了晶格可作为 X 射线的衍射光栅,各色衍射斑点、花纹及图案为人们揭示出了丰富多彩的晶体内部世界。

在利用 X 射线对晶体结构进行测定时,由于观察点到晶体的距离,以及光源到晶体的距离比晶体尺寸都大得多,入射光和衍射光都可以视为平行光线。我们以简单晶格为例来简单讨论一下晶体衍射问题。如图 9.5.1 所示,O 取为坐标原点(某格点),设 A 为任意一格点,其位置矢量为 $\mathbf{R} = n_1\mathbf{a}_1 + n_2\mathbf{a}_2 + n_3\mathbf{a}_3$,当波矢为 $\mathbf{k}_0$ 的 X 射线投射到这两个格点 O 和 A 时,会受到两个格点的散射而产生散射波。若在观测点方向的散射波的波矢为 $\mathbf{k}$,在观测点观察到衍射极大的条件是两束光的光程差:

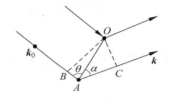

图 9.5.1 两个点散射中心 O、A 对 X 射线的衍射

$$\delta = AB + BC = R\cos\theta + R\cos\alpha$$

$$= \mathbf{R}\,\frac{\mathbf{k}_0}{k_0} - \mathbf{R}\,\frac{\mathbf{k}}{k} = \mathbf{R}\,\frac{\mathbf{k}_0 - \mathbf{k}}{k_0}$$

$$= m\lambda \tag{9.5.1}$$

式中,λ 为 X 射线的波长,m 为整数。

因为 X 射线的波矢 k_0 可以表示为 $k_0 = \dfrac{2\pi}{\lambda}$,因此衍射极大条件变为

$$\mathbf{R} \cdot (\mathbf{k}_0 - \mathbf{k}) = 2\pi \cdot m \tag{9.5.2}$$

若再令 $(\mathbf{k}_0 - \mathbf{k}) = \mathbf{K}$,上式可以变为 $\mathbf{R} \cdot \mathbf{K} = 2\pi \cdot m$。

从式(9.5.2)可以看出,$\mathbf{R}$ 和 $\mathbf{K}$ 的量纲是互为倒逆的。$\mathbf{R}$ 是格点的位置矢量,称为正格矢,$\mathbf{K}$ 为正格矢的倒矢量,简称倒格矢。正格矢是正格基矢 $\mathbf{a}_1$、$\mathbf{a}_2$、$\mathbf{a}_3$ 的线性组合,如果倒格矢 $\mathbf{K}$ 也可以写作某倒格基矢的线性组合,即

$$\mathbf{K} = n_1\mathbf{b}_1 + n_2\mathbf{b}_2 + n_3\mathbf{b}_3 \tag{9.5.3}$$

容易看出,若 $\mathbf{a}_i$ 和 $\mathbf{b}_j$ 满足以下关系:

$$\mathbf{a}_i \cdot \mathbf{b}_j = \begin{cases} 2\pi, & i = j \\ 0, & i \neq j \end{cases} \qquad i,j = 1,2,3 \tag{9.5.4}$$

则式子 $\mathbf{R} \cdot \mathbf{K} = 2\pi \cdot m$ 自然得到满足。上式可以看作倒格子基矢的定义式。不难根据该定义式通过正格基矢来构造倒格基矢。

$$\begin{cases} \boldsymbol{b}_1 = \dfrac{2\pi}{\Omega} \cdot (\boldsymbol{a}_2 \times \boldsymbol{a}_3) \\[2mm] \boldsymbol{b}_2 = \dfrac{2\pi}{\Omega} \cdot (\boldsymbol{a}_3 \times \boldsymbol{a}_1) \\[2mm] \boldsymbol{b}_3 = \dfrac{2\pi}{\Omega} \cdot (\boldsymbol{a}_1 \times \boldsymbol{a}_2) \end{cases} \qquad (9.5.5)$$

其中 $\Omega = \boldsymbol{a}_1 \cdot (\boldsymbol{a}_2 \times \boldsymbol{a}_3)$ 是晶体原胞体积。

　　将正格基矢在空间平移可以构成正格子,相应地,如果我们把倒格基矢进行平移,基矢的端点也将构成一个点阵,称为倒点阵,或倒易点阵。由 $\boldsymbol{a}_1$、$\boldsymbol{a}_2$、$\boldsymbol{a}_3$ 构成的平行六面体称为正格子原胞,相应地由 $\boldsymbol{b}_1$、$\boldsymbol{b}_2$、$\boldsymbol{b}_3$ 构成的平行六面体称为倒格子原胞。

2. 通过晶体周期性的特征来引出倒格子空间的概念

　　由于晶格具有周期性或平移对称性,晶体的某种物理性质假设为 $V(\boldsymbol{r})$,应该满足 $V(\boldsymbol{r}+\boldsymbol{R}) = V(\boldsymbol{r})$ 的要求,这里 $\boldsymbol{R}$ 是晶格平移矢量。此式表示 $V(\boldsymbol{r})$ 在各个原胞的对应位置均相同,具有晶格周期性。数学上,这种周期函数可以作傅里叶展开:

$$V(\boldsymbol{r}) = \sum_{\boldsymbol{K}} V(\boldsymbol{K}) \mathrm{e}^{\mathrm{i}\boldsymbol{K} \cdot \boldsymbol{r}} \qquad (9.5.6)$$

这里 $V(\boldsymbol{r})$ 为傅里叶展开系数,求和遍取矢量 $\boldsymbol{K}$ 的一切可能值。当 $\boldsymbol{r}$ 变为 $\boldsymbol{r}+\boldsymbol{R}$ 时,若要求

$$V(\boldsymbol{r}+\boldsymbol{R}) = \sum_{\boldsymbol{K}} V(\boldsymbol{K}) \mathrm{e}^{\mathrm{i}\boldsymbol{K} \cdot (\boldsymbol{r}+\boldsymbol{R})} = V(\boldsymbol{r}) \qquad (9.5.7)$$

则矢量 $\boldsymbol{K}$ 不是任意的,它必须满足 $\boldsymbol{R} \cdot \boldsymbol{K} = 2\pi \cdot m$,这里 m 为整数。或要求

$$\boldsymbol{K} \cdot \boldsymbol{a}_i = 2\pi \cdot h_i, \quad i = 1,2,3, \quad h_i \text{ 为整数} \qquad (9.5.8)$$

满足上式的 $\boldsymbol{K}$ 可以表示为 $\boldsymbol{K} = h_1\boldsymbol{b}_1 + h_2\boldsymbol{b}_2 + h_3\boldsymbol{b}_3$,其中 $\boldsymbol{a}_i$ 和 $\boldsymbol{b}_j$ 应满足关系式:

$$\boldsymbol{a}_i \cdot \boldsymbol{b}_j = \begin{cases} 2\pi, & i=j \\ 0, & i \neq j \end{cases} \quad i,j=1,2,3 \qquad (9.5.9)$$

这里,为了使 $V(\boldsymbol{r})$ 满足晶体平移对称性的要求,我们引入了一个新的矢量 $\boldsymbol{K}$,它与 $\boldsymbol{R}$ 的形式相同,都采用了三个基本矢量的整数线性组合来表示,两组基本矢量之间的关系可以相互得出,具有一一对应的关系。矢量 $\boldsymbol{R}$ 的端点是晶体的格点,这些格点构成晶格,一般称为正格子。同理,矢量 $\boldsymbol{K}$ 的端点也可以构成另一种点阵或晶格,一般称为倒格子或倒易点阵,矢量 $\boldsymbol{K}$ 就是倒格子的平移矢量(简称为倒格矢)。

　　例 9.3　一个二维点阵由边长 $AB=4$、$AC=3$,夹角 $\angle BAC = \pi/6$ 的平行四边形 $ABDC$ 组成,试求倒易点阵的初基矢量。

　　解法一　正格基矢

$$\boldsymbol{a}_1 = 4\boldsymbol{i}$$

$$\boldsymbol{a}_2 = 3\left(\frac{\sqrt{3}}{2}\boldsymbol{i} + \frac{1}{2}\boldsymbol{j}\right)$$

设倒格基矢

$$\boldsymbol{b}_1 = b_{1,i}\boldsymbol{i} + b_{1,j}\boldsymbol{j}$$

$$\boldsymbol{b}_2 = b_{2,i}\boldsymbol{i} + b_{2,j}\boldsymbol{j}$$

取 $\boldsymbol{a}_3 = \boldsymbol{z}$,则原胞体积为 $\Omega = \boldsymbol{a}_1 \cdot (\boldsymbol{a}_2 \times \boldsymbol{a}_3) = 6$。

$$b_1 = \frac{2\pi}{\Omega} \cdot (a_2 \times a_3) = \frac{2\pi}{6}\left(\frac{3\sqrt{3}}{2}\boldsymbol{i} + \frac{3}{2}\boldsymbol{j}\right) \times \boldsymbol{z} = \frac{\pi}{2}\boldsymbol{i} - \frac{\sqrt{3}}{2}\pi\boldsymbol{j}$$

$$b_2 = \frac{2\pi}{\Omega} \cdot (a_3 \times a_1) = \frac{2\pi}{6}(\boldsymbol{z} \times 4\boldsymbol{i}) = \frac{4\pi}{3}\boldsymbol{j}$$

解法二 由正交归一化关系

$$\begin{cases} \boldsymbol{a}_1 \cdot \boldsymbol{b}_1 = 2\pi \\ \boldsymbol{a}_1 \cdot \boldsymbol{b}_2 = 0 \\ \boldsymbol{a}_2 \cdot \boldsymbol{b}_1 = 0 \\ \boldsymbol{a}_2 \cdot \boldsymbol{b}_2 = 2\pi \end{cases}$$

得

$$\begin{cases} 4b_{1,i} = 2\pi \\ 4b_{2,i} = 0 \\ \frac{3\sqrt{3}}{2}b_{1,i} + \frac{3}{2}b_{1,j} = 0 \\ \frac{3\sqrt{3}}{2}b_{2,i} + \frac{3}{2}b_{2,j} = 2\pi \end{cases}$$

解得 $b_{1,i} = \frac{\pi}{2}$, $b_{1,j} = -\frac{\sqrt{3}\pi}{2}$, $b_{2,i} = 0$, $b_{2,j} = \frac{4\pi}{3}$, 因此 $\boldsymbol{b}_1 = \frac{\pi}{2}\boldsymbol{i} - \frac{\sqrt{3}\pi}{2}\boldsymbol{j}$, $\boldsymbol{b}_2 = \frac{4\pi}{3}\boldsymbol{i}$。

9.5.2 倒格子的基本性质与倒易空间

1. 倒格子的基本性质

从以上的介绍可以看出,虽然上述两种倒格子概念的引出方式不同,但得到的结论却非常相似:一套新的概念矢量的引入,可以让我们非常方便地处理有关晶体 X 射线衍射或晶格周期性问题。这个概念矢量具有如下的一些性质:

(1) 倒格矢构成的倒易点阵一定是布拉维点阵;

(2) 普遍而言,正空间中的点阵与其倒易点阵属于同一种晶系;

(3) 一套正格子有一套唯一的倒格子与之对应;

(4) 正、倒格子的量纲互为倒数,一个正格子矢量和一个倒格子矢量点乘,一定会得到一个无量纲的数;

(5) 如果一个矢量与正格子空间矢量点乘得到一个无量纲的数,这个矢量一定可以在倒格子空间表示出来。

为了加深对倒格子的认识,下面列举倒格子和正格子的一些重要关系。

2. 正格子与倒格子的关系

(1) 正格子与倒格子互为倒格子

正格子因为有实际的物理空间对应,似乎具有某种特殊性。倒格子并非物理上的格子,只是一种数学处理方法,它在分析与晶体周期性有关的各种问题时起着重要作用。但从数学上说,正、倒格子仅仅由傅里叶变换联系起来,互为对方的傅里叶变换。满足 $\boldsymbol{R} \cdot \boldsymbol{K} = 2\pi \cdot m$, m 为整数。

倒格子原胞体积 Ω^* 是正格子原胞体积 Ω 倒数的 $(2\pi)^3$ 倍,即 $\Omega^* = \dfrac{(2\pi)^3}{\Omega}$。

(2)倒格矢 $\boldsymbol{K}_{h_1 h_2 h_3}$ 与正格子晶面簇 $(h_1 h_2 h_3)$ 正交

如图 9.5.2 所示,现有晶面系 $(h_1 h_2 h_3)$ 在基矢上的截距分别是 $\dfrac{a_1}{h_1}$、$\dfrac{a_2}{h_2}$、$\dfrac{a_3}{h_3}$。于是

$$\overrightarrow{CA} = \overrightarrow{OA} - \overrightarrow{OC} = \frac{\boldsymbol{a}_1}{h_1} - \frac{\boldsymbol{a}_3}{h_3}$$

$$\overrightarrow{CB} = \overrightarrow{OB} - \overrightarrow{OC} = \frac{\boldsymbol{a}_2}{h_2} - \frac{\boldsymbol{a}_3}{h_3}$$

因为

$$\boldsymbol{K}_{h_1 h_2 h_3} = h_1 \boldsymbol{b}_1 + h_2 \boldsymbol{b}_2 + h_3 \boldsymbol{b}_3$$

$$\boldsymbol{K}_{h_1 h_2 h_3} \cdot \overrightarrow{CA} = (h_1 \boldsymbol{b}_1 + h_2 \boldsymbol{b}_2 + h_3 \boldsymbol{b}_3) \cdot \left(\frac{\boldsymbol{a}_1}{h_1} - \frac{\boldsymbol{a}_3}{h_3}\right) = 2\pi - 2\pi = 0$$

$$\boldsymbol{K}_{h_1 h_2 h_3} \cdot \overrightarrow{CB} = (h_1 \boldsymbol{b}_1 + h_2 \boldsymbol{b}_2 + h_3 \boldsymbol{b}_3) \cdot \left(\frac{\boldsymbol{a}_2}{h_2} - \frac{\boldsymbol{a}_3}{h_3}\right) = 2\pi - 2\pi = 0$$

且 CA、CB 都在同一平面 ABC 上,所以 $\boldsymbol{K}_{h_1 h_2 h_3}$ 与正格子晶面簇 $(h_1 h_2 h_3)$ 正交。

(3)倒格矢 $\boldsymbol{K}_{h_1 h_2 h_3}$ 的模与晶面簇 $(h_1 h_2 h_3)$ 的面间距成反比

如图 9.5.2 所示,晶面系的面间距就是原点 O 到 ABC 面的距离。由于 G 垂直于 ABC 面,于是面间距

$$d_{h_1 h_2 h_3} = \overrightarrow{OA} \cdot \frac{\boldsymbol{K}_{h_1 h_2 h_3}}{K_{h_1 h_2 h_3}} = \frac{2\pi}{K_{h_1 h_2 h_3}} \tag{9.5.10}$$

式中,$K_{h_1 h_2 h_3}$ 是 $\boldsymbol{K}_{h_1 h_2 h_3}$ 的模,$K_{h_1 h_2 h_3} = \sqrt{(h_1 b_1)^2 + (h_2 b_2)^2 + (h_3 b_3)^2}$,知道了 G 就知道了晶面系的法线方向和面间距。

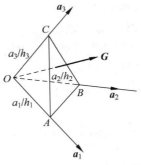

图 9.5.2 $\boldsymbol{K}_{h_1 h_2 h_3}$ 与正格子晶面簇 $(h_1 h_2 h_3)$ 正交

可见,知道了倒格矢 $\boldsymbol{K}_{h_1 h_2 h_3}$ 就知道了晶面系 $(h_1 h_2 h_3)$ 的法线方向和面间距,利用晶面系与倒格点的对应关系,就可以给处理问题带来很多方便。

例 9.4 对于边长为 a 的简单立方晶格,证明晶面指数为 $(h_1 h_2 h_3)$ 的晶面系,面间距 d 满足:

$$d^2 = a^2/(h_1^2 + h_2^2 + h_3^2)$$

证明 简单立方正格基矢为

$$a_1 = ai$$
$$a_2 = aj$$
$$a_3 = ak$$

求出其倒格基矢为

$$b_1 = \frac{2\pi}{a}i$$
$$b_2 = \frac{2\pi}{a}j$$
$$b_3 = \frac{2\pi}{a}k$$

于是得到

$$K_{hkl} = h_1 b_1 + h_2 b_2 + h_3 b_3 = \frac{2\pi}{a}(h_1 i + h_2 j + h_3 k)$$

面间距

$$d = \frac{2\pi}{|K_{hkl}|} = \frac{2\pi}{\frac{2\pi}{a}\sqrt{h_1^2 + h_2^2 + h_3^2}}$$

所以

$$d^2 = \frac{a^2}{h_1^2 + h_2^2 + h_3^2}$$

例 9.5 求晶格常数为 a 的体心立方晶体晶面簇 $(h_1 h_2 h_3)$ 的面间距。

解 体心立方的正格原胞基矢为

$$a_1 = \frac{1}{2}a(-i + j + k)$$
$$a_2 = \frac{1}{2}a(i - j + k)$$
$$a_3 = \frac{1}{2}a(i + j - k)$$

其倒格子基矢为

$$b_1 = \frac{2\pi}{a}(j + k)$$
$$b_2 = \frac{2\pi}{a}(k + i)$$
$$b_3 = \frac{2\pi}{a}(i + j)$$

于是得到倒格矢 $K_h = h_1 b_1 + h_2 b_2 + h_3 b_3$，则体心立方晶面簇 $(h_1 h_2 h_3)$ 的面间距为

$$d_{h_1 h_2 h_3} = \frac{2\pi}{|K_h|} = \frac{a}{\sqrt{(h_2 + h_3)^2 + (h_3 + h_1)^2 + (h_1 + h_2)^2}}$$

9.5.3　布里渊区

1. 布里渊区的定义

布里渊区(Brillouin zone)是晶格振动和能带理论中常用的物理概念。倒易空间的量纲是$[m^{-1}]$,波矢的量纲与之一致,因此波矢可以在倒易空间中表示出来,在后续的介绍中有时也会称倒易空间为波矢空间。1930 年,布里渊(Leon-Nicolas Brillouin)在研究能带中电子的能量的时候,发现当电子的波函数的波矢越过倒易格矢量的中垂面的时候,电子的能量在界面发生不连续的变化。因此,布里渊提出用倒易格矢量的中垂面来划分波矢空间的区域,以更清晰地分析电子的能带。

布里渊区的定义：在倒格子中,以某一倒格点为坐标原点,作所有倒格矢的垂直平分面。倒格子空间被这些平面分成许多包围原点的多面体区域,这些区域称为布里渊区。其中最靠近原点的平面所围的区域称为第一布里渊区。第一布里渊区界面与次远垂直平分面所围成的区域称为第二布里渊区。第一、第二布里渊区界面与再次远垂直平分面围成的区域称为第三布里渊区,依此类推。很容易看出,第一布里渊区实际上就是倒格子空间的维格纳-塞茨原胞。图 9.5.3 给出了二维正方格子的前 4 个布里渊区。

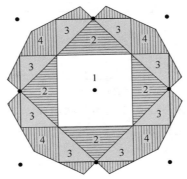

图 9.5.3　二维正方格子的布里渊区

黑点表示倒格点,白色区域"1"为第一布里渊区,横线区域"2"为第二布里渊区,
灰色区域"3"为第三布里渊区,竖线区域"4"为第四布里渊区

2. 布里渊区的特点

由布里渊区的构成定义可知,各个布里渊区的形状都是对原点对称的,若某布里渊区分成 n 个部分,则各部分的分布是对原点对称的。各布里渊区经过适当的平移,比如移动一个倒格矢 K,都可移动到第一布里渊区且与之重合。因此每个布里渊区的体积都是相同的,且等于倒格子原胞的体积 Ω^*。

另外,由于正格子和倒格子具有一一对应的关系,因此布里渊区的形状完全取决于晶体的布拉维格子。无论晶体是由哪种原子组成的,只要其布拉维格子相同,其布里渊区形状也就相同。

3. 布里渊区的界面方程

由于布里渊区界面是某倒格矢 K 的垂直平分面,且用 k 表示倒格空间的矢量,且它的

端点落在布里渊区界面上,它必须满足

$$\boldsymbol{k} \cdot \boldsymbol{K} = \frac{1}{2} K^2 \qquad (9.5.11)$$

即在倒格子空间中,凡满足式(9.5.11)中 $\boldsymbol{k}$ 的端点的集合构成的布里渊区界面,就称式(9.5.11)为布里渊区的界面方程。

4. 第一布里渊区

由于第一布里渊区(first brillouin zone,FBZ)可以看作是倒格子空间的维格纳-塞茨原胞,其他各布里渊区经过适当的平移,比如移动一个倒格矢 $\boldsymbol{K}$,都可移动到第一布里渊区且与之重合,而第一布里渊区具有倒格子空间的特殊对称性,而且,完整晶体中运动的固体中的元激发(电子、声子、磁振子等)的能量都是倒易点阵的周期函数,都可以方便地在第一布里渊区讨论。因此在一系列布里渊区中,第一布里渊区是最重要的,利用其特殊对称性可以大大简化后续的处理。

图 9.5.4 与表 9.5.1 分别展示了体心立方及面心立方晶格的第一布里渊区以及布里渊区内常用的一些高对称点及其符号。

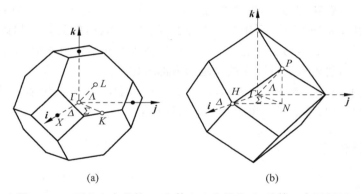

(a)   (b)

图 9.5.4 面心立方晶格(a)和体心立方晶格(b)的第一布里渊区

表 9.5.1 面心立方晶格(a)和体心立方晶格(b)的第一布里渊区内对称点常用符号

对称点的常用符号	面心立方晶格			
	Γ	X	L	K
波矢	$\dfrac{2\pi}{a}(0,0,0)$	$\dfrac{2\pi}{a}(1,0,0)$	$\dfrac{2\pi}{a}\left(\dfrac{1}{2},\dfrac{1}{2},\dfrac{1}{2}\right)$	$\dfrac{2\pi}{a}\left(\dfrac{3}{4},\dfrac{3}{4},0\right)$
对称点的常用符号	体心立方晶格			
	Γ	H	P	N
波矢	$\dfrac{2\pi}{a}(0,0,0)$	$\dfrac{2\pi}{a}(1,0,0)$	$\dfrac{2\pi}{a}\left(\dfrac{1}{2},\dfrac{1}{2},\dfrac{1}{2}\right)$	$\dfrac{2\pi}{a}\left(\dfrac{1}{2},\dfrac{1}{2},0\right)$

9.6 晶体 X 射线衍射初步

X 射线衍射是测定晶体结构最重要和最基本的方法。在前面几节,我们已经从概念上形成了晶体周期性结构这样的物理图像。但正如前文所说,虽然科学家在 18 世纪中叶已经建立起了三维空间的 14 种布拉维点阵的图像,但是在将 X 射线应用于晶体结构的测定之前,晶体内部具体的原子结构对人们来说实际上是没有直接证据的。正是由于 X 射线的发现,人们可以通过晶体 X 射线衍射研究不同的晶体结构,从而使直接揭示晶体内部的原子排列成为可能。因此 X 射线衍射在晶体学发展中的地位是非常重要的。

晶体结构的周期性使得晶体可以作为衍射光栅,我们现在已经知道,晶体中原子的间距为 10^{-10} m 数量级,因此,能产生衍射行为的入射波束的波长也应该是这个数量级,波长处于这个范围的电磁波是 X 射线。当 X 射线投射于晶体上时,由于衍射现象,我们便可以观测到各色衍射图样,这些图样携带了晶体的周期性结构和原子排列的信息,是我们研究晶体结构的重要依据。

除 X 射线之外,一些德布罗意波长在 10^{-10} m 数量级的微观粒子,如电子、中子等也可以产生晶体衍射,因此它们也可以用来研究晶体结构。不过由于它们各自的特点,电子衍射主要用来研究表面和薄膜,而中子衍射尤其适合于研究磁性物质。不过这些衍射的处理方法和 X 射线衍射的处理方法是类似的,这里只讨论 X 射线衍射。

晶体对 X 射线的衍射,是晶体中的电子对 X 射线散射结果的总和。当一束 X 射线照射到晶体上时,对于衍射花纹,人们最关注的主要有两点:①衍射极大的位置;②衍射光斑的强度。其中,衍射极大条件可分别用劳厄方程、布拉格方程、衍射矢量方程以及埃瓦尔德构图等来描述,主要体现晶体周期性的特征。而衍射强度的问题较为复杂,受到很多实际因素的影响,其中衍射的消光现象可以反映晶胞的内部结构特征。

本节的目的不是为了专业性地介绍晶体 X 射线衍射学,而是想让读者对本章介绍的晶体的周期性、晶胞结构、倒格子等概念有更深入的理解。

9.6.1　衍射极大条件

1. 劳厄方程

1912 年劳厄(M. von. Laue)用 X 射线照射无水硫酸铜获得世界上第一张 X 射线衍射照片,并由光的干涉条件导出描述衍射线的空间方位与晶体结构关系的公式,我们称之为劳厄方程。由于晶体中原子呈现周期性排列,晶体可看作带基元的格点组成的布拉维格子。劳厄把布拉维格子的格点设想为散射中心,晶体为光栅,点阵常数为光栅常数,原子受到 X 射线照射产生球面散射并在一定方向上相互干涉,形成衍射光束。也就是说所有格点的散射光发生相干加强时相应于衍射极大,如图 9.6.1 散射中心点 O、A 对 X 射线的衍射示意图所示。

在前面引入倒格子概念中介绍了相邻原子散射波的光程差的表达式,即式(9.5.1)在不考虑康普顿效应的情况下在倒格矢空间中衍射极大出现的条件可以表示得非常简洁

$$k_0 - k = K \tag{9.6.1}$$

式中 k_0 为入射波波矢,k 为散射波波矢,K 为倒格矢。此方程就是劳厄方程。可以表示为另一等价形式

$$2k_0 \cdot \frac{K}{K} = K \tag{9.6.2}$$

劳厄方程从本质上解决了 X 射线在晶体中的衍射方向问题,当单色 X 射线照到晶体上

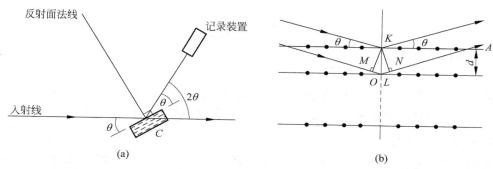

图 9.6.1　布拉格实验示意图

(a) 布拉格实验装置；(b) 布拉格方程的导出

时,其中原子向空间各方向发射散射波,在某些符合条件的方向上叠加而成为衍射线。反过来说,通过测定 X 射线的衍射斑点,我们可以得出一系列的倒格矢,继而推断出倒易点阵的特征。由于倒易点阵和正格子点阵的一一对应关系,从而获得关于晶体周期性结构的信息。

2. 布拉格公式

布拉格父子(W. H. Bragg 与 W. L. Bragg)把晶体看作由平行的原子面组成,类比可见光镜面反射开展实验,用 X 射线照射氯化钠岩盐,如图 9.6.1 所示。

布拉格父子根据实验结果导出布拉格公式:

$$2d\sin\theta = n\lambda \qquad (9.6.3)$$

式中,θ 是波长为 λ 的 X 射线平行入射角,也称布拉格角或掠射角;d 为晶面间距;n 为任意整数,表示反射级数,这个方程表示一定方向上散射线相互加强的条件。

从晶体结构的角度来解释布拉格实验现象:将晶体看作由一簇相互平行的晶面构成,当相邻面所反射的两束光之间的光程差为入射光波长的整数倍时,产生衍射极大,如果相邻晶面间距为 d,从图 9.6.1 上可以简单看出,上下两个面的反射线的光程差刚好是 $2d\sin\theta$。

劳厄方程与布拉格方程都可以用来确定衍射的方向,相较于劳厄方程,布拉格方程在解决衍射方向时是极其简单而明确的,在实际的 X 射线衍射中应用更为广泛,但实际上两者是等价的,很容易从劳厄方程推导出布拉格公式。

劳厄方程(式(9.6.2))的左端

$$2\boldsymbol{k}_0 \cdot \frac{\boldsymbol{K}}{K} = 2k_0\sin\theta \qquad (9.6.4)$$

劳厄方程右端根据倒格矢的性质有

$$K_{hkl} = n\frac{2\pi}{d_{h_1h_2h_3}} \qquad (9.6.5)$$

式中,$d_{h_1h_2h_3}$ 表示相邻晶面的间距;n 为倒格矢表达式中的公因子,即

$$\boldsymbol{K}_{hkl} = n(h_1\boldsymbol{b}_1 + h_2\boldsymbol{b}_2 + h_3\boldsymbol{b}_3)$$

因此劳厄方程可写成

$$2k_0\sin\theta = n\frac{2\pi}{d_{h_1h_2h_3}}$$

或

$$2\frac{2\pi}{\lambda}\sin\theta = n\frac{2\pi}{d_{h_1 h_2 h_3}}$$

整理即得布拉格公式:

$$2d_{h_1 h_2 h_3}\sin\theta = n\lambda$$

值得注意的是,上文中虽然将布拉格实验类似于镜面反射,但衍射是本质,反射仅是为了方便描述。而且这种反射是"选择反射",只有在满足布拉格方程的 θ 角上才发生。

3. 埃瓦尔德构图

我们还可以通过图解的方式将衍射极大的条件表示出来。这种图解方法是德国物理学家埃瓦尔德(P. P. Ewald)首先提出来的,通过这个图解方法可以更形象地理解产生衍射的条件。

如图 9.6.2 所示,取任一倒格点为原点,在倒格子空间中画出 k_0,以 k_0 的末端为球心,以 k_0 为半径画一球面。由于 $k = k_0 = 2\pi/\lambda$,所以从球面上的任何一倒格点向球心作出的矢量 k 都满足式(9.6.1)。因此落在反射球上各倒格点到球心的矢量,都表示在给定入射波情况下晶体产生衍射极大的方向。

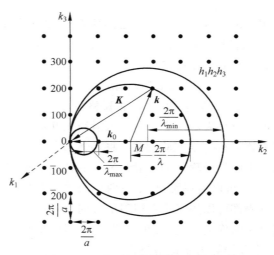

图 9.6.2　劳厄衍射的埃瓦尔德构图

9.6.2　X 射线衍射强度

X 射线衍射图谱中的衍射强度反映了晶体结构中原子的种类及晶胞内原子的相对位置,除此之外,衍射强度还受到很多其他因素的影响,这些也构成了 X 射线衍射定量分析的基础,由于后者比较复杂,这里仅对前两个概念进行简单介绍。

1. 单个原子的散射——原子散射因子

当 X 射线作用于晶体时,将会受到晶格原子的散射。原子对 X 射线的散射可以进一步描述为原子内所有电子对 X 射线的散射的总体效果。显然,由于不同原子内部的电子数目和分布都不同,不同原子对 X 射线的散射能力是不同的,我们用原子散射因子 $f(s)$ 来表示不同原子对 X 射线的散射能力。对于一个给定的含有多个电子的原子,从概念上来说也可以借助不同电子散射波的相干加强来定性说明,但实际上,原子中各电子之间并不具备固定的位矢关系,而应该看成有一定密度分布的电子云,从原则上讲,量子力学可以求出各个原子的原子散射因子,但更方便的应该是通过实验来测定。对特定的原子来说,其原子散射因子的值基本固定,可以近似当作一个常数来看待,类似于原子量,在此不多作描述。

2. 一个晶胞的散射——几何结构因子与消光现象

(1) 几何结构因子

晶体 X 射线衍射图谱中实际上包含了晶体的特殊对称性的影响,因此,一般晶体 X 射线衍射学处理的对象都是具有晶体对称性的晶胞,而不是原胞。晶体由晶胞构成基本的结构单元,晶体的周期性表现的是晶胞的空间周期性分布。一个晶胞对 X 射线的散射是晶胞内各原子散射波合成的结果。晶胞的散射能力与原子种类、原子数目、原子位置分布相关。

下面我们分析晶胞的散射能力。

设一个晶胞中有 n 个原子,以某个原子为坐标原点建立坐标系,其余原子的位置分别是 $r_1, r_2, \cdots$,设观测点 P 到坐标原点 O 的位置矢量为 D,如图 9.6.3 所示。

当一束 X 射线照射到晶胞上,设入射前 X 射线是波矢为 k_0、圆频率为 ω 的平面波,即

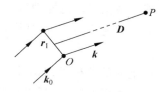

图 9.6.3 晶胞中不同位置原子散射相位差示意图

$$u_0 = A \mathrm{e}^{\mathrm{i}(k_0 \cdot r - \omega t)} \qquad (9.6.6)$$

平面波受到晶胞内各原子的散射,当散射波传到 P 点时,令原点原子的散射波相位为零,原点原子的散射波为 $u_0 = \dfrac{A}{D} f_0(s) \mathrm{e}^{\mathrm{i}k \cdot D}$,设另一原子的位置矢量为 r_1,它的散射波相对于原点原子的散射波的波程差是

$$\delta_1 = r_1 \cdot \frac{k_0}{k_0} - r_1 \cdot \frac{k}{k_0} = r_1 \cdot \frac{1}{k_0}(k_0 - k) \qquad (9.6.7)$$

根据劳厄方程,要产生衍射极大,必须有 $(k_0 - k) = K$,因此第 i 个原子散射波的波程差为

$$\delta_i = \frac{1}{k_0} r_i \cdot K \qquad (9.6.8)$$

第 i 个原子的散射波可以写为

$$u_{\mathrm{atm}i} = \frac{A}{D} f_i(s) \mathrm{e}^{\mathrm{i}(k \cdot D + K \cdot r_i)} \qquad (9.6.9)$$

整个晶胞在 k 方向上的散射波为

$$U = \sum_{i=0}^{n} u_{\mathrm{atm}i} = \frac{A}{D} \mathrm{e}^{\mathrm{i}k \cdot D} \sum_{i=0}^{n} f_i(s) \mathrm{e}^{\mathrm{i}K \cdot r_i} \qquad (9.6.10)$$

式中 $f_i(s)$ 为第 i 个原子的原子散射因子。式(9.6.10)中已经假设由于观测点 P 距离散射点足够远,因此散射波相互平行,而且略去了因原子位置不同而引起的 D 的差别,同时也略去了 $\mathrm{e}^{\mathrm{i}\omega t}$ 的因子。从式(9.6.10)可以知道,散射波的振幅

$$U \propto \sum_{i=0}^{n} f_i(s) \mathrm{e}^{\mathrm{i}K \cdot r_i} \qquad (9.6.11)$$

定义几何结构因子

$$F(\boldsymbol{K}) = \sum_{i=0}^{n} f_i(s) e^{i\boldsymbol{K} \cdot \boldsymbol{r}_i} \tag{9.6.12}$$

反映了晶胞中原子的分布及原子种类对散射波强度的影响。

（2）消光现象

如果晶体有 N 个晶胞，则晶体沿 k 方向的衍射光应该是 N 个晶胞在该方向散射光的叠加，散射光强为

$$I \propto N^2 \mid F(\boldsymbol{K}) \mid^2 \tag{9.6.13}$$

式(9.6.13)引入了倒格矢 $\boldsymbol{K}$，已经默认散射波满足劳厄方程，应该出现衍射极大。然而，对于一些晶格的特殊方向，因为其几何结构因子 $F(\boldsymbol{K})=0$，则衍射极大并不出现，出现所谓的消光现象。

消光现象可以这样理解：若晶胞在某方向的几何结构因子为零，表示各个晶胞的该方向散射波的光强为零，虽然满足劳厄方程，应该出现相干叠加，但零光强的散射波叠加仍然应该为零。

由上面的分析可知，如果已知原子散射因子，就可能通过对衍射强度分布的分析来获得几何结构因子的特征，后者反映了晶胞中的原子类型和相对结构，因此我们可以获得确定晶体的结构和组成的一些信息。例如，我们可以通过消光规律的不同来区分立方晶系的三种晶胞。

下面计算几种常见晶体的 $F(\boldsymbol{K})$。

（1）体心立方结构

体心立方结构的晶胞中两个同种原子的坐标为 $(0,0,0)\left(\dfrac{a}{2},\dfrac{a}{2},\dfrac{a}{2}\right)$，倒格矢为

$$\boldsymbol{K}_{hkl} = h\boldsymbol{b}_1 + k\boldsymbol{b}_2 + l\boldsymbol{b}_3 = \frac{2\pi}{a}(h\boldsymbol{i} + k\boldsymbol{j} + l\boldsymbol{k})$$

计算几何结构因子，得

$$F(\boldsymbol{K}) = f_i\left[1 + e^{i\frac{2\pi}{a}(hi+kj+lk)\cdot\frac{a}{2}(i+j+k)}\right] = f_i\left[1 + e^{i\pi(h+k+l)}\right]$$

$$= \begin{cases} 0, & h+k+l = \text{奇数时} \\ 2f_i, & h+k+l = \text{偶数时} \end{cases}$$

例如 $F_{100} = F_{111} = 0, F_{110} = F_{200} = 2f_i$。

（2）面心立方结构

面心立方结构的晶胞中含有四个同种原子，其坐标分别为

$$(0,0,0)\left(\frac{a}{2},\frac{a}{2},0\right)\left(\frac{a}{2},0,\frac{a}{2}\right)\left(0,\frac{a}{2},\frac{a}{2}\right)$$

计算几何结构因子，得

$$F(\boldsymbol{K}) = f_i\left[1 + e^{i\pi(h+k)} + e^{i\pi(k+l)} + e^{i\pi(l+h)}\right]$$

$$= \begin{cases} 0, & \text{当 } h \text{、} k \text{、} l \text{ 部分为奇数，部分为偶数时} \\ 4f_i, & \text{当 } h \text{、} k \text{、} l \text{ 全奇或全偶时} \end{cases}$$

例如 $F_{100} = F_{110} = F_{112} = 0, F_{111} = F_{113} = F_{222} = 4f_i$。

（3）金刚石结构

金刚石结构的晶胞中含有 8 个同种原子，其坐标分别为

$$(0,0,0)\left(\frac{a}{2},\frac{a}{2},0\right)\left(\frac{a}{2},0,\frac{a}{2}\right)\left(0,\frac{a}{2},\frac{a}{2}\right)$$

$$\left(\frac{a}{4},\frac{a}{4},\frac{a}{4}\right)\left(\frac{a}{4},\frac{3a}{4},\frac{3a}{4}\right)\left(\frac{3a}{4},\frac{a}{4},\frac{3a}{4}\right)\left(\frac{3a}{4},\frac{3a}{4},\frac{a}{4}\right)$$

计算几何结构因子，得

$$F(\boldsymbol{K})$$
$$=f_i\left[1+\mathrm{e}^{\mathrm{i}\pi(h+k)}+\mathrm{e}^{\mathrm{i}\pi(k+l)}+\mathrm{e}^{\mathrm{i}\pi(l+h)}+\mathrm{e}^{\mathrm{i}\pi\left(\frac{h}{2}+\frac{k}{2}+\frac{l}{2}\right)}+\mathrm{e}^{\mathrm{i}\pi\left(\frac{h}{2}+\frac{3k}{2}+\frac{3l}{2}\right)}+\mathrm{e}^{\mathrm{i}\pi\left(\frac{3h}{2}+\frac{k}{2}+\frac{3l}{2}\right)}+\mathrm{e}^{\mathrm{i}\pi\left(\frac{3h}{2}+\frac{3k}{2}+\frac{l}{2}\right)}\right]$$

当 h、k、l 都为奇数时，$F(\boldsymbol{K})=4f_i$；当 h、k、l 都为偶数时，且当 $\frac{1}{2}(h+k+l)$ 也是偶数时，有 $F(\boldsymbol{K})=8f_i$。如果衍射晶面指数不满足以上两个条件，则这些面的衍射消失。所以对金刚石结构而言，在劳厄衍射照片上不可能找到（321）、（221）、（442）等面的衍射斑点。

9.6.3 X 射线的主要实验方法

我们已经知道产生衍射的条件是必须严格符合布拉格公式。因此对任一给定的晶体要使其产生衍射，相应的入射线波长 λ 与掠射角 θ 必须符合布拉格公式。若用单色 X 射线照射不动的单晶体不可能获得衍射。这是因为对于面间距为 d 的某晶面而言，λ 与 d 不可变，而该晶面相对于 X 射线的掠射角 θ 也无法改变，三个固定的参量一般是不会满足布拉格关系的。为了使衍射发生，必须设法使 λ 或 θ 连续可变。根据实验时改变这两个量所采取的方式，可将衍射实验方法分为三种，见表 9.6.1。

表 9.6.1 X 射线衍射方法

方　法	试　样	入射线波长 λ	掠射角 θ
劳厄法	单晶体	变化	不变化
转晶法	单晶体	不变化	部分变化
粉末法	粉末、多晶体	不变化	变化

1. 劳厄法

使用连续的 X 射线平行入射到固定不动的单晶体试样上，在平面底片上呈现出衍射图样，其衍射斑点的位置反映了晶体内反射面的取向。因入射 X 射线的波长连续变化，满足布拉格关系的波长便可产生衍射。劳厄法是最早的 X 射线分析方法，是物理学家劳厄于 1912 年提出的。劳厄法主要用于单晶取向测定以及晶体对称性测定，不宜用来确定晶格常数。因为此方法可能同时有不同波长对同一晶面都满足劳厄方程，在衍射图样上是同一个斑点。

2. 转晶法

采用单色 X 射线照射转动的晶体，并用一张以旋转轴为轴的圆筒底片来记录，这样衍射斑点都在胶片上形成几条平行的横线。

转晶法通常选择晶体某一已知点阵直线为旋转轴，入射 X 射线与之相垂直，这样衍射

花样的线间距就与晶面间距或晶格常数有着简单的比例关系。转晶法可确定晶体在旋转轴方向上的点阵周期,通过多个方向上点阵周期的测定,就可确定晶体的结构。

3. 粉末法

采用单色 X 射线照射粉末多晶试样,样品不转动,利用多晶试样中的随机分布的各晶粒取向来改变 θ,从而满足布拉格方程的要求。粉末法是衍射分析中最常用的方法,主要用于测定晶体结构,进行物相定性、定量分析,精确测定晶体的点阵参数以及材料的应力、晶粒大小等。

本章思维导图

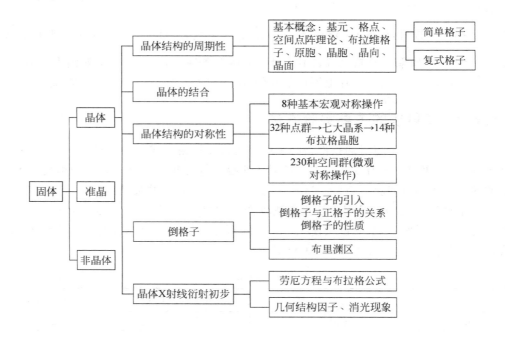

思考题

9-1　试解释布拉维格子与复式格子的概念。

9-2　为什么晶体结合除了需要吸引力外还需要排斥力？排斥力的来源是什么？

9-3　请简述晶体结合的基本类型及特点。

9-4　晶体有多少种宏观对称类型？

9-5　在晶体学中,晶胞是按晶体的什么特性选取的？

9-6　在 14 种布拉维晶胞中,为什么没有底心四方、面心四方和底心立方？

9-7　什么叫倒格子？倒格子有什么性质？

9-8　简述引入倒格子的实际意义。

9-9　简述布里渊区的概念。

9-10　晶体产生衍射的条件是什么？

习题

9-1　设简单立方晶体晶格常数为 a,分别画出 $[213]$ 晶向、(213) 晶面。

9-2　已知六角晶胞的基矢如下,其中 a 与 c 是晶格常数,求其倒格基矢。

$$a = \frac{\sqrt{3}}{2}a\boldsymbol{i} + \frac{a}{2}\boldsymbol{j}$$

$$b = -\frac{\sqrt{3}}{2}a\boldsymbol{i} + \frac{a}{2}\boldsymbol{j}$$

$$c = c\boldsymbol{k}$$

9-3　求晶格常数为 a 的面心立方晶体晶面簇 $(h_1 h_2 h_3)$ 的面间距。

9-4　设二维正方格子晶格常数为 a,画出其第一、第二、第三布里渊区。

9-5　对二维正六方格子,若边长为 a,试:

(1) 画出这个六方格子,并选定一组原胞基矢 $\boldsymbol{a}_1$ 和 $\boldsymbol{a}_2$;

(2) 以(1)为基,求出其倒格子基矢 $\boldsymbol{b}_1$ 和 $\boldsymbol{b}_2$ 的表示式;

(3) 证明其倒格子也是正六方格子。

9-6　一个单胞的尺寸为 $a_1 = 6$ Å,$a_2 = 9$ Å,$a_3 = 12$ Å,$\alpha = \beta = 90°$,$\gamma = 120°$,试求:

(1) 倒易点阵单胞基矢;

(2) 倒易点阵单胞体积;

(3) (312) 平面的面间距;

(4) 此类平面反射的布拉格反射角(已知入射 X 射线的波长为 $\lambda = 1.54$ Å,布拉格公式 $2d\sin\theta = \lambda$)。

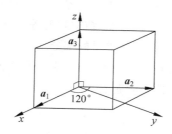

9-7　证明面心立方的倒格子是体心立方,体心立方的倒格子是面心立方。

9-8　布拉维格子的基矢选择不是唯一的,例如由原子排列在正方格子上而构成的一个二维晶体,如下图所示列出了三种可能的基矢选取方法。

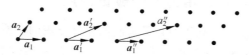

(1) 说明这三种选取的都是二维布拉维格子的固体物理学原胞;并求出这三种基矢所对应的倒格子基矢。

(2) 这三种倒格子基矢所对应的倒格子是否唯一,为什么?

第10章

晶格振动与固体的热学性质

在研究晶体的几何结构和晶体结合时,组成晶体的原子被认为是固定在指定位置(平衡位置)静止不动的。这仅是一种理想化模型。实际上,在受到外界能量激励的作用下,组成晶体的原子并不是静止不动的,而是围绕平衡位置作微小振动,振动的剧烈程度与受到的外界激励能量的大小有关。由于晶体内原子振动的平衡位置就是晶格格点,所以称为晶格振动。除了晶格中单个原子的振动外,由于晶体内原子间存在着相互作用力,各个原子的振动也并非是孤立的,而是相互联系着的,因此在晶体中形成了各种模式的波,我们称之为格波。

这里所说的外界激励能量可以是温度、电场、磁场、光照等。由于我们所处的是一个有限温度世界($T > 0$ K),温度的影响无处不在,因此晶格振动首先被看作是一种热运动。历史上,晶格振动理论首先对晶体热学性质作出过重大贡献。应该强调的是,晶格振动的理论已远不限于解释晶体的热学性质,它已经成为研究固体宏观性质和微观过程的重要理论基础,对晶体的光学性质、电学性质、超导电性、结构相变等起着重要影响,甚至决定性的作用。晶格动力学属于固体物理学中最基础、最重要的部分之一。

本章介绍有关晶格动力学的基本概念和方法,引出晶格振动的能量量子——声子,并应用声子概念处理有关晶体的热学性质问题。

10.1 原子间作用力与原子振动

10.1.1 原子间相互作用力的一般性描述

对于不同类型的晶体,组成晶体的粒子之间的相互作用的本质虽然有所不同,但仍然存在一些共同的特征。当两个粒子距离无穷远时,是不存在相互作用的,它们相互靠近时,便产生了相互作用。粒子之间的相互作用可以分为两大类,即吸引作用和排斥作用。当远离时前者是主要的,距离靠近时后者是主要的,在某一适当距离上,两种相互作用互相抵消,使晶体处于稳定状态。吸引作用主要是由于异性电荷之间的库仑引力;排斥作用包括同性电荷之间的库仑斥力和泡利不相容原理引起的排斥效应等。

两原子之间的相互作用势能常采用伦纳德-琼斯势：

$$u(r) = -\frac{A}{r^m} + \frac{B}{r^n} \qquad (10.1.1)$$

式中，A、B、m、n 均为大于 0 的常数，第一项表示吸引势能，第二项表示排斥势能，r 表示原子间距。如果用 $f(r)$ 表示两原子之间的相互作用力，$f(r)$ 可以表示为

$$f(r) = -\frac{\partial u(r)}{\partial r} \qquad (10.1.2)$$

两原子间的相互作用势能以及相互作用力与 r 的关系如图 10.1.1 所示。当体系的能量为极小时，系统处于稳定平衡状态。晶体处于这种稳定状态时，晶体中的原子都处于平衡位置。此时的两原子间距 r_0 可以通过求体系能量最小得到，对应的相互作用力

$$f(r_0) = -\frac{\partial u(r)}{\partial r}\bigg|_{r_0} = 0 \qquad (10.1.3)$$

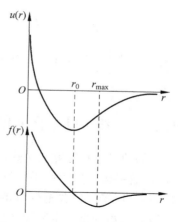

图 10.1.1　两原子之间的相互作用势能与相互作用力随距离的变化

10.1.2　原子在平衡位置附近的振动与简谐近似

首先只考虑温度对晶格内原子运动的影响。在 $T=0$ K 时，我们假定晶格处于能量极小状态，晶格原子都处在各自的平衡位置。当 $T>0$ K 时，由于热运动的影响，体系能量升高，原子可以在平衡位置附近振动。温度较低时，原子偏离平衡位置的距离较小，属于微振动；当温度进一步提高，原子获得的能量增大，超出了原子间的吸引作用的约束时，晶体就会解体，意味着晶体的熔化。温度再进一步提高，材料还将会汽化，此时基本上不再考虑原子间的相互作用了。

晶格原子在平衡位置的振动比较微小时，我们可以将相互作用势能在平衡位置进行泰勒展开，若平衡位置为 r_0，令 $\Delta r = r - r_0$，则

$$u(r) = u(r_0) + \frac{\mathrm{d}u}{\mathrm{d}r}\bigg|_{r_0} \Delta r + \frac{1}{2!}\frac{\mathrm{d}^2 u}{\mathrm{d}r^2}\bigg|_{r_0} (\Delta r)^2 + \frac{1}{3!}\frac{\mathrm{d}^3 u}{\mathrm{d}r^3}\bigg|_{r_0} (\Delta r)^3 + \cdots \qquad (10.1.4)$$

式中：第一项表示与振动无关，只与体系零点能量有关的能量，通过适当选择体系能量零点，我们可以令之为零；第二项在体系平衡位置（能量极小值点）时为零；后面的高次项，我们可以根据振动的剧烈程度（原子偏离平衡位置的程度）与计算精度要求选择截断势能项。振动越小，对精度要求越低，需要保留的高次项越少，如果选择只保留到二次项，称之为简谐近似；如果振动较剧烈，或对精度要求很高，有时需要保留势能展开式到三次项或更高，三次及以上的展开项统称为非谐项。

当体系温度不高，远小于晶体的熔点时，晶体中的原子位移都很小，在许多情形，高次方项的贡献是很微弱的，因此简谐近似往往可以得到许多符合实际情形的结果。据此，可以设想原子间如同用弹簧相连接，当原子间距离变化为 Δr 时体系的势能为

$$u(r) = \frac{1}{2}\frac{\mathrm{d}^2 u}{\mathrm{d}r^2}\bigg|_{r_0} (\Delta r)^2 = \frac{1}{2}\beta \cdot (\Delta r)^2 \qquad (10.1.5)$$

相应的受力为

$$f = -\frac{\mathrm{d}u}{\mathrm{d}r} = -\frac{\mathrm{d}^2 u}{\mathrm{d}r^2}\bigg|_{r_0} (\Delta r) = -\beta \cdot (\Delta r) \qquad (10.1.6)$$

式中，$\beta = \dfrac{\mathrm{d}^2 u}{\mathrm{d}r^2}\bigg|_{r_0}$ 称为作用力常数。

10.2　一维单原子链的振动

我们的目的是探究由于热运动引起的晶体中原子的运动及其对晶体宏观性质的影响。然而，尽管晶体中原子的平衡位置具有周期性，由于原子数目极大，原子与原子间存在相互作用，任一原子的位移至少与相邻原子、次近邻原子的位移有关，所以严格求解晶格振动是一个极其困难的事。本科固体物理教学中，为了探讨晶格振动的基本特点，我们只能由简及繁，并采取一些近似方法，试图揭示晶格振动的一些基本特征。

10.2.1　模型与动力学方程

晶体的最基本特征是周期性。最简单的周期性结构是一维简单晶格，可以看作是最简单的晶体，由质量为 m 的全同原子构成，即一维单原子链。设单原子链中相邻原子平衡位置的间距，即晶格常数为 a，由于晶格振动，在 t 时刻，假定用 x_n 表示序号为 n（原子坐标为 na）的原子偏离平衡位置的位移，其模型如图 10.2.1 所示。

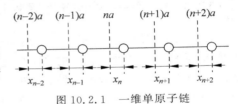

图 10.2.1　一维单原子链

由于晶格振动，当某原子偏离其平衡位置时，将会受到晶体内其他所有与之有相互作用的原子的作用力（如库仑作用就是长程力）。不过为了简单起见，我们采用最近邻近似，即假定原子只受最近邻的原子的影响，这个近似不会改变原子受力的本质特征。

第 n 号原子所受的作用力为

$$f_n = [-\beta(x_n - x_{n+1})] + [-\beta(x_n - x_{n-1})] \qquad (10.2.1)$$

式中，第一项代表右方原子的作用力，$(x_n - x_{n+1})$ 代表与右方原子的实际距离变化；同理，第二项表示左方原子的作用力。

根据牛顿第二定律，我们可以建立第 n 号原子的动力学方程：

$$m\frac{\mathrm{d}^2 x_n}{\mathrm{d}t^2} = [-\beta(x_n - x_{n+1})] + [-\beta(x_n - x_{n-1})] \qquad (10.2.2)$$

10.2.2　周期性边界条件

对于无边界的无限大一维单原子链晶体，每个原子都是等价的，都有上述形式的动力学方程。但实际上晶体是有限的，处在表面上的原子所受的作用显然与内部不同，因而应有不同的动力学运动方程。然而，每个原子的运动都可以通过与相邻原子的作用而与其他所有原子的运动关联起来，即每个原子的方程不是独立的而是相互关联的。如果晶格包含 N 个原子，则整个体系将包含 N 个上述方程，我们需要求解的是一组方程组。这样，对有限晶体,边界原子运动方程的独特性使方程组变得复杂。为了解决这个困难,必须进一步作近似处理,使方程组简单化。

对宏观晶体,考虑到晶体中原子的数目 N 很大,除了专门研究表面性质的情况外,由于表面原子数目比起整个晶体中的原子数目来要少得多,我们可以认为表面原子的特殊性对晶体的整体性质产生的影响可以忽略。换句话说,表面上(原子链的两端)原子的运动方式可以按数学上的方式任意选择[①]。

表面原子的运动方式称为边界条件。对晶体来说,玻恩-冯卡门提出的周期性边界条件是最方便的选择:设想在有限晶体之外还有无穷多个完全相同的晶体,互相平行地堆积充满整个空间,在各个相同的晶体块内相应原子的运动情况相同。

周期性边界条件的引入完全消除了边界原子与晶格内原子的区别,对一维晶格来说,可以很直观地用这个环形链示意出来,如图 10.2.2 所示。

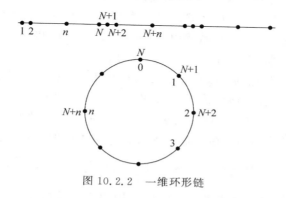

图 10.2.2　一维环形链

可以看到,这样一条首尾相接的一维环形链中,晶体所包含的原子数目是有限的,但能保证每个原子都是完全等同的。

二维或三维空间的晶体无法通过类似的直观图形表示周期性边界条件的影响,只能通过数学式子表示周期性边界条件:

$$x_{n+N} = x_n \tag{10.2.3}$$

采用周期性边界条件之后,晶体中所有原子就都等同了,研究任何一个原子的运动可以代表所有原子的运动,所有原子的运动都可以用式(10.2.2)来描述,而且使方程变成封闭的。

简而言之,周期性边界条件的引入,大大方便了我们采用数学手段处理有限晶体的边界问题,在很多情况下,采用周期性边界条件计算的结果与实际结果都非常吻合,成为人们处理晶体问题首选的边界条件。

10.2.3　格波

求解方程(10.2.2)的过程需要用到数学物理方程中波动方程及其求解的相关知识,具体过程可查阅相关的参考书,在此从略。借助以上知识,方程(10.2.2)的解的形式可以写作:

---

① 注意:以上的假定对宏观固体适用,但是如果材料研究到了纳米及以下层次,该假设不再成立。

$$x_n(t) = A e^{i(qna-\omega t)} \tag{10.2.4}$$

这个解是简谐波的形式,式中 A 是振幅;q 的物理意义是沿波的传播方向(即沿 q 的方向)上,单位距离两点间的振动相位差,$q=\dfrac{2\pi}{\lambda}$ 称为格波的波矢;qna 是第 n 个原子的振动相位。关于这个解进一步作以下几点说明。

1. 格波

对每个特定原子(na 固定),式(10.2.4)表示一个振动(t 为变量)。每个原子都围绕自己的平衡位置(格点)作简谐振动,不同原子的振动振幅和振动频率都是相同的,如图 10.2.3 所示。

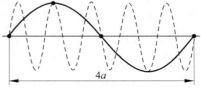

但从整体上看,每个原子的振动相位是不同的,相邻两原子振动相位差为 qa。如果第 m 个原子与第 n 个原子平衡位置的距离 $na-ma=l\lambda$,l 为整数时,即两原子的振动相位差为 2π 的整数倍时,第 n 个原子与第 m 个原子的位移将相等,$x_n=x_m$。因此,

图 10.2.3　原子的简谐振动

式(10.2.4)所描述的简谐振动是以行波的形式在晶体中传播的。该行波是晶体中原子的一种集体振动形式,由于在晶格中传播,因此称之为格波。式(10.2.4)描写的是一种简谐波,所以也称为简谐格波。这是晶体中最基本、最简单的集体振动形式。

除了不同的原子产生不同的相位差之外,如果 q 取不同的值,会使得相邻两原子间的振动相位差不同,表示不同的晶格振动状态。容易看出,若 $q'-q=\dfrac{2\pi}{a}\cdot l$,$l$ 为整数,$x_n(q')=x_n(q)$,则二者描述的是同一振动状态。例如图 10.2.3 中实线表示波长 $\lambda_1=4a$ 的简谐振动波,虚线表示完全相同的原子振动,同样可以当作是 $\lambda_2=\dfrac{4}{5}a$ 的波。

$$\left. \begin{cases} \lambda_1=4a \Rightarrow q_1=\dfrac{2\pi}{\lambda_1}=\dfrac{\pi}{2a} \\[2mm] \lambda_2=\dfrac{4}{5}a \Rightarrow q_2=\dfrac{2\pi}{\lambda_2}=\dfrac{5\pi}{2a} \end{cases} \right\} q_2-q_1=\dfrac{2\pi}{a}$$

从图 10.2.3 中可以看出,这两个 q 描述的是同一个状态。

2. 色散关系

将试探解式(10.2.4)代入到原子振动的动力学方程,可以得到振动的圆频率 ω 和波矢 q 的关系:

$$\omega^2 = \frac{\beta}{m}(1-\cos qa) = \frac{4\beta}{m}\sin^2\frac{qa}{2} \tag{10.2.5}$$

或

$$\omega = \sqrt{\frac{4\beta}{m}}\left| \sin\frac{qa}{2} \right| = \omega_m \left| \sin\frac{qa}{2} \right| \tag{10.2.6}$$

式中 $\omega_m = \sqrt{\dfrac{4\beta}{m}}$ 称为截止频率。式(10.2.6)所表示的圆频率 ω 和波矢 q 的关系称为色散关系。

需要注意的是,根据已知模型求解系统色散关系的思路是本章的核心内容之一。其基本思路是通过分析系统中各原子的受力情况,根据牛顿第二定律列出动力学方程,然后求解这个方程,中间涉及选择合适的边界条件(如周期性边界条件)用于处理非无限大晶体带来的边界原子与体内原子的差异问题。色散关系在后文有关晶格振动问题的处理中非常重要,但除了非常简单的模型外,一般情况下是很难直接求出解析解的。

3. 色散关系分析

由于 $q=\dfrac{2\pi}{\lambda}$,波矢 q 的量纲刚好是波长量纲的倒数,因此可以在倒格子空间表示出来,有时倒格子空间又称为波矢空间,二者其实是同一个概念。由色散关系函数容易知道,晶格振动的圆频率 ω 是波矢 q 的偶函数,而且是波矢 q 的周期函数,其周期为 $2\pi/a$,刚好是一维单原子链晶格的倒格子基矢的大小,也是一个布里渊区的大小。

由于 ω 是 q 的周期函数,我们可以研究任意一个周期内 $\omega\text{-}q$ 的行为,就可以得到整个色散关系的特征,同时,将研究范围限制在一个周期内,还可以保证 $\omega\text{-}q$ 关系的一一对应。由于第一布里渊区的特殊性,将波矢 q 限制在第一布里渊区是最方便的,$-\pi/a<q\leqslant\pi/a$,在第一布里渊区内,一维单原子链的色散关系如图 10.2.4 所示。

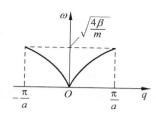

图 10.2.4　一维单原子链的色散关系

图 10.2.4 中,横坐标为 q,实际上代表的是一维晶格的倒格子空间。$\omega(q)$ 关系具有中心反演对称性,$\omega(q)=\omega(-q)$,若 q 为正,表示沿某方向前进的格波,若 q 为负,表示沿相反方向传播的格波。通过色散关系,我们还可以得出格波传播的波速等参量。

格波的相速度:

$$v_p=\frac{\omega}{q}=-2\sqrt{\frac{\beta}{m}}\ \frac{\left|\sin\dfrac{qa}{2}\right|}{q} \tag{10.2.7}$$

格波的群速度:

$$v=\frac{\mathrm{d}\omega}{\mathrm{d}q}=a\sqrt{\frac{\beta}{m}}\cos\frac{qa}{2} \tag{10.2.8}$$

所谓色散关系的概念,可以借鉴普通物理学中光的折射效应来理解,当一束白光通过三棱镜时,由于不同频率的光在三棱镜介质中的速度不同(速度是频率的函数),导致出现色散现象。上述格波的色散关系中,格波的相速度和群速度都与波矢 q 有关,而 q 与频率有关,因此会出现类似色散的性质。

比较特殊的情况:在 q 很小时,即格波的波长很大时,$\sin(qa/2)\sim qa/2$,格波的色散关系变为

$$\omega=a\sqrt{\frac{\beta}{m}}q \tag{10.2.9}$$

相应地,格波的相速度和群速度表示为

$$v_p=v=a\sqrt{\frac{\beta}{m}} \tag{10.2.10}$$

此时变为常数,从而与波矢和频率无关,不再表现出色散的性质,其行为类似于连续弹性介质中行进的波(连续弹性介质波)。这是容易理解的,因为波长很大时,相比起来晶格常数 a 很小,所以可以近似把晶格看成连续介质。

4. 格波波矢 q 的个数、振动模式及模式数

这是一个将贯穿整个课程学习的概念,因为这个概念来源于针对非无限大晶体引入的周期性边界条件,所有应用了周期性边界条件的问题都会得到类似的结论。

由于晶体的体积是有限的,因而格波波矢 q 的取值不能是任意的,必然受到边界条件的限制,即使是弹性波在有限空间内传播,其波矢(或波长)也必须满足一定的条件。晶格中格波的波矢 q 只能取一些特定的值。

q 可以取哪些可能的值呢?针对满足周期性边界条件的格波解,我们有

$$A e^{i[q(n+N)a-\omega t]} = x_{n+N} \equiv x_n = A e^{i(qna-\omega t)} \tag{10.2.11}$$

得

$$e^{iqNa} = 1 \tag{10.2.12}$$

于是

$$qNa = 2\pi \cdot l, \quad l \text{ 为整数} \tag{10.2.13}$$

由此可知,q 只能取以下形式的值:

$$q = \frac{2\pi l}{Na}, \quad l = 0, \pm 1, \pm 2, \cdots$$

由于之前已经把 q 的取值范围限制在第一布里渊区

$$-\frac{\pi}{a} \leqslant \frac{2\pi l}{Na} < \frac{\pi}{a} \tag{10.2.14}$$

因此,符合条件的整数 l 需要满足:

$$-\frac{N}{2} \leqslant l < \frac{N}{2} \tag{10.2.15}$$

可以看出,满足以上条件的整数一共有 N 个——由 N 个原子组成的一维晶格,q 只能有 N 个不同的取值。由于在第一布里渊区,格波振动频率 ω 与 q 是一一对应的,因此也只有 N 个不同的 ω 取值。

我们把一组 (q, ω) 的取值称为格波的一种独立振动模式,对应于色散关系曲线上的一个点(第一布里渊区中色散关系曲线由 N 个点组成),从整体看就标识晶体中的一种格波。因此,在一维单原子晶格中共有 N 个独立的振动模式,或者说有 N 个独立的格波。

最后指出:由试探解可知,要保证晶体是稳定的,必须要求 ω 是实数,否则原子的位移会随时间的增加而无限增大,这样晶体就会解体。因此必须有 $\omega^2 > 0$,即 $\beta > 0$,也就是说,晶体的稳定性要求 $\beta > 0$。

10.3　一维双原子链的振动

通过分析一维单原子链的振动,我们初步获得了有关格波的图像、周期性边界条件、色散关系、格波的模式数等概念。但一维单原子链属于最简单的简单格子,当晶格是复式格子时,会引入一些新的特征,我们用最简单的复式格子——一维双原子链,来进行简单分析。

一维双原子链问题除简单可解、具有单原子晶格的性质外,还能较全面地表现格波的特点,便于得到更具普遍意义的结论,并向实际的三维晶格振动问题过渡。

10.3.1　模型与动力学方程

作为一个最简单的复式格子,一维双原子链有不同的模型构造法,常见的两种模型构造法,一种是令两种原子的质量不同,另一种是两种原子的左右间距不同,导致左右的恢复力常数不同。不管怎样构造模型,只要满足一维晶格中一个原胞内的两个原子有一点不同,就属于一维双原子链。

我们采用第二种模型构造法来建立一维双原子链的模型,如图10.3.1所示。

图10.3.1中的一维双原子链,每个原胞有两个质量为

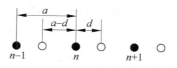

图10.3.1　一维双原子链

m 的相同原子,分别用实心圆和空心圆表示。设晶格常数为 a,同一原胞内两原子间的距离为 d,且 $d < a/2$。当我们选定一个坐标系后,设晶格中第 n 个原胞内两个原子的坐标分别为 na 和 $na+d$。这样,晶格中任一原子和它左右近邻的间距都不相等,因而造成恢复力系数也不相等。不妨令 β_1 表示相距为 $a-d$ 的两原子间的恢复力系数,令 β_2 表示相邻间距为 d 的两原子中间的恢复力系数,由于 $a-d > d$,所以 $\beta_2 > \beta_1$(后文将用到这个前提)。

我们仍然仿照一维单原子链的讨论流程,首先分析晶格原子的受力情况,列出牛顿动力学方程,然后求解方程,得出解的形式和晶格振动的色散关系,过程中仍然采用简谐近似、最近邻近似和周期性边界条件。

与一维单原子链不同,一维双原子链每个原胞内有两个不同的原子(整体有两类原子),$x_1(na)$ 表示平衡位置为 na 原子的位移,$x_2(na)$ 表示平衡位置为 $na+d$ 原子的位移,分别针对这两个(两类)原子列出牛顿动力学方程:

$$m\frac{d^2 x_1(na)}{dt^2} = -\beta_2[x_1(na) - x_2(na)] - \beta_1[x_1(na) - x_2(n-1)a]$$

$$m\frac{d^2 x_2(na)}{dt^2} = -\beta_2[x_2(na) - x_1(na)] - \beta_1[x_2(na) - x_1(n+1)a]$$

$$(10.3.1)$$

与一维单原子链晶格类似,上述方程有如下形式的解:

$$x_1(na) = A e^{i(naq-\omega t)}$$

$$x_2(na) = B e^{i(naq-\omega t)}$$

$$(10.3.2)$$

式中,1$^\#$ 原子和 2$^\#$ 原子由于处于同一原胞内,因此具有相同的原胞相位 qna,但是它们又是不同的,因此前面的振幅 A 和 B 应包含它们由于在同一原胞内的不同位置而导致的相位差特征。换句话说,这里的振幅 A 和 B 应该代表复振幅,它们的比表示同一原胞中两种不等价原子的相对振幅和相位差。另外,对于一维单原子链来说,零振幅是没有意义的,而对一维双原子链而言,非零振幅的要求是 A 和 B 不能同时为零,使 A 和 B 不同时为零的条件中蕴含着色散关系等信息。

10.3.2　色散关系

我们把试探解式(10.3.2)代入方程(10.3.1),经过整理,可以得到一个以 A 和 B 为未

知量的齐次方程组：

$$\left[m\omega^2 - (\beta_1 + \beta_2)\right]A + \left[\beta_1 e^{-iqa} + \beta_2\right]B = 0$$
$$\left[\beta_1 e^{iqa} + \beta_2\right]A + \left[m\omega^2 - (\beta_1 + \beta_2)\right]B = 0 \tag{10.3.3}$$

由数学知识可知，使上述以 A、B 为未知数的齐次方程组有非零解（A、B 不同时为零）的条件是其系数行列式为零，即

$$\begin{vmatrix} m\omega^2 - (\beta_1 + \beta_2) & \beta_1 e^{-iqa} + \beta_2 \\ \beta_1 e^{iqa} + \beta_2 & m\omega^2 - (\beta_1 + \beta_2) \end{vmatrix} = 0 \tag{10.3.4}$$

与一维单原子链不同的是，根据上式，我们可以解出两个 ω 与 q 的关系式（满足 $\omega^2 > 0$），即一维双原子链晶格存在两种色散关系：

$$\omega^2 = \frac{\beta_1 + \beta_2}{m} \pm \frac{1}{m}\left[\beta_1^2 + \beta_2^2 + 2\beta_1\beta_2 \cos(qa)\right]^{1/2} \tag{10.3.5}$$

人们一般将式(10.3.5)中取"＋"的一种记为 ω_O，称为光学波频率，其相应的色散关系称为光学支(optical branch)格波；取"－"号的一种记为 ω_A，称为声学波频率，相应的色散关系称为声学支(acoustic branch)格波，如此取名的原因可看后文说明。

10.3.3　色散关系分析

和一维单原子链一样，由色散关系函数容易知道，无论是光学支格波还是声学支格波，晶格振动的圆频率 ω 都是波矢 q 的偶函数，而且也是波矢 q 的周期函数，其周期为 $2\pi/a$，也可与一维双原子链晶格的倒格子基矢的大小或布里渊区的大小对应起来。

在第一布里渊区内，一维双原子链的色散关系的图形如图 10.3.2 所示。

由图 10.3.2 可见，声学支格波的频率整体低于光学支格波的频率。声学支格波的频率最小值出现在 $q = 0$ 处，最大值为 $\sqrt{\dfrac{2\beta_1}{m}}$，出现在布里渊区边界；而光学支格波的频率最大值为 $\sqrt{\dfrac{2(\beta_1 + \beta_2)}{m}}$，出现在 $q = 0$ 位置，频率最小值为

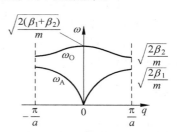

图 10.3.2　第一布里渊区内一维双原子链的色散关系曲线

$\sqrt{\dfrac{2\beta_2}{m}}$，出现在布里渊区边界。值得指出的是，在布里渊区边界，光学支格波频率的最小值大于声学支格波频率的最大值，光学支格波和声学支格波存在"频隙"现象[①]，即这两支格波的频率范围没有重叠，出现"禁带"区，禁带区的宽度取决于 β_1、β_2 的差别和原子的质量。

10.3.4　格波波矢 q 的个数、振动模式及模式数

与一维单原子链类似，因为一维双原子链采用了同样的周期性边界条件（复式格子内任

[①]　频隙的产生：在布里渊区边界，$\omega_{O\min} = \sqrt{2\beta_1/m}$，$\omega_{A\max} = \sqrt{2\beta_2/m}$，因为 $\beta_1 > \beta_2$（之前的假设），因此 $\omega_{O\min} > \omega_{A\max}$。

一同种原子具有与晶格同样的周期性),我们得到的是同样的结论:

$$A e^{i[q(n+N)a-\omega t]} = x_{n+N} \equiv x_n = A e^{i(qna-\omega t)} \qquad (10.3.6)$$

得

$$e^{iqNa} = 1 \qquad (10.3.7)$$

推出

$$qNa = 2\pi \cdot l, \quad l \text{ 为整数} \qquad (10.3.8)$$

由此可知,q 也只能取以下形式的值:

$$q = \frac{2\pi l}{Na}, \quad l = 0, \pm 1, \pm 2, \cdots \qquad (10.3.9)$$

在一维双原子链晶格(包含 N 个原胞)的倒格子空间内,每个 q 代表点占据的体积大小亦为 $\frac{2\pi}{Na}$,单位体积内 q 代表点的个数(q 代表点的密度)为 $\frac{Na}{2\pi}$,或写作 $L/2\pi$,其中 L 为一维晶格的体积(长度)。

一维双原子链晶格的第一布里渊区内 q 代表点的个数同样是 N。然而,因为色散关系有两支,每一支色散关系曲线都含有 N 个曲线点——N 个 (q,ω) 的组合、N 个独立的振动模式,因此共有 $2N$ 个独立的振动模式。晶格的独立振动模式数目也可与晶格的自由度数目联系起来,可以看到二者的数值相等。

10.3.5　推广至三维晶格振动

以上对一维双原子链问题的讨论,已经给我们揭示了很多有关晶格振动问题的特征,包括形成多支格波、振动模式的概念、第一布里渊区内的振动模式数与晶体原胞数的关系等,实际的三维晶格的数学处理虽然比较复杂,但物理思想与一维情况是相同的。在这里不进行严格的数学推导,只把一维的一些结论推广到三维情况。

对有 N 个原胞的三维晶体——每个原子有 3 个自由度(也可称为不确定维度,如 d 维或 2 维等),设每个原胞有 p 个原子,所有晶体的总自由度数目则为 $3pN$。概括起来我们得到以下结论:

三维晶格振动的波矢 q 数目等于晶体的原胞数目 N,圆频率 ω 的数目,或 (q,ω) 的组合数目,即独立振动模式数,等于晶体的总自由度数 $3pN$。这些独立的格波又可分成 $3p$ 支,每支有 N 个格波或 N 个独立振动模式。其中 3 支是声学波,另外 $3(p-1)$ 支是光学波。例如,对三维金刚石晶体,每个原胞内包含 2 个原子,因此会有 6 支格波,其中 3 支声学波,3 支光学波。

10.3.6　声学波与光学波的深入分析

为了理解光学波与声学波的物理本身,我们分析一维双原子链的两种格波之间的振动相位关系。由试探解式(10.3.2)可知,在给定时刻 t,同一原胞中两个原子的位移之比为

$$\frac{x_2(na)}{x_1(na)} = \frac{B}{A} \qquad (10.3.10)$$

另外,把色散关系式(10.3.5)代入式(10.3.3),可得

$$\frac{B}{A} = \mp \frac{\beta_2 + \beta_1 \mathrm{e}^{iaq}}{|\beta_2 + \beta_1 \mathrm{e}^{iaq}|} \tag{10.3.11}$$

式中负号对应光学波 ω_O，正号对应声学波 ω_A。由于 A、B 分别是两个原子的复振幅，故 B/A 是两个原子振动的相位差。下面就两种特殊情况进行讨论。

（1）长波极限 $q \to 0$ 情况，有

$$\begin{cases} B = -A & （光学支） \\ B = A & （声学支） \end{cases} \tag{10.3.12}$$

这说明在长波极限情况下，对光学支格波，原胞中两原子的振动相位相反，即长光学波代表原胞中的原子的相对运动。离子晶体（如 NaCl）中，正、负离子交替排列，每个原胞各有一对正、负离子，如果相邻异性离子振动方向相反，则会发生迅速变化的电偶极矩，此迅变电偶极矩频率较高，可与电磁波（光）相互作用，也会影响晶体的光学性质，这就是光学支格波的命名原因。

而在长波近似下，对声学波，原胞中两原子的振动相位相同，表明长声学波代表原胞的质心振动，如图 10.3.3(a) 所示。另外，在长波极限下 $|q| \ll \pi/a$，有 $\cos qa \approx 1 - \frac{1}{(qa)^2}$，因而

$$\omega_A = \left[\frac{\beta_1 \beta_2}{2m(\beta_1 + \beta_2)}\right]^{1/2} qa \tag{10.3.13}$$

ω_A 与波矢 q 成正比，类似于弹性介质中传播的弹性波，这就是声学波的命名原因。

声学波和光学波的示意图如图 10.3.3 所示。

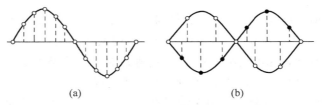

图 10.3.3　声学波和光学波示意图
（a）声学波示意图；（b）光学波示意图

（2）在布里渊区边界，$q = \pm \pi/a$，有

$$\begin{cases} \omega_A = \left(\frac{2\beta_1}{m}\right)^{1/2}, & A = B \\ \omega_O = \left(\frac{2\beta_2}{m}\right)^{1/2}, & A = -B \end{cases} \tag{10.3.14}$$

容易看出：在同一个原胞中，对声学波，两个原子的相位仍然相同。对光学波，两个原子的相位依然相反。与长波近似不同的是，由于 $q = \pm \pi/a$，从 $x_1(na)$ 和 $x_2(na)$ 的形式解可知，无论是声学波还是光学波，相邻原胞的相位相反。

10.4　正则坐标与声子

我们已经建立起由于热运动引起的晶格振动的图像，通过对几个简单模型的分析，我们比较精确地求解出了一维晶格中各个原子的运动方程，可以知晓每个原子在任一时刻的位

移,知晓格波传播的色散关系、速度等信息。然而,由于宏观固体涉及的原子数目是非常庞大的,达到阿伏伽德罗常数量级。对于这么大的原子数目,多数情况下,我们没有可能、也没有必要知晓由热运动引起的每一个原子的具体信息,如位移。我们更加关注的是系统整体的变化,如由晶格振动引起的体系能量的变化等。

以下将通过一维单原子晶格为例引入声子的概念,并把它扩展到一般的三维情况。声子是讨论晶体热力学性质所需要的重要概念,是本章最核心的概念之一。

10.4.1　正则坐标

对于一维单原子晶格,总共包含 N 个原子,在简谐近似和最近邻近似下,由热运动引起的晶格振动包含 N 个独立的振动模式。其中,第 n 个原子的第 l 个振动模式引起的位移是

$$x_{nl} = A_l e^{i(naq_l - \omega_l t)} \tag{10.4.1}$$

式中,

$$\begin{cases} q_l = \dfrac{2\pi l}{Na}, & -\dfrac{N}{2} \leqslant l < \dfrac{N}{2} \\ \omega_l^2 = \dfrac{2\beta}{m}[1 - \cos(q_l a)] \end{cases}$$

每一个振动模式都会作用到每一个原子,因此,第 n 个原子的总位移为

$$x_n = \sum_{l=1}^{N} x_{nl} = \sum_{l=1}^{N} A_l e^{i(naq_l - \omega_l t)} \tag{10.4.2}$$

因此,一维单原子晶格的振动总能量为

$$E = \frac{1}{2} m \sum_n \left(\frac{\partial x_n}{\partial t}\right)^2 + \frac{1}{2} \beta \sum_n (x_{n-1} - x_n)^2 \tag{10.4.3}$$

式中,第一项表示动能项,第二项为由于原子间距变化导致的势能项。

问题的提出:在以上求体系的能量关系式中,势能中出现不同原子的交叉项,表示实际原子之间的关联作用,使得能量计算变得困难。

解决问题的思路:数学上,例如在线性代数中,对角矩阵是最容易处理的矩阵类型,对于非对角矩阵,如果条件合适,我们可以通过一定的数学变换(表象变换)将之变换为对角矩阵,在新的表象空间里可以大大地方便我们对问题的处理。事实上,上述的能量平方项我们可以认为是矩阵的对角元素,而势能交叉项可以认为是矩阵的非对角元素,我们可以采用矩阵对角化的思路来理解这个表象变换。

以下数学处理过程可略看。引入变换 $Q(q_l) = (Nm)^{1/2} A_l e^{-i\omega_l t}$,即

$$A_l e^{-i\omega_l t} = (Nm)^{-1/2} Q(q_l) \tag{10.4.4}$$

于是第 n 个原子的总位移公式(10.4.2)可表示为

$$x_n = (Nm)^{-1/2} \sum_{q_l} Q(q_l) e^{inaq_l} \tag{10.4.5}$$

将上式代入体系振动总能量的表达式(10.4.3),借助以下两个可以证明成立的关系式(读者可自行证明或参看相关参考书):

$$\begin{cases} Q^*(q_l) = Q(-q_l) \\ \dfrac{1}{N} \sum_{n=0}^{N-1} \mathrm{e}^{\mathrm{i}na(q_l - q_{l'})} = \delta_{q_l q_{l'}} \end{cases} \tag{10.4.6}$$

这样,晶格振动的总能量可以表示为

$$E = \sum_{l}^{N} \frac{1}{2} [\dot{Q}^2(q_l) + \omega_l^2 Q^2(q_l)] \tag{10.4.7}$$

通过以上的数学处理,我们最后得出晶格振动的总能量可表示成 N 项的和,而且消除了能量的交叉项,每一项都是独立的频率为 ω 的线性谐振子的能量形式。这说明,经过一定的数学变换,晶格振动的总能量可以表示成 N 个独立的线性谐振子的能量和,实际空间的 N 个相互作用着的原子体系的微振动和在新的表象空间中的 N 个独立的线性谐振子是等效的。显然,处理 N 个独立的线性谐振子的能量和要容易得多。

这里需要重点理解的是 $Q(q_l)$ 的意义。它代表原子位移在新的表象空间内的坐标,但是每一个 $Q(q_l)$ 都是所有原子的集体振动的结果,不再对应于三维实际空间中的某个具体原子的位移。我们上述引入的变换称为正则变换,通常称 $Q(q_l)$ 为正则坐标或简正坐标。

10.4.2　从经典力学到量子力学

由于晶格振动的能量与具有该能量时间的涨落的乘积满足测不准关系式(10.4.8),因此严格来说要用量子力学来处理晶格振动问题。

$$\Delta E \cdot \Delta t \sim \frac{\hbar}{2} \text{①} \tag{10.4.8}$$

一旦找到了简正坐标,由经典力学到量子力学的过渡是非常简便的。式(10.4.7)可以直接作为量子力学分析的出发点,只需把其中的各物理量看成相应的算符,并经过实数化处理,式(10.4.7)中的每一求和项就成为频率为 ω 的线性谐振子的哈密顿算符,根据量子力学对谐振子的处理,频率为 ω 的谐振子的能量本征值是

$$\varepsilon_l = \left(\frac{1}{2} + n_l\right) \hbar \omega_l, \quad n_l = 0, 1, 2, \cdots \tag{10.4.9}$$

所以晶格的总能量:

$$E = \sum_{l}^{N} \varepsilon_l = \sum_{l} \left(\frac{1}{2} + n_l\right) \hbar \omega_l \tag{10.4.10}$$

以上结论可以很方便地推广到三维情况:若三维晶体有 N 个原胞,每个原胞有 p 个原子,则晶格中共有 $3pN$ 种不同频率的振动模式,在正则坐标下,晶格振动总能量等于 $3pN$ 个相互独立的谐振子的能量和,所以三维晶格的振动总能量为

$$E = \sum_{i}^{3pN} \varepsilon_i = \sum_{i}^{3pN} \left(\frac{1}{2} + n_i\right) \hbar \omega_i \tag{10.4.11}$$

---

① 室温下,由热运动引起的原子的每个振动所获得的激发能平均为 $k_B T \sim 0.02 \text{ eV}$。这种振动对应最高频率的周期为 $\frac{2\pi}{\omega} \sim 10^{-3} \text{ s}$。因此有 $\Delta E \cdot \Delta t \sim 2.6 \times 10^{-15} \text{ eV} \cdot \text{s}, \hbar \sim 4.14 \times 10^{-15} \text{ eV} \cdot \text{s}$。二者可以比拟,因此晶格振动问题实际上需要用量子力学来处理。

10.4.3　声子

由式(10.4.9)可知,每个振动模式的能量均有一个最小基本单位$\hbar\omega_l$,能量的增、减只能是最小单位的整数倍,即能量是量子化的。我们把这种晶格振动能量的"量子"称为"声子",不同频率的谐振模式对应不同种类的声子。如果频率为ω_l的谐振子处在$\left(\dfrac{1}{2}+n_l\right)\hbar\omega_l$的激发态时,可以说有$n_l$个频率为$\omega_l$的声子。谐振子的能量增加或减少可用声子的产生和消灭来表示。

声子是晶格振动的能量量子,是能量量子化的格波的粒子性描述,代表一个独立的简谐振动能量量子。声子是反映晶格原子具体运动状态的激发单元,声子数目的多少,反映晶格振动本身的强弱。处于不同激发态的声子,其数目n_l不相同,因此声子数目是不守恒的,可产生、消失(发射或吸收能量)。声子是玻色子,在同种声子(ω和q相同)之间不可区分且自旋为零。在一定温度下平均声子数目遵从玻色-爱因斯坦统计。

声子不仅是一个能量子,在研究光子、中子、电子与声子的相互作用时,发现声子表现出具有动量的属性,称$\hbar q$为声子的准动量。这是因为波矢q的方向代表格波的传播方向,引入声子的概念后它就是声子的波矢,其方向代表声子的运动方向,类似光子,但声子的准动量并不是晶体的真实动量。

声子是一种"准"粒子。之所以称为准粒子,是因为声子不能脱离晶格存在,不是局域粒子。但声子具有能量和"动量",即具有粒子的属性,可与其他粒子(实物粒子或其他声子)相互作用(非简谐情况)并满足能量守恒和动量守恒定律。

引入声子的概念后,给处理有关晶格振动问题带来极大方便。简谐近似下晶格振动的热力学问题就可以当作由$3pN$种不同声子组成的理想气体系统处理,如果考虑非简谐效应,可看成有相互作用的声子气体。另外光子、电子、中子等受到晶格振动的作用就可看成是光子、电子、中子等与声子的碰撞作用,这样就使得问题的处理大大简化。我们也把声子称作一种"元激发",所谓固体的元激发就是描述固体中微观粒子在特定相互作用下产生的集体运动状态的量子。相互作用性质不同,对应不同的元激发。

有关声子具有的是准动量,而晶格振动引起的晶体真实动量为零的问题,我们也可以这样直观地理解:当我们给某晶体加热,激发了它的晶格振动,产生了声子,但是加热本身并不会造成晶体的宏观运动,晶格振动导致的晶体整体的动量变化仍然为零。

10.5　晶格振动谱的实验测定

晶格振动谱就是格波的色散关系$\omega(q)$,也称声子谱。晶体与晶格振动有关的性质都与$\omega(q)$相关,因此确定晶格振动谱是非常重要的。

前面我们确定色散关系的途径是由已知晶体的结构,通过数学计算得出晶格振动的色散关系的解析解。然而,上述方法仅对少数几个极简单模型有效,对绝大多数实际晶体而言,其晶格振动谱需要由实验来测定。

色散关系曲线实际上是由一个个坐标为(q,ω)的点构成,即使我们无法得到色散关系的解析解,但如果能确定曲线上各个点的坐标,就相当于确定好了整条色散关系曲线。

入射粒子与晶格振动的非弹性散射是实验测定 $\omega(q)$ 的基础。当上述粒子入射到晶体,可以和晶格振动交换能量,使谐振子的能量发生变化。当我们已经有了声子的概念后,上述散射可看作各种入射粒子,如中子、电子、光子等与声子的碰撞。用声子概念说,就是产生或者消灭了一个能量为 $\hbar\omega$ 的声子。

入射粒子与声子的碰撞过程遵循能量守恒和动量守恒定律,可表示为

$$\begin{cases} \hbar\omega = \hbar\omega' \pm \hbar\omega_q \\ \hbar\boldsymbol{k} = \hbar\boldsymbol{k}' + \hbar\boldsymbol{q} + \hbar\boldsymbol{K} \end{cases} \tag{10.5.1}$$

式中,ω 和 ω' 分别代表入射波(德布罗意波或电磁波)和散射波的频率,ω_q 代表激发的声子的频率。第一个式子表示能量守恒,第二个式子表示动量守恒。矢量 $\boldsymbol{k}$ 和 $\boldsymbol{k}'$ 分别代表入射波和散射波的波矢,$\boldsymbol{q}$ 代表激发的声子的波矢。"+"和"−"号分别代表激发或消灭声子的过程。

值得指出的是,式(10.5.1)中动量守恒关系式比一般的动量守恒关系多出一项 $\hbar\boldsymbol{K}$,这是因为,动量守恒关系式实际上是空间均匀性的反映,由于晶格的非完全平移对称性(周期性)与完全平移对称性(均匀空间)相比,对称性降低了,因而变换规则与动量守恒相比,条件变弱了,导致可相差一个因子。

根据以上原理,当我们用一束确定能量和动量的粒子作用于晶体上,被晶体散射后,若能测定散射前后粒子的频率与波长的改变,就可根据式(10.5.1)确定一种声子的频率和波矢,亦即一组 (q, ω) 的坐标。一系列不同的入射粒子可以得出一系列不同的 (q, ω) 坐标值,最终有可能得到完整的 $\omega\text{-}q$ 曲线。

采用入射粒子束与晶格相互作用,通过测量入射粒子和散射粒子的能量和动量变化来获得晶体内部的信息,是一种"反馈"的信息获得方法。要测出完整的色散关系曲线,关键在于,入射粒子要能与整个声子谱的声子都能发生较明显的相互作用。简单类比的话,如果研究目标是一个大铁球,我们采用乒乓球与其相互作用,对铁球的影响一定是非常小的。所以要想获得完整的声子谱,入射粒子的能量与动量要能覆盖整个声子谱的范围。

常用的散射粒子有中子、光子等,它们各有优点和局限性。中子是最合适的入射粒子源。在室温下,中子能量为 $0.02 \sim 0.04$ eV,与声子的能量相近;相应的德布罗意波长为 $0.2 \sim 0.3$ nm,与晶格常数同数量级;因此中子的波矢与晶格布里渊区的线度也同数量级。以中子束为光源进行非弹性散射实验,提供了测定格波 (q, ω) 的最有利条件。既能满足晶体衍射的波长要求,又能精确测定经过声子散射后中子的非弹性散射谱,并由此可以测定所研究晶体的晶格振动谱。目前,中子非弹性散射是最方便和有效的测量晶格振动谱的实验方法,图 10.5.1 是中子谱仪结构示意图。但是由于中子源的获得比较复杂,给此种方法的普遍应用带来一定阻碍。

当光通过固体时,也会与格波相互作用而发生散射。对于一级谱(单声子过程)仍然有能量、动量守恒关系,所以仍然可以通过测定散射前后入射光波长、频率的变化,来确定晶格振动谱。但由于一般可见光的波矢 $\boldsymbol{k}$ 其数值 k 只有 10^8 m^{-1} 的数量级,因此能与之作用的声子波矢 $\boldsymbol{q}$ 的值也在这一数量级,它远小于晶格布里渊区的线度。因此测到的这些声子只是位于布里渊区中心($q \to 0$)很小一部分区域内的声子,即长波声子。因而光散射法只能测定布里渊区中心很少一部分长波声子谱,这是光散射方法的根本局限性。

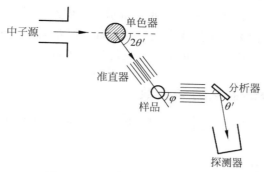

图 10.5.1　中子谱仪结构示意图

10.6　固体的热性质及热容

在本书前言部分提到,固体物理部分可以看作是量子和统计相关概念和知识在固体领域中的应用。而固体的热性质的成功研究,正是 20 世纪早期量子力学成功应用的典范(当然,中间少不了统计力学)。本节我们将看到前辈科学家因为睿智地抓住了量子的本质,以非常简单而粗糙的模型就能将固体热容理论推进了一大步。固体热容一般包括晶格振动与自由电子运动这两方面的贡献。由于这两方面之间的相互作用很弱,所以可以分开处理。本节重点介绍晶格振动对固体热容的贡献。关于晶格振动模型主要有经典模型、爱因斯坦模型和德拜模型。

10.6.1　固体热容的经典模型

物质可以被加热或降温,1mol 物质每升高或降低 1 K 需要或释放的能量,称为该物质的比热容或热容。显然,热容是描述固体热性质最好的物理量,很早就为人们所研究。在量子力学建立之前,人们已经建立起了固体热容的经典模型,也有了很多的实验结果。

经典的固体热容模型主要基于能量连续及能量均分定理,采用的是经典的玻尔兹曼分布。能量均分定理(3.4 节)认为粒子的每个自由度具有的能量为 $\bar{\varepsilon}=k_B T$(平均动能与平均势能均为 $\frac{1}{2}k_B T$)。因此,对于 1 mol 固体,包含 N_0(阿伏伽德罗常数)个原子,具有 $3N_0$ 个自由度,固体热容为

$$U=3N_0 k_B T \Rightarrow C_V=\left(\frac{\partial U}{\partial T}\right)_V=3N_0 k_B=3R \qquad (10.6.1)$$

以上结论表明,固体的热容是固定的,与温度无关,与材料的物性无关。这个结论与实验上研究高温固体热容得出的杜隆-伯替定律是一致的,在高温下也能较好地与实验吻合。然而,当温度下降时,实验中发现固体的热容明显表现出随温度变化的趋势:所有固体的热容都开始从经典值向下倾斜,最后热容随温度 T^3(绝缘体)趋于零,或者 $AT+BT^3$(金

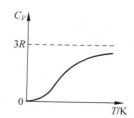

图 10.6.1　固体热容的实验结果

属)趋于零(通常称之为 T^3 定律),如图 10.6.1 所示。采用经典模型无法解释这一现象。除此之外,经典模型在解释固体电子的热容也存在严重的偏差:室温下,理论计算值比实测值约高两个数量级。因此,需要有更合理的模型来解释这些实验现象。

10.6.2　晶格振动的热力学函数

在介绍固体热容的量子模型之前,我们先讨论如何从统计物理的角度研究晶格振动的热容问题。

1. 晶格振动的自由能

在通常情况下,晶体处于稳定的大气压强下,因而选用温度 T 和体积 V 作为状态参量,其特征函数为体系的自由能 $F(T,V)$。知道了特征函数之后,可以由此求出体系的基本热力学函数,包括状态方程、内能和熵,从而确定一个体系,因此关键在于求体系的自由能。

$$p = -\left(\frac{\partial F}{\partial V}\right)_T, \quad U = F - T\left(\frac{\partial F}{\partial T}\right)_V, \quad S = -\left(\frac{\partial F}{\partial T}\right)_V \tag{10.6.2}$$

由热力学可知,自由能可由体系的总配分函数求得

$$F = -k_B T \ln Q \tag{10.6.3}$$

式中,Q 为体系的总配分函数,它与粒子的配分函数 Z_i 的关系是

$$Q = \prod_i Z_i \tag{10.6.4}$$

若用 $F_i = -k_B T \ln Z_i$ 表示粒子的自由能,则体系的总自由能 $F = \sum_i F_i$。

2. 采用声子模型研究晶格振动自由能

引入声子概念后,研究晶格振动的热效应时,就可等效为研究由 $3pN$ 种声子组成的多粒子体系,在简谐近似下,这些声子之间是相互独立的,因而构成近独立子系,类似于理想气体。因为声子概念的提出是对经典谐振子进行量子化处理的结果,因此采用声子的概念处理晶格振动问题本身就已经应用了量子的观点和方法。

在简谐近似下,第 j 支格波上频率为 $\omega_j(q)$ 的格波的能量为

$$\varepsilon_j = \left(\frac{1}{2} + n_j(q)\right)\hbar\omega_j(q), \quad n_j(q) = 0,1,2,\cdots \tag{10.6.5}$$

相应的配分函数为

$$Z_j(q) = \sum_{n_j(q)=0}^{\infty} e^{-\varepsilon_j(q)/k_B T} = \frac{e^{-\frac{1}{2}\hbar\omega_j(q)/k_B T}}{1 - e^{-\hbar\omega_j(q)/k_B T}} \tag{10.6.6}$$

相应的振动自由能为

$$F_j(q) = -k_B T \ln Z_j(q) \tag{10.6.7}$$

因为在简谐近似下,晶体共有 $3pN$ 支格波,而且是相互独立的,因此晶格振动的总自由能是所有独立格波(声子)自由能之和:

$$F_V = \sum_j^{3p}\sum_q^N F_j(q) = \sum_j^{3p}\sum_q^N \left\{\frac{1}{2}\hbar\omega_j(q) + k_B T\ln\left[1 - e^{-\hbar\omega_j(q)/(k_B T)}\right]\right\} \tag{10.6.8}$$

以上关系式虽然看似复杂,但每一项都是已知的、确定的函数,因此,原则上体系的自由能已经是一个确定的函数。然而,式(10.6.8)的求和总共包含 $3pN$ 项,而真实晶体的原子数 N

非常大,故式(10.6.8)的求和无法实际进行。但也正是由于 N 很大,使我们有可能把求和设法变为积分,从而使计算变成可能。为此引入模式密度的概念,这是一种数学处理的思路。

10.6.3　模式密度

1. 概念

模式密度定义为一个周期内单位频率间隔内的模式数。在某些书中,模式密度也称为振动模式的态密度或频率分布函数:

$$g(\omega) = \lim \frac{\Delta n}{\Delta \omega} = \frac{\mathrm{d}n}{\mathrm{d}\omega}$$

式中,$\Delta\omega$ 代表 $\omega \sim \omega + \Delta\omega$ 的频率间隔,Δn 代表这个频率间隔内的振动模式数,因为色散关系曲线上的每一个点代表一个独立的振动模式,因此 Δn 也代表 $\Delta\omega$ 频率范围内包含的曲线上的数据点数。

若第 j 支格波的模式密度为 $g_j(\omega)$,显然应该有

$$\sum_{q_j}^{N} = N = \int_{\omega_{\min}}^{\omega_{\max}} g_j(\omega) \mathrm{d}\omega$$

引入模式密度的概念后,式(10.6.8)可以变成积分形式:

$$F_V = \sum_j^{3p} \int g_j(\omega) \left\{ \frac{1}{2} \hbar\omega_j(q) + k_B T \ln\left[1 - \mathrm{e}^{-\hbar\omega_j(q)/(k_B T)}\right] \right\} \mathrm{d}\omega_j(q) \qquad (10.6.9)$$

因此,知道了模式密度,可大大简化热力学函数的计算。而且以后还会看到,在讨论晶体的某些电学、光学性质时,也经常要用到模式密度。因此求出模式密度是相当重要的。

2. 模式密度的求法

原则上说,知道了晶格振动的色散关系(晶格振动谱)$\omega(q)$,就知道了各振动模式在各频率间隔内的分布,随之模式密度 $g(\omega)$ 也就确定了。

通过晶格振动谱求模式密度的思路及原理性方法简述如下:考虑单支格波的情况,由于求解会限制在一个周期内(一个倒格子原胞、一个布里渊区),在此区间内,ω-q 满足一一对应关系,因此,在一定频率范围内的振动模式数与该频率范围对应的倒格子空间(波矢空间、q 空间)内的波矢数目(q 点的个数)是相等的,而波矢代表点(q)在波矢空间的分布是均匀的,其分布密度由所采用的周期性边界条件和原胞数决定,因此只需要求出该频率间隔内的 q 空间体积即可。

$$g_j(\omega)\mathrm{d}\omega = \rho(q)\Delta V_q \qquad (10.6.10)$$

式中,$\rho(q)$ 为倒格子空间中 q 代表点的密度,一维、二维、三维情况下分别为 $L/2\pi$、$S/(2\pi)^2$ 和 $V/(2\pi)^3$,这里 L、S 和 V 分别代表晶格在不同维度下的体积;ΔV_q 代表倒格子空间中两个等频率面(三维),或等频率线(二维),或频率点(一维)所包围的体积。

对晶格色散关系包含多支格波情况,可以求出各单支格波在此频率间隔的模式密度,再对多频支求和即可,

$$g(\omega) = \sum_j g_j(\omega)$$

三维情况下,频率 $\omega_0 \sim \omega_0 + \Delta\omega$ 内的倒格子空间体积 ΔV_q 可表示为

$$\Delta V = \iint\limits_{S_\omega} \mathrm{d}S_q \frac{\mathrm{d}\omega}{|\nabla_q \omega(q)|} \tag{10.6.11}$$

曲面积分沿 $\omega=\omega_0$ 的等频率面进行，$\nabla_q \omega(q)$ 表示曲面在 q 方向的梯度。

若已知色散关系，以上的过程原则上可以求出模式密度。然而实际上模式密度的求解是非常复杂的，例如，当色散关系很复杂时，上述的曲面积分的求解将变得困难，另外，除非在一些特殊情况下，一般很难求得 $\omega(q)$ 的解析表达式，常常需要数值计算，或进行实验测定。

以下举两个简单例子说明模式密度的求法。

例 10.1　以一维单原子链为例，其色散关系曲线为

$$\omega(q) = \sqrt{\frac{4\beta}{m}} \left| \sin \frac{qa}{2} \right|$$

晶格常数为 a，原子数为 N。一维晶体线度 $L=Na$，q 空间波矢代表点的密度约化为 $L/(2\pi)$。在 $\mathrm{d}q$ 间隔中的振动模式数目为 $\frac{L}{2\pi}\mathrm{d}q$。若用 $\mathrm{d}\omega$ 表示与 $\mathrm{d}q$ 对应的频率间隔，则有

$$g(\omega)\mathrm{d}\omega(q) = \frac{L}{2\pi}(2\mathrm{d}q)$$

于是

$$g(\omega) = 2 \times \frac{L}{2\pi} \frac{1}{\mathrm{d}\omega(q)/\mathrm{d}q} \tag{10.6.12}$$

等式右边的因子 2 来源于色散关系 $\omega(q)=\omega(-q)$ 的性质。$q>0$ 与 $q<0$ 的区间是完全等价的。把一维单原子链的色散关系代入式(10.6.12)，可得

$$g(\omega) = \frac{2N}{\pi}(\omega_{\max}^2 - \omega^2)^{-1/2} \tag{10.6.13}$$

式中，$\omega_{\max}=\sqrt{4\beta/m}$ 为频率最大值。

例 10.2　对长声学波或弹性波，其色散关系为

$$\omega_j(q) = c_j q$$

其中，c_j 为波速，所以有

$$g_j(\omega)\mathrm{d}\omega_j = \frac{V}{(2\pi)^3}\mathrm{d}V_q \tag{10.6.14}$$

由于波的传播速度与波的传播方向无关，在 q 空间等频面是球面。选用球坐标系，则有

$$\Delta V_q = \int_0^{2\pi}\int_0^{\pi} \sin\theta\mathrm{d}\theta\mathrm{d}\varphi q^2 \mathrm{d}q = 4\pi q^2 \mathrm{d}q$$

代入式(10.6.14)，得

$$\begin{aligned} g_j(\omega) &= \frac{V}{(2\pi)^3} 4\pi q^2 \frac{1}{\mathrm{d}\omega_j(q)/\mathrm{d}q} \\ &= \frac{V}{2\pi^2}\frac{q^2}{c_j} = \frac{V}{2\pi^2}\frac{\omega_j^2}{c_j^3} \end{aligned} \tag{10.6.15}$$

3. 范霍夫奇点

图 10.6.2 给出铝的晶格振动模式密度，是由中子散射数据推得的。铝为面心立方的单原子晶格，存在三支声学波，图 10.6.2 中最上面的曲线表示总的模式密度，下面三条曲线分

别对应两支横的格波(图中用 T_1 与 T_2 表示)和一支纵的格波(图中用 L 表示),对实际的三维晶体,人们发现模式密度曲线中经常显现出尖锐的峰和斜率的突变,可与$\nabla_q \omega(q)=0$ 相对应,称这些$\nabla_q \omega(q)=0$ 的点为范霍夫奇点,范霍夫奇点是和晶体的对称性相联系的,常常出现在布里渊区的某些高对称点上。

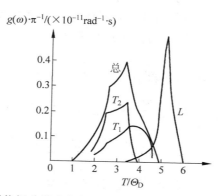

图 10.6.2 铝的晶格振动模式密度,图中 T_1 与 T_2 表示横格波,L 表示纵格波

10.6.4 固体热容的量子模型

如上所述,通过声子的模型,并引入模式密度的概念之后,通过晶格振动的自由能可求得晶格振动能量为

$$U = F - T\left(\frac{\partial F}{\partial T}\right)_V = \sum_{j}^{3p}\sum_{q}^{N}\left[\frac{1}{2}\hbar\omega_j(q) + \frac{\hbar\omega_j(q)}{e^{\hbar\omega_j(q)/(k_B T)} - 1}\right]$$

$$= \sum_{j}^{3p}\int g_j(\omega)\mathrm{d}\omega_j(q)\left[\frac{1}{2}\hbar\omega_j(q) + \frac{\hbar\omega_j(q)}{e^{\hbar\omega_j(q)/(k_B T)} - 1}\right] \tag{10.6.16}$$

式中第一项与温度 T 无关,代表与晶格振动无关的能量,是各种振动模式的零点振动能;第二项包含温度 T 的因子,代表温度为 T 时晶体中所激发的全部声子的能量和。

由于温度变化 1 K 时晶体的体积变化一般可以忽略,因此晶体热容一般指定容热容。热力学中,定容热容可表示为

$$C_V = \left(\frac{\partial U}{\partial T}\right)_V = k_B\sum_{j}^{3p}\int g_j(\omega)\mathrm{d}\omega_j(q)\left(\frac{\hbar\omega_j}{k_B T}\right)^2\frac{e^{\hbar\omega_j/(k_B T)}}{(e^{\hbar\omega_j(q)/(k_B T)} - 1)^2} \tag{10.6.17}$$

式中,模式密度可以通过晶格振动的色散关系曲线导出,或根据一定的简化模型直接给出;除此之外,所有的函数均为确定的函数,因此,可以通过式(10.6.17)求出晶格振动的热容,由于在之前的推导中利用了声子的概念,而声子本身即代表晶格振动的能量量子,因此式(10.6.17)属于固体热容的量子理论。

晶格振动的量子理论是比经典理论更进一步的理论,我们将看到,正是由于引入了量子的概念,下面介绍的两个在量子框架下提出的模型,尽管非常简单,却能将固体热容的理论较经典理论大大推进一步,使之更接近实验事实。

1. 爱因斯坦模型

1907 年,应用初步建立的量子论的观点,爱因斯坦运用 1900 年普朗克在黑体辐射研究

中提出的电磁波(光子)能量的量子化概念,提出了计算固体热容的简单模型,人们称之为晶格振动的爱因斯坦模型,其核心内容是:①晶体中原子振动的能量是量子化的;②所有的原子都以同一频率振动,$\omega = \omega_E$,称之为爱因斯坦频率。

　　这个模型的第一点是精髓,因为采用了量子的概念来处理晶格振动问题;而模型的第二点是一个简化模型,可以在当时的条件下方便地进行数学处理。由这个模型我们可以很容易地得到热容关系式中原本不确定的模式密度函数

$$g(\omega) = 3pN\delta(\omega - \omega_E)$$

将之代入热容关系式,经过整理,可以得到

$$C_V = \left(\frac{\partial U}{\partial T}\right)_V = \frac{\partial}{\partial T} 3pN\left(\frac{\hbar\omega_E}{e^{\hbar\omega_E/k_BT} - 1}\right) = 3pNk_B\left(\frac{\Theta_E}{T}\right)^2 \frac{e^{\Theta_E/T}}{(e^{\Theta_E/T} - 1)^2} \quad (10.6.18)$$

式中,k_B 为玻尔兹曼常数,$\Theta_E = \hbar\omega_E/k_B$,是一个简化写法,称为爱因斯坦温度。$pN$ 是晶体中原子的数目。

　　我们可以对照实验数据简单检验一下爱因斯坦模型:

　　(1)高温情况

　　高温下固体热容的实验结果符合杜隆-伯替定律,对于爱因斯坦模型,高温下满足 $T \gg \Theta_E$,此时 $\dfrac{e^{\Theta_E/T}}{(e^{\Theta_E/T} - 1)^2} \approx \left(\dfrac{T}{\Theta_E}\right)^2$,因此,$C_V \approx 3pNk_B$,与实验一致。

　　(2)极低温情况

　　低温情况满足 $T \ll \Theta_E$,此时 $e^{\Theta_E/T} \gg 1$,因此有

$$C_V \approx 3pNk_B\left(\frac{\Theta_E}{T}\right)^2 e^{-\Theta_E/T} \quad (10.6.19)$$

当 $T \to 0$ K 时,我们看到热容的结果也趋于 0,与实验结果一致。由此可见,尽管爱因斯坦模型如此简单,但因为采用了量子论处理,相比于经典的固体热容理论,已经大大地朝实际更近了一步。

　　当然,因为模型过于简单,爱因斯坦模型得到的结果在低温下与实验仍有较大的偏离。当 $T \to 0$ K 时,由该模型得到的固体热容将随温度的指数趋于 0,而不是实验发现的 T^3 定律。这是因为,爱因斯坦模型给出的是单一频率,其实更适合描写频带宽度较窄的光学支格波,而不适合描写频带较宽的声学支格波。相对来说,光学支格波的频率(能量)较声学支格波的频率更高。高温下晶格振动能量较高,光学支格波对热容的贡献是主要的,因此爱因斯坦模型得到的结果与实验能较好地吻合;然而,低温下只有能量较低的声学支格波才能被激发,声学支格波对晶体热容的贡献是主要的,而该模型无法很好地描述低温下的晶格振动情况,导致与实验结果产生较大的偏离。

2. 德拜模型

　　受爱因斯坦模型的启发和针对该模型的不足,德拜于 1912 年提出了另一个简单的修正模型。他认为,对固体热容有主要贡献的应该是频率较低的振子,即晶格振动色散关系中声学支的低频部分,特别是低温情况下更是如此。因为在温度 T 一定的时候,振子的能量 $\hbar\omega$ 越小,爱因斯坦模型中的特征温度 Θ_E 越低,此振子对热容的贡献就越大。

　　由一维双原子链的色散关系图可以看到,温度较低时主要激发长波声子(中心区域 $q \to 0$)。对于长波声子,晶体可以近似看作是各向同性的连续介质,格波可以看作是连续介质中传播的弹性波,满足弹性波的色散关系: $\omega = cq$,其中 c 为常数,可与弹性波的波速联系起来。

　　德拜模型下,三维晶体将有三支格波,均为长声学波,其中一支为纵波,另两支为偏振方向不同的横波,均满足相同的弹性波的色散关系。这样,容易得到第 j 支格波的模式密度函数

$$g_j(\omega) = \frac{V}{2\pi^2} \frac{\omega^2}{c_j^3} \tag{10.6.20}$$

需要指出的是,由弹性波模型得到的模式密度进行全频率积分,得到的结果是发散的(趋于无限),而晶格振动的模式数为有限值 $3N$ (只考虑 3 支声学支格波),因此,德拜模型需要人为地对晶格振动频率的上限进行限定。

　　设晶格振动的频率上限为 ω_D,它将满足

$$\int_0^{\omega_D} g_j(\omega) \mathrm{d}\omega = N \tag{10.6.21}$$

由此可以确定德拜频率上限:

$$\omega_{Dj}^3 = \frac{3N}{V} \cdot 2\pi^2 c_j^3 \tag{10.6.22}$$

这样,晶格振动的模式密度函数可以写成

$$g_j(\omega) = \begin{cases} \dfrac{3N}{\omega_{Dj}^3}\omega^2, & \omega \leqslant \omega_{Dj} \\ 0, & \omega > \omega_{Dj} \end{cases} \tag{10.6.23}$$

将上述模式密度函数代入晶体热容的表达式(10.6.17),为简单计,可以假定 3 支格波的波速相等,均为 c,得到

$$C_V = 9Nk_B \left(\frac{T}{\Theta_D}\right)^3 \int_0^{\Theta_D/T} \frac{x^4 \mathrm{e}^x}{(\mathrm{e}^x - 1)^2} \mathrm{d}x \tag{10.6.24}$$

式中, $x = \dfrac{\hbar\omega}{k_B T}$, $\Theta_D = \hbar\omega_D/k_B$ 是为了方便书写引入的,后者又称为德拜温度,它是一个特定的参数,而且是一个常数。

　　同样,我们可以针对高低温情况检验一下德拜模型,例如在低温时,满足 $T \ll \Theta_D$,对上述热容的表达式进行一些数学处理,最后得到德拜定律:

$$C_V = \frac{12\pi^4}{5} Nk_B \left(\frac{T}{\Theta_D}\right)^3 \tag{10.6.25}$$

式(10.6.25)表明,当 $T \to 0$ K 时,晶格振动热容以 T^3 关系趋于 0,与实验吻合得很好,而且温度越低,德拜近似越好,如图 10.6.3 所示。这个原因在于低温下最容易激发的是长声学波振动,其波长较长,在这种情况下晶体被看作是连续弹性介质是合理的。

　　尽管对爱因斯坦模型进行了修正,德拜模型与实际之间仍存在着显著的偏离。例如,如果要求德拜定律在任何温度下都与实验吻合,则需要认为 Θ_D 是温度的函数,而且对不同的材料, Θ_D 与 T 的函数关系也不同,这与 Θ_D 的定义矛盾,这说明德拜模型也不是严格正确的。产生差别的原因是德拜模型采用长声学波模型来描述晶格振动的色散关系,对高温下激发的光学支格波不能很好的描述,导致在温度较高时与实验偏差较大,由德拜模型所确定

的模式密度函数与实际晶体的模式密度有明显的差异。例如图 10.6.4 中实际铜晶体与德拜模型模式密度的比较,可以看出两者有一定区别。

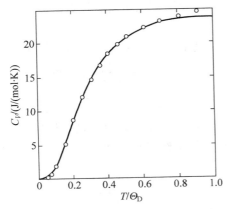

图 10.6.3   德拜模型函数曲线与实验
热容值(圆点)的比较[1]

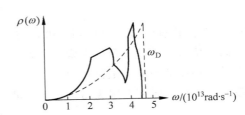

图 10.6.4   实线是从中子衍射数据导出的铜的总频谱
密度,虚线为采用德拜模型的结果[2]

例 10.3   试用德拜模型求 $T=0$ K 时晶格的零点振动能。

解   频率为 ω 的零点振动能为 $\frac{1}{2}\hbar\omega$,设格波波速为 c,因此晶格总的零点振动能为

$$E_0 = \int_0^{\omega_D} \frac{1}{2}\hbar\omega g(\omega)\,\mathrm{d}\omega$$

根据德拜模型,三维晶体的模式密度为

$$g(\omega) = \frac{3V}{2\pi^2}\frac{\omega^2}{c^3}$$

因此

$$E_0 = \frac{3V\hbar}{16\pi^2 c^3}\omega_D^4$$

再利用德拜频率上限的公式(10.6.22)与 $\Theta_D = \hbar\omega_D/k_B$,由此得

$$E_0 = \frac{3\hbar\omega_D}{16\pi^2}6\pi^2 N = \frac{9}{8}Nk_B\Theta_D$$

10.7   晶格振动的非谐效应

在前文有关晶格振动及热容的讨论中,我们只考虑了 $3pN$ 个互相独立的谐振子模型,或理想的声子气体模型,这些讨论是基于简谐振子近似的。本节通过对晶体的热膨胀和热传导问题进行简单分析,表明如果只考虑晶格振动的简谐近似,将不能解释这些实际出现的物理现象,而必须考虑到非谐项的影响,帮助读者建立起晶格振动的非谐效应的概念。

---

① 图片引自参考文献[24]:黄昆原著.韩汝琦改编.固体物理学.北京:高等教育出版社,1988,130,图 3-23.
② 图片引自参考文献[22]:陈长乐.固体物理学.2 版.北京:科学出版社,2007,95,图 3.7.2.

10.7.1 晶体的自由能和状态方程

由自由能到状态方程的热力学关系式是

$$p = -\left(\frac{\partial F}{\partial V}\right)_T$$

由热力学可知,自由能的定义为

$$F = E - T \cdot S \tag{10.7.1}$$

式中,E 是体系的总能量,S 是熵,T 代表绝对温度。其中,E 包括两部分,一部分是 $T=0$ K 时晶格的结合能 $U_0(V)$,另一部分是晶格振动能 E_V。晶格的结合能与温度是无关的,因此晶格自由能 F 可以写成

$$F = U_0(V) + E_V - T \cdot S = F_0 + F_a \tag{10.7.2}$$

其中,$F_0 = U_0(V)$,是只与晶体体积有关而与温度无关的自由能,F_a 是晶格振动的自由能,因而,在简谐近似下,晶体的总自由能可以写成

$$F = U_0(V) + \sum_{j}^{3p} \sum_{q}^{N} \left\{ \frac{1}{2} \hbar\omega_j(q) + k_B T \ln\left[1 - e^{-\hbar\omega_j(q)/(k_B T)}\right] \right\} \tag{10.7.3}$$

式中只有 $U_0(V)$ 和 $\omega_j(q)$ 的函数关系式中才可能与晶体体积 V 有关,因此晶体的状态方程:

$$p = -\left(\frac{\partial F}{\partial V}\right)_T = -\frac{\partial U_0(V)}{\partial V} - \sum_{j}^{3p} \sum_{q}^{N} \left(\frac{1}{2}\hbar + \frac{\hbar}{e^{\hbar\omega_j(q)/(k_B T)} - 1}\right) \frac{\mathrm{d}\omega_j(q)}{\mathrm{d}V} \tag{10.7.4}$$

10.7.2 晶体的热膨胀与非谐效应

晶体的热膨胀系数定义为

$$\alpha = \frac{1}{V}\left(\frac{\partial V}{\partial T}\right)_p \tag{10.7.5}$$

利用热力学关系式

$$\left(\frac{\partial V}{\partial p}\right)_T \left(\frac{\partial p}{\partial T}\right)_V \left(\frac{\partial T}{\partial V}\right)_p = -1$$

有

$$\alpha = \frac{1}{V_0} \frac{\left(\frac{\partial p}{\partial T}\right)_V}{\left(\frac{\partial p}{\partial V}\right)_T} = \frac{1}{K}\left(\frac{\partial p}{\partial T}\right)_V \tag{10.7.6}$$

其中 $K = -V_0\left(\frac{\partial p}{\partial V}\right)_T$,称为体弹性模量。以上表明,如果物态方程中的压强 p 与温度无关,则会出现晶体热膨胀系数为零的结论,而这一结论显然与大多数实际情况是不相符的。由状态方程(10.7.4)可见,只有当 $\frac{\mathrm{d}\omega_j(q)}{\mathrm{d}V} \neq 0$,$p$ 才与温度有关,进而有热膨胀,反之则没有热膨胀,是不合理的。

从一维单原子链的色散关系 $\omega(q) = 2\sqrt{\frac{\beta}{m}}\left|\sin\frac{1}{2}aq\right|$ 可见,晶格振动的频率与恢复力系数 β 有关,而在简谐近似下,恢复力系数与体积无关,为一个常数。

由此可见,在简谐近似下,晶格振动频率与体积无关,将导致 p 与温度无关,继而推出晶格无热膨胀的不合理结论。因此,如果我们要解释晶格热膨胀问题,必须考虑体系势函数展开式中的非谐项的影响。

具体非谐效应如何影响晶格的热膨胀问题可参阅相关的固体物理书籍,在此不进行深入讨论。

10.7.3 晶体的热传导与非谐效应

当系统处于非平衡状态时,将会有热能在系统中传输,称为热传导。关于热传导的傅里叶实验定律表明:单位时间通过物体单位面积的热能与温度梯度成正比:

$$j_Q = -\kappa \nabla T \tag{10.7.7}$$

式中,j_Q 是热能流密度矢量,κ 称为热导系数,反映了物体的导热性质。

固体的热传导,可以通过电子运动,也可以通过晶格振动的传播或者说通过声子的运动来实现。前者称为电子热导,后者称为晶格热导。

对绝缘体晶体来说,热导是通过晶格振动来进行的。在简谐近似下,晶格振动可以描述成一系列相互独立的谐振子。这些谐振子之间不发生相互作用,因而也不交换能量。其后果就是,在晶体中某处激发起的晶格振动,将以不变的频率和振幅传播到晶体的其他地方,使那里的晶格振动具有同样的频率和振幅。这样就把热能从晶体中的一处传到了另一处。也就是说晶体中不需要存在温度梯度就会有热流存在,即热导系数 κ 将为无穷大,这显然是与实验事实不相符的。

从声子的角度来看,简谐近似下不同的声子是相互独立的,没有相互作用。那么,一旦某种声子被激发出来,它的数目将一直保持不变,它们可以毫无阻碍地在晶体中运动,且不与其他声子交换能量,因此,简谐近似下的声子气体永远不能达到热平衡状态,这与实际情况也是不相符的。

总之,在量子的框架下,简谐近似已经可以较好地解释晶格振动的热容问题,但非谐效应在处理晶格热膨胀和热传导等问题时也是必要的。针对某个具体问题,究竟应该采用简谐近似还是要考虑高次非谐项,需要由实践来判定。

本章思维导图

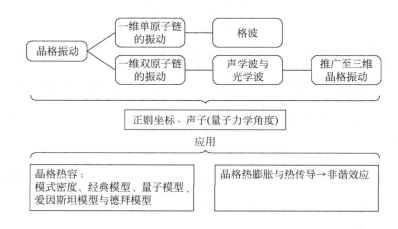

思考题

10-1　晶格振动对晶体的哪些性质起作用,具体有哪些影响?

10-2　掌握晶格振动的基本图像。

10-3　什么是周期性边界条件?引入周期性边界条件的作用、意义和依据是什么?

10-4　什么是简谐近似、简谐振动模式?简正振动数目、格波数目或格波振动模式数目是否相同?

10-5　什么是格波?简述格波基本性质和结论的应用。

10-6　试说明格波与弹性波有何不同?在绝对零度时,还有格波存在吗?若存在,格波间还有能量交换吗?

10-7　长光学支格波与长声学支格波本质上有何差别?

10-8　什么是声子,声子有哪些性质?

10-9　温度一定时,一个光学波的声子数目与一个声学波的声子数目哪个多?

10-10　对于同一振动模式,温度高时的声子数目多,还是温度低时的声子数目多?

10-11　试简单叙述声子谱测量所依据的物理原理。

10-12　简要介绍统计物理对固体热容实验定律的解释。

10-13　比较两个晶格热容模型的基本要点、结论和不足。

10-14　在低温下,爱因斯坦模型与实验存在偏差的根源是什么?德拜模型为什么与低温下的实验相符?

10-15　在低温下,不考虑光学波对热容的贡献合理吗?

10-16　简述三维晶格振动的基本结论及其简单应用。

10-17　简单说明严格谐振动晶格不会热膨胀的原因。

习题

10-1　对一维单原子点阵,长度为 L,晶格常数为 a,原子质量为 m,晶体含原胞数为 N,原子间力常数为 β,已知色散关系为

$$\omega(q) = 2\sqrt{\frac{\beta}{m}}\left|\sin\frac{1}{2}qa\right|$$

(1)用以上色散关系导出模式密度(频率分布函数)的表达式 $\rho(\omega)$;

(2)导出德拜模型下模式密度的表达式 $\rho_{\mathrm{D}}(\omega)$;

(3)求德拜截止频率 ω_{D}。

10-2　设晶格格波色散关系为 $\omega = cq^2$,分别对一维、二维和三维情况下导出它们的模式密度表达式。

10-3　对于金刚石、单晶硅、金属铜、ZnS、一维三原子晶格,分别写出:初基原胞内原子数、初基原胞内自由度数、格波支数、声学波支数、光学波支数。

10-4　(1)对一维单原子链,按德拜模型,求出晶格热容,并讨论高低温极限;

（2）对二维简单正方格子，按德拜模型求出晶格热容，并讨论高低温极限。

10-5   一维单原子链中若采用德拜模型，试计算系统的零点能。

10-6   设有一维双原子链最近邻原子间的力常数为 β 和 10β，两种原子质量相等，且最近邻距离为 $a/2$，求在 $q=0$，$q=\pi/a$ 处的 $\omega(q)$，并定性画出色散曲线。

10-7   每个振动模式的零点振动能为 $\frac{1}{2}\hbar\omega$，试用德拜模型计算二维晶格的总零点振动能，设原子数为 N，二维晶格面积为 S。

第11章

固体能带理论

本科固体物理的框架下，组成宏观固体的微观粒子主要有两类：在晶格平衡位置作微振动的离子实和离子实之外的电子。固体物理研究的是微观粒子的分布和排列，以及它们的运动对宏观物理性质的影响。在第 10 章我们已经初步认识了晶格振动（即离子实部分的分布和运动）及其对固体热学性质的影响。除此之外，固体中电子的运动状态对固体的物理性质显然也有着非常重要的影响，因此研究固体电子运动规律是固体物理学的一个重要内容，我们称之为固体电子理论。

固体电子理论首先从金属电子论开始，通过对金属电子论的研究，人们陆续建立了经典的自由电子理论（德鲁德-洛伦兹模型）和量子自由电子理论，继而发展出了固体的能带理论。能带理论是目前固体电子理论中最重要的理论，早期固体能带理论的最重要成就之一是成功地解释了固体为何有导体、绝缘体及半导体。本章主要介绍能带理论基本原理和两个早期的近似方法：近自由电子近似与紧束缚近似。计算晶体能带的其他近似方法本书未作讨论，读者可参考其他书籍或资料。

11.1 固体能带理论的基本假设

对于普通固体而言，微观世界里的粒子运动状态应遵循薛定谔方程，其集合效果则表现为宏观固体的各种物理化学性质。由于固体中电子和电子、电子和原子核（或离子实）、原子核和原子核之间存在着相互作用，而且这些相互作用之间相互关联影响，严格来说，固体问题的求解需要我们求解多粒子体系的联立薛定谔方程组。

$$\left[-\sum_i^N \frac{\hbar^2}{2m_i} \nabla_i^2 - \sum_a^N \frac{\hbar^2}{2M_a} \nabla_a^2 + \frac{1}{2} \sum_{i \neq j} \sum \frac{e^2}{4\pi\varepsilon_0\varepsilon_r r_{ij}} + V_0(\boldsymbol{R}_1 \cdots \boldsymbol{R}_a \cdots) + \right.$$

$$\left. V_1(\boldsymbol{r}_1 \cdots \boldsymbol{r}_i \cdots, \boldsymbol{R}_1 \cdots \boldsymbol{R}_a \cdots) \right] \psi(\boldsymbol{r}_1 \cdots \boldsymbol{r}_i \cdots, \boldsymbol{R}_1 \cdots \boldsymbol{R}_a \cdots)$$

$$= E\psi(\boldsymbol{r}_1 \cdots \boldsymbol{r}_i \cdots, \boldsymbol{R}_1 \cdots \boldsymbol{R}_a \cdots)$$

$$(11.1.1)$$

式中，[]中的第一项与第二项分别是电子与原子核（或离子实）的动能项；第三项是电子间库仑作用势能，其中 ε_0、ε_r 分别是真空介电常数和固体相对介电常数；第四项是原子核（或离子实）间的相互作用势能；最后一项是电子与核之间的相互作用势能。从而可得到多粒子体系的能量本征值及相应的电子本征态。显然,严格求解如此大量粒子组成的、复杂的多粒子体系的薛定谔方程组是不可能完成的任务。因此,对固体问题的研究需要在把握其内在物理核心的基础上,抓住主要矛盾,合理抽象,科学假设,通过引入各种级别的合理近似,将复杂问题尽量简化到能处理的程度。从最简单的模型出发,逐步过渡到复杂的物质世界。

早期的固体能带理论引入了如下几个基本的近似和假定。

1. 绝热近似

1927 年由奥本海默和他的导师玻恩共同提出。考虑到原子中电子的质量远小于原子核,其运动速度远大于原子核的特点,在研究固体中电子的运动对宏观物性的影响时,可以假定原子核是固定不动的,而电子在固定不动的原子核产生的势场中运动。而且,大多数情况下,人们最关心的是外层的价电子,因为价电子对固体性能的影响最大,并且在结合成固体时,原子的价电子的状态变化最大,而原子内层电子的状态变化较小,因此可以把内层电子和原子核看成一个离子实,这样价电子就是在固定不变的离子实势场中运动。这种把电子系统和原子核(离子实)分开考虑的处理方法称为玻恩-奥本海默绝热近似(Born-Oppenheimer approximation),是固体物理能带理论中的一个基本近似。

绝热近似的效果是将实际固体既包含电子又包含离子实的多体问题转化为仅仅包含电子的单体问题,大大简化了问题的处理。

2. 平均场近似

即使将固体体系简化到仅包含电子的单体问题,由于宏观固体包含的电子数目巨大,这种多电子体系的薛定谔方程实际上仍然是无法直接求解的。原因在于,除了电子数目巨大外,体系中任何一个电子的运动不仅与它自己的位置有关,还与所有其他电子的位置有关,并且该电子自己也会影响其他电子的运动,即所有电子的运动是关联的。要精确求解这样的问题将需要求解非常大数目的联立薛定谔方程组,这同样是一个实际上不可能完成的任务。

对这类问题的处理思路,如果体系中电子之间的关联作用比较弱,作为一种近似,可以用一种平均场来代替电子之间的相互作用,即假定每个电子所处的势场都相同,使每个电子的电子间相互作用势能仅与该电子的位置有关,而与其他电子的位置无关。

假设 $\Omega_i(\mathbf{r}_i)$ 代表电子 i 与其他所有电子的相互作用势能,它不仅考虑了其他电子对电子 i 的相互作用,也计入了电子 i 对其他电子的影响,则体系总的电子相互作用能可写作

$$\sum_i \Omega_i(\mathbf{r}_i) = \frac{1}{2} \sum_i \sum_j \frac{e^2}{4\pi\varepsilon_0 \varepsilon r_{ij}}, \quad i \neq j \tag{11.1.2}$$

我们还可以将电子-原子核之间的相互作用能 $V(\mathbf{r}_1 \cdots \mathbf{r}_i \cdots, \mathbf{R}_1 \cdots \mathbf{R}_a \cdots)$ 改写成

$$\sum_i u_i = \sum_i \sum_a u_{ia} = V(\mathbf{r}_1 \cdots \mathbf{r}_i \cdots, \mathbf{R}_1 \cdots \mathbf{R}_a \cdots)$$

式中,u_{ia} 是电子与核之间的相互作用能,$\sum_a u_{ia}$ 表示所有核对第 i 个电子的作用能,若用 $\hat{H}_i$ 表示第 i 个电子的哈密顿,即

$$\hat{H}_i = -\frac{\hbar^2}{2m} \nabla_i^2 + \Omega_i(\mathbf{r}_i) + u_i(\mathbf{r}_i) \tag{11.1.3}$$

则电子体系的哈密顿 $\hat{H}$ 为单个电子的 $\hat{H}_i$ 之和,即

$$\hat{H} = \sum_i \hat{H}_i \qquad (11.1.4)$$

这样,每个电子都处在同样的势场中运动,都满足同样的薛定谔方程,我们求解任意一个电子的运动状态,就能得到体系所有电子运动状态的规律。采用平均场近似(mean-field theory)使得一个多电子体系的问题简化成一个单电子体系的问题,所以平均场近似也称为单电子近似,是固体能带理论引入的另一个非常重要的简化模型。在多数情况下,这是一个很好的近似,同时,将单电子近似的结果与实验比较,可衡量所忽略的多体效应的相对大小及是否重要。

平均场近似在早期固体物理的发展中起到了非常重要的作用,它忽略了不同物质中电子间相互作用的独特性,以一个平均势场代替,然而,在许多物质中(特别以过渡金属氧化物和镧系氧化物材料最典型),$3d$ 电子轨道之间交叠很大,d 轨道上的电子相互靠近,独特而不可忽略的电子强关联作用导致传统的平均场近似在这类材料体系中不再适用,直到现在,各学科仍在这个领域进行合作研究,以了解这些材料的性质。要想搞清楚复杂的强关联电子系统需要实验物理学家、理论物理学家与材料学家的通力合作。

3. 周期场假定

周期场假定(periodic potential approximation)是针对晶体材料而引入的,无论采用平均场近似处理得到的单电子势

$$V(\boldsymbol{r}) = \sum_i (\Omega_i(\boldsymbol{r}) + u_i(\boldsymbol{r})) \qquad (11.1.5)$$

的具体形式如何,我们假定它具有和晶格同样的平移对称性,即

$$V(\boldsymbol{r}) = V(\boldsymbol{r} + \boldsymbol{R}_n) \qquad (11.1.6)$$

其中 $\boldsymbol{R}_n$ 是晶格平移矢量,这是晶体中电子势最本质的特点。

综上所述,在单电子近似和晶格周期场假定下,就把多电子体系问题简化为在晶格周期势场 $V(\boldsymbol{r})$ 的单电子定态问题:

$$\left[-\frac{\hbar^2}{2m} \nabla^2 + V(\boldsymbol{r}) \right] \psi(\boldsymbol{r}) = E\psi(\boldsymbol{r}) \qquad (11.1.7)$$

后面将会看到,周期势场使得单电子薛定谔方程的本征函数取布洛赫函数(Bloch wave function)的形式,并使单电子的能谱呈能带结构(energy band structure),因此我们将这种建立在单电子近似基础上的固体电子理论称为能带理论。

从理论上得到材料的能带结构或电子结构,需要大量的数值计算。在固体物理发展早期,只能通过一些简单的极端情况(如后文要介绍的近自由电子情况和紧束缚情况)进行定性或半定量分析。随着理论方法上的发展,以及计算机技术的革新,现在的固体电子理论已经从早期的多用于解释实验结果,发展到有可能可靠地预言材料的许多性质,并在某些情况下导致实验方面的重大发现。

11.2 周期场中单电子状态的一般属性

一般来说,结晶状态都是对应物质能量较低的状态,即热力学稳定态,同时,晶体是最简单的一类固体,因此,人们对晶态物质的系统研究是最早的,其理论也最成熟。本节将介绍

布洛赫定理,这是关于晶态物质的一个普适性结论。定理仅仅针对晶态物质的周期性特征,从势能项的周期性出发,不考虑其具体形式,得到了在晶格周期势场中运动的单电子波函数以及能量所具有的一些普遍属性。

11.2.1　布洛赫定理

布洛赫定理指出,当势场具有晶格周期性时,单电子薛定谔方程解出的波函数 φ 具有如下性质:

$$\varphi(\boldsymbol{r}+\boldsymbol{R}_n)=\mathrm{e}^{i\boldsymbol{k}\cdot\boldsymbol{R}_n}\varphi(\boldsymbol{r}) \tag{11.2.1}$$

其中 $\boldsymbol{k}$ 为一矢量。式(11.2.1)表明当平移晶格矢量 $\boldsymbol{R}_n$ 时,波函数只增加了相位因子 $\mathrm{e}^{i\boldsymbol{k}\cdot\boldsymbol{R}_n}$。此式即布洛赫定理。

布洛赫定理还有一个等价形式——周期势场中运动的电子,其波函数可以写成如下形式:

$$\varphi(\boldsymbol{r})=\mathrm{e}^{i\boldsymbol{k}\cdot\boldsymbol{r}}u(\boldsymbol{r}) \tag{11.2.2}$$

其中,$u(\boldsymbol{r})$ 具有与晶格同样的周期性,即

$$u(\boldsymbol{r}+\boldsymbol{R}_n)=u(\boldsymbol{r})$$

由式(11.2.2)表达的波函数形式称为布洛赫函数,它是平面波 $\mathrm{e}^{i\boldsymbol{k}\cdot\boldsymbol{r}}$ 与周期函数 $u(\boldsymbol{r})$ 的乘积。

11.2.2　布洛赫定理的证明

以下对布洛赫定理进行简单的证明。

1. 证明方法一

为了证明布洛赫定理,引入平移算符 $\hat{T}_{\boldsymbol{R}_n}$,$\boldsymbol{R}_n$ 是周期晶格的任一格矢量。平移算符的定义是其作用于任意函数 $f(\boldsymbol{r})$ 上,将使自变量 $\boldsymbol{r}$ 平移 $\boldsymbol{R}_n$,即

$$\hat{T}_{\boldsymbol{R}_n}f(\boldsymbol{r})=f(\boldsymbol{r}+\boldsymbol{R}_n) \tag{11.2.3}$$

晶体单电子哈密顿算符的形式为

$$\hat{H}=-\frac{\hbar^2}{2m}\nabla^2+V(\boldsymbol{r})$$

由于微分算符 ∇^2 与坐标原点的平移无关,以及势场 $V(\boldsymbol{r})$ 的周期性,容易看出哈密顿算符也具有平移对称性 $\hat{H}(\boldsymbol{r}+\boldsymbol{R}_n)=\hat{H}(\boldsymbol{r})$,设 $f(\boldsymbol{r})$ 为任意函数,我们有

$$\hat{T}_{\boldsymbol{R}_n}\cdot\hat{H}(\boldsymbol{r})f(\boldsymbol{r})$$

$$=\hat{H}(\boldsymbol{r}+\boldsymbol{R}_n)f(\boldsymbol{r}+\boldsymbol{R}_n)=\hat{H}(\boldsymbol{r})f(\boldsymbol{r}+\boldsymbol{R}_n)$$

$$=\hat{H}(\boldsymbol{r})\cdot\hat{T}_{\boldsymbol{R}_n}f(\boldsymbol{r})$$

由于 $f(\boldsymbol{r})$ 为任意函数,因此只有

$$\hat{T}_{\boldsymbol{R}_n}\cdot\hat{H}(\boldsymbol{r})-\hat{H}(\boldsymbol{r})\cdot\hat{T}_{\boldsymbol{R}_n}=0 \tag{11.2.4}$$

式(11.2.4)表明平移算符与晶体单电子哈密顿算符对易。根据线性代数或量子力学的一般

原理,两对易算符有共同的本征函数完备集。因此,对单电子哈密顿算符本征函数(电子波函数)的讨论,可代之以对 $\hat{T}_{R_n}$ 本征函数的讨论。

如果 $\varphi(r)$ 是 $\hat{T}_{R_n}$ 和 $\hat{H}(r)$ 的共同本征函数,有

$$\varphi(r + R_n) = \hat{T}_{R_n}\varphi(r) = \lambda_{R_n}\varphi(r) \tag{11.2.5}$$

式中 λ_{R_n} 是相应的本征值。再考虑到电子波函数的归一性

$$\int |\varphi(r + R_n)|^2 d\tau = \int |\varphi(r)|^2 d\tau = 1 \tag{11.2.6}$$

要求

$$|\lambda_{R_n}|^2 = 1 \tag{11.2.7}$$

另外,容易证明

$$\lambda_{R_m}\lambda_{R_n} = \lambda_{R_n + R_m} \tag{11.2.8}$$

由式(11.2.7)和式(11.2.8)可知,λ_{R_n} 的一般形式可写为

$$\lambda_{R_n} = e^{ik \cdot R_n} \tag{11.2.9}$$

这里 k 为一个实矢量,具有倒格子空间的量纲,这样,由于 $\hat{H}(r)$ 具有平移对称性,对任意的晶格矢量 R_n,电子波函数将满足

$$\varphi(r + R_n) = \hat{T}_{R_n}\varphi(r) = e^{ik \cdot R_n}\varphi(r) \tag{11.2.10}$$

这正是布洛赫定理的一个形式。

2. 证明方法二[①]

由于单电子势 $V(r)$ 的平移对称性,要求电子的概率分布 $|\varphi(r)|^2$ 也应该具有晶格平移对称性,即

$$|\varphi(r + R_n)|^2 = |\varphi(r)|^2$$

也就是说,在不同原胞中电子的概率分布应该是相同的,因此有

$$\varphi(r + R_n) = e^{i\theta(R_n)}\varphi(r) \tag{11.2.11}$$

式中,$\theta(R_n)$ 是一个无量纲的数,与位置 R_n 有关,$e^{i\theta(R_n)}$ 表示不同原胞中的电子波函数允许相差一个相位因子。

我们很容易得到 $\theta(R_n)$ 具有如下性质:

$$\theta(R_n + R_m) = \theta(R_n) + \theta(R_m) \tag{11.2.12}$$

式(11.2.12)表明 $\theta(R)$ 应该是 R 的线性函数,可以取 $\theta(R) = k \cdot R$ 的简单形式。这里,由于 R 为实空间矢量,要使 $k \cdot R$ 得到一个无量纲的数,就要求 k 为倒格子空间矢量。这样就有

$$\varphi(r + R_n) = e^{ik \cdot R_n}\varphi(r) \tag{11.2.13}$$

如此,就得到了布洛赫定理的一个形式。如果要想知道 $\varphi(r)$ 本身的性质,可以定义一个新的函数

$$u(r) = e^{-ik \cdot r}\varphi(r) \tag{11.2.14}$$

[①] 这种证明方法对于数学基础薄弱的学生可能更容易理解。

可以证明：

$$u(r + R_n) = e^{-ik \cdot (r+R_n)} \varphi(r + R_n)$$
$$= e^{-ik \cdot r} \cdot e^{-ik \cdot R_n} \cdot e^{ik \cdot R_n} \cdot \varphi(r)$$
$$= e^{-ik \cdot r} \cdot \varphi(r)$$
$$= u(r)$$

即函数 $u(r)$ 具有与晶格一样的平移对称性，这是布洛赫定理的另一个形式。

　　布洛赫定理的两个形式是等价的，可以相互导出，只是二者所侧重的内容有所不同，都是布洛赫定理的表现形式。布洛赫定理是由电子势函数 $V(r)$ 具有平移对称性这一性质导出的，与 $V(r)$ 的具体形式无关，因此是一个具有普遍性的定理，满足布洛赫定理的波函数称为布洛赫波函数，由它描述的电子称为布洛赫电子，与自由电子的平面波波函数相比较，布洛赫函数多了一个晶格周期函数 $u(r)$，可以看成是被晶格周期函数调幅的平面波。

11.2.3　波矢 k 的意义及取值

　　布洛赫函数中的实矢量 k 起着标志电子状态的量子数的作用，我们称之为电子波函数的波矢。波函数和能量本征值都与 k 有关，不同的 k 表示电子的不同状态。与自由电子不同的是，晶体电子的布洛赫波函数只是晶格周期场中电子哈密顿算符的本征函数，而不是动量算符的本征函数（动量算符与哈密顿算符不对易），所以 $\hbar k$ 不是晶格电子的真实动量。但它是一个具有动量量纲的量，而且在研究电子在外场下的运动，以及研究电子与声子、光子的相互作用时，我们将发现 $\hbar k$ 起着动量的作用。通常称 $\hbar k$ 为电子的"准动量"或"晶体动量"。k 的取值由边界条件确定。

　　当我们仍然选择周期性边界条件的时候，设想在有限晶体之外还有无穷多个完全相同的晶体，它们互相平行地堆积充满整个空间，在各晶体内相应位置上的电子的状态应该相同。假定有限晶体在基矢 a_1、a_2、a_3 方向上的原胞数目分别是 N_1、N_2、N_3，与之前晶格振动章节讨论格波的周期性边界条件类似，有

$$\varphi(r + N_i a_i) = e^{ik \cdot N_i a_i} \varphi(r) = \varphi(r) \tag{11.2.15}$$

这要求

$$k \cdot N_i a_i = 2\pi l, \quad l = 0, \pm 1, \pm 2, \cdots; \quad i = 1, 2, 3 \tag{11.2.16}$$

得到与格波的波矢 q 同样的结论：

（1）波矢 k 的取值是分立的；

（2）三维情况下，将波矢用倒格子空间的基矢表示时，有

$$k = \frac{l_1}{N_1} b_1 + \frac{l_2}{N_2} b_2 + \frac{l_3}{N_3} b_3, \quad l = 0, \pm 1, \pm 2, \cdots \tag{11.2.17}$$

式中，b_1、b_2、b_3 是倒格子基矢。式（11.2.17）表明，波矢 k 在倒格子空间是均匀分布的，每个波矢的端点都落在以 b_1/N_1、b_2/N_2、b_3/N_3 为棱边的平行六面体的顶角上，每个状态代表点在倒格子空间的体积可求得为 $\dfrac{(2\pi)^3}{V}$，这里 V 为宏观晶体的体积，在倒易空间的波矢 k 代表点（端点）的密度可表示为 $\dfrac{V}{(2\pi)^3}$。有些书中，布洛赫函数 $\varphi(r)$ 会标明下标 k，写成

$$\varphi_k(\boldsymbol{r}) = e^{i\boldsymbol{k}\cdot\boldsymbol{r}} u_k(\boldsymbol{r})$$

用来表示不同的电子状态,本书后面也沿用这种表示法。

11.2.4　能带

1. 一个猜想

宏观固体中电子的能量状态将采取怎样的形式呢? 我们先对电子所受的外界束缚作用程度进行分析,可以建立一幅初步的图像。

按电子所受外界束缚作用的程度划分,我们可以先确立两个极端: ①不受外界作用——自由电子; ②电子受外界强作用而被束缚于某局域空间——孤立原子中的电子。固体中的电子不论是原子中内层电子或价电子,其所受的外界束缚作用强度应该介于二者之间,如图 11.2.1 所示。

图 11.2.1　电子所受外界束缚作用的程度

考察两个极端情况的电子运动情况,量子力学都可以方便而严格地解出其能量表达式(参考量子力学相关书籍)。我们已知自由电子的能量关系式 $E = \dfrac{\hbar^2 k^2}{2m}$,其中 k 为电子波函数波矢,m 为电子质量,其能量形式对波矢没有限制,因此自由电子能量在 k 空间是连续变化的,可以取零到无穷大之间的任意值; 而孤立原子中的电子能量会形成分立的能级,电子只能存在于特定的能级,而能级之间禁止电子状态存在,如图 11.2.2 所示。

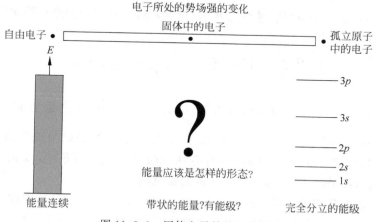

图 11.2.2　固体电子的能量状态

现在的问题是: 处在二者之间的固体电子的能量状态可能是怎样的呢? 会不会介于两种形态的能量结构之间,即会出现类似连续的区域,也有能量禁止的区域?

说明: 以上的猜测只是基于对固体中电子的受束缚作用程度的分析得来,不局限于晶体。不过以上虽然猜测其能量状态会形成带状能量结构,但推理比较粗糙,只能用于建立起一幅大致的图像,不能解决任何具体问题。

2. 一个特例:一维克勒尼希-彭尼问题

一般的固体电子能量结构计算都非常复杂,需要用计算机才能进行。为了建立起比较明确的电子能带图像,来看一个比较容易进行精确求解的周期势场问题:一维克勒尼希-彭尼(Krony-Penny)问题。这个问题是 20 世纪 30 年代提出的,由一维方形势阱势垒周期排列组成,如图 11.2.3 所示。除了可以帮助我们很方便地直观认识能带图像,该模型经过一定的修正,还可适用于表面态、合金能带、人造多层膜晶格等许多实际问题。

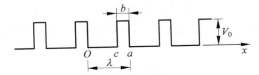

图 11.2.3　一维方形势阱势垒

假设电子在这样的周期势场中运动。

在 $0 < x < a$ 一个周期的区域中,电子的势能为

$$V(x) = \begin{cases} 0, & 0 < x < c \\ V_0, & c < x < a \end{cases}$$

按照布洛赫定理,波函数应有以下形式:

$$\varphi_k(x) = e^{ikx} u_k(x), \quad 其中 \ u_k(x) = u_k(x+na) \tag{11.2.18}$$

将上式波函数 $\varphi_k(x)$ 代入定态薛定谔方程,即可得到 $u_k(x)$ 满足的方程:

$$\frac{d^2 u_k}{d^2 x} + 2ik \frac{du_k}{dx} + \left[\frac{2m}{\hbar^2} (E - V(x) - k^2) \right] u_k = 0$$

利用波函数应满足的有限、单值、连续等物理(自然)条件,进行一些必要的推导和简化,最后可以得出

$$\left(\frac{maV_0 b}{\hbar^2} \right) \frac{\sin(\beta a)}{\beta a} + \cos(\beta a) = \cos(ka) \tag{11.2.19}$$

式中,$\beta = \frac{\sqrt{2mE}}{\hbar}$。从式(11.2.19)可以看到,等式的左边是包含能量 E 的一个函数,设为 $f(E)$;等式右边是包含波矢 k 的一个函数,等式即为电子的能量与波矢需要满足的关系式。容易看到,由于等式右边 $\cos(ka)$ 的有界性,所有使左边 $|f(E)| > 1$ 的能量 E 的取值都不能满足方程,都是禁止的,即出现禁止的能量范围。

图 11.2.4 是当我们给出了一定的 a、b、V_0 数值后的函数 $f(E)$ 的图像,可以明显看出自变量 E 的取值呈现出带状的特征,在允许取的 E 值(暂且称为能级)之间,有一些不允许取的 E 值(暂且称为能隙)。能量由低到高,可以定量地看出能带和禁带都逐渐展宽。

3. 晶体中电子能量状态的一般性求法

我们虽然从一维克勒尼希-彭尼问题直观地感受到了能带的图像,但以上的证明只是特例,严格建立固体能带理论还需要进一步更严格的证明。本科固体物理接触的对象基本上

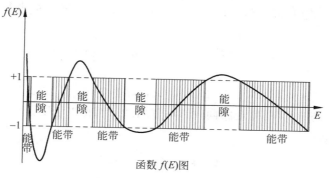

图 11.2.4　函数 $f(E)$ 图

是晶体——最简单的固体结构,因此其证明可以先限制在晶体的框架下进行,则电子所受的势函数满足晶体的周期性,其波函数为布洛赫函数——调幅平面波,其调幅因子具有晶体的周期性,都可以在倒易空间展开成傅里叶级数:

$$V(\boldsymbol{r}) = \sum_{K_{l'}} V(\boldsymbol{K}) \mathrm{e}^{i\boldsymbol{K}_{l'}\cdot\boldsymbol{r}} \tag{11.2.20}$$

$$\psi_k(\boldsymbol{r}) = \frac{1}{\sqrt{V}} \sum_l a(\boldsymbol{K}) \mathrm{e}^{i(\boldsymbol{k}+\boldsymbol{K}_l)\cdot\boldsymbol{r}} \tag{11.2.21}$$

将以上展开式代入电子的薛定谔方程中进行求解,经过一系列运算变化,并利用平面波函数的正交归一性,可以将方程化为与格点数目相同的 N 个以展开系数为变量的联立方程组。要求一组不全为零的解的条件是系数行列式为零,从中原则上可以解出能量本征值,本征值包含由于 $\boldsymbol{k}$ 的不同取值所对应的许多能级,称为一个能带,指标 n 用以标志不同的能带。

11.2.5　晶体电子能带结构的一般特征

布洛赫定理是能带理论的基础,从布洛赫定理出发可以得到有关能带及其对称性的一般性结论。

1. 能带的对称性

$$\begin{cases} E_n(\boldsymbol{k}) = E_n(-\boldsymbol{k}) \\ \psi_{n,k}^*(\boldsymbol{r}) = \psi_{n,-k}(\boldsymbol{r}) \end{cases} \tag{11.2.22}$$

接下来证明这组公式。把布洛赫函数代入薛定谔方程,得到 $u_k(\boldsymbol{r})$ 所满足的方程

$$\left[-\frac{\hbar^2}{2m}(\nabla^2 + 2i\boldsymbol{k}\cdot\nabla) + V(\boldsymbol{r}) \right] u_k(\boldsymbol{r}) = [E(\boldsymbol{k}) - E^0(\boldsymbol{k})] u_k(\boldsymbol{r}) \tag{11.2.23}$$

式中 $E^0(\boldsymbol{k}) = \dfrac{\hbar^2 k^2}{2m}$。式(11.2.23)两边取复共轭,得

$$\left[-\frac{\hbar^2}{2m}(\nabla^2 + 2i\boldsymbol{k}\cdot\nabla) + V(\boldsymbol{r}) \right] u_k^*(\boldsymbol{r}) = [E(\boldsymbol{k}) - E^0(\boldsymbol{k})] u_k^*(\boldsymbol{r}) \tag{11.2.24}$$

再把式(11.2.23)中的 $\boldsymbol{k}$ 用 $-\boldsymbol{k}$ 替换,得

$$\left[-\frac{\hbar^2}{2m}(\nabla^2 - 2i\boldsymbol{k}\cdot\nabla) + V(\boldsymbol{r}) \right] u_{-k}(\boldsymbol{r}) = [E(-\boldsymbol{k}) - E^0(-\boldsymbol{k})] u_{-k}(\boldsymbol{r}) \tag{11.2.25}$$

比较式(11.2.24)与式(11.2.25),可知 $u_k^*(r)$ 与 $u_{-k}(r)$ 满足同样的本征方程,其本征值应相等:

$$E(k) - E^0(k) = E(-k) - E^0(-k)$$

所以

$$E(k) = E(-k)$$

其本征函数 $u_k^*(r)$ 与 $u_{-k}(r)$ 完全相同,所以式(11.2.22)得以证明。

2. 能带的周期性

$$\begin{cases} E_n(k+K) = E_n(k) \\ \psi_{n,k+K}(r) = \psi_{n,k}(r) \end{cases} \tag{11.2.26}$$

即能量与波函数都是 k 的周期函数,在倒易空间具有倒格子的周期性,即相差一个倒格矢的两个状态都是等价的状态。证明如下:

证明   因为布洛赫函数

$$\psi_{n,k}(r) = e^{ik \cdot r} u_{nk}(r) = \frac{1}{\sqrt{V}} \sum_l a(k+K_l) e^{i(k+K_l) \cdot r}$$

所以

$$\psi_{n,k+K}(r) = \frac{1}{\sqrt{V}} \sum_l a(k+K+K_l) e^{i(k+K+K_l) \cdot r}$$

令 $K_l' = K + K_l$,则

$$\psi_{n,k+K}(r) = \frac{1}{\sqrt{V}} \sum_l a(k+K_l') e^{i(k+K_l') \cdot r}$$

由于对 K_l' 求和与对 K_l 求和的结果是相同的,只是顺序不同而已,所以

$$\psi_{n,k+K}(r) = \psi_{n,k}(r)$$

注意到 $\psi_{n,k+K}(r)$ 与 $\psi_{n,k}(r)$ 满足同样的薛定谔方程,且两者相等,所以有 $E_n(k+K) = E_n(k)$。

11.2.6   晶体电子的能带图像及表示法

根据能带 $E_n(k)$ 是 k 的周期函数这一特点,$E_n(k)$ 与 k 的关系可由图 11.2.5 中这 3 种图示表示:

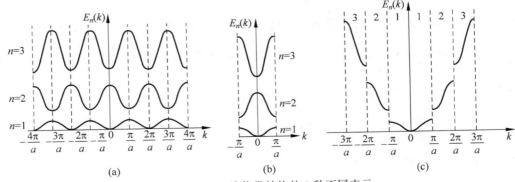

图 11.2.5   一维能带结构的 3 种不同表示

(a) 能带的周期性表示;(b) 能带的简约区布里渊区表示;(c) 能带的扩展区布里渊区表示

（a）完整图示：在整个倒格子空间画出 $E_n(k)$-k 的图形，可以看出能带图像是重复的。一个重复周期是一个倒格子原胞的大小，也是一个布里渊区的大小。

（b）简约区图示：把 k 限制在第一布里渊区中，对于每一个 k 值，各能带都有一个相应的能量 $E_n(k)$，如 $E_1(k)$，$E_2(k)$，…。每个能带都在第一布里渊区中表示出来。

（c）扩展区图示，按照能量的高低，把各能带分别限制在第一、第二、第三布里渊区，这样能量便是 k 的单值函数，一个布里渊区表示一个能带。

11.3　能带的计算

经过能带理论引入的几个基本的近似和假定后，我们已经可以采用周期势场中的单电子模型来描述固体电子行为。然而，由于晶格周期势场 $V(r)$ 的形式一般比较复杂，严格求解单电子薛定谔方程仍是非常困难的。在处理实际问题时还需要根据具体的情况采用进一步近似。为了计算晶体能带，人们已经发展了许多近似方法，如原胞法、赝势法、紧束缚近似法和近自由电子近似法等，到现在已经成为一个专门的研究领域，如果要比较精确地计算晶体中的能带，一般必须采用计算物理的方法，发展出专门的密度泛函理论（density functional theory，DFT）等用于能带及相关计算。

本节介绍能带计算的近自由电子近似和紧束缚近似，这是固体物理发展早期建立的两个最著名的、能够得到解析解的能带计算方法，在没有计算机的年代也可以方便地进行能带计算，也是后来一切能带计算方法的鼻祖。这两种近似方法虽然适用的对象大相径庭，但基本思路都是采用微扰法。

微扰法的基本思路如前所述：对于一些复杂的系统，其复杂性主要来源于系统所处的势场的复杂性。如果经过对系统的仔细分析，可以找到一个容易求解的近似状态（近似的势场），而且剩下部分可以当作小量——微扰哈密顿（前提），则我们可以采取微扰的标准程序进行处理（根据扰动的大小以及所得的结果与实际情况的比较来判断微扰法的适用范围及采取的微扰级数）。图 11.3.1 所示为电子受晶体周期势场的束缚程度，当电子所受的晶体周期势场比较小时，即近自由电子状态，此时其近似态可以选择为自由电子；而如果电子受到的晶体周期势场约束很大时，可以选择孤立原子中的电子作为它的近似态，而自由电子和孤立原子中的电子都是比较容易求解的状态，满足微扰法的适用条件，因此我们可以在微扰法的框架下进行讨论。

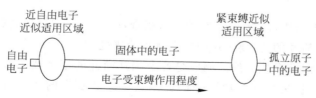

图 11.3.1　电子受晶体周期势场的束缚程度

11.3.1　近自由电子近似

假设晶格周期势场的起伏很小，例如很多金属良导体中到处巡游的价电子，它们有很好的流动性,其运动状态离自由电子不远,只感受到一个弱晶格周期势场,电子永远离某个原子核不太近。巡游电子感受到的弱晶格势场不仅来自于满壳层电子对核电荷的屏蔽,其他价电子对离子晶格势场的再次屏蔽也使周期势场更加减弱。

由于晶格周期势场很弱,可以将自由电子作为零级近似,用势场的平均值 $\bar{V}$ 代替实际晶格势场 $V(r)$,进一步讨论可把周期势场的起伏 $(V(r)-\bar{V})$ 作为微扰处理,如图 11.3.2 所示,这样就可用微扰论来解薛定谔方程。这种模型可作为一些简单金属,如 Na、K、Al 等价电子的粗略近似。为了简单,我们以一维情形来说明这种方法,并得到一些结论,然后推广到三维情况。

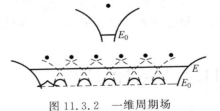

图 11.3.2　一维周期场

1. 一维周期场中的零级近似

近自由电子的哈密顿可以写成两项之和

$$\hat{H}=\hat{H}^{(0)}+\hat{H}' \tag{11.3.1}$$

其中,$\hat{H}^{(0)}=-\dfrac{\hbar^2}{2m}\nabla^2+\bar{V}$,$\hat{H}'=V(r)-\bar{V}=\Delta V(r)$。微扰哈密顿 $\hat{H}'$ 反映的是周期势场相对于平均势场的起伏,应该具有与晶格一样的周期性。选取合适的势能零点,令 $\bar{V}=0$,可以在倒格子空间中将 $\hat{H}'$ 展开为傅里叶级数:

$$\hat{H}'=V(r)-\bar{V}=\Delta V(r)=\sum_{K}V_{K}\mathrm{e}^{\mathrm{i}K\cdot r}\xrightarrow{\text{一维情况,}K=\frac{2\pi}{a}n}\sum_{n\neq 0}V_{n}\mathrm{e}^{\mathrm{i}\frac{2\pi}{a}nx} \tag{11.3.2}$$

式中,$V_n=\dfrac{1}{L}\displaystyle\int_0^L V(x)\mathrm{e}^{-\mathrm{i}\frac{2\pi}{a}nx}\mathrm{d}x$ 为展开系数;$L=Na$,是一维晶体的线度;a 是晶格常数。

除去微扰哈密顿 $\hat{H}'$,$\hat{H}^{(0)}$ 就是自由电子的哈密顿算符,满足自由电子的薛定谔方程

$$\hat{H}^{(0)}\psi_k^{(0)}=E_k^{(0)}\psi_k^{(0)} \tag{11.3.3}$$

容易解得

$$E_k^{(0)}=\frac{\hbar^2 k^2}{2m},\quad \psi_k^{(0)}=\frac{1}{\sqrt{L}}\mathrm{e}^{\mathrm{i}kx},\quad k=\frac{2\pi l}{Na}\quad(l=\text{整数}) \tag{11.3.4}$$

这样便得到微扰的零级近似。对于更高级次的解,可以进一步用微扰法处理。

2. 微扰求解

由于在零级近似解中,能量 E 是 k 的二次函数,因此,"$+k$"与"$-k$"所标识的电子态有相同的能量,是二重简并的,需要采用简并微扰理论来处理。

按照简并微扰理论,微扰后的波函数是各个相互简并的零级波函数的线性组合。这里采用能量相等的一对波矢"$+k$"与"$-k$"的波函数 $\varphi_k^{(0)}$ 和 $\varphi_{-k}^{(0)}$ 的线性组合作为微扰后的波函数

$$\psi_k=A\varphi_k^{(0)}+B\varphi_{-k}^{(0)}=A\frac{1}{\sqrt{L}}\mathrm{e}^{\mathrm{i}kx}+B\frac{1}{\sqrt{L}}\mathrm{e}^{-\mathrm{i}kx} \tag{11.3.5}$$

式中 A 和 B 为组合系数,不能同时为零,否则将得到无意义的平凡解。如果 A 和 B 确定了,则微扰后的波函数就确定了。将波函数式(11.3.5)代入晶体电子的薛定谔方程(11.3.3),有

$$(\hat{H}^{(0)} + \hat{H}')\left(A\,\frac{1}{\sqrt{L}}\mathrm{e}^{\mathrm{i}kx} + B\,\frac{1}{\sqrt{L}}\mathrm{e}^{-\mathrm{i}kx}\right) = E\left(A\,\frac{1}{\sqrt{L}}\mathrm{e}^{\mathrm{i}kx} + B\,\frac{1}{\sqrt{L}}\mathrm{e}^{-\mathrm{i}kx}\right) \quad (11.3.6)$$

利用零级近似的结果，同时令 k' 表示"$-k$"的波矢（即 $k' = -k$），经过计算并整理，可以得到一个以组合系数 A 和 B 为未知数的两个方程构成的方程组

$$\begin{cases} (E - E_k^{(0)})A - \hat{H}'_{k,k'}B = 0 \\ -\hat{H}'_{k',k}A + (E - E_{k'}^{(0)})B = 0 \end{cases} \quad (11.3.7)$$

其中矩阵元 $\hat{H}'_{k,k'}$ 和 $\hat{H}'_{k',k}$ 定义如下：

$$\hat{H}'_{k,k'} \equiv \int_0^L \varphi_k^{(0)*}(x)\hat{H}'\varphi_{k'}^{(0)}(x)\mathrm{d}x$$

$$H'_{k',k} \equiv \int_0^L \varphi_{k'}^{(0)*}(x)\hat{H}'\varphi_k^{(0)}(x)\mathrm{d}x$$

利用零级近似波函数的正交归一化条件，我们得到，只有在一定情况下，上述矩阵元才不为零

$$\hat{H}'_{k,k'} = \hat{H}'_{k',k} = \frac{1}{L}\int_0^L \sum_{n\neq 0} V_n \mathrm{e}^{\mathrm{i}\left(k'-k+\frac{2\pi}{a}n\right)x}\mathrm{d}x = \begin{cases} V_n, & k-k' = \frac{2\pi}{a}n = K \\ 0, & k-k' \neq K \end{cases} \quad (11.3.8)$$

由于组合系数 A 和 B 不能同时为零，依据线性代数的知识，要求其系数行列式为零，由此可以得到能量本征值 E 的解

$$E_{\pm} = \frac{1}{2}\left\{(E_k^{(0)} + E_{k'}^{(0)}) \pm \sqrt{(E_k^{(0)} - E_{k'}^{(0)})^2 + 4\hat{H}'_{k,k'}\hat{H}'_{k',k}}\right\} \quad (11.3.9)$$

把式(11.3.9)所示的能量本征值分别代入方程组(11.3.7)，可以求得两组系数 A 和 B，继而可求得各自本征值对应的本征函数。

3. 分析讨论

（1）远离布里渊区边界的情况

当 $k \neq \dfrac{K}{2}$ 时，由于 $k' = -k$，因此 $k-k' \neq K = \dfrac{2\pi}{a}n$，此时 $\hat{H}'_{k,k'} = \hat{H}'_{k',k} = 0$，得到

$$E_{\pm} = E_k^{(0)} = \frac{\hbar^2 k^2}{2m}$$

表明此时晶格微扰势对电子能量的一次修正为零，简并仍然存在，要使简并解除必须考虑能量的二次修正。根据微扰论方法，能量的二次修正可写作

$$E_k^{(2)} = \sum_{k'\neq k} \frac{|H'_{k,k'}|^2}{E_k^{(0)} - E_{k'}^{(0)}} \quad (11.3.10)$$

求和不包括 $k' = k$ 的项。式(11.3.10)中的矩阵元 $\hat{H}'_{k,k'}$ 只有当 $k-k' = K = \dfrac{2\pi}{a}n$ 时才不为零，因此 $k' = k - \dfrac{2\pi}{a}n$，能量的二级近似可直接写作

$$E_k^{(2)} = \sum_{n\neq 0} \frac{2m(V_n)^2}{\hbar^2 k^2 - \hbar^2\left(k - \dfrac{2\pi}{a}n\right)^2} \quad (11.3.11)$$

因此，微扰之后的晶体电子能量 E 可写作

$$E_k = E_k^{(0)} + E_k^{(1)} + E_k^{(2)} + \cdots = \frac{\hbar^2 k^2}{2m} + \sum_{n \neq 0} \frac{2m(V_n)^2}{\hbar^2 k^2 - \hbar^2 \left(k - \frac{2\pi}{a}n\right)^2} + \cdots$$

$$(11.3.12)$$

式中，$k \neq \dfrac{K}{2} = \dfrac{n\pi}{a}$，且第二项的分母远大于分子，满足微扰理论的基本条件，因此采用非简并微扰方法来处理是合理的。其相应的一级近似波函数为

$$\psi_k(x) = \varphi_k^{(0)}(x) + \sum_{k'} \frac{\hat{H}_{k,k'}}{E_k^0 - E_{k'}^0} \varphi_{k'}^{(0)}(x)$$

$$= \frac{1}{\sqrt{L}} e^{ikx} \left[1 + \sum_{n \neq 0} \frac{2mV_{-n} e^{-i\frac{2\pi}{a}nx}}{\hbar^2 k^2 - \hbar^2 \left(k - \frac{2\pi}{a}n\right)^2} \right] \equiv \frac{1}{\sqrt{L}} e^{ikx} u(x) \quad (11.3.13)$$

容易证明 $u(x)$ 是晶格的周期函数。式(11.3.13)表明，把势能随坐标变化的部分当作微扰得到的近似波函数也满足布洛赫定理。式(11.3.13)还表明，微扰后的波函数由两部分叠加而成，第一部分是波矢为 k 的前进平面波，第二部分可看作是该平面波受到周期场作用所产生的散射波。一般情况下，各原子所产生的散射波的相位之间无固定关系，彼此互相抵消，因而对前进的平面波影响不大。即波矢 k 远离布里渊区界面时电子仍以近似自由电子的状态存在。

（2）布里渊区边界附近的情况

当 k 与 k' 非常靠近布里渊区边界时，可以表示为

$$\begin{cases} k = \dfrac{K}{2}(1 + \Delta) = \dfrac{\pi}{a}n(1 + \Delta) \\ k' = -\dfrac{K}{2}(1 + \Delta) = -\dfrac{\pi}{a}n(1 + \Delta) \end{cases}$$

根据 Δ 的值分为以下几种情况讨论：

（a）$\Delta = 0$，即在布里渊区边界处，由式(11.3.8)与式(11.3.9)，有

$$E_{\pm} = E_k^{(0)} \pm |V_n| \tag{11.3.14}$$

表明在布里渊区边界处出现能隙，能隙宽度为 $2|V_n|$。把能量表达式分别代入 A、B 系数的方程组(11.3.7)，可以得到两组系数 A、B，继而得到两个能量相应的波函数。

当 $E = E_+$ 时，有 $\dfrac{A}{B} = \dfrac{V_n}{|V_n|}$，设 $V_n = |V_n| e^{i2\theta}$，则 $A = B e^{i2\theta}$，因此

$$\varphi_+ = \frac{2A e^{-i\theta}}{\sqrt{L}} \cos\left(\frac{n\pi}{a}x + \theta\right) \tag{11.3.15}$$

当 $E = E_-$ 时，有 $\dfrac{A}{B} = -\dfrac{V_n}{|V_n|}$，同理有

$$\varphi_- = \frac{2i A e^{-i\theta}}{\sqrt{L}} \sin\left(\frac{n\pi}{a}x + \theta\right) \tag{11.3.16}$$

（b）$\Delta \ll 1$ 时，即 k 接近布里渊区边界处，有

$$E_{\pm} = T_n(1 + \Delta^2) \pm \sqrt{|V_n|^2 + 4T_n^2 \Delta^2} \tag{11.3.17}$$

式中,

$$T_n = \frac{\hbar^2}{2m}\left(\frac{n\pi}{a}\right)^2$$

由于 $\Delta \ll 1$,式(11.3.17)可利用二项式定理将根式展开,保留到 Δ^2 项,最终得到

$$\begin{cases} E_+ = T_n + |V_n| + \left(\dfrac{2T_n}{|V_n|} + 1\right)T_n\Delta^2 \\ E_- = T_n - |V_n| - \left(\dfrac{2T_n}{|V_n|} - 1\right)T_n\Delta^2 \end{cases} \tag{11.3.18}$$

式(11.3.18)表示当 $\Delta \to 0$ 时,E_+ 和 E_- 分别以抛物线方式趋于边界值,而且当 k 从布里渊区边界的不同方向趋近于边界时,会出现"高者越高,低者越低"的类似"能量排斥"的现象。

4. 能隙的由来

综上所述,当电子的波矢 k 从零(远离布里渊区边界)逐渐靠近布里渊区边界 $n\pi/a$ 时,起初电子的能量 E 与 k 的关系可近似用自由电子的能谱表示,随着 k 逼近 $n\pi/a$,晶体电子能谱与自由电子的能谱差别增大,由于微扰的结果使能量更高的(从布里渊区外侧逼近边界)$E_k^{(0)}$ 变得更高,使能量低的(从布里渊区外侧逼近边界)$E_k^{(0)}$ 变得更低。原来自由电子的连续能谱在弱周期势场的作用下劈裂成为被能隙分开的许多能带,能隙出现在布里渊区边界,能隙的大小等于周期势场在倒格子空间傅里叶展开的展开系数 $|V_n|$ 的 2 倍,如图 11.3.3 所示。

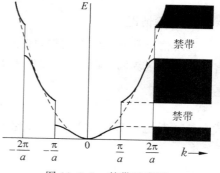

图 11.3.3　禁带示意图

能隙的起因可以这样理解:当晶格周期势场比较弱时,晶格电子近似于自由电子,其零级近似的波函数是自由电子的平面波函数。电子在晶体中运动类似于 X 射线在晶体中的传播,当波矢 k 不满足布拉格条件时,各格点的散射波之间无固定相位关系,相互抵消,晶格的影响很弱,电子几乎不受影响地通过晶体,接近自由电子;但当 $k = n\pi/a$ 时,波长 $\lambda = 2\pi/k = 2a/n$ 刚好满足布拉格反射条件,散射波相干加强,就能对入射的自由电子波函数产生较大的影响。散射波和入射波的干涉形成两种驻波 φ_+ 和 φ_-,这两种状态对应的电子分布密度分别为

$$\begin{cases} \rho_+(x) \propto |\varphi_+|^2 \propto \cos^2\left(\dfrac{n\pi}{a}x + \dfrac{\pi}{2}\right) \\ \rho_-(x) \propto |\varphi_-|^2 \propto \sin^2\left(\dfrac{n\pi}{a}x + \dfrac{\pi}{2}\right) \end{cases} \tag{11.3.19}$$

图 11.3.4 给出了两种概率分布图示。可以看出,当电子处于 φ_+ 状态时,电子的电子云主要分布在离子实之间的区域;而处在 φ_- 状态时,电子主要分布在离子周围。由于离子实周围的电子电荷受到较强的吸引力,势能变得更低;而离子实之间的电子受到离子实的吸引较弱,势能较高。因此,与自由电子的平面波状态相比,状态 φ_+ 的能量升高,状态 φ_- 的能量降低,因而出现能隙。

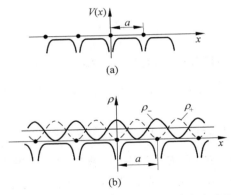

图 11.3.4   一维晶格周期势能与电子分布密度示意图

(a) 一维原子链的周期势能；(b) 电子分布密度,虚线为 ρ_+,实线为 ρ_-

5. 三维情况

三维情况和一维情况类似,如果把电子波矢 k 看作是倒格子空间的矢量,当 k 的端点落在布里渊区界面上时,或说波矢为 k 的布洛赫波满足劳厄方程(布拉格条件)时,能级将发生劈裂

$$E \to E_{\pm} = E_k^{(0)} \pm |V_K| \tag{11.3.20}$$

式中,V_K 是电子势函数 $V(r)$ 在倒格子空间傅里叶展开的展开系数

$$V_K = \frac{1}{V} \int_V V(r) e^{-i\mathbf{K} \cdot \mathbf{r}} \, dr$$

与一维情况类似,三维情况下,在与倒格矢 $\mathbf{K}$ 相应的布里渊区界面上将产生 $2|V_K|$ 大小的能隙,这些能隙把能谱分成一个个能带,同一个布里渊区的 k 所对应的能级构成一个能带,不同布里渊区的 k 构成不同的能带。

然而,由于电子的能量是一个标量,而三维晶格的布里渊区随晶格不同而具有一定的形状,因此三维情况与一维情况有一个重要区别:总的能隙不一定存在,可能发生能带的交叠,导致能隙消失。

以图 11.3.5 的二维正方格子为例,图中的 B 点表示第二布里渊区能量的最低点(能带底),A 是与 B 相邻在第一布里渊区的点,A 点的能量与 B 点的能量是不连续的,如图 11.3.5(b)所示;同样,C 点代表第一布里渊区的能量最高点(能带顶),图 11.3.5(c)表示沿 OC 各点的能量,若 C 点的能量高于 B 点的能量,显然两个能量将产生交叠,产生交叠则意味着对应的禁带消失。

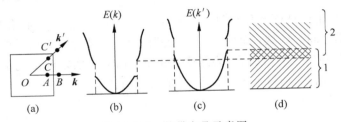

图 11.3.5   能带交叠示意图

除此之外,在布里渊区界面上是否出现能隙还与以下因素有关:①与周期势场的具体形式有关。若在某布里渊区界面上的展开系数为零时,则在此布里渊区界面上将不出现能隙,两个能带将连成一体。②由于能隙的出现是入射的布洛赫波与反射的布洛赫波干涉的结果,对多原子原胞(复式格子)晶体,类似于电子衍射,若其结构因子为零时,在相应布里渊区界面上的布拉格全反射将不出现,因而在此界面上的能隙为零。

例 11.1　电子在周期场中的势能为

$$V(x) = \begin{cases} \dfrac{1}{2}m\omega^2[b^2 - (x - na)^2], & na - b \leqslant x \leqslant na + b \\ 0, & (n-1)a - b \leqslant x \leqslant na - b \end{cases}$$

其中,$a = 4b$,ω 为常数。(1) 试画出此势能曲线,并求其平均值;

(2) 用近自由电子模型求出晶体的第一、第二禁带宽度。

解　(1) 由于势场是周期势场,取 $n = 0$,画出第一个周期,然后进行周期延拓即可

$$V(x) = \begin{cases} \dfrac{1}{2}m\omega^2[b^2 - x^2], & -b \leqslant x \leqslant b \\ 0, & -a - b \leqslant x \leqslant -b \end{cases}$$

对 $V(x)$ 求极值,画出第一个周期的图形。然后把图形按周期 a 作平移,得到整个周期性势能的图形,如图 11.3.6 所示。

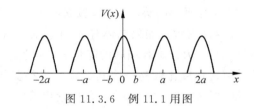

图 11.3.6　例 11.1 用图

利用势能的周期性,取一个周期内对势能求平均,如取 $-\dfrac{a}{2} \leqslant x \leqslant \dfrac{a}{2}$,

$$\bar{V}(x) = \frac{1}{a}\int_{-a/2}^{a/2} V(x)\,\mathrm{d}x = \frac{1}{a}\int_{-a/2}^{a/2} \frac{1}{2}m\omega^2(b^2 - x^2)\,\mathrm{d}x$$

$$= \frac{m\omega^2}{8b}\left[b^2 x - \frac{x^3}{3}\right]\Bigg|_{-b}^{b} = \frac{1}{6}m\omega^2 b^2$$

(2) 根据近自由电子模型,$E_g = 2|V_n|$,所以第一个及第二个禁带宽度分别为

$$E_{g1} = 2|V_1|, \quad E_{g2} = 2|V_2|$$

计算 $V(x)$ 的傅里叶系数 $V_n = \dfrac{1}{a}\displaystyle\int_{-a/2}^{a/2} \mathrm{e}^{-\mathrm{i}\frac{2\pi}{a}nx} V(x)\,\mathrm{d}x$,代入 $V(x)$,有

$$V_n = \frac{m\omega^2}{2a}\int_{-b}^{b} \mathrm{e}^{-\mathrm{i}\frac{2\pi}{a}nx}(b^2 - x^2)\,\mathrm{d}x$$

利用分步积分分式求出

$$V_1 = \frac{4m\omega^2 b^2}{\pi^3}, \quad V_2 = \frac{m\omega^2 b^2}{2\pi^2}$$

所以

$$E_{g1} = \frac{8m\omega^2 b^2}{\pi^3}, \quad E_{g2} = \frac{m\omega^2 b^2}{\pi^2}$$

11.3.2　紧束缚近似

近自由电子近似模型建立在周期场的波动及扰动对电子运动状态的影响很小的基础上,在此情形下电子近乎自由运动,自由电子模型是一个很好的近似。如果情形不是这样,例如,对于绝缘体中的电子,电子基本上被束缚在各个原子附近,将之看作是自由电子显然是不合适的。这种情况下,电子主要受到该原子的原子场作用,不同原子间的周期场的起伏变得很大。

不过如果从电子受束缚作用程度考虑,借助于图 11.3.1,我们很容易看到仍然可以在微扰论的框架下求解这类问题。只不过这里的零级近似应该选取孤立原子中电子的状态。

1. 零级近似

为简单起见,设每个原胞只包含一个原子(简单格子),如果完全不考虑原子间的相互影响,那么,在某格点 R_n 附近的 r 处,电子的状态将是孤立原子的电子本征态,设为 $\varphi_i(r-R_n)$,满足孤立原子的定态薛定谔方程

$$\left[-\frac{\hbar^2}{2m}\nabla^2+V(r-R_n)\right]\varphi_i(r-R_n)=\varepsilon_i\varphi_i(r-R_n) \qquad (11.3.21)$$

式中,$V(r-R_n)$ 是位于 R_n 格点的原子的势场,ε_i 为孤立原子中的能级。量子力学中,这是一个中心势场问题,相对比较容易求解。如果晶体有 N 个这样的原子,则有 N 个这样的方程,即有 N 个不同的波函数 $\varphi_i(r-R_n)$ 具有相同的能量 ε_i,因此是 N 重简并的。

如果紧束缚电子所受的束缚程度比较高——其受到的晶格势场 $U(r)$ 与孤立原子势场 $V(r-R_n)$ 的差可以看作小量,那么,按照微扰论的写法,紧束缚电子的哈密顿可以写为

$$\hat{H}=\hat{H}^{(0)}+\hat{H}'$$

其中,$\hat{H}^{(0)}=-\dfrac{\hbar^2}{2m}\nabla^2+V(r-R_n)$,$\hat{H}'=U(r)-V(r-R_n)$。

2. 微扰处理

由于紧束缚电子的零级近似波函数是 N 重简并的,按照简并微扰理论,微扰后的波函数应该是简并的各零级近似波函数的线性组合

$$\psi(r)=\sum_{m=1}^{N}C_m\varphi_i(r-R_n) \qquad (11.3.22)$$

由于各简并态是孤立原子中电子的波函数,这种方法也称作原子轨道线性组合法(LCAO)。考虑到晶格周期场中运动的电子的波函数应该具有布洛赫波的形式,可以得出式(11.3.22)中的线性组合系数 C_m 具有如下的形式(请读者自行证明):

$$C_m=\frac{1}{\sqrt{N}}e^{ik\cdot R_m} \qquad (11.3.23)$$

3. 能带

将零级近似波函数的具体形式代入晶体电子的薛定谔方程,并利用孤立原子中电子的薛定谔方程,得到

$$\frac{1}{\sqrt{N}}\sum_m(\varepsilon_i+\hat{H}'_m)\cdot\varphi_i(\boldsymbol{r}-\boldsymbol{R}_m)\mathrm{e}^{\mathrm{i}\boldsymbol{k}\cdot\boldsymbol{R}_m}=E\frac{1}{\sqrt{N}}\sum_m\varphi_i(\boldsymbol{r}-\boldsymbol{R}_m)\mathrm{e}^{\mathrm{i}\boldsymbol{k}\cdot\boldsymbol{R}_m} \quad (11.3.24)$$

上式两边左乘

$$\psi^*=\frac{1}{\sqrt{N}}\sum_l\varphi_i(\boldsymbol{r}-\boldsymbol{R}_l)\mathrm{e}^{\mathrm{i}\boldsymbol{k}\cdot\boldsymbol{R}_l}$$

并对全空间积分。利用紧束缚条件,即假定电子被紧紧束缚在原子周围,而原子间的相互影响很小,使得各原子中的电子波函数重叠很小,可近似认为

$$\int\varphi_i^*(\boldsymbol{r}-\boldsymbol{R}_m)\varphi_i(\boldsymbol{r}-\boldsymbol{R}_l)\mathrm{d}\tau=\delta_{ml} \quad (11.3.25)$$

经过计算、整理,选取 $R_l=0$,最后得到

$$E=\varepsilon_i+\int\varphi_i^*(\boldsymbol{r})\hat{H}'_m\varphi_i(\boldsymbol{r})\mathrm{d}\tau+\sum_{\boldsymbol{R}_m\neq0}\mathrm{e}^{\mathrm{i}\boldsymbol{k}\cdot\boldsymbol{R}_m}\int\varphi_i^*(\boldsymbol{r})\hat{H}'_m\varphi_i(\boldsymbol{r}-\boldsymbol{R}_m)\mathrm{d}\tau \quad (11.3.26)$$

式中,令

$$\begin{cases}\displaystyle\int\varphi_i^*(\boldsymbol{r})\hat{H}'_m\varphi_i(\boldsymbol{r})\mathrm{d}\tau=-\beta\\[2mm]\displaystyle\int\varphi_i^*(\boldsymbol{r})\hat{H}'_m\varphi_i(\boldsymbol{r}-\boldsymbol{R}_m)\mathrm{d}\tau=-\gamma(\boldsymbol{R}_m)\end{cases} \quad (11.3.27)$$

这里的 β 和 $\gamma(R_m)$ 均大于零,引入负号的原因是,晶体中的电子所受的势场与孤立原子的势场相比,能量更低,$U(\boldsymbol{r})-V(\boldsymbol{r}-\boldsymbol{R}_n)$ 的值应该是负的。β 和 γ 分别称作晶体场积分和相互作用积分,代表某个具体的数值。相互作用积分 $\gamma(R_m)$ 与其他原子的位置有关,紧束缚情况下,可以只考虑和最近邻原子之间的相互作用积分。

最后,我们得到紧束缚近似下晶体中单电子 k 态时能量本征值的一级近似

$$E(\boldsymbol{k})=\varepsilon_i-\beta-\sum_{\boldsymbol{R}_m\neq0}\mathrm{e}^{\mathrm{i}\boldsymbol{k}\cdot\boldsymbol{R}_m}\cdot\gamma(\boldsymbol{R}_m) \quad (11.3.28)$$

由式(11.3.28)可知,每一个 k 相应于一个能量本征值,即一个能级。由于 k 可以准连续地取 N 个不同的值,这 N 个非常接近的能级形成一个准连续的能带。即紧束缚电子的能带起源可看作是由于周期势场的扰动,使得原来孤立原子的分立的能级展宽成能带。以下利用紧束缚电子的 $E(\boldsymbol{k})$ 关系式计算晶体中 s 态原子 $\varphi_s(\boldsymbol{r})$ 形成的能带。

例 11.2　用紧束缚近似导出晶格常数为 a 的简单立方晶体中 s 态电子的能带。

解　给定一个晶格,先任意选择一个原子作为坐标原点建立直角坐标系,找出其最近邻原子的坐标 $\boldsymbol{R}_m$。对于简单立方晶格,6 个最近邻原子的坐标可以分别表示为 $(\pm a,0,0)$、$(0,\pm a,0)$、$(0,0,\pm a)$,考虑到 s 态波函数具有球对称的特征,原点原子与 6 个最近邻原子的相互作用积分应该都相等,记为 γ,然后将波矢 k 在直角坐标系用分量的形式表示出来,代入 6 个原子的 $\boldsymbol{R}_m$,得

$$E(\boldsymbol{k})=\varepsilon_i-\beta-2\gamma[\cos(k_xa)+\cos(k_ya)+\cos(k_za)] \quad (11.3.29)$$

得到了 $E(\boldsymbol{k})$ 关系的具体表达式之后,我们可以据此得到有关能带的宽度、带顶、带底等信息。式(11.3.29)表明能带的极小值出现在 $\cos(k_xa)=\cos(k_ya)=\cos(k_za)=1$ 处,即布里渊区 $\boldsymbol{k}=(0,0,0)$ 处,有

$$E_{\min}=\varepsilon_i-\beta-6\gamma$$

能带的最大值出现在 $\boldsymbol{k}=\left(\pm\dfrac{\pi}{a},\pm\dfrac{\pi}{a},\pm\dfrac{\pi}{a}\right)$ 处:

$$E_{\max} = \varepsilon_i - \beta + 6\gamma$$

能带的宽度

$$\Delta E = E_{\max} - E_{\min} = 12\gamma$$

通过对其他晶格的分析,人们发现,对紧束缚电子而言,能带宽度由最近邻原子数和相互作用积分 γ 两个因素共同决定。为了对晶体的性质作定量的估计,必须知道 γ 的数值(可由半经验的方法确定)。一般而言,相互作用积分与近邻原子的方位角有关,只有 s 态原子的 γ 是与方位角无关的常量。

4. 紧束缚电子的能带与原子能级

从上面的紧束缚电子的 $E(\boldsymbol{k})$ 关系可以看出,当孤立原子互相接近组成晶体时,原来孤立原子的每一个能级,由于原子间的相互作用分裂成一个能带;原子的不同能级在晶体中将形成一系列相应的能带。原子间的距离越小,原子波函数间的交叠就越多,相互作用积分也就越大,因而能带的宽度就越宽,如图 11.3.7 所示。

对于晶体内的不同原子来说,其内层电子的波函数交叠是很少的,因此能带比较窄,能级和能带之间基本上是一一对应关系;但一般而言,每个原胞都不止含有一个原子,每个原子还可能含有几个能量相等的原子轨道,我们在构建紧束缚电子的微扰后的波函数时,不能简单采用原子轨道的线性组合法,而是要用各个原胞中各种原子的简并态波函数的线性组合来代替,此外,不同原子态之间还可能有不可忽略的相互作用(图 11.3.8),导致不同原子态的相互混合,这时能带和能级之间就没有简单的对应关系了。

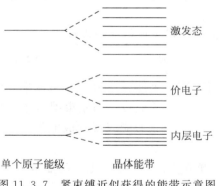

图 11.3.7　紧束缚近似获得的能带示意图

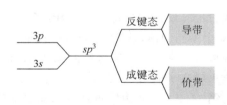

图 11.3.8　不同原子态的相互作用:Si 的 $3s$ 和 $3p$ 能带的重排

紧束缚近似对原子的内层电子是相当好的近似,它还可用来近似地描述过渡金属的 d 带、类金刚石晶体以及惰性元素晶体的价带。紧束缚近似是定量计算绝缘体、化合物及半导体特性的有效工具。

5. 莫特相变

当晶体中原子间的间距较大时,电子基本被束缚在原子周围,不能形成共有化电子,此时呈绝缘体性质;当原子间间距较小时,不同原子的电子波函数相互交叠,将无法分清哪个电子是属于哪个原子的,即形成共有化电子。很容易想到可能存在一个临界原子间距,或临界电子数密度,随着电子(原子)数密度的增大,或晶体体积的减小,当晶体中原子间距小于这一临界间距时,晶体将出现金属性质。

我们把这种由于电子数密度变化引起的从绝缘体到金属的转变称为莫特(Mott)相变，它是由莫特首先提出的。

6. 万尼尔(Wannier)函数

在计算紧束缚电子的能量关系式时，我们利用了紧束缚条件，假定不同原子之间的电子波函数交叠很小，不同原子的电子波函数满足正交归一化条件。然而，当紧束缚条件不能严格满足时，以上的推导是存在一定问题的。

事实上，晶体电子能带计算的一般方法是先将布洛赫波函数用一组适合的基函数进行展开，求解系数不全为零的条件，从中得到 $E(k)$ 关系。对近自由电子来说，这组基函数是平面波函数，而对于紧束缚电子来说，这组基函数是满足正交归一条件的原子轨道波函数。

当紧束缚条件可能不能严格满足时，即当晶体中的电子不是完全局域于原子周围时，用孤立原子波函数来描述这种局域性将过于简单，需要寻找能全面反映这种局域性的新函数。

我们已经知道，晶体电子的波函数是布洛赫波，在倒格子空间具有周期性。如同正格子空间的周期函数可以在倒格子空间展开为傅里叶级数一样，倒格子空间的周期函数也可以在正格子空间展开为傅里叶级数

$$\varphi_{nk}(\boldsymbol{r}) = \frac{1}{\sqrt{N}} \sum_l a_n(\boldsymbol{r} - \boldsymbol{R}_l) \mathrm{e}^{i\boldsymbol{k}\cdot\boldsymbol{R}_l} \tag{11.3.30}$$

式中，n 为能带指标，$\dfrac{1}{\sqrt{N}}$ 是归一化常数，N 是晶体的原子数，k 为波矢，系数 $a_n(\boldsymbol{r} - \boldsymbol{R}_l)$ 称为万尼尔函数，$\boldsymbol{R}_l$ 为第 l 个原子的格点位置矢量。由式(11.3.30)可以得到

$$a_n(\boldsymbol{r} - \boldsymbol{R}_l) = \frac{1}{\sqrt{N}} \sum_k \varphi_{nk}(\boldsymbol{r}) \mathrm{e}^{-i\boldsymbol{k}\cdot\boldsymbol{R}_l} \tag{11.3.31}$$

即一个能带的万尼尔函数是由同一个能带的布洛赫函数所定义的。

万尼尔函数具有正交归一性，也具有局域性，只依赖于 $(\boldsymbol{r} - \boldsymbol{R}_l)$，它可表示为各种平面波的叠加，所以万尼尔函数是以格点 $\boldsymbol{R}_l$ 为中心的波包，因而具有定域特征。

当某些晶体能带与紧束缚模型相差比较远，而电子空间局域性又起到比较重要的作用时，由于万尼尔函数保留了比较局域化的特征，又不是孤立原子的波函数，我们可以借助万尼尔函数来描述这样的体系。

11.4　晶体中电子的准经典运动

在处理固体电子运动行为和规律的实践中，有一类问题是讨论晶体电子在外加场作用下的运动。这个外场可以是外加的电场、磁场、掺入晶体的杂质势场等。通常外场总是比晶体周期场弱得多，可以以晶体中周期场的本征态为基础进行讨论，如求解含有外加势场的波动方程(通常需要近似求解)，另一种方法是把电子运动近似当作经典粒子来处理(需要满足一定的条件)。一般的输运过程问题，如均匀电场、磁场中各种电导效应都属于这种类型。

本节我们从晶体电子波函数和能带的普遍性质出发，讨论电子在晶体中的运动，及在外电场作用下晶体电子的运动规律，并导出几个重要的公式。

11.4.1   晶体中电子的准经典运动与平均速度

由于电子的速度算符 $\hat{\boldsymbol{v}} = \hat{\boldsymbol{p}}/m$ 与单电子的哈密顿算符 $\hat{H}$ 不对易,所以电子速度在电子的本征态 φ_k 中没有确定值,而只有平均值才有意义,定义为

$$\bar{\boldsymbol{v}}_k = \frac{1}{m} \int \varphi_k^* \hat{\boldsymbol{p}} \varphi_k \, \mathrm{d}\tau \tag{11.4.1}$$

定义式(11.4.1)很难直接应用,如果我们已知晶体电子的能谱 $E(\boldsymbol{k})$,可以证明,晶体电子在 $\boldsymbol{k}$ 态的平均速度和电子能谱之间存在如下关系:

$$\bar{\boldsymbol{v}}_{ki} = \frac{1}{\hbar} \frac{\partial E(\boldsymbol{k})}{\partial k_i}, \quad i = x, y, z$$

$$\bar{\boldsymbol{v}}_k = \bar{\boldsymbol{v}}_{kx} \boldsymbol{x} + \bar{\boldsymbol{v}}_{ky} \boldsymbol{y} + \bar{\boldsymbol{v}}_{kz} \boldsymbol{z} = \frac{1}{\hbar} \left[\frac{\partial E(\boldsymbol{k})}{\partial k_x} \boldsymbol{x} + \frac{\partial E(\boldsymbol{k})}{\partial k_y} \boldsymbol{y} + \frac{\partial E(\boldsymbol{k})}{\partial k_z} \boldsymbol{z} \right] = \frac{1}{\hbar} \nabla_k E(\boldsymbol{k})$$

$$\tag{11.4.2}$$

对一维情况,有

$$\bar{v}_k = \frac{1}{\hbar} \frac{\partial E(k)}{\partial k} \tag{11.4.3}$$

由于上述的证明推导略微复杂,在此不给出过程,读者可参看书后的附录 I。

我们也可以用一个简单的方式得到上述关系式。在讨论量子力学与经典力学的对应时,可以把电子的德布罗意波组成波包,用波包的群速度代表对应经典粒子的运动。考虑到爱因斯坦关系 $\omega = E/\hbar$ 和德布罗意波的群速度公式 $\boldsymbol{v} = \nabla_k \omega(\boldsymbol{k})$,很容易就可以得到上述的晶体电子的平均速度公式,它代表了以 $\boldsymbol{k}$ 为波包中心的波包速度。

然而,上述近似将电子看作波包的处理是有条件的,在波包的波矢变化范围 $\Delta \boldsymbol{k}$ 比布里渊区的线度 $2\pi/a$ 小得多(也就是波包中心展宽的范围 $\Delta x \gg a$)的条件下,布洛赫电子的运动才可以近似看作以 $\boldsymbol{k}$ 为中心的波包运动,在这个前提下,晶体电子可用类经典粒子所具有的速度、准动量和能量等经典量描述。

当已知 $\boldsymbol{k}$ 态电子的平均速度时,其产生的电流可以表示为

$$I_k = -e \boldsymbol{v}_k \tag{11.4.4}$$

11.4.2   准经典运动的基本方程

现在讨论在外场(如电场或磁场)作用时晶体中电子的运动。这类问题本来应该通过求解有外场时的薛定谔方程来解决,但问题往往很复杂,难以严格求解。而在实际问题中,外场往往比晶格周期场弱得多,而且是缓变的,因此可以用近似方法来解决。假定弱而缓变的外场不破坏原有的能带结构,只引起电子的能量在原有的能带内变化而不引起带间的跃迁,就可以把布洛赫电子看作经典粒子,问题就简化为这些准经典粒子在外场作用下如何运动的问题,这种近似称为准经典近似。

按照准经典近似,在外力作用下,利用功能原理,单位时间内外力所做的功等于电子能量的改变量,即

$$\frac{\mathrm{d}E(\boldsymbol{k})}{\mathrm{d}t} = \boldsymbol{F} \cdot \boldsymbol{v} \tag{11.4.5}$$

由于电子能量是波矢 k 的函数,能量变化,波矢也将随之发生相应的变化,如果不发生带间的跃迁,电子状态的变化只限于一个能带内,则有

$$\frac{\mathrm{d}E(\boldsymbol{k})}{\mathrm{d}t} = \frac{\partial E(\boldsymbol{k})}{\partial k_x}\frac{\mathrm{d}k_x}{\mathrm{d}t} + \frac{\partial E(\boldsymbol{k})}{\partial k_y}\frac{\mathrm{d}k_y}{\mathrm{d}t} + \frac{\partial E(\boldsymbol{k})}{\partial k_z}\frac{\mathrm{d}k_z}{\mathrm{d}t}$$

$$= \nabla_k E(\boldsymbol{k}) \cdot \frac{\mathrm{d}\boldsymbol{k}}{\mathrm{d}t} \tag{11.4.6}$$

比较式(11.4.5)与式(11.4.6),可得

$$\boldsymbol{F} = \hbar\frac{\mathrm{d}\boldsymbol{k}}{\mathrm{d}t} \tag{11.4.7}$$

这就是在外力作用下电子的运动方程。与牛顿第二定律 $\boldsymbol{F} = \dfrac{\mathrm{d}\boldsymbol{p}}{\mathrm{d}t}$ 具有相同的形式。但要注意式(11.4.7)中的 $\boldsymbol{F}$ 只是外力,不是电子所受的全部作用力,晶体内晶格周期场对电子的作用没有计算在内,因此 $\hbar k$ 不是电子的真正动量,我们称之为准动量。对于磁场,由于洛伦兹力与速度垂直不能引起电子能量的变化,所以不能利用功能原理来导出式(11.4.7),但可以证明此式仍然成立。

11.4.3 晶体电子的有效质量

按经典力学中的定义,加速度等于速度对时间的导数。为了方便利用 $E\text{-}k$ 能带图,将对时间的微分改写为对波矢的微分,则有

$$\boldsymbol{a} = \frac{\mathrm{d}\boldsymbol{v}_k}{\mathrm{d}t} = \frac{\mathrm{d}\boldsymbol{v}_k}{\mathrm{d}\boldsymbol{k}}\frac{\mathrm{d}\boldsymbol{k}}{\mathrm{d}t} = \frac{\mathrm{d}\boldsymbol{k}}{\mathrm{d}t} \cdot \frac{1}{\hbar}\frac{\mathrm{d}}{\mathrm{d}\boldsymbol{k}}\nabla_k E = \frac{1}{\hbar}\frac{\mathrm{d}\boldsymbol{k}}{\mathrm{d}t}\nabla_k\nabla_k E \tag{11.4.8}$$

因此在晶体中电子的加速度为一张量。又因为 $\boldsymbol{F} = \hbar\dfrac{\mathrm{d}\boldsymbol{k}}{\mathrm{d}t}$,所以

$$\boldsymbol{a} = \frac{1}{\hbar^2}(\nabla_k\nabla_k E) \cdot \boldsymbol{F} \tag{11.4.9}$$

与经典力学 $\boldsymbol{F} = m\boldsymbol{a}$ 比较,$\dfrac{1}{\hbar^2}(\nabla_k\nabla_k E)$ 相当于经典力学中质量的倒数,于是

$$[m^*]^{-1} = \frac{1}{\hbar^2}(\nabla_k\nabla_k E) \tag{11.4.10}$$

m^* 表示电子的有效质量,但与经典力学中的质量是标量不同,晶体电子的有效质量是个张量,这导致在外力的作用下,电子的加速度一般与外力的方向不一致,因为除了外力之外,电子还受到晶格周期势场的作用,这个作用体现在有效质量里面。另外不难看出,在能带底附近电子的有效质量为正数,在能带顶附近的电子有效质量为负数。也就是说有效质量取决于 $E\text{-}k$ 关系的曲率。

需要注意的是,有效质量是为了方便讨论而引入的一个量,并不是电子的静止质量或惯性质量。有效质量包含了晶格中周期势场的影响,将晶格中的电子运动看作是质量为 m_e^* 电荷为 $-e$ 的粒子在外加电场或磁场中的运动,这样简化了晶体中电子运动方程的求解。因不同的半导体其晶格周期势场不同,所以半导体中载流子的有效质量也不同。下面通过两个例子进一步了解有效质量的含义。

例 11.3　计算一维紧束缚近似下电子的有效质量。

解　一维紧束缚近似下的能谱为

$$E(k) = \varepsilon_i - \beta - 2\gamma\cos(ka)$$

及

$$\frac{\mathrm{d}E(k)}{\mathrm{d}k} = 2\gamma a\sin(ka), \qquad \frac{\mathrm{d}^2 E(k)}{\mathrm{d}k^2} = 2\gamma a^2\cos(ka)$$

在能带顶部即 $k = \dfrac{\pi}{a}$ 时，能带取最大值，有效质量为

$$m^*_{能带顶} = \frac{\hbar^2}{\mathrm{d}^2 E/\mathrm{d}k^2} = \frac{-\hbar^2}{2\gamma a^2} < 0$$

在能带底部即 $k = 0$ 时，能带取最小值，有效质量为

$$m^*_{能带底} = \frac{\hbar^2}{\mathrm{d}^2 E/\mathrm{d}k^2} = \frac{\hbar^2}{2\gamma a^2} > 0$$

例 11.4　讨论一维情况下能带极值附近（一般指能带底与能带顶附近）电子的行为。

解　令 k_0 是能带极值处的波矢，能带底或能带顶附近的波矢 k 可写成 $k = k_0 + \Delta k$，把波矢 k 所对应的能量 $E(k)$ 在 k_0 附近展开，由于极值处 $\left(\dfrac{\mathrm{d}E}{\mathrm{d}k}\right)_{k_0} = 0$，而 Δk 很小，只保留到二次项，有

$$E(k) \approx E(k_0) + \frac{1}{2}\frac{\partial^2 E(k)}{\partial k^2}(\Delta k)^2 = E(k_0) + \frac{\hbar^2(\Delta k)^2}{2m^*}$$

上式说明在能带极值 $E(k_0)$ 附近以 $E(k_0)$ 为能量参照点，电子的能谱关系与自由电子的能谱关系 $E(k) = \dfrac{\hbar^2 k^2}{2m}$ 类似，所以在能带极值附近电子可以看成是质量为 m^* 的自由电子。

11.5　固体导电性能的能带论解释

本节以能带理论为基础说明晶体为什么可以区分为导体、绝缘体和半导体。

11.5.1　电子填充情况与导电性

由晶体电子能带的基本特性可知，对每个能带，能量 E 是波矢 $\boldsymbol{k}$ 的偶函数，有

$$E(\boldsymbol{k}) = E(-\boldsymbol{k}) \tag{11.5.1}$$

而由 11.4 节可知，晶体电子的平均速度与 $E(\boldsymbol{k})$ 的关系为

$$\hat{\boldsymbol{v}}_k = \frac{1}{\hbar}\nabla_k E(\boldsymbol{k})$$

因此，处于同一能带上的 $\boldsymbol{k}$ 和 $-\boldsymbol{k}$ 两个态上的电子具有大小相等、方向相反的平均速度

$$\bar{v}(\boldsymbol{k}) = -\bar{v}(-\boldsymbol{k}) \tag{11.5.2}$$

因此，计算电子对总电流的贡献时，处于 $\boldsymbol{k}$ 和 $-\boldsymbol{k}$ 态的电子对总电流的贡献将相互抵消。以下我们分无外场情况和有外场情况分别讨论。

1. 无外场情况

根据电子的费米-狄拉克统计分布理论，在热平衡条件下，如果没有外场的作用，电子占

据 k 态和 $-k$ 态的概率是相等的,即在能带的简约布里渊区表示法中,无论这个能带是否被电子填满(每个状态都有电子占据)或部分填充,电子的分布是对称的。因此,这个能带所有电子对总电流的贡献将是零。换句话说,在无外场的情况下,晶体将不会自发产生宏观电流,这与我们日常的认知是一致的。

2. 有外场情况

如果给晶体加上一外电场 $\boldsymbol{\varepsilon}$,晶体中电子将会受到电场力 $-e\boldsymbol{\varepsilon}$,电子的动量因此发生变化,有

$$\hbar\frac{\mathrm{d}\boldsymbol{k}}{\mathrm{d}t} = -e\boldsymbol{\varepsilon} \tag{11.5.3}$$

以 k 来表征电子的状态,在外场作用下,电子将由一个 k 态变到另一个 k' 态,但电子的每一状态 k 都是以相同的速度在 k 空间运动。波矢 k 的代表点在外电场作用下不会发生相互位置变化,但是由于状态分布在外电场作用下会发生整体平移,如图 11.5.1 所示,此时充满了电子的能带和半满的能带对电流的贡献是不同的。

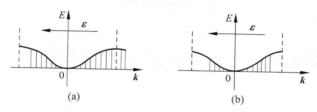

图 11.5.1　电场作用下的电子分布
(a) 满带;(b) 非满带

（1）满带

对于满带,能带中的每一个状态都被电子占据,在电场作用下,所有电子的波矢 k 都以同样的速度从一个状态 k 到另一个状态,另外,由于状态 k 的代表点在布里渊区的分布是均匀的,而且能量 $E(k)$ 和波函数 $\varphi(k)$ 在倒格子空间具有周期性,因此,从布里渊区一边出去的电子相当于从另一边又同时填了进来。就整个能带来说,电子在各状态中的分布情况实际上并没有发生变化,仍然是对称的, k 态与 $-k$ 态电子产生的电流相互抵消。即使有外场存在,但满带中的所有电子产生的电流为零,对宏观电流无贡献。

简而言之,满带电子不导电。

（2）非满带

对于非满带,电子只占据能带中的部分状态。外电场的作用将使电子的状态在 k 空间发生平移,破坏了原来的对称分布。这样,沿电场方向与反电场方向运动的电子数目不等,这时电子的电流只是部分抵消,故净电流不等于零。所以不满的能带中的电子可以导电,电流的大小取决于能带中电流未被抵消的电子数目。这个数目越大,在一定的外场下表现出来的宏观电流就越大,导电性越好。我们称这个不满的能带为导带。

11.5.2　导体、绝缘体和半导体

以上分析说明,一个晶体是否为导体,取决于电子在能带中的分布情况,它是否具有不满的能带。如果晶体没有不满的能带,只有满带和没有被电子占据的空带,而且满带和空带

被禁带隔离,那么这种晶体就不是导体,而是绝缘体或半导体。

原子结合成晶体后,原子的能级转化成相应的能带(图11.3.7)。一般原子内层电子能级是充满的,所以相应的内层能带也是满带,对导电无贡献。因此晶体是否导电取决于与价电子能级对应的价带是否被电子充满。

假设晶体含有 N 个原胞,根据周期性边界条件,每个能带只有 N 个不同的 k 值,考虑到电子自旋,一个 k 态可以容纳2个电子,因此一个能带最多可容纳 $2N$ 个电子。因此价带是否被电子填满取决于每个原胞所含的价电子数目,以及能带是否有重叠。如果每个原胞中的价电子数目是2的整数倍,且电子占据的能带与更高一级的能带不重叠,即只有满带和被能隙隔开的空带,这种晶体就是绝缘体或半导体,否则就是导体。图11.5.2给出了绝缘体、半导体以及导体的能带示意图。

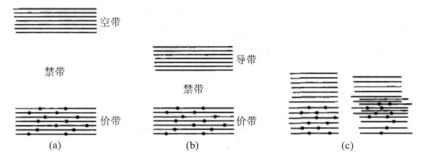

图11.5.2　绝缘体、半导体与导体能带填充示意图

(a) 绝缘体;(b) 半导体;(c) 导体

例如,对 Li、Na、K 等碱金属,每个原子只有一个价电子,它们一般组成体心立方晶格,属于简单格子,一个原胞只包含一个原子,即只包含一个价电子。因此碱金属的价电子只能填充半个能带,属于典型的导体能带特征。又如金刚石,每个原胞包含2个原子,共8个价电子,能带不重叠,所以是典型的绝缘体。

对上述理论一个比较自然的质疑是碱土金属。我们知道,碱土金属具有良好的导电性,但碱土金属的一个原子包含2个价电子,应该能填充满整个价带,从而具有绝缘体的能带特征,这个矛盾如何解释呢?

事实上,一种材料的能带填充情况需要根据具体形成的晶体结构来进行能带结构的定量计算。例如,同为碳材料,石墨和金刚石具有完全不同的晶体结构,导致完全不同的能带结构和物理性能。通过对碱土金属晶体结构和能带的定量计算,人们发现碱土金属的价带和空带发生了能带交叠,从而形成了一个更宽的能带,它可以包含几个布里渊区,从而可以容纳比 $2N$ 更多的电子,最终的效果导致能带仍然是不完全填充状态,表现出导体的特征。

上述能带填充状态的讨论都是基于0 K情况。由于我们所处的世界是一个有限温度的世界,温度的影响无处不在,对于能带全满或全空的填充情况,有些材料的价带和导带之间的禁带宽度较窄,而有些材料的禁带则较宽。对于禁带较窄的情况,较小的能量(不太高的温度、不大的电压等)就能使得部分价带中的电子获得能量后从价带跃迁到导带,从而价带和导带都变成不满的状态,具有一定的导电性,我们称之为半导体。不过相对于导体中的载流子数目而言(阿伏伽德罗数量级),激发上去的对导电有贡献的电子数目与导体相比少得多,其导电性也差得多。禁带宽度越大,跃迁上去的电子数目越少,导电性就越差。绝缘体和半导体没有非常明显的界限之分。

11.5.3 空穴

对于半导体,热激发情况下价带中的电子跃迁到导带,从而使原来的满带和空带都成为电子部分填充的能带。由于跃迁电子数目较少,因此价带变得近似全满而导带变成近似全空。为了描述半导体价带这种近似全满的能带的导电特征,我们引入"空穴(hole)"的概念,空穴概念的引入将为我们处理有关近满带问题带来很大便利。

假设一个极端情况,价带中只有一个状态 k 未被电子占据(跃迁去了导带)。这个近满带在电场的作用下应该有电流产生,用 I_k 表示。如果引入一个电子来填补这个空的 k 态,这个电子对电流的贡献应当等于 $-ev(k)$。然而,引入这个电子之后,能带又变成全满带,净电流为零,从而得到

$$I_k + [-ev(k)] = 0$$

即

$$I_k = ev(k) \tag{11.5.4}$$

式(11.5.4)表明,一个 k 状态空着的能带产生的电流与一个带正电荷 e,以该状态的电子速度 $v(k)$ 运动的粒子产生的电流相同。我们称这种空的状态为"空穴"。因为空穴实际上是电子运动过后留下的空位,所以有关电子的各种性质都可以移植到空穴上,只是空穴带正电荷 e。按照有效质量的定义,电子在价带顶的有效质量为负值,如果将电子改为空穴,可以定义空穴的有效质量为

$$m_h^* = -m_e^*$$

这样,空穴在外电场下的加速度可以写成

$$\frac{dv_h(k)}{dt} = \frac{e\varepsilon}{m_h^*} \tag{11.5.5}$$

也就是说,空穴可以看作是一个带正电荷 e,有效质量为 m_h^* 的粒子。

空穴概念的引入,对于解释半导体及一些物理现象有重要的作用。例如,在普通物理学中,我们可以推知金属的霍尔系数是负值,但实验上发现一些金属如 Be、Zn、Cd 等的霍尔系数是正值。用空穴的概念来解释,由于 Be、Zn 等能带有少量重叠,会出现电子和空穴同时参与导电的情形,电子和空穴属于不同的能带,具有不同的有效质量和速度,对电流的贡献不同,当空穴对电流的贡献起主要作用时,霍尔系数就是正的。

11.6 能态密度

我们已经知道,一个能带内包含的电子的状态数为晶体的原胞数 N。在分析晶体的物理性质特别是输运性质时,电子状态的填充情况是非常关键的。在孤立原子中,电子的本征态形成一系列分立的能级,可以具体标明每个能级的能量,每个能级的状态数用简并度来表示;然而,在固体中,每个能带中的各能级是非常密集的,形成准连续分布,不可能、也没有必要标明每个能级及其状态数,我们引入能态密度(density of state,DOS)的概念来描述准连续能带内的状态分布。通过绘制占据态的密度随能量 E 的变化图形,能清楚显示能带中

电子态的分布及能带之间是否有交叠。

11.6.1 能态密度的定义

能态密度是指单位能量间隔中的状态数,数学表达式为

$$g_n(E) = \lim_{\Delta E \to 0} \frac{\Delta n}{\Delta E} \tag{11.6.1}$$

在 k 空间,电子能量等于定值的曲面称为等能面。其中 ΔE 代表能量为 E 和 $E + \Delta E$ 的两个等能面之间的能量差,而 Δn 代表这两个等能面包围的状态数。

有关能态密度的表示式的求解过程可以参照晶格振动章节中频率分布函数的求解过程。事实上,固体能带的 $E(k)$ 关系式和晶格振动的色散关系 $\omega(q)$ 有非常多的共通之处,电子的波矢 k 和格波波矢 q 都具有倒格子量纲,$E(k)$ 关系和 $\omega(q)$ 关系都是倒格子的周期函数,在一个能带内(在一支格波内)的状态数目都是晶格的自由度数 N(都与周期性边界条件有关),N 数目很大,状态是准连续的,等等。所以,有关能态密度的求解思路及很多性质都与频率分布函数(即模式密度)类似,见表 11.6.1。

表 11.6.1 能态密度与模式密度

能 态 密 度	模 式 密 度
$g_n(E) = \lim_{\Delta E \to 0} \dfrac{\Delta n}{\Delta E}$	$g(\omega) = \lim_{\Delta \omega \to 0} \dfrac{\Delta n}{\Delta \omega}$
对单个能带,E-k 关系在第一布里渊区内一一对应	对单支格波,ω-q 关系在第一布里渊区内一一对应
布里渊区内 k 代表点的密度 $\rho(k) = \dfrac{V}{(2\pi)^3}$(三维)	布里渊区内 q 代表点的密度 $\rho(q) = \dfrac{V}{(2\pi)^3}$(三维)
$g_n(E) \cdot \Delta E = \rho(k) \cdot \Delta V$ $g_n(E) = \rho(k) \cdot \displaystyle\iint_{S_\omega} \frac{\mathrm{d}S_k}{\mid \nabla_k E(k) \mid}$	$g(\omega) \cdot \Delta \omega = \rho(q) \cdot \Delta V$ $g(\omega) = \rho(q) \cdot \displaystyle\iint_{S_\omega} \frac{\mathrm{d}S_q}{\mid \nabla_q \omega(q) \mid}$

例 11.5 求解自由电子的能态密度。

解 如图 11.6.1 所示,自由电子能量为

$$E(k) = \frac{\hbar^2 k^2}{2m}$$

只与波矢 k 的模有关,因此 k 空间的等能面是球面,半径为 $k = \dfrac{\sqrt{2mE}}{\hbar}$。

在球面上

$$\mid \nabla_k E \mid = \frac{\mathrm{d}E}{\mathrm{d}k} = \frac{\hbar^2 k}{m}, \quad \Delta V = 4\pi k^2 \mathrm{d}k$$

是一个常数,考虑到每个状态可容纳正负自旋的电子,则能态密度加倍,因此自由电子的状态密度为

$$g_n(E) \cdot \Delta E = \rho(k) \cdot \Delta V$$

$$g_n(E) = \frac{V}{(2\pi)^3} \cdot \frac{4\pi k^2 \, \mathrm{d}k}{\mathrm{d}E}$$

$$= \frac{V}{(2\pi)^3} 4\pi k^2 \frac{1}{\mathrm{d}E/\mathrm{d}k}$$

$$= \frac{V}{4\pi^3} \frac{m}{\hbar^2 k}$$

$$= \frac{2V}{(2\pi)^2} \left(\frac{2m}{\hbar^2}\right)^{3/2} E^{1/2} = CE^{1/2}$$

如果以 E 为横坐标，$g(E)$ 为纵坐标，得到如图 11.6.2 的抛物线。

图 11.6.1　例 11.5 用图

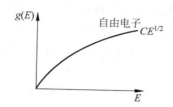

图 11.6.2　自由电子 $g(E)$-E 关系曲线

11.6.2　能态密度的实验测定

从晶格振动章节可知，欲求晶格振动的频率分布函数，需先知道晶格振动的色散关系。在这里，要求晶体电子的能态密度，也需要先知道晶体电子的能谱 $E(\boldsymbol{k})$。通常情况下，晶体电子的能谱计算是非常复杂的，由此给计算 $g_n(E)$ 带来很大的困难，一般需要由实验来测定，常用晶态材料的软 X 射线(波长较长的 X 射线)发射谱来测定。

当晶体受到高能离子束的轰击时，晶体内层电子可能被打出，留下空的状态，价带中的电子就可以跃迁到内层空态去，同时发射出电磁波，一般为波长较长的 X 射线，称为软 X 射线。由于价电子能级所形成的价带很宽，电子能级准连续分布，电子从价带上的不同能级跃迁到内层能级过程将发射不同能量的光子，即与价带有关的软 X 射线发射谱为近连续谱。发射谱线的强度 $I(E)$ 与能量为 E 的发射光子数目成正比，而发射光子数目的多少又取决于能带内电子的数目，即能态密度，以及跃迁概率 $P(E)$，则有

$$I(E) \propto g(E)P(E) \tag{11.6.2}$$

由于 $P(E)$ 一般是能量 E 的缓变函数，因此 $I(E)$ 实际上取决于 $g(E)$，所以发射谱曲线就直接地反映了价带的能态密度。

11.7　金属电子的统计分布与电子热容

能带理论给出了晶体电子的可能状态和其对应的本征能量，但是到底哪些状态被电子占据并未涉及。我们已经建立起这样的物理图像：固体中由于能带被电子占据情况的不同，将导致晶体的很多重要性质的不同，比如导电性、热学性质等。

电子能带是一种单电子近似理论，即每一个电子的运动被近似看作是独立的，且具有一系列确定的本征态，这些本征态由不同的波矢 $\boldsymbol{k}$ 标志(如果不限定在单个能带内，则必须由

能带标号 n 和 $\boldsymbol{k}$ 共同标志),这样一个近独立粒子系统(即晶体)的宏观态可以由电子在这些本征态中的统计分布来描述。

11.7.1　金属电子论的经典模型

固体材料中的金属由于具有优良的电导和热导,很早就被人们广泛利用。20 世纪德鲁德(Drude)首先认为金属中的价电子可以类比气体分子组成电子气体。它们可以同离子碰撞,并在一定温度下达到热平衡。因此电子气体可以用具有确定平均速度和平均自由时间的电子来代表。在外电场作用下,电子的漂移运动引起了电流。在温度场中电子气体的流动伴随能量传送,因而金属也有好的热导性能。由于金属的电导和热导都是起因于电子气体的流动,故两者之间有着密切的关系。洛伦兹(Lorents)认为电子气体服从经典的麦克斯韦-玻尔兹曼统计分布规律,这样就能对金属自由电子气体模型作出定量的计算。可是按照经典统计法的能量均分定理,N 个价电子组成的电子气化有 $3N$ 个自由度,它们对热容的贡献应是 $3Nk_B/2$。但对大多数金属,实验值只有这个理论值的 1%。因此,经典理论无法解释常温下金属电子的比热容行为,后来发展出的金属电子的量子理论,成功解释了这一现象。

11.7.2　金属电子论的量子模型

在量子力学建立以后,人们很快认识到必须用薛定谔方程描述电子的运动,还认识到电子气体不遵循经典的统计分布规律,而是遵循量子统计的费米-狄拉克分布,满足泡利不相容原理。这是电子的量子理论和经典理论的一个重要区别。索末菲计算了量子的电子气体的热容,解决了经典理论的困难,称之为金属电子论的量子模型。

索末菲认为金属中的价电子好比理想气体,彼此之间没有相互作用,各自独立地在势能等于平均势能的场中运动(通常取平均势能为能量零点),可以采用近自由电子近似来处理。作为零级近似,可以把金属中的电子当作被关闭在箱体中的自由电子气体。要使金属中的自由电子逸出体外就必须对它做相当的功,所以每个电子的能量状态就是在一定深度的势阱中运动的粒子所具有的能态。为了计算方便,可以设势阱的深度是无限的,这样金属中自由电子的能态可用三维无限深方势阱中自由粒子的能态来表示。

设金属体是边长为 L 的立方体,电子所受的势函数可以写作:

$$V(x,y,z) = \begin{cases} 0, & 0 < x,y,z < L \\ \infty, & x,y,z \leq 0;\ x,y,z \geq L \end{cases}$$

电子运动的薛定谔方程为

$$-\frac{\hbar^2}{2m}\nabla^2\psi(x,y,z) = E\psi(x,y,z) \tag{11.7.1}$$

这就是前面介绍的一维无限深势阱的三维情况,求解这个薛定谔方程,可以得到电子运动的波函数和能量关系式:

$$\begin{cases} E^0(\boldsymbol{k}) = \dfrac{\hbar^2\boldsymbol{k}^2}{2m} = \dfrac{\hbar^2}{2m}(k_x^2 + k_y^2 + k_z^2) \\[2mm] \psi_k^0(\boldsymbol{r}) = \dfrac{1}{\sqrt{V}}e^{i\boldsymbol{k}\cdot\boldsymbol{r}} \end{cases} \tag{11.7.2}$$

式中,k 是三维倒格子空间的一个实矢量,起到标志电子状态的作用,称为电子波函数的波矢,波函数和能量本征值都与 k 有关,不同的 k 代表电子的不同状态。对自由电子而言,其 $E(k)$ 关系表明,电子的能量和波矢呈抛物线关系;此外,自由电子的波矢 k 有明确的物理意义:因为 $\hbar k$ 是自由电子的动量本征值,因此它代表自由电子的真实动量。

如果采用周期性边界条件,与前面的讨论类似,式中的 k 将只能取分立的数值:

$$k_i = \frac{2\pi}{L}l, \quad l = 0, \pm 1, \pm 2, \cdots; \, i = x, y, z \tag{11.7.3}$$

由于 k 取分立的值,导致盒形金属内自由电子的能量也只能取分立的数值,只是因为相对晶格常数而言,宏观固体的尺寸 L 非常大,因此相邻能级间 k 的数值可以看作近似连续,而能量也近似连续,其能态密度可表示成

$$g(E) = \frac{2V}{(2\pi)^2}\left(\frac{2m}{\hbar^2}\right)^{3/2}\sqrt{E} \tag{11.7.4}$$

11.7.3 金属电子的费米分布

在第 4 章介绍了费米-狄拉克统计规律,本节从能态密度的角度回顾这部分内容。金属中的电子遵从费米统计规律,那么在温度 T 时,能量为 E 的量子态在热平衡下被电子占据的概率为

$$f(E) = \frac{1}{e^{(E-\mu)/(k_BT)} + 1} \tag{11.7.5}$$

式中,k_B 为玻尔兹曼常数,化学势 μ 是温度和电子数 N 的函数,可由系统的具体情况决定,满足下面的关系式:

$$N = \int_0^\infty \frac{g(E)\mathrm{d}E}{e^{(E-\mu)/(k_BT)} + 1} \tag{11.7.6}$$

式中 $g(E)$ 是能态密度,知道了固体的能态密度,就可以求出电子在能带中的分布。

在 $T = 0$ K 时,自由电子气处于基态,化学势记为 $\mu(0)$。由于泡利不相容原理的限制,电子不是全部处于最低能态上,而是从最低能态开始,按照能量增大的顺序依次占据,直到占据了能量在 $\mu(0)$ 以下的所有状态,能量在 $\mu(0)$ 以上的状态的占据概率为零。此时由费米统计分布函数式(11.7.5)可得,在 $T \to 0$ K 时有

$$\lim_{T\to 0\,\mathrm{K}} f(E) = \begin{cases} 1, & E < \mu(0) \\ 0, & E > \mu(0) \end{cases} \tag{11.7.7}$$

基态时电子能占据的最高能级 $\mu(0)$,也就是基态费米能,这里用 ε_F^0 表示,其值可以通过下式计算:

$$N = \int_0^{\varepsilon_F^0} g(E)\mathrm{d}E \tag{11.7.8}$$

将自由电子的能态密度代入,最终可得

$$\begin{cases} \varepsilon_F^0 = \left(\frac{3N}{2C}\right)^{2/3} \\ C = \frac{2V}{(2\pi)^2}\left(\frac{2m}{\hbar^2}\right)^{3/2} \end{cases} \tag{11.7.9}$$

在 k 空间能量 $E = \varepsilon_F^0$ 的等能面称为费米面。费米面是以 k_F 为半径的球面,k_F 称为费米波

矢或费米半径。对于自由电子,在绝对零度时,电子占满半径为 k_F 的一个球。单个电子在基态时的平均能量为

$$\bar{E} = \frac{1}{N}\int_0^{\varepsilon_F^0} E \cdot g(E)\mathrm{d}E = \frac{3}{5}\varepsilon_F^0 \tag{11.7.10}$$

此式表明,在绝对零度下,电子系统仍具有较大的平均能量,该平均能量与 ε_F^0 同数量级。

11.7.4　费米面的确定

金属中电子适用于近自由电子模型,自由电子是它的零级近似。

对于自由电子,$E(k) = \hbar^2 k^2/2m$,所以其等能面为一个个同心球面,对于固体内电子,亦即布洛赫电子,在布里渊区边界,其能带不再连续,而出现禁带,那么,它的等能面在边界上有什么特点呢?

在温度为 0 K 时,费米面还可表示为充满电子的状态和空态的分界面。从这个意义上说,由于绝缘体和半导体的费米能级刚好处在满带和空带的能隙中,而能隙中没有电子的允许态,所以费米面的概念是没有意义的。而导体(金属)因具有半满的能带,可以具有明确的费米面,而且金属的很多基本性质主要取决于费米面附近的电子,因此研究费米面具有重要的意义。

作为零级近似,金属电子可以看作自由电子,此时的费米面是球面,由此出发,进一步考虑晶格周期势场的微扰作用对金属费米面的影响,分析球形费米面可能出现的变化,从而对金属费米面的形状作出估计。

为简单起见,以二维正方格子晶体为例进行讨论。设晶格常数为 a,则第一布里渊区的形状是一个边长为 $2\pi/a$,面积为 $4\pi^2/a^2$ 的正方形。由于布里渊区的形状只取决于晶体结构,而自由电子费米面的半径 k_F 只取决于电子密度。对二维情况,有 $k_F = (2n\pi)^{1/2}$(请读者自己证明),式中的电子密度 n 可表示为 $n = \eta/a^2$,表示每个原胞内的价电子数。

当 η 较小时,例如 $\eta = 1$ 时,有 $k_F = \left(\frac{2}{\pi}\right)^{\frac{1}{2}}\left(\frac{\pi}{a}\right) = 0.798\left(\frac{\pi}{a}\right) < \frac{\pi}{a}$,表示费米面将全部落在第一布里渊区内部。而当 η 较大时,例如 $\eta = 2, 3, \cdots$ 时费米半径均大于 π/a,表明费米面将穿过第一布里渊区进入第二、第三、……布里渊区。换句话说,第一布里渊区未被电子占满,电子就将部分填充第二、第三、……布里渊区。

若进一步考虑晶格周期势场的微扰作用,此时的费米面将不再是球面。然而,晶格周期势场的显著影响将主要发生在布里渊区边界上,产生以下两点变化:①在布里渊区边界产生能隙,这一点在前文已经有所阐述;②等能面与布里渊区边界垂直相交。关于第②点,证明如下:

由 $E(k) = E(-k)$ 和 $E(k) = E(k+K)$ 可分别得到以下两式:

$$\left.\frac{\partial E}{\partial k}\right|_k = -\left.\frac{\partial E}{\partial k}\right|_{-k} \tag{11.7.11}$$

$$\left.\frac{\partial E}{\partial k}\right|_k = \left.\frac{\partial E}{\partial k}\right|_{k+K} \tag{11.7.12}$$

当 $k = \frac{1}{2}K$ 时,由式(11.7.11)有

$$\left.\frac{\partial E}{\partial k}\right|_{\frac{K}{2}} = -\left.\frac{\partial E}{\partial k}\right|_{-\frac{K}{2}} \tag{11.7.13}$$

当 $k = -\dfrac{1}{2}\boldsymbol{K}$ 时,由式(11.7.12)有

$$\left.\frac{\partial E}{\partial \boldsymbol{k}}\right|_{-\frac{K}{2}} = -\left.\frac{\partial E}{\partial \boldsymbol{k}}\right|_{\frac{K}{2}} \tag{11.7.14}$$

要使式(11.7.13)和式(11.7.14)同时成立,必然要求

$$\left.\frac{\partial E}{\partial \boldsymbol{k}}\right|_{\frac{K}{2}} = 0 \tag{11.7.15}$$

也就是说在布里渊区边界,等能面 $E(\boldsymbol{k})$ 的斜率为零,所以费米面和布里渊区垂直相交,此时电子的平均速度也为零。

根据以上分析,我们可以得出构造金属费米面的一般步骤:①画出广延的布里渊区;②用自由电子模型画出费米球面,球的半径为 $k_F = (3n\pi)^{1/2}$ (三维);③然后在布里渊区边界处进行修正,即费米面在布里渊区边界断开,且与界面正交。以二维正方格子晶体中自由电子为例,修正后费米面的广延图式如图 11.7.1(a),简约图式如图 11.7.1(b)。

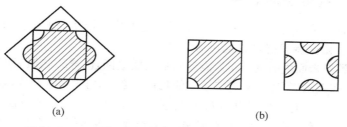

图 11.7.1 二维正方格子晶体中自由电子费米面示意图
(a) 广延图式;(b) 简约图式

例 11.6 近自由电子的能态密度分析。

解 以二维正方格子为例,其第一布里渊区的形状是一个正方形,周期势场的影响主要发生在布里渊区边界附近。在第一布里渊区内,离界面较远时,布洛赫电子的行为类似于自由电子,在 $\boldsymbol{k}$ 空间的等能面为球面;随着能量增大,等能面接近布里渊区边界时,由于周期场的微扰作用使能量下降,等能面将向边界凸出(需要更大的 $\boldsymbol{k}$ 值才能使能量与其他离布里渊区较远的 $\boldsymbol{k}$ 态能量相等),如图 11.7.2 所示。

由于等能面向外凸出,使等能面在 $\boldsymbol{k}$ 空间包围的体积相对于自由电子情况变大,因此,随着 E 增大,等能面在靠近布里渊区边界处一个比一个更强烈的向外凸出,因而等能面之间的体积增长大于自由电子情形,相应的能态密度也比自由电子的大(包含的状态数更多)。当 E 达到 E_A 时,能态密度达到最大。当 E 超过 E_A 时,由于等能面开始破裂,此时等能面面积将

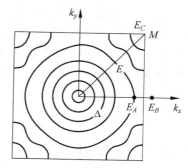

图 11.7.2 近自由电子近似的等能面

会下降,当 E 增大到 E_C 时,第一布里渊区的等能面将缩成几个顶角点,相应的能态密度将持续下降到零,其能带密度曲线如图 11.7.3 所示。

当近自由电子的能量进一步增加,超过第二能带的最低能量 E_B 时,随着 E 增大,能态密度将从 E_B 开始,由零迅速增大。这里有两种情况需要区别考虑:①当能带相互不重叠时,状态密度如图 11.7.3(a)所示;②当能带相互有重叠时,能态密度将如图 11.7.3(b)所

示,此时总能态密度应等于几个相互重叠的能态密度之和

$$g(E) = \sum_n g_n(E)$$

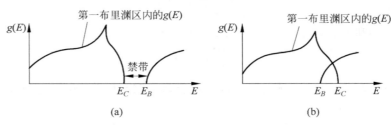

图 11.7.3 $g(E)$-E 关系图

(a) 能带不重叠时能态密度曲线；(b) 能带重叠时能态密度曲线

11.7.5 金属电子的热容

第 4 章讨论过费米气体 $T > 0$ K 时的情形。这里我们把 $T > 0$ K 时自由电子气体的状态称为热激发态。由热激发提供的能量为 $k_B T$。

热激发将导致费米面内的电子获得能量向更高能级跃迁,导致热激发态下的电子分布与基态不同。但是,在室温下,$k_B T$ 只有费米能的几百分之一,对大多数金属,熔点以下的温度都满足 $k_B T \ll \varepsilon_F^0$。因此,仅有费米面内约 $k_B T$ 范围的电子由于获得热激发能,可能跃迁到费米面以外 $k_B T$ 范围的空态上去。由于跃迁概率问题,空态与被占据态之间没有明显的界限。我们定义电子占据概率为 $1/2$ 的能态所对应的能量为激发态电子的费米能 ε_F,即 $f(\varepsilon_F) = 1/2$。

在不太高的温度下,$k_B T \ll \varepsilon_F^0$,电子激发态的费米能可以表示为(可参看第 4 章相关内容)

$$\varepsilon_F = \varepsilon_F^0 \left[1 - \frac{\pi^2}{12} \left(\frac{k_B T}{\varepsilon_F^0} \right)^2 \right] \tag{11.7.16}$$

式(11.7.16)表明,当温度升高时,激发态费米能 ε_F 略小于基态费米能 ε_F^0,不过由于 $k_B T \ll \varepsilon_F^0$,$\varepsilon_F$ 和 ε_F^0 是相当接近的。此时的费米球半径 k_F 比基态下的费米球半径 k_F^0 小,而且此时费米面不再是满态和空态的分界面,而是表示在费米面以内能量离 ε_F 约为 $k_B T$ 范围内能级上的电子被激发到 ε_F 之上约 $k_B T$ 范围内的能级上。

在不太高的温度时,$k_B T \ll \varepsilon_F^0$,由热激发态下的电子分布,我们可以求出电子的平均能量约为

$$\overline{E} = \frac{3}{5} \varepsilon_F^0 \left[1 + \frac{5\pi^2}{12} \left(\frac{k_B T}{\varepsilon_F^0} \right)^2 \right] \tag{11.7.17}$$

由此可得到电子气体的摩尔热容:

$$C_V^e = N_0 Z \frac{\partial \overline{E}}{\partial T} = \frac{\pi^2}{2} N_0 Z k_B \frac{k_B T}{\varepsilon_F^0} = \gamma T \tag{11.7.18}$$

式中,N_0 为阿伏伽德罗常数,Z 为每个原子的电子数目,k_B 为玻尔兹曼常数,γ 为电子比热常数。在常温下,经典理论得出的电子热容为 $\frac{3}{2} k_B T$,而量子理论电子的热容与经典理论电子的热容之比为 $\frac{k_B T}{\varepsilon_F^0}$,是远远小于 1 的。

常温下电子比热容很小的事实可以这样解释:大多数电子能量远远低于 ε_F^0,由于受泡

利不相容原理的限制不能参与热激发(由于跃迁概率的问题,我们只考虑一次激发,而不考虑多次激发情况,后者概率太低),只有在 ε_F^0 附近 $k_B T$ 范围内的电子才对热容有贡献。因此,常温下,电子热容 C_V^e 比晶格振动热容 C_V^V 小得多,约为后者的 1‰,与实验数值相吻合。

但是,在低温下,晶格热容迅速降低,且按 T^3 趋于零,而电子热容与 T 成正比,随温度下降比较缓慢。在液氦温度范围内,二者已经相差无几,需要同时考虑,此时,金属的比热容为

$$C_V = C_V^V + C_V^e = bT^3 + \gamma T \tag{11.7.19}$$

式中,$b = \dfrac{12\pi^4}{5} \dfrac{Nk_B}{\Theta_D^3}$,$\Theta_D$ 为德拜温度。在更低温度下,电子热容在金属总体热容中将占据主要地位。

例 11.7　实验测得铁在 $T_1 = 20$ K 时,热容 $C_V^{(1)} = 0.054$ cal/(mol·K),在 $T_2 = 30$ K 时,$C_V^{(2)} = 0.18$ cal/(mol·K),求铁的德拜温度。

解　根据德拜晶格热容理论,低温下晶体热容

$$C_V = \frac{12\pi^4}{5} Nk_B \left(\frac{T}{\Theta_D}\right)^3 = bT^3$$

但在低温下,晶体电子对热容贡献不可忽略,其贡献大小与温度成正比,所以实验测得的晶体热容除晶体原子热容外还应当加上电子热运动的贡献,即

$$C_V = aT + bT^3$$

由题意

$$\begin{cases} C_V^{(1)} = aT_1 + bT_1^3 \\ C_V^{(2)} = aT_2 + bT_2^3 \end{cases}$$

$$b = \frac{C_V^{(2)} T_1 - C_V^{(1)} T_2}{T_2^3 T_1 - T_1^3 T_2} = \frac{0.18 \times 20 - 0.054 \times 30}{30^3 \times 20 - 20^3 \times 30} = \frac{1.98}{30 \times 10^4}$$

令 $N = N_0$(阿伏伽德罗常数),得

$$\Theta_D = \left(\frac{12\pi^4 R}{5b}\right)^{1/3} = \left(\frac{12\pi^4 \times 8.314}{5b}\right)^{1/3} \text{ K} = 413 \text{ K}$$

本章思维导图

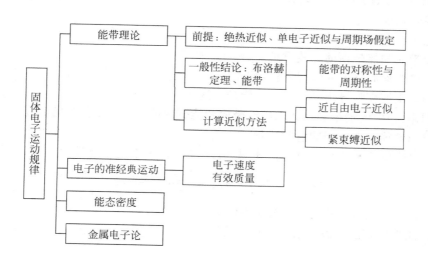

思考题

11-1 为什么晶体中的电子不是处于孤立的能级上，而是在准连续的能带上？能带理论的基本近似和假定是什么？

11-2 简述金属电子论的量子模型。

11-3 什么是布洛赫定理？

11-4 什么是能带？周期场是能带形成的必要条件吗？

11-5 能带的计算有哪些近似方法？

11-6 近自由电子近似与紧束缚近似有什么共同点与区别？

11-7 按照近自由电子近似，能隙产生的起因是什么？按紧束缚近似呢？

11-8 试用能带论解释固体不同的导电行为。

11-9 在布里渊区边界上电子的能带有何特点？

11-10 紧束缚模型下，内层电子的能带与外层电子的能带相比较，哪一个宽？为什么？

习题

11-1 简述布洛赫定理的内容，一维周期势场中电子的波函数 $\varphi_k(x)$ 应当满足布洛赫定理，若晶格常数是 a，试求电子在以下状态时的波矢：

$$\varphi_k(x) = \sin\frac{x}{a}\pi$$

$$\varphi_k(x) = \mathrm{i}\cos\frac{3x}{a}\pi$$

$$\varphi_k(x) = \sum_{l=-\infty}^{+\infty} f(x - la) \quad （f \text{ 是某个确定的函数}）$$

11-2 已知一维晶体的电子能带可写成 $E(k) = \dfrac{\hbar^2}{ma^2}\left(\dfrac{7}{8} - \cos ka + \dfrac{1}{8}\cos 2ka\right)$，式中 a 为晶格常数，m 为电子质量。试求：

（1）能带宽度；

（2）电子在波矢 k 时的速度；

（3）能带底和能带顶的有效质量。

11-3 已知面心立方晶体（晶格常数 a），

（1）用紧束缚模型导出其 s 态电子能带表达式；

（2）利用（1）中的能带表达式求出能带底和能带顶的能量以及能带的宽度；

（3）求出该能带底电子的有效质量。

11-4 紧束缚模型下体心立方晶体（晶格常数 a）的 s 态电子能带为

$$E_{\mathrm{bcc}}(\boldsymbol{k}) = \varepsilon_i - \beta - 8\gamma\cos\frac{k_x a}{2}\cos\frac{k_y a}{2}\cos\frac{k_z a}{2}$$

求：（1）能带底和能带顶的能量以及能带的宽度；

（2）该能带底与能带顶的电子的有效质量。

11-5　设晶格常数为 a 的一维晶格,导带极小值附近能量为

$$E_c(k) = \frac{\hbar^2 k^2}{3m} + \frac{\hbar^2 (k - k_1)^2}{m}$$

价带极大值附近能量为 $E_v(k) = \frac{\hbar^2 k_1^2}{6m} - \frac{3\hbar^2 k^2}{m}$,式中 $k_1 = \pi/a$,试求:

（1）禁带宽度;

（2）导带底电子有效质量;

（3）价带顶空穴有效质量;

（4）价带顶电子跃迁到导带底时准动量的变化;

（5）对晶体施加一电场 E_0,求出导带底电子和价带顶空穴的加速度。

11-6　二维正方格子,晶格常数为 a,电子的周期势能可写为

$$V(x, y) = -4V_0 \cos\left(\frac{2\pi}{a} x\right) \cos\left(\frac{2\pi}{a} y\right)$$

（1）用近自由电子近似求出 k 空间 $(\pi/a, \pi/a)$ 点的能隙;

（2）求出在 $(\pi/a, \pi/a)$ 处的电子速度。

11-7　根据习题 11-7 图所示的能量曲线,试回答在Ⅰ、Ⅱ与Ⅲ三个能带中,哪一个电子有效质量数值最小。若Ⅰ与Ⅱ充满电子,第Ⅲ个能带全空的情形下,少量电子进入Ⅲ带,在Ⅱ带中产生同样数目的空穴,那么Ⅱ带中空穴的有效质量和Ⅲ带中的电子有效质量相比,哪个大?

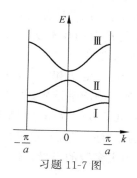

习题 11-7 图

11-8　试用能带论说明:

（1）金属对所有的光都是不透明的;

（2）普通半导体对红外光透明,对可见光不透明;

（3）大多数的绝缘体晶体对可见光是透明的。

11-9　一维晶格中,用紧束缚近似与最近邻近似,求 s 态电子的能谱表达式、带宽以及带顶和带底的有效质量。

11-10　采用紧束缚近似计算一维晶格中电子的速度,证明在布里渊区边界电子的速度为零。

11-11　N 个自由电子限制在边长为 L 的正方形中,电子的能量

$$E(k_x, k_y) = \frac{\hbar^2}{2\mu} (k_x^2 + k_y^2)$$

求能量在 $E \sim E + dE$ 内的状态数。

第12章

半　导　体

在前面的章节里,我们主要介绍了固体物理中一些最基本的概念和内容,本章是一个专题示例,目的是反映现代固体物理学发展的一些新领域。选择半导体作为专题示例的原因是,在所有的固体中,半导体是最令人感兴趣的,因而也是被人们最广泛研究的材料之一。

半导体的导电性能介于金属与绝缘体之间,具有许多重要的特性,比如温度的变化可以显著改变电导率,除温度外,光照、压力以及周围环境的气氛都能引起半导体电导率的显著变化。更值得指出的是,杂质对半导体的导电能力有着极为明显的影响,而且掺入不同类型的杂质可以使半导体具有不同的导电类型(导带电子导电或价带空穴导电)。正是利用半导体的这些特性,可以通过不同的掺杂工艺,把半导体材料制成各种电子元件,如晶体管和集成电路。可以说半导体是电子、信息等产业和技术领域无可替代的基础。今天,半导体材料以及以半导体制造的器件仍在不断的发展中。

半导体中对电流有贡献的载流子包括电子和空穴,在热平衡条件下由热激发产生的载流子称为平衡载流子。由于半导体独特的能带结构,使之对外部环境的变化非常敏感,除热激发外,受到其他激励方法如光照或电子轰击等都可产生偏离平衡浓度的过剩载流子,称为非平衡载流子。正向偏置的 pn 结通过"注入"机制也可形成非平衡载流子。非平衡载流子是半导体中一个非常重要的概念。绝大多数的半导体器件在工作时都涉及非平衡载流子的产生和复合问题。

本章在能带理论的基础上介绍半导体电子论中具有普遍意义的基础内容,其核心在于半导体中的一些基本概念、杂质的影响,以及非平衡载流子的产生与复合。

12.1　半导体的能带结构与类型

我们已知半导体能带的基本情况,在基态时,存在一系列的满带,最上面的满带称为价带;存在一系列的空带,最下面的空带称为导带。价带和导带之间存在一个不大的能隙,人们所说的半导体的禁带宽度一般特指这个能隙的宽度,标记为 E_g,通常把禁带宽度处于 $0.2 \sim 3.5$ eV 范围的晶体划归为半导体。由于半导体能隙较小,在一定的温度下,热激发可使得价带中的部分电子激发到导带中,使导带中出现少量电子,而价带中出现少量空穴。半导体的导电性就是依靠导带底的少量电子或价带顶的少量空穴。在不高的温度下,如 $T=$

300 K,这个由热激发导致的载流子浓度是很小的,如人们熟知的半导体材料 Si,其禁带宽度 $E_g = 1.12$ eV,$T = 300$ K 时,硅的本征载流子浓度约为 1.5×10^{10} cm^{-3},远小于金属中的电子浓度(阿伏伽德罗常数的数量级),因此导电性是非常差的。

作为半导体材料中最重要的 Si 或 Ge,其能带的形成不能用前文所述的简单模型来解释。能带填充的简单模型是将原子能级与能带进行一一对应,如果这样的话,以 Si 为例,Si 原子的电子组态为 $1s^2 2s^2 2p^6 3s^2 3p^2$,其中外壳层有 4 个电子,其电子组态为 $3s^2 3p^2$,若假设晶体中包含 N 个原胞,由于 Si 的晶体结构是复式格子,每个原胞都包含 2 个原子,晶体将由 $2N$ 个原子构成,分别含有 $4N$ 个 $3s$ 电子和 $4N$ 个 $3p$ 电子。由于原子内壳层能级所对应的能带总是填满的,$4N$ 个 $3s$ 电子刚好可以填满 $3s$ 能带,但 $4N$ 个 $3p$ 电子只能部分填满 $3p$ 能带,因此 $3p$ 能带为非满带,按照之前的讨论,Si 应该是导体而不是半导体,与真实情况不符。导致这一错误的原因是实际的能带形成过程远远不是原子能级和固体能带一一对应这么简单。实际上,Si 原子在形成晶体时,能带之间可能会发生交叠,图 12.1.1 示意地画出了硅晶体中价电子能量随相邻原子间距 R 的变化关系。当 R 很大时,原子间没有相互作用,保持原子的 $3s$ 和 $3p$ 能级。当 R 逐渐减小时,由于原子间的相互作用,原子能级展宽为能带。随着原子间距 R 的继续减小,能带宽度也逐渐增大。当 R 减小到一定数值时,

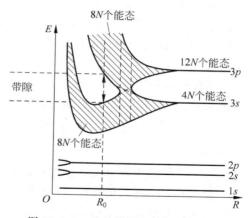

$3s$ 和 $3p$ 能带发生相互交叠,$3s$ 和 $3p$ 态相互混合、杂化,常称为 sp 杂化。随着 R 的进一步减小,相互交叠的能带又重新分裂成两支能带。在新分裂的两支能带中,已经不能区分哪个是由 $3s$ 态、哪个是由 $3p$ 态构成的,它们都是 $3s$ 和 $3p$ 态混合杂化形成的状态,分别称为成键态和反键态,两支能带刚好可以分别容纳 $4N$ 个电子。这样,基态下,硅的 $4N$ 个电子将能量较低的成键态的 $4N$ 个状态填满,形成价带,而反键态的状态全空,两支能带之间的能隙较小,整体表现出半导体的能带特征。如图 12.1.1 所示,图中的 R_0 表示实际硅晶体中的原子间距,相应于晶体能量最低的位置。硅晶体的能带形成过程也由图 12.1.2 进行示意。

图 12.1.1　硅晶体的电子能量与原子
间距之间的关系

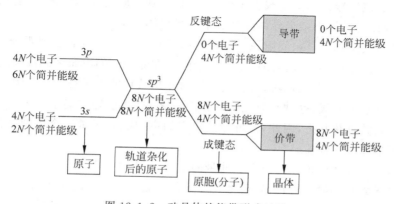

图 12.1.2　硅晶体的能带形成过程

12.1.1　本征半导体与杂质半导体

半导体的基本概念中有本征半导体和杂质半导体的概念,在此略作说明。

1. 本征半导体

通常我们将不含杂质、没有晶格缺陷的完美半导体称为本征半导体。本征半导体在绝对零度下几乎没有导电能力,因为其价带全满而导带全空。当温度升高或者半导体受到外界能量激励,如光照、电场等,将有少量价带顶电子受到激发而跃迁到导带底,导带底出现电子而价带顶出现空穴,这种直接由价带跃迁到导带的过程称为本征激发。本征激发时,电子浓度和空穴浓度必然相等,形成电子-空穴对(electron-hole pair,EHP)。在外电场作用下,导带底电子将逆着电场方向运动,价带顶电子也沿着逆电场方向依次填补空位,相当于空穴沿着电场方向运动,所以电子和空穴对电流的形成都有贡献,这也是称它们为载流子的原因。

我们把本征半导体中的载流子浓度称为本征载流子浓度,记为 n_i,有

$$n = p = n_i \qquad (12.1.1)$$

在温度稳定的情况下,载流子在单位时间、单位体积内产生的电子-空穴对是固定的,载流子的浓度也不随时间变化。这是因为作无规则热运动的电子不仅会由价带跃迁到导带上,处在高能态的电子会自发从导带落入价带填入空穴,使一对载流子同时消失,这个过程称为复合。在一定温度下,如果没有其他外界能量的影响,载流子的产生和复合相互平衡,维持一定的载流子浓度,称为热平衡载流子浓度。如果把电子-空穴对产生率记为 g_i,把复合率记为 r_i,在热平衡下,两者相等,即 $g_i = r_i$。当温度升高,开始时载流子产生率超过复合率,载流子浓度增大;同时复合率也相应增大,最后在较高的温度下达到新的平衡。

2. 杂质半导体

因为半导体的本征载流子浓度很低,因此杂质对半导体的性能会产生很大影响。例如在硅中含有百万分之一的硼时,就会使室温电阻率从本征半导体的 2.1×10^5 Ω·cm 降到 0.4 Ω·cm。在半导体中引入杂质的过程叫做掺杂,杂质的引入可以大大增大载流子的浓度,对半导体的电学、光学、热学等性质产生重要的影响,有时甚至是决定性的。通过人为掺杂以控制半导体性质的原理和技术是整个半导体技术的重要基础。掺杂半导体的载流子平衡浓度不再等于该半导体的本征载流子浓度,而是受到杂质能级的位置、温度和杂质浓度等因素的影响,因而通常把掺杂半导体称为非本征半导体。

当杂质原子或缺陷(空位、间隙原子、位错等)替代基质原子而占据某些格点位置后,晶格周期性在这些点被破坏,此时,晶体中的电子除了在能带中的由布洛赫波描述的共有化运动外,杂质周围会产生一个局域场,还会给电子附加局域化的电子态——束缚态。这些束缚态电子也具有确定的能级,这种杂质能级处在能隙之中(能量处在能带中的电子态,不需要能量就可以转入共有化状态,因此,不可能是稳定的束缚态),正是这个束缚态能级的存在,大大地改变了半导体的性质。

相对于本征半导体中价带的空穴和导带的电子数目相等这一特征,掺杂半导体的价带空穴和导带电子数目一般不再相等,而是其中某种载流子浓度将远大于另一种载流子浓度。具体可以分为两种:一种是以电子导电为主的 n 型半导体;另一种是以空穴导电为主的 p

型半导体。

12.1.2　n型半导体与p型半导体

n型半导体和p型半导体都属于掺杂半导体。

1. n型半导体

当半导体内存在杂质或晶格缺陷时,它们在禁带中形成杂质能级或陷阱能级。如果在半导体硅或锗中掺入Ⅴ族元素杂质(如砷、磷、锑等),则在禁带中形成靠近导带的杂质能级。绝对零度下这些杂质能级被电子占据,Ⅴ族元素最外层有5个价电子,当它替代晶格中的一个四价元素的原子时,它的4个价电子与周围的4个硅或锗原子以共价键相结合,余下一个多的价电子受磷离子实的束缚极其微弱,围绕在磷离子实周围运动。温度升高,这个电子只需很小的能量就能跃迁到导带去。这些Ⅴ族元素杂质在硅或锗半导体中为导带"提供"电子,所以称为施主杂质,相应的能级称为施主能级。这种杂质半导体中导带的电子数目远大于价带的空穴数目,导电主要靠电子,因此通常称为电子型半导体或n型(negative)半导体。此时半导体中的电子称为多数载流子,简称多子;而空穴称为少数载流子,简称少子。

2. p型半导体

在半导体硅或锗中掺入Ⅲ族元素的杂质(如硼、铝、镓或铟等),形成的杂质能级靠近价带。绝对零度下这些杂质能级都是全空的,在稍高温度下,价带电子受到激发,获得较少的能量便跃迁到杂质能级上,使得价带中形成相同数量的空穴。例如,硼原子的最外层有3个价电子,当它替代晶格中一个硅原子时,它的3个价电子与周围4个硅原子以共价键相结合,但缺少一个价电子形成一个空位。相邻的硅原子上的价电子只要获得较小的能量就会来填补这个空位,从而产生一个空穴。由于这些杂质能够"接受"来自价带的电子,所以称为受主杂质,相应的能级称为受主能级。这类杂质半导体中空穴的浓度远远大于电子浓度,空穴是多子,通常称这种半导体为空穴型半导体或p型(positive)半导体。

3. 两性杂质

上面讨论的半导体中只有施主杂质或受主杂质的情况。在实际的半导体中,总是既有施主杂质又有受主杂质。Ⅵ族元素杂质在Ⅲ-Ⅴ化合物中占据Ⅴ族元素原子的位置,起施主的作用。如S、Se和Te等施主杂质在GaAs中占据As的位置。与此类似,Ⅱ族元素杂质(如Be、Zn和Cd等)在Ⅲ-Ⅴ族化合物中占据Ⅲ族元素原子的位置,起受主的作用。但是,Ⅳ族元素杂质(如Si和Ge)在Ⅲ-Ⅴ族半导体中既可以占据Ⅲ族元素原子的位置,起施主的作用,又可以占据Ⅴ族元素原子的位置,起受主的作用,因此被称为两性杂质。一般情况下,硅原子在GaAs中占据Ga原子的位置,是施主杂质,但如果在GaAs生长过程或处理过程中形成了过多的As空位,则硅原子也可能占据As的位置而成为受主杂质。

4. pn结

在一块半导体材料中,如果一部分是n型区,一部分是p型区,在交界面处形成pn结。pn结作为半导体特有的物理现象,对整流、放大和开关器件都是至关重要的,是很多半导体器件的核心。

pn结有一个最显著特性是单向导电性。当p区相对于n区施加正偏压时(称为正偏),

电流很容易由 p 区流向 n 区,称为正向电流;当 p 区相对于 n 区施加负偏压时(称为反偏),则流过 pn 结的电流很小,称为反向电流。

为了便于理解 pn 结的平衡态特性,我们采用一个简化模型:假设均匀掺杂的 p 型半导体与均匀掺杂的 n 型半导体紧密接触形成 pn 结,如图 12.1.3 所示。接触前 p 型半导体内有大量空穴和少量电子,n 型半导体内有大量电子和少量空穴。接触后,由于两侧半导体中载流子浓度差异导致占多数的载流子向对方区域扩散,结果使结区附近的电荷重新分布,从而在该区域形成内电场,如图 12.1.3(b)所示。显然,这个电场的方向与载流子扩散运动的方向相反,反过来又阻碍了载流子的扩散。电子从 n 区扩散到 p 区,便在 n 区一侧留下了未被补偿的施主离子;同样,空穴的扩散在 p 区留下了未被补偿的受主离子。开路中半导体中的离子不能任意移动,因而不能形成电流。这些不能移动的带电离子在 p 区和 n 区交界面附近形成一个空间电荷区,n 区一侧存在正的空间电荷,p 区一侧存在负的空间电荷,电场方向由正电荷指向负电荷,即由 n 区指向 p 区。

另一方面,这个电场将使 n 区的少数载流子空穴向 p 区漂移,使 p 区的少数载流子电子向 n 区漂移,漂移运动的方向正好与扩散运动的方向相反。从 n 区漂移到 p 区的空穴补充了原来交界面上 p 区所失去的空穴,从 p 区漂移到 n 区的电子补充了原来交界面上 n 区所失去的电子,这就使空间电荷减少,内电场减弱。因此,漂移运动的结果是使空间电荷区变窄,扩散运动加强。

最后,多子的扩散和少子的漂移达到动态平衡。在 p 型半导体和 n 型半导体的结合面两侧,留下离子薄层,这个离子薄层形成的空间电荷区称为 pn 结。在空间电荷区,由于载流子浓度很小,所以也称为耗尽区。

平衡条件下流过 pn 结的总电流为零。平衡态 pn 结耗尽区两侧的电势差称为接触电势差,记为 V_0。接触电势的存在使得 pn 结的能带在空间电荷区发生弯曲,如图 12.1.3(b)所示,p 区能带比 n 区能带高 qV_0。应当说明的是,因为电子带负电,且 V_n 比 V_p 高,所以 n 区的能带比 p 区的能带低。

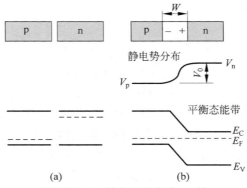

图 12.1.3　简化的平衡态 pn 结

(a) 两块独立且均匀的 p 型和 n 型半导体;(b) 接触形成 pn 结,形成空间电荷区(耗尽区)和电场,形成的接触电势在空间电荷区发生弯曲。

E_F 为费米能,E_C 表示导带能量,E_V 表示价带能量

从 pn 结的形成原理可以看出,要想让 pn 结导通形成电流,必须消除其空间电荷区的内部电场的阻力。很显然,给它加一个反方向的更大的电场,即 p 区接外加电源的正极,n

区接负极,就可以抵消其内部自建电场,使载流子可以继续运动,从而形成线性的正向电流。而外加反向电压则相当于内建电场的阻力更大,pn结不能导通,仅有极微弱的反向电流(由少数载流子的漂移运动形成,因少子数量有限,电流饱和)。pn结加反向电压时,因少子的数量和能量都增大,会碰撞破坏内部的共价键,使原来被束缚的电子和空穴被释放出来,空间电荷区变宽,区中电场增强。反向电压到某个临界值后,pn结反向电流将突然增大,此时发生反向击穿。反向击穿分为两种情况:一种是在较低的反偏压下发生的齐纳击穿(也叫隧道击穿),击穿电压只有几伏特;另一种是在较高的反偏压下发生的雪崩击穿,击穿电压从几伏特到几千伏特。

pn结是半导体器件的基本单元,也是最常用的半导体器件——二极管。二极管可用来整流、检波。另外二极管还具有光生伏特效应,可以制成太阳能电池和红外探测器或光电二极管。

12.1.3 直接带隙半导体与间接带隙半导体

在一般温度下,价带上的少量电子在外界激发(包括光激发与热激发)下跃迁到空带,使导带底部带有少量电子,而价带顶部带有少量空穴,结果使两个能带都成为部分填充,从而具有一定的导电性。电子和空穴这些载流子的运动取决于半导体的能带结构。

由于在半导体中对导电有贡献的仅是导带底部的电子与价带顶部的空穴,这两个能带其他部分的电子和其他能带不参与导电,因此研究半导体的能带结构主要是研究价带顶、导带底以及两者之间的能隙。

一般在计算能带结构时,采用的是单电子近似法,把电子的运动看作一列平面波在晶格周期势场中的运动(第11章),一维情形下电子能量可以表示为波矢的函数,如图 12.1.4 所示。如果导带底与价带顶都对应着相同的波矢,我们称这样的带隙为直接带隙,否则称为间接带隙。所以根据这种 E-k 能带结构的差异,半导体分为直接带隙半导体(如 GaAs)与间接带隙半导体(如 Si)。它们在光吸收、发光、输运等现象上有明显的区别。

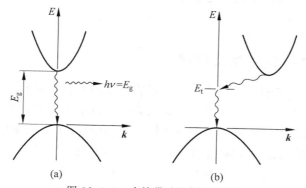

图 12.1.4 直接带隙与间接带隙

(a) 直接带隙,电子在导带底和价带顶之间的可放出光子,直接跃迁;
(b) 间接带隙,有声子参与的间接跃迁,一般释放热能

当处在高能态的导带底电子跃迁到低能态的价带顶时,能够以发射光子的形式释放能量,发射光子的能量等于禁带宽度 E_g。在直接带隙半导体中,由于导带底和价带顶的波矢相同,电子的准动量没有发生变化,跃迁可以直接进行;而在间接带隙半导体中,由于导带

底和价带顶的波矢不同,导带底电子跃迁到价带顶将涉及电子动量的变化,因此需要引入声子过程才能实现,这种跃迁是一种二级过程,发生的概率与直接带隙情况下的跃迁相比要小得多。通常情况下电子是通过禁带中的缺陷能级发生间接跃迁。间接跃迁的特点是跃迁过程中释放的能量一般是以热能的形式传递给晶格,而不是像直接跃迁那样发射光子,从发光的角度看,其发光效率会大大降低。

直接跃迁和间接跃迁的上述特点是我们选择发光材料的重要依据。通常情况下,半导体二极管和激光器要么采用直接带隙半导体,使其中的电子发生带间直接跃迁,要么采用间接带隙半导体,使其中的电子通过禁带中的缺陷能级发生垂直间接跃迁。制作利用电子-空穴复合的发光器件时,一般要用直接带隙半导体,发光的概率远大于间接带隙半导体,发光的颜色取决于半导体的能隙宽度。表 12.1.1 给出了一些半导体材料的能隙宽度以及是直接带隙半导体还是间接带隙半导体。

表 12.1.1　几种半导体材料的能隙宽度

（i＝间接能隙，d＝直接能隙）

晶体	带隙	E_g/eV		晶体	带隙	E_g/eV	
		0 K	300 K			0 K	300 K
金刚石	i	5.4		HgTe[①]	d	−0.30	
Si	i	1.17	1.14	PbS	d	0.286	0.34～0.37
Ge	i	0.744	0.67	PbSe	d	0.165	0.27
αSn	d	0.00	0.00	PbTe	d	0.190	0.30
InSb	d	0.24	0.18	CdS	d	2.582	2.42
InAs	d	0.43	0.35	CdSe	d	1.840	1.74
InP	d	1.42	1.35	CdTe	d	1.607	1.45
GaP	i	2.32	2.26	ZnO		3.436	3.2
GaAs	d	1.52	1.43	ZnS		3.91	3.6
GaSb	d	0.81	0.78	SnTe	d	0.3	0.18

① HgTe 是半金属,能带交叠。

12.1.4　带边有效质量及测量

半导体材料在外场下的输运性质是人们很感兴趣的内容。在外场下,布洛赫电子在晶格中运动因受晶格周期性势场的作用并不完全等同于自由电子的运动,不能直接采用牛顿方程对布洛赫电子进行处理。不过对于半导体材料,其载流子主要集中于导带底或价带顶附近,借助有效质量的概念,可以将晶体场对电子的影响进行等效,前文已经提及在价带顶的空穴和导带底的电子可以看作是具有有效质量的自由空穴或电子,因此价带顶附近的空穴有效质量和导带底附近的电子有效质量是半导体的重要参数。

本书中分别用 m_e^* 和 m_h^* 表示电子和空穴的有效质量。如果已知半导体的能带结构（E-k 关系）,当然可以通过前文的公式直接计算。但是如果 E-k 关系未知,或者很复杂,我们也可以直接测量半导体的电子和空穴有效质量。

为了测量半导体的电子、空穴有效质量,常采用回旋共振实验技术。通过测量布洛赫电子的回旋频率,计算可得到电子的有效质量。回旋频率可由所谓回旋共振方法测出:若在垂直于磁场方向上再加一频率为 ω 的交变电场 E,则电子在电场的作用下沿电场 E 方向振荡,电子就可以从交变电场中吸收能量。当交变电场频率与电子的回旋频率相等时,交变电场与电子回旋运动同步,电场能量被电子强烈吸引,也称为共振吸收;电子将在朗道子能级之间跃迁。这种共振吸收现象称为回旋共振。知道了磁场强度的大小,再测出电子吸收能量最大时所对应的电场频率(通常在微波频率范围),即可由它们之间的关系求出有效质量 $m^* = \dfrac{eB}{\omega_c}$($B$ 是外磁场的磁感应强度)。对于空穴也可得类似的结果。

在实际进行测量时,通常总是固定交变电磁场的频率 ω,而改变直流磁场的量值 B,当 B 满足一定条件时,就引起交变电磁场的共振吸收。图 12.1.5 是锗的实验结果。从图中可以看出回旋频率各向异性,这是因为一般情况下半导体的费米面并非球面,因而回旋频率在不同方向上是不同的,所以我们测定的有效质量实际上是有效质量的张量分量。读者可自行讨论在不同磁场方向出现的共振吸收峰的个数。

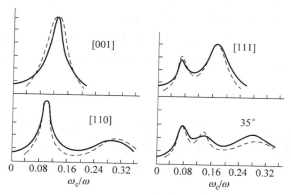

图 12.1.5　n 型锗的回旋共振吸收

12.2　半导体中载流子的统计分布

12.2.1　半导体载流子近似玻尔兹曼统计

半导体中由杂质和满带激发电子,从而使导带产生电子或使满带产生空穴,这些电子和空穴致使半导体导电,统称为载流子。因为半导体的禁带宽度窄,载流子数目对环境变化非常敏感,因此半导体载流子的浓度可以说是半导体的一个最重要的参数,根据费米统计的一般理论,可以成功地阐明半导体中载流子激发的定量规律。

半导体中的电子遵从费米分布,热平衡条件下,电子在允许能级 E 上的分布概率为

$$f(E) = \frac{1}{e^{(E-E_F)/k_B T}+1} \tag{12.2.1}$$

其中 E_F 是费米能级,费米能级上被电子占据的概率是

$$f(E) = \frac{1}{e^{(E_F-E_F)/k_B T}+1} = \frac{1}{1+1} = \frac{1}{2} \tag{12.2.2}$$

也就是说任何温度下费米能级被电子占据的概率是1/2。

金属中的电子也遵从费米分布(第4章),但与半导体有很大不同。在金属中,电子处于简并化的状态,电子的速度几乎完全与温度无关,费米能级 E_F 在导带中间,在费米能级以下的能级几乎被电子完全填满。在半导体中,电子的速度就像气体分子那样,随着温度的上升而加快,只有在极少数情况下,半导体中的电子气才会趋向简并化状态,所以对于半导体常常可以应用麦克斯韦-玻尔兹曼的经典统计理论。在半导体内部,参与导电的电子速度按照麦克斯韦定律分布,可以从零一直到无限大。半导体的费米能级处于能隙中,而且与导带底 E_C 或价带顶 E_V 的距离往往比 $k_B T$ 大得多,即

$$E_C - E_F \gg k_B T, \quad E_F - E_V \gg k_B T \tag{12.2.3}$$

因而式(12.2.1)中的 $E - E_F > E_C - E_F \gg k_B T$,分母指数项远大于1,因此近似的有

$$f(E) \approx e^{-(E-E_F)/k_B T} \tag{12.2.4}$$

这表明导带中电子很接近经典的玻尔兹曼分布。$f(E) \ll 1$ 说明平均而言导带中的能级被电子占据的概率很小,所以导带接近于空带,电子分布是非简并化的。价带中空穴的情况也很类似,空穴概率随能量增加按玻尔兹曼统计的指数规律减少。导带能级和价带能级都远离费米能级 E_F,所以导带接近于空的,价带接近于充满电子(空穴很少)。

12.2.2　载流子浓度与费米能

由于半导体中的载流子主要集中分布在导带底和价带边附近 $k_B T$ 范围之内,因此导带底的电子和价带顶的空穴可以分别用有效质量为 m_e^*、m_h^* 的自由电子与空穴描述,可以直接引用自由电子的能态密度公式写出导带底和价带顶的能态密度:

$$g_C(E) = \frac{4\pi(2m_e^*)^{\frac{3}{2}}}{h^3}\sqrt{E - E_C}$$

$$g_V(E) = \frac{4\pi(2m_h^*)^{\frac{3}{2}}}{h^3}\sqrt{E_V - E} \tag{12.2.5}$$

知道价带和导带的能态密度,可以用概率分布函数来计算导带电子和价带空穴的浓度。导带上电子的平衡浓度可由下式计算:

$$n = \int_{E_C}^{\infty} f(E) g_C(E) dE \tag{12.2.6}$$

积分上限取无穷大是因为在比导带底更高能级上,$f(E)$ 变得非常小,甚至可忽略不计,$f(E) g_C(E)$ 趋于零。式(12.2.6)经过计算、整理,可得导带上电子的平衡浓度为

$$n = N_C f(E_C) = N_C e^{-(E_C - E_F)/k_B T} \tag{12.2.7}$$

式中,$N_C = \dfrac{2(2\pi m_e^* k_B / T)^{\frac{3}{2}}}{h^3}$,称为导带有效能态密度,其意义相当于把整个导带范围内的所有能态的密度等效为一个能量为 E_C 的态密度 N_C。由式(12.2.7)可以看出,费米能级 E_F 越靠近 E_C,导带电子浓度越高。图12.2.1给出了能带、态密度、费米-狄拉克函数及平衡态载流子浓度示意图,从而看出本征半导体、n型半导体与p型半导体三者的区别。

价带的空穴浓度可通过类似的计算求出。空穴占据价带能级的概率就是不为电子所占

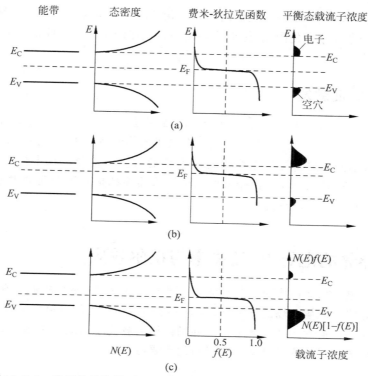

图 12.2.1　半导体的能带、态密度、费米-狄拉克函数、平衡态载流子浓度[①]
（a）本征半导体；（b）n 型半导体；（c）p 型半导体

据的概率，并考虑到离价带顶远处的能级上出现空穴的概率为零，则价带空穴的表示为

$$p = N_V[1 - f(E_V)] = N_V e^{-(E_F - E_V)/k_B T}$$

(12.2.8)

式中，$N_V = \dfrac{2(2\pi m_h^* k_B T)^{\frac{3}{2}}}{h^3}$ 是价带有效能态密度。由式(12.2.8)可以看出，费米能级 E_F 越靠近 E_V，空穴浓度越高。

这里，通过两个式子把半导体的费米能级的位置和载流子浓度很简单地联系在了一起，对讨论半导体问题是很重要的。

如果我们把 np 相乘，可得

$$np = N_C N_V e^{-(E_C - E_V)/k_B T} = N_C N_V e^{-E_g/k_B T}$$

(12.2.9)

式(12.2.9)表示在一定温度下，对同一种材料，电子和空穴的平衡浓度之积总是一个常数。而且这个常数仅依赖于能隙宽度 E_g 与温度，与费米能的位置无关。也就是说对给定能隙的半导体，在一定温度下，导带电子越多，价带空穴就越少，或者空穴越多，电子就越少。

12.2.3　杂质激发

含有杂质情况，温度较低时，杂质部分激发，向导带和价带提供电子和空穴的过程称为

①　图片引自参考文献［31］：BEN G S，SANJAY B. 固体电子器件［M］. 杨建红，译. 兰州：兰州大学出版社，2005：62.

杂质激发或杂质电离(电子从施主能级向导带的跃迁或空穴从受主能级向价带的跃迁)。当温度升高时,受到杂质浓度的限制,最后达到饱和。现在的半导体器件都是基于杂质激发的器件。

12.2.4　本征激发

在一定的温度下,半导体中有电子从价带激发到导带去,同时价带中产生空穴,这就是所谓的本征激发。本征激发的特点是产生一个电子的同时将产生一个空穴。温度进一步升高,到足够高时,本征激发将掩盖杂质激发的效果而占主要地位。在本征激发为主的情况下,电子数与空穴数相近 $n \approx p$。由于现在的半导体器件都是基于杂质激发的器件,所以一般情况下,本征激发是要进行抑制的。

12.3　半导体的电导率、迁移率与霍尔效应

一种材料的电磁输运性质除了与载流子的数目有关之外,还与载流子在材料中的迁移效率有关。半导体在磁场电场的作用下,载流子漂移运动产生的电流会受到声子、缺陷和杂质原子的散射作用。通常用迁移率来描述外场作用下载流子在晶格中运动的难易程度。载流子的类型和载流子迁移率也是半导体材料的重要参数。

12.3.1　迁移率与电导率

1. 迁移率

在前面的章节(能带电子的准经典运动)中我们已经知道,若电子的有效质量为 m_e^*,外电场为 $\boldsymbol{E}$,电子的运动方程为

$$\hbar \frac{\mathrm{d}\boldsymbol{k}}{\mathrm{d}t} = m_e^* \frac{\mathrm{d}v_n}{\mathrm{d}t} = -e\boldsymbol{E} \tag{12.3.1}$$

一个电子在外电场作用下将发生漂移运动,假设自由飞行时间为 τ_e,则由电子的运动方程可知,在 $\mathrm{d}t = \tau_e$ 时,速度的平均增量 δv 为

$$\delta v = \frac{e\tau_e}{m_e^*} E \tag{12.3.2}$$

由于在无外电场情况下,载流子的平均速度 $\bar{v}$ 为零,若从加上电场开始计时,则 $t = \tau_e$ 时,电子的平均速度为

$$v = \bar{v} + \delta v = \delta v \tag{12.3.3}$$

也就是说,电子的平均速度就是 $t = \tau_e$ 的速度增量。定义迁移率为单位电场下载流子的平均漂移速度,于是得到电子的迁移率为

$$\mu_e = \frac{e\tau_e}{m_e^*} \tag{12.3.4}$$

同样可得空穴的迁移率为

$$\mu_h = \frac{e\tau_e}{m_h^*} \tag{12.3.5}$$

2. 电导率

在一般电场情况下,半导体导电也服从欧姆定律,电流密度和电场成正比:

$$j = \sigma E$$

电导率是载流子在外场下的漂移运动与载流子受声子、杂质、缺陷散射作用的平衡结果。通常用载流子的迁移率 μ 来描述载流子在外电场中漂移运动的难易程度,显然载流子的迁移率直接影响电导率。

引入迁移率的概念后,由于半导体可以同时有电子和空穴,而且它们的浓度随样品和温度的不同变化,可以有很大的变化,因此,分析半导体往往把电导率和空穴数目的关系写出来,半导体的电导率可以写作

$$\sigma = nq\mu_e + pq\mu_h \tag{12.3.6}$$

代入欧姆定律,可得

$$j = nq(\mu_e E) + pq(\mu_h E) \tag{12.3.7}$$

在杂质激发的范围,主要是一种载流子导电,则有

$$\sigma = \begin{cases} nq\mu_e & (\text{n 型}) \\ pq\mu_h & (\text{p 型}) \end{cases} \tag{12.3.8}$$

由于载流子漂移运动是电场加速和不断碰撞(散射)的结果,迁移率一方面取决于有效质量(加速作用),另一方面取决于散射概率。迁移率的大小在实际问题中是很重要的。一些例子中晶体的 μ 最多只有几十平方厘米每伏·秒,锗和硅的 μ 一般为 1000 平方厘米每伏·秒的数量级。有效质量取决于能带结构,有些金属化合物(如 InSb、GaAs)的电子有效质量只有电子质量的 1% 左右,其迁移率可以达到几十万平方厘米每伏·秒。散射可以是由于晶格振动(声子),也可以是由于杂质。在较低的温度下,晶格振动较弱,杂质散射是主要的,而在较高的温度时,晶格散射则成为主要因素。

对于杂质半导体,以 n 型半导体为例,在杂质未完全电离之前,半导体的电导率随温度升高而急剧增大,其主要原因是当温度升高时,载流子浓度随温度升高而近于指数增大(虽然此过程迁移率的值因散射加剧以 $T^{-3/2}$ 函数形式减小);但是当杂质完全电离之后,由于载流子浓度基本达到饱和(此时本征激发尚未开始),电导率 σ 将因 μ 的减少而略有降低。所以杂质半导体一般工作区间在未完全电离区域,此时半导体表现出很强的热敏性,这与金属的电导率明显不同。金属中载流子浓度几乎与温度无关,反而由于温度升高,传导电子的迁移率因与声子碰撞更频繁而有所减小,所以金属的电导温度系数是负的,而且很小。

12.3.2　霍尔效应

虽然电导率的实验测量已经成为测定半导体材料规格(例如由电导率的大小估计施主或受主的数目)和研究半导体的基本方法,但由于电导率 σ 是一个宏观特性,包含了各种因素的影响,仅仅依靠电导的测量作深入的分析会受到很大的限制。霍尔效应原来是在金属中发现的,但在半导体中这个效应更为显著,而且能对半导体的分析提供特别重要的依据,因此,结合半导体的研究,霍尔效应的研究有了很大的发展。

首先以 p 型半导体为例简单说明霍尔效应。如图 12.3.1 所示,xy 平面内的半导体电流沿长度方向运动,即 x 方向、z 方向有一磁场且垂直于空穴运动方向。在磁场洛伦兹偏转

力的影响下,空穴沿 $-y$ 方向运动,最终导致产生一个沿 y 方向的电场 E_y。当 E_y 与磁场的偏转力相抵消时,空穴在 y 方向上受到的净力为零,此时将继续沿着 x 方向运动。半导体在磁场中表现出的这种效应称为霍尔效应。我们把横向电场(即图中 y 方向)的电压称为霍尔电压。

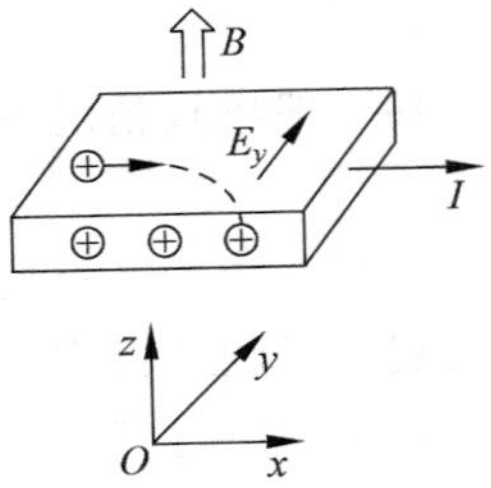

图 12.3.1 霍尔效应

霍尔效应的主要应用是确定载流子浓度。许多测量半导体霍尔效应的实验表明:温度、光线、杂质对半导体电导率的巨大影响,主要是由于载流子浓度起了变化。如果在各种不同的温度下测得样品的霍尔系数和电阻率,便能得到多子浓度和迁移率随温度的变化关系。由此可见,霍尔效应在分析半导体材料的性质时非常有用。

在稳定情况下,有

$$qE_y = q(v_x B_z) \tag{12.3.9}$$

因为电流密度为

$$j_x = pqv_x \tag{12.3.10}$$

因此

$$E_y = \frac{1}{pq} j_x B_z = R j_x B_z \tag{12.3.11}$$

式中 $R = \dfrac{1}{pq}$ 为 p 型半导体的霍尔系数。如果是 n 型半导体,情况是类似的,只是电场沿 $-y$ 方向,因此霍尔系数是负值。

由于霍尔系数与载流子数目成反比,因此半导体的霍尔效应比金属大得多。由霍尔系数的测定可以直接测得载流子密度,而且,从它的符号可以确定是空穴导电还是电子导电,对半导体而言,是非常有用的。

12.4 非平衡载流子

我们所处的世界是一个有限温度的世界,温度的影响无处不在,因此一般所指的平衡条件是指热平衡条件,前面讨论的载流子都是在热平衡条件下由热激发产生的载流子,称为热平衡载流子,或平衡载流子。非热平衡条件下,包括热扰动、光照、电磁场等激励条件,都将使半导体中的载流子的平衡分布发生变化,产生热平衡载流子之外的载流子,我们称之为非平衡载流子。非平衡载流子和热平衡载流子一起,共同影响半导体的各种物理性质,半导体的很多重要现象都与非平衡载流子有关。

若非平衡电子、空穴浓度分别用 Δn、Δp 来表示,在通常情况下电中性要求非平衡电子浓度与非平衡空穴浓度相等,$\Delta n = \Delta p$。

对于杂质半导体,存在多子和少子的区别。非平衡载流子在数目上对多子和少子的影响是不同的。多子的数目一般很大,非平衡载流子通常不会对它的数目产生显著的影响;但对少子来说,数量的变化十分显著。例如室温下 $n_0 = 2 \times 10^{15}$ cm^{-3} 的 n 型硅中,空穴浓度只有 10^5 cm^{-3}。若引入 10^{10} cm^{-3} 的非平衡载流子,对多子的影响只有 10^{-5},可谓微不足道,但是对少子的影响却是增加了 5 个数量级。因此,我们在讨论非平衡载流子时,常常最关心的是非平衡少数载流子。

对于半导体中的非平衡载流子,人们最关注的内容包括:①非平衡载流子的数目(这部分内容涉及半导体的载流子激发,可参考前面"载流子的统计分布");②非平衡载流子的复合;③非平衡载流子的运动。

12.4.1 非平衡载流子的复合和寿命

非平衡载流子的复合是指激发到高能态的电子自发地跃迁回低能态的空穴代表的空态,等效于电子与空穴相遇而成对消失。这种低能态的空态可能在价带上,也可能在杂质能级上。复合过程实际上是恢复到平衡的自发过程,载流子浓度逐渐趋于平衡值。

我们引入非平衡载流子寿命 τ 这一概念来描述各种材料复合过程快慢的不同。非平衡载流子寿命 τ 指的是非平衡载流子的平均存在时间,也就是非平衡载流子由浓度 Δn 衰减到零的时间。复合速率有以下公式:

$$\frac{\mathrm{d}\Delta n}{\mathrm{d}t} = -\frac{\Delta n}{\tau} \tag{12.4.1}$$

它的解是

$$\Delta n = \Delta n_0 \mathrm{e}^{-t/\tau} \tag{12.4.2}$$

可见非平衡载流子是随时间以指数衰减。非平衡载流子寿命 τ 反映了半导体中载流子复合过程的快慢。寿命短(时间短)说明复合过程快,反之复合过程则慢。

光电导现象是半导体中存在的一个重要现象,说的是光照可使半导体的电导率明显增加,这与半导体中的非平衡载流子有关。我们将光照前的电导率称为暗电导率,在光照下半导体发生本征吸收,产生的非平衡载流子使电导率发生变化。产生的非平衡电子和空穴只在 τ 时间内增加电导的作用。τ 越大对增强电导的效果越大。同时 τ 决定了光电导反应的快慢。因此可以通过测量光电导的衰变来确定非平衡载流子的寿命。

按照载流子复合过程的方式可以分为直接复合与间接复合两种。直接复合是指导带电子直接回到价带并与价带中空穴复合的过程,也称带间复合。间接复合是导带电子先跃迁到带隙中一个空的杂质能级,然后再从杂质能级落入价带中与空穴复合。有些深能级杂质对载流子的复合有促进效果,成为主要决定寿命的杂质,因此被称为复合中心。一般情况下,τ 的大小与材料杂质和缺陷有关。即使同一种材料如果制备或加工工艺条件不同,τ 也可以有很大差别。

复合过程中通常伴有能量释放,其能量有三种不同的释放方式:第一种是以光子的形式释放多余能量或为满足准动量守恒,在放出光子的同时伴随着吸收或放出声子;第二种是将多余能量传递给晶格振动,以声子的形式放出,通常不止一个声子,所以这种方式也叫多声子跃迁;第三种是俄歇过程,能量被传递给邻近的一个载流子,使之成为高能载流子,再与晶格或其他载流子碰撞而陆续放出能量。

12.4.2 非平衡载流子的扩散

半导体中载流子浓度不均匀时,产生扩散运动并遵从扩散定律,从而形成扩散电流。一般说来,非平衡载流子更容易产生扩散运动。当半导体的局部或表面受到光照时,这些局部产生非平衡载流子,从而导致载流子分布不均匀而发生扩散。同时产生的非平衡载流子对多子浓度不会有明显影响,但会使少子的数量发生十分显著的变化。所以,相较于多子,少子依靠电场作用而形成的漂移电流是微不足道的,往往其主要的运动形式是扩散。少子的扩散可以形成显著的扩散电流,尤其是在电场很弱、多子的漂移电流可以忽略时,少子扩散电流可能成为电流的主要部分。

非平衡少数载流子扩散的同时也进行着复合过程,最终形成稳定分布。考虑一维稳定扩散的情况,其浓度分布满足连续方程

$$\frac{\mathrm{d}}{\mathrm{d}x}\left(-D\frac{\mathrm{d}N}{\mathrm{d}x}\right)-\frac{N}{\tau}=0 \qquad (12.4.3)$$

式中,N 表示非平衡少子浓度(若电子是少子,则 $N=\Delta n$;若空穴是少子,则 $N=\Delta p$),第一项表示扩散造成的积累,第二项表示因复合造成的损失。方程的普遍解为

$$N=A\mathrm{e}^{-x/L}+B\mathrm{e}^{x/L},\quad L=\sqrt{D\tau} \qquad (12.4.4)$$

考虑边界条件

$$x=0,\quad N=N_0;\quad x\to\infty,\quad N\to 0$$

方程的特解是

$$N(x)=N_0\mathrm{e}^{-x/L} \qquad (12.4.5)$$

表明表面产生的非平衡少子在扩散-复合过程中随距离增大而以指数衰减,其中 L 表示非平衡载流子深入样品的平均距离,称为扩散长度。

根据扩散运动遵从的规律

$$扩散流密度=-D\frac{\mathrm{d}N}{\mathrm{d}x} \qquad (12.4.6)$$

式中,扩散流密度是指单位时间内,由于扩散运动通过单位横截面积的载流子数目。D 为扩散系数,是由半导体中的载流子散射机制决定的。负号表明扩散运动总是从浓度高的地方流向浓度低的地方。扩散流密度与载流子浓度变化梯度成正比。把式(12.4.5)代入扩散定律式(12.4.6),得到

$$扩散流密度=N_0\frac{D}{L}\mathrm{e}^{-x/L} \qquad (12.4.7)$$

在 $x=0$ 的边界处,扩散流密度为 $N_0\frac{D}{L}$。因为 N_0 就是边界处的非平衡载流子浓度,所以这个扩散流密度就好像是这些载流子全部以 D/L 速度运动而产生的,因此称 D/L 为扩散速度。

12.4.3　太阳能电池中的光生非平衡载流子

以 pn 结太阳能电池为例,在持续的太阳光照之下,半导体中产生光生非平衡载流子——电子空穴对,产生的非平衡载流子的数目与光强和太阳光谱分布有关。此时,在 pn 结的不同位置,光生非平衡载流子产生的效果是不同的。

在 p 区,空穴是多子而电子是少子,在此区域产生的光生电子空穴对,其中空穴的数目相对于多子的数目来说是很少的,其影响可以忽略;产生的电子则很容易被空穴捕获而复合掉。因此,在 p 区产生的光生电子空穴对是几乎没有作用的。同理,在 n 区产生的电子空

穴对也是几乎无用的。

在 pn 结区,一方面,结区本身的载流子浓度小,产生的电子空穴对不容易被本体复合;另一方面,结区的内建电场可以起到将光生电子空穴对分离的作用,自身的复合也很小,使得电子和空穴能分别在结区两端积累,产生光生伏特效应,这是太阳能电池应用的基础。

此外,在 p 区和 n 区靠近 pn 结的一个少子扩散长度内产生的电子空穴对,由于少子的运动方向可能朝向结区,当顺利进入结区时,意味着这部分少子将有很大的概率不被复合,而被成功收集,这部分少子对太阳能的转化也是有用的。

由此可见,对于太阳能电池来说,结构中真正有效的部位仅仅是 pn 结及结附近非常薄的区域。

本章思维导图

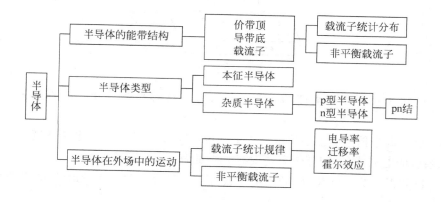

思考题

12-1 有效质量与质量有何不同?

12-2 简述施主杂质与受主杂质的概念。

12-3 从导电载流子的起源看,有几种半导体?

12-4 什么是霍尔效应?霍尔电场与洛伦兹力有什么关系?

12-5 试解释为什么在价带顶存在空穴,导带底存在电子?

12-6 试论证非简并半导体在热平衡时载流子浓度积与杂质浓度无关,而与禁带宽度有关。

12-7 为什么价电子的浓度越高,电导率越高?

12-8 如何通过实验测定载流子是电子还是空穴?

12-9 试解释 pn 结形成的原理。

12-10 pn 结单向导电性指的是什么?

习题

12-1 一个 n 型半导体,习题 12-1 图中的电场和磁场,由于磁场的作用,使电子沿 x 方向的漂移运动发生偏转,在 y 方向形成霍尔电场。试指出下面两种说法是否正确,并说明理由。

(1) 电子沿负 x 方向作漂移运动,受 z 方向磁场作用,将偏向负 y 方向,所以产生指向负 y 方向的电场;

(2) 电子沿负 x 方向的漂移运动,等效于空穴沿正 x 方向漂移。在 z 方向磁场作用下,空穴也将偏向负 y 方向,但产生指向正 y 方向的电场。

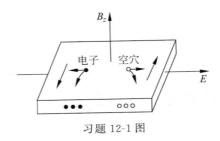

习题 12-1 图

12-2 已知 n 型半导体浓度为 10^{15} cm^{-3},电子迁移率为 1000 cm^2/(V·s),求其电阻率。

12-3 已知硅中掺入施主杂质浓度为 10^{15} cm^{-3},在 40 K 下测得电子浓度为 10^{12} cm^{-3},估算施主杂质的电离能(已知导带态密度有效质量为 $m^* = 1.08\,m_0$)。

12-4 已知温度为 300 K 时,硅的本征载流子浓度为 1.5×10^{10} cm^{-3},如果费米能级在禁带中央以上 0.26 eV 处,计算此时电子与空穴的数密度。

12-5 已知 GaAs 的 $E_g = 1.42$ eV,电子有效质量 $m_e^* = 0.068 m_e$(m_e 为自由电子质量),m_h 可取 0.5 m_e,试求在 300 K 时导带底与价带顶的有效状态密度以及本征载流子浓度。

12-6 已知温度 300 K 时,硅的本征载流子浓度为 1.5×10^{10} cm^{-3},硅的电子迁移率为 $\mu_e = 1350$ cm^2/(V·s),空穴迁移率为 $\mu_h = 500$ cm^2/(V·s),试计算其本征电导率。

12-7 假设硅样品中有浓度为 5×10^{16} cm^{-3} 的施主杂质和 2×10^{16} cm^{-3} 的受主杂质,求温度 300 K 时费米能级的位置,并求霍尔系数的大小,确定其符号。

参 考 文 献

[1]　许崇桂,余加莉.统计与量子力学基础[M].北京:清华大学出版社,1991.
[2]　汪志诚.热力学·统计物理[M].3 版.北京:高等教育出版社,2003.
[3]　恽正中,张鹰,邱吉衡.材料物理基础[M].成都:电子科技大学出版社,1995.
[4]　林宗涵.热力学与统计物理学[M].北京:北京大学出版社,2007.
[5]　王竹溪.统计物理学导论[M].2 版.北京:高等教育出版社,1965.
[6]　王竹溪.热力学[M].2 版.北京:北京大学出版社,2013.
[7]　马本堃,高尚惠,孙煜.热力学与统计物理学[M].2 版.北京:高等教育出版社,1995.
[8]　曹烈兆,周子舫.热学 热力学与统计物理[M].2 版.北京:科学出版社,2014.
[9]　刘俊,陈希明.热力学与统计物理学简明教程[M].北京:人民邮电出版社,2013.
[10]　吴俊芳.热学·统计物理[M].西安:西北工业大学出版社,2011.
[11]　梁希侠,班士良.统计热力学[M].3 版.北京:科学出版社,2016.
[12]　周世勋.量子力学教程[M].北京:高等教育出版社,2001.
[13]　曾谨言.量子力学[M].3 版.北京:科学出版社,2003.
[14]　关洪.量子力学基础[M].北京:高等教育出版社,1999.
[15]　李奇楠,张韬,李瑞.量子力学教程[M].北京:教育科学出版社,2015.
[16]　张林芝.量子力学[M].3 版.北京:高等教育出版社,2003.
[17]　张林芝.量子力学[M].北京:高等教育出版社,2000.
[18]　杨玉平,何光.简明量子力学[M].北京:中央民族大学出版社,2013.
[19]　宋鹤山.量子力学典型题精讲[M].大连:大连理工大学出版社,2004.
[20]　阎元红.量子力学导学:精要 拓展 演练[M].北京:清华大学出版社,2014.
[21]　钱伯初,曾谨言.量子力学习题精选与剖析[M].2 版,上、下册.北京:科学出版社,1999.
[22]　陈长乐.固体物理学[M].2 版.北京:科学出版社,2007.
[23]　吴代鸣.固体物理基础[M].2 版.北京:高等教育出版社,2015.
[24]　黄昆原著,韩汝琦改编.固体物理学[M].北京:高等教育出版社,1988.
[25]　方俊鑫,陆栋.固体物理学:上下册.上海:上海科学技术出版社,1981.
[26]　王矜奉.固体物理教程[M].8 版.济南:山东大学出版社,2013.
[27]　费维栋.固体物理[M].哈尔滨:哈尔滨工业大学出版社,2014.
[28]　阎守胜.固体物理基础[M].3 版.北京:北京大学出版社,2011.
[29]　陆栋,蒋平,徐至中.固体物理学[M].2 版.上海:上海科学技术出版社,2010.
[30]　韦丹.固体物理[M].2 版.北京:清华大学出版社,2007.
[31]　Ben G. Streetman, Sanjay Banerjee.固体电子器件[M].杨建红,译.兰州:兰州大学出版社,2005.
[32]　段辰,苗明川.固体物理学全程导学及习题全解[M].北京:中国时代经济出版社,2011.
[33]　王矜奉,范希会,张承琚.固体物理概念题和习题指导[M].5 版.济南:山东大学出版社,2014.
[34]　韦丹.固体物理学习辅导与习题解答[M].2 版.北京:清华大学出版社,2007.
[35]　林鸿生,章世玲.固体物理及物理量测量[M].北京:科学出版社;安徽:中国科学技术大学出版社,2005.
[36]　孟宪章,康昌鹤.半导体物理习题及解答[M].长春:吉林大学出版社,1986.

附　　录

附录 A　常用的基本物理常数

真空磁导率 $\mu_0 = 4\pi \times 10^{-7}$ N $\cdot$ A^{-2} $= 12.566370614 \times 10^{-7}$ N $\cdot$ A^{-2}

普朗克常量 $\hbar = 1.055 \times 10^{-34}$ J $\cdot$ s, $h = 2\pi\hbar = 6.626 \times 10^{-34}$ J $\cdot$ s

玻尔兹曼常数 $k_B = 1.38 \times 10^{-23}$ J $\cdot$ K^{-1}

摩尔气体常数 $R = 8.314$ J $\cdot$ mol^{-1} $\cdot$ K^{-1}

阿伏伽德罗常数 $N_0 = 6.023 \times 10^{23}$ mol^{-1}

里德伯常数 $R_\infty = \dfrac{\mu e_s^4}{4\pi\hbar^3 c} = 1.0973731 \times 10^7$ m^{-1}

真空介电常数 $\varepsilon_0 = 8.854187817 \times 10^{-12}$ F $\cdot$ m^{-1}

玻尔半径 $a_0 = 4\pi\varepsilon_0 \, \hbar^2 / m_e e^2 = 5.29177249 \times 10^{-9}$ m

真空中光速 $c = 2.998 \times 10^8$ m $\cdot$ s^{-1}

电子电量 $e = 1.602 \times 10^{-19}$ C

电子静质量 $m_e = 9.109 \times 10^{-31}$ kg

电子康普顿波长 $\lambda_c = \hbar / m_e c = 3.862 \times 10^{-13}$ m

附录 B　证明达到热平衡的两系统 β 相同

设两个系统 A 和 B 达到热平衡,平衡态下的分布即为最概然分布,所以只要证明两个系统各自的最概然分布中的 β 因子相同。假设 A 的分布为 $\{a_l\}$,B 的分布为 $\{a'_m\}$。在热接触中,两个系统之间有能量交换,但所组成的复合系统则为一孤立系统。此孤立系统在分布 $\{a_l\}$ 和 $\{a'_m\}$ 下的微观状态数为

$$\Omega = \Omega_A \cdot \Omega_B = \frac{N!}{\prod_l a_l!} \prod_l g_l^{a_l} \cdot \frac{N!}{\prod_m a'_m!} \prod_m g'^{a'_{ml}}_m \tag{1}$$

满足以下约束条件:

$$\left. \begin{array}{l} \sum_l a_l = N = \mathrm{const}, \quad \sum_m a'_m = N' = \mathrm{const} \\[2mm] \sum_l \varepsilon_l a_l + \sum_m \varepsilon'_m a'_m = E + E' = \mathrm{const} \end{array} \right\} \tag{2}$$

由此可得

$$\left. \begin{array}{l} \sum_l \delta a_l = 0, \quad \sum_m \delta a'_m = 0 \\[2mm] \sum_l \varepsilon_l \delta a_l + \sum_m \varepsilon'_m \delta a'_m = 0 \end{array} \right\} \tag{3}$$

用拉格朗日乘子 α、α' 和 β 分别乘以上三式,可得

$$\sum_l \alpha \delta a_l = 0, \quad \sum_m \alpha' \delta a'_m = 0 \tag{4}$$

$$\sum_l \beta \varepsilon_l \delta a_l + \sum_m \beta \varepsilon'_m \delta a'_m = 0 \tag{5}$$

需要注意的是式(5)中只出现一个 β 为两个系统所共有,这是因为两个系统之间有能量交换,各自的能量 E、E' 不能保持不变,只有两者之和 $E + E'$ 为常量。

对式(1)取对数,应用斯特林近似式,然后代入 $\delta \ln \Omega = 0$ 可得

$$\sum_l \ln\left(\frac{a_l}{g_l}\right) \delta a_l + \sum_m \ln\left(\frac{a'_m}{g'_m}\right) \delta a'_m = 0 \tag{6}$$

将此式与式(4)和式(5)相加可得

$$\sum_l \left(\ln \frac{a_l}{g_l} + \alpha + \beta \varepsilon_l \right) \delta a_l + \sum_m \left(\ln \frac{a'_m}{g'_m} + \alpha' + \beta \varepsilon'_m \right) \delta a'_m = 0 \tag{7}$$

根据拉格朗日乘子法,所有的 δa_l 与 $\delta a'_m$ 系数应该为零,于是得到

$$a_l = g_l \mathrm{e}^{-\alpha - \beta \varepsilon_l}, \quad a'_m = g'_m \mathrm{e}^{-\alpha' - \beta \varepsilon'_m} \tag{8}$$

此式表明,在两系统达到热平衡时,在它们各自的玻尔兹曼分布中,β 是相同的。

附录 C 斯特林近似公式

在统计物理中常用斯特林近似公式计算一个大数的阶乘的对数,公式形式如下:

$$\ln m! = \ln 1 + \ln 2 + \ln 3 + \cdots + \ln m = \sum_{x=1}^{m} \ln x$$

上式右边等于附图 C.1 中一系列矩形面积之和,各矩形的宽为 1,高分别为 $\ln 1, \ln 2, \ln 3, \cdots,$ $\ln m$。另外以 n 为横坐标,$\ln n$ 为纵坐标,画出曲线 $\ln n$。不难发现,当 $m \gg 1$ 时,矩形面积之和近似等于曲线 $\ln n$ 下的面积,因此

$$\ln m! \approx \int_{1}^{m} \ln n \, dn$$

$$= n(\ln n - 1) \Big|_{1}^{m} \approx m \ln m - m$$

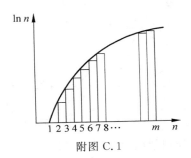

附图 C.1

附录 D 统计物理学常用的几个积分公式

1. 积分 $I(n) = \int_0^\infty x^n e^{-ax^2} dx$ 的值（见下表）

若 n 为偶数，$\int_{-\infty}^\infty x^n e^{-ax^2} dx = 2I(n)$

若 n 为奇数，$\int_{-\infty}^\infty x^n e^{-ax^2} dx = 0$

作变量代换，$y = \sqrt{a}\, x$，有

$$I(0) = a^{-1/2} \int_0^\infty e^{-y^2} dy = \frac{1}{2}\sqrt{\frac{\pi}{a}}$$

$$I(1) = a^{-1} \int_0^\infty e^{-y^2} y\, dy = \frac{1}{2a}$$

其他 $I(n)$ 可通过求 $I(0)$ 或 $I(1)$ 对 a 的导数而得到

$$I(n) = -\frac{\partial}{\partial a} I(n-2)$$

例如下表列出的几个值：

n	$I(n)$	n	$I(n)$
0	$\frac{1}{2}\sqrt{\frac{\pi}{a}}$	1	$\frac{1}{2a}$
2	$\frac{1}{4}\sqrt{\frac{\pi}{a^3}}$	3	$\frac{1}{2a^2}$
4	$\frac{3}{8}\sqrt{\frac{\pi}{a^5}}$	5	$\frac{1}{a^3}$
6	$\frac{15}{16}\sqrt{\frac{\pi}{a^7}}$	7	$\frac{3}{a^4}$

2. 费米-狄拉克积分

在 $k_B T \ll \mu$ 的情形下，积分

$$I = \int_0^\infty \frac{\phi(\varepsilon)\, d\varepsilon}{e^{(\varepsilon-\mu)/k_B T}+1}$$

$$= \int_0^\mu \phi(\varepsilon)\, d\varepsilon + \frac{\pi^2}{6}(k_B T)^2 \phi'(\mu) + \frac{7\pi^2}{360}(k_B T)^4 \phi'''(\mu) + \cdots$$

式中 $\phi'(\mu)$ 和 $\phi'''(\mu)$ 是 $\phi(\varepsilon)$ 的一阶导数和三阶导数在 $\varepsilon = \mu$ 处的值。

3. 玻色-爱因斯坦积分

$$I(n) = \int_0^\infty \frac{x^{n-1}}{e^x - 1} dx \quad \left(n = 2, 3, 4, \frac{3}{2}, \frac{5}{2}\right)$$

因为

$$\frac{x^{n-1}}{e^x - 1} = \frac{x^{n-1} e^{-x}}{1 - e^{-x}} = x^{n-1} e^{-x}(1 + e^{-x} + e^{-2x} + \cdots) = \sum_{k=1}^\infty x^{n-1} e^{-kx}$$

所以

$$I(n) = \int_0^\infty \frac{x^{n-1}}{e^x - 1} dx = \sum_{k=1}^\infty \int_0^\infty x^{n-1} e^{-kx} dx = \sum_{k=1}^\infty \frac{1}{k^n} \int_0^\infty y^{n-1} e^{-y} dy$$

$$I\left(\frac{3}{2}\right) = \int_0^\infty \frac{x^{1/2} dx}{e^x - 1} = \frac{\sqrt{\pi}}{2} \times 2.612$$

$$I(2) = \int_0^\infty \frac{x \, dx}{e^x - 1} = \frac{\pi^2}{6}$$

$$I\left(\frac{5}{2}\right) = \int_0^\infty \frac{x^{3/2} dx}{e^x - 1} = \frac{3\sqrt{\pi}}{4} \times 1.341$$

$$I(3) = \int_0^\infty \frac{x^2 dx}{e^x - 1} = 2 \times 1.202$$

$$I(4) = \int_0^\infty \frac{x^3 dx}{e^x - 1} = \frac{\pi^4}{15}$$

$$\int_0^\infty \frac{e^x x^4 dx}{(e^x - 1)^2} = \frac{4\pi^4}{15}$$

4. 积分 $I = \int_{-\infty}^\infty e^{-x^2} dx$ 的计算

先计算

$$I^2 = \int_{-\infty}^\infty e^{-x^2} dx \int_{-\infty}^\infty e^{-y^2} dy = \int_{-\infty}^\infty \int_{-\infty}^{+\infty} e^{-(x^2+y^2)} dx \, dy$$

此式是 xy 平面上的积分，用平面极坐标表示为

$$I^2 = \int_0^{2\pi} \int_0^\infty e^{-r^2} r \, dr \, d\theta = 2\pi \int_0^\infty e^{-r^2} r \, dr = \pi$$

因此得

$$I = \int_{-\infty}^\infty e^{-x^2} dx = \sqrt{\pi}$$

注意被积函数是偶函数，所以有

$$I = \int_0^\infty e^{-x^2} dx = \frac{\sqrt{\pi}}{2}$$

5. 积分 $I = \int_0^\infty \frac{x}{e^x + 1} dx$ 的计算

因为

$$\frac{x}{e^x + 1} = \frac{x e^{-x}}{1 + e^{-x}} = x e^{-x} (1 - e^{-x} + e^{-2x} - \cdots) = \sum_{k=1}^\infty (-1)^{k-1} x e^{-kx}$$

所以

$$I = \int_0^\infty \frac{x}{e^x + 1} dx = \sum_{k=1}^\infty (-1)^{k-1} \int_0^\infty x e^{-kx} dx$$

$$= \sum_{k=1}^\infty (-1)^{k-1} \frac{1}{k^2} \int_0^\infty y e^{-y} dy$$

$$= \sum_{k=1}^\infty (-1)^{k-1} \frac{1}{k^2} = \frac{\pi^2}{12}$$

附录 E 球谐函数 $Y_{lm}(\theta\varphi)$

求解角动量 $\hat{L}^2$ 的本征方程

$$-\hbar^2 \left[\frac{1}{\sin\theta} \frac{\partial}{\partial\theta} \left(\sin\theta \frac{\partial}{\partial\theta} \right) + \frac{1}{\sin^2\theta} \frac{\partial^2}{\partial\varphi^2} \right] Y(\theta\varphi) = \lambda\, \hbar^2 Y(\theta\varphi) \tag{1}$$

用分离变量法得到两个方程:

$$\frac{d^2\Phi}{d\varphi^2} = -m^2\Phi \tag{2}$$

$$\frac{1}{\sin\theta} \frac{d}{d\theta} \left(\sin\theta \frac{d\Theta}{d\theta} \right) + \left[\lambda - \frac{m^2}{\sin^2\theta} \right] \Theta(\theta) = 0 \tag{3}$$

其中令 $Y(\theta\varphi) = \Phi(\varphi)\Theta(\theta)$,式(2)的解为

$$\Phi_m(\varphi) = A e^{im\varphi}, \quad m = 0, \pm 1, \pm 2, \cdots \tag{4}$$

式(3)经变换 $\cos\theta = x$ 可得

$$\frac{d}{dx} \left[(1-x^2) \frac{d}{dx} p(x) \right] + \left[\lambda - \frac{m^2}{1-x^2} \right] p(x) = 0 \tag{5}$$

式(5)称为连带勒让德方程,当 $m=0$ 时称为勒让德方程,即

$$\frac{d}{dx} \left[(1-x^2) \frac{d}{dx} p(x) \right] + \lambda p(x) = 0 \tag{6}$$

勒让德方程在 $x=0$ 附近可用级数法求解,设其解 $p(x) = \Sigma C_k x^k$,代入式(6),比较同幂次项,求出 C_k 的递推关系

$$C_{k+2} = \frac{k(k+1) - \lambda}{(k+1)(k+2)} C_k \tag{7}$$

这样 $C_2, C_4, C_6, \cdots$ 都可以用 C_0 表示出来,$C_3, C_5, C_7, \cdots$ 则可用 C_1 表示出来。于是我们可以得到两个线性无关的解,各包含一个任意常数 C_0 或 C_1;

$$\left.\begin{array}{l} p^{(e)}(x) = C_0 + C_2 x^2 + C_4 x^4 + \cdots \\ p^{(0)}(x) = C_1 x + C_3 x^3 + C_5 x^5 + \cdots \end{array}\right\} \tag{8}$$

现在来研究一下它们在方程上的奇点 $x = \pm 1$ 处的性质。由式(7)可以得出

当 $k \to \infty$ 时

$$\frac{C_{k+2}}{C_k} \to \frac{k}{k+2}, \quad k \text{ 为偶数}$$

这与 $\ln(1+x) + \ln(1-x) = \ln(1-x^2)$ 的级数展开的相邻系数比相同,因此当 $x \to \pm 1$ 时 $p^{(e)}(x) \to \infty$,类似的可知 $p^{(0)}(x)$ 与 $\ln\left(\frac{1+x}{1-x}\right)$ 的相邻系数在 $k \to \infty$ 时相同。因此 $x \to \pm 1$ 时 $p^{(0)}(x)$ 也趋于 ∞。故这种解不能满足有限条件。

但是从式(7)中可以看出,当

$$\lambda = l(l+1), \quad l = 0, 1, 2, 3, \cdots \tag{9}$$

$k=l+2,l+4,\cdots$ 都为零。这样 $p^{(e)}(x)$ 或 $p^{(0)}(x)$ 将中断为一个 l 次多项式

$l=$ 偶数时，　$p^{(e)}(x)$ 中断为偶次多项式

$l=$ 奇数时，　$p^{(0)}(x)$ 中断为奇次多项式

多项式在 $|x|\leqslant1$ 部定义域上都有限。此可以作为方程(6)满足有限条件的非零解。一般假设最高次项 x^l 的系数为

$$C_l=\frac{(2l)!}{2^l(l!)^2} \tag{10}$$

这样得出的多项式称为勒让德多项式。

$$p_l(x)=\sum_{k=0}^{k_{\max}}(-1)^k\frac{(2l-2k)!}{2^l\cdot k!(l-k)!(l-2k)!}x^{l-2k} \tag{11}$$

其中，

$$k_{\max}=\begin{cases}\dfrac{l}{2},&l\text{ 为偶数}\\[3mm]\dfrac{l-1}{2},&l\text{ 为奇数}\end{cases}$$

勒让德多项式还可以用微分表示：

$$p_l(x)=\frac{1}{2^l l!}\frac{d^l}{dx^l}[(x^2-1)^l] \tag{12}$$

下面我们证明连带勒让德方程(5)的解可以用勒让德多项式表示。将勒让德方程(6)微分 m 次后得到

$$(1-x^2)\frac{d^2}{dx^2}p^{[m]}(x)-2x(|m|+1)\frac{d}{dx}p^{[m]}(x)+(\lambda-|m|-m^2)p_{(x)}^{[m]}=0 \tag{13}$$

而将连带勒让德方程的 $p(x)$ 变换为 $(1-x^2)^{\frac{|m|}{2}}y(x)$。代入式(5)，可以得到 $y(x)$ 满足的方程为

$$(1-x^2)\frac{d^2y}{dx^2}-2(|m|+1)x\frac{dy}{dx}+[\lambda-|m|-m^2]y=0 \tag{14}$$

式(13)与式(14)完全相同，因此连带勒让德方程的解(记作 $p_l^{|m|}(x)$)为

$$p_l^{|m|}(x)=(1-x^2)^{\frac{|m|}{2}}\frac{d^{|m|}}{dx^{|m|}}p_l(x)=\frac{1}{2^l l!}(1-x^2)^{\frac{|m|}{2}}\frac{d^{l+|m|}}{dx^{l+|m|}}(x^2-1)^l \tag{15}$$

于是式(1)的解写成

$$Y_{lm}(\theta\varphi)=N_{lm}p_l^{|m|}(\cos\theta)e^{im\varphi} \tag{16}$$

$Y_{lm}(\theta,\varphi)$ 称为球谐函数，其中 N_{lm} 为归一化因子，由归一化条件

$$\int_0^{2\pi}\int_0^{\pi}Y_{lm}^*(\theta\varphi)\sin\theta d\theta d\varphi=1$$

定出。利用 $p_l^{|m|}(\cos\theta)$ 的性质可算出：

$$N_{lm}=\sqrt{\frac{2l+1}{4\pi}\frac{(l-|m|)!}{(l+|m|)!}} \tag{17}$$

并可以证明下列几个有用的公式：

$$\cos\theta\, Y_{lm} = \sqrt{\frac{(l+m+1)(l-m+1)}{(2l+1)(2l+3)}}\, Y_{l+1,m} + \sqrt{\frac{(l+m)(l-m)}{(2l+1)(2l-1)}}\, Y_{l-1,m}$$

$$\left.\begin{array}{l} \mathrm{e}^{i\varphi}\sin\theta\, Y_{lm} = \sqrt{\frac{(l+m+1)(l+m+2)}{(2l+1)(2l+3)}}\, Y_{l+1,m+1} - \sqrt{\frac{(l-m-1)(l-m)}{(2l+2)(2l-1)}}\, Y_{l-1,m+1} \\[3mm] \mathrm{e}^{i\varphi}\sin\theta\, Y_{lm} = -\sqrt{\frac{(l-m+1)(l-m+2)}{(2l+1)(2l+3)}}\, Y_{l+1,m-1} + \sqrt{\frac{(l+m)(l+m-1)}{(2l+1)(2l-1)}}\, Y_{l-1,m-1} \end{array}\right\}$$

$$\tag{18}$$

附录 F 拉盖尔多项式

拉盖尔方程

$$x \frac{d^2 y}{dx^2} + (1-x) \frac{dy}{dx} + Cy = 0 \quad (C \text{ 为任意常数}) \tag{1}$$

的一个解称为拉盖尔函数 $L_C(x)$。当 $C = n = 0, 1, 2, \cdots$ 时，

$$L_n(x) = (n!)^2 \sum_{k=0}^{n} (-1)^k \frac{x^k}{(k!)^2 (n-k)!} \tag{2}$$

$L_n(x)$ 称为 n 次拉盖尔多项式。

方程

$$x \frac{d^2 y}{dx^2} + (a+1-x) \frac{dy}{dx} + ny = 0 \quad (n = 0, 1, 2, \cdots; \ a \neq -n \text{ 的任意常数}) \tag{3}$$

称为连带拉盖尔方程，导源于氢原子的薛定谔方程。连带拉盖尔方程的多项式解称为连带拉盖尔多项式，记作 $L_n^a(x)$。

$$L_n^a(x) = \frac{e^x}{n!} x^a \frac{d^n}{dx^n} (x^{n+a} e^{-x}) = \sum_{k=0}^{n} (-1)^k \binom{n+a}{n-k} \frac{x^k}{k!} \tag{4}$$

附录 G 约化质量

考虑质量为 m_1 和 m_2 的两个质点,坐标分别为 r_1 和 r_2,受力 $F(r)$ 约束在一起,此力仅依赖于距离 $r = |r| = |r_1 - r_2|$,如附图 G.1。

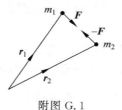

附图 G.1

则有

$$m_1 \ddot{r}_1 = F(r)$$

$$m_2 \ddot{r}_2 = -F(r)$$

因此

$$\ddot{r} = (m_1^{-1} + m_2^{-1})F(r)$$

写为以下形式

$$\mu \ddot{r} = F(r)$$

上式中的 μ 表示约化质量,有

$$\frac{1}{\mu} = \frac{1}{m_1} + \frac{1}{m_2}$$

$$\mu = \frac{m_1 m_2}{m_1 + m_2}$$

附录 H　量子力学的五个基本假设

第一个基本假设：用波函数 $\psi(x,t)$ 描述微观粒子的运动状态，这个波函数确定微观粒子的全部力学性质。波函数需满足连续性、有限性和单值性三个条件。

第二个基本假设：系统的状态波函数满足薛定谔方程。

第三个基本假设：

（1）量子力学中每一个力学量都用相应的算符表示，称为力学量算符；

（2）每个力学量算符都有相应的本征方程、本征函数与本征值；

（3）如果算符 $\hat{F}$ 表示力学量 F，那么当体系处于 $\hat{F}$ 的本征态 ψ 时，力学量 F 有确定值，且这个值就是 $\hat{F}$ 在 ψ 态中的本征值；

（4）力学量算符 $\hat{F}$ 的构成法则是：先写出力学量 F 以坐标矢量和动量为变量的经典表达式 $F(\boldsymbol{r},\boldsymbol{p})$，然后进行算符化。$r$ 用 $\hat{r}$、p 用 $\hat{p}$ 代换，$F(\boldsymbol{r},\boldsymbol{p}) \rightarrow \hat{F}(\hat{r},-\mathrm{i}\hbar\nabla)$。这样得到力学量 F 的算符。

第四个基本假设（关于力学量与算符关系的一个基本假设）：量子力学中表示力学量的算符都是厄米算符，它们的本征函数组成完全系。体系处于的波函数 $\psi(x)$ 所描写的任意状态都可以表示为本征函数的线性组合 $\psi(x) = \sum_n c_n \varphi_n(x)$，此时测量力学量 F 所得的数值，必定是算符 $\hat{F}$ 的本征值之一，测得 λ_n 的概率是 $|c_n|^2$。

第五个基本假设：全同性原理。在全同粒子所组成的体系中，两全同粒子相互调换不改变体系的状态。

附录 I　晶体中电子平均速度的推导

电子本征态为 φ_k，电子的速度算符 $\hat{\boldsymbol{v}} = \hat{\boldsymbol{p}}/m$ 与 $\hat{H}$ 不对易，所以电子速度在本征态中没有确定值，只有平均值才有意义 $\bar{v}_k = \dfrac{1}{m}\displaystyle\int \varphi_k^* \, \hat{\boldsymbol{p}} \varphi_k \mathrm{d}\tau$。下面推导平均值 $\bar{v}_k$ 与能谱 $E(\boldsymbol{k})$ 的关系。

由单电子薛定谔方程

$$\hat{H}\varphi_k = E(\boldsymbol{k})\varphi_k \tag{1}$$

可知

$$E(\boldsymbol{k}) = \int \varphi_k^* \hat{H}\varphi_k \mathrm{d}\tau \tag{2}$$

式(2)对 k_x 求微商，有

$$\frac{\partial E(\boldsymbol{k})}{\partial k_x} = \int \frac{\partial \varphi_k^*}{\partial k_x} \hat{H}\varphi_k \mathrm{d}\tau + \int \varphi_k^* \hat{H} \frac{\partial \varphi_k}{\partial k_x} \mathrm{d}\tau \tag{3}$$

由布洛赫定理知 $\varphi_k(\boldsymbol{r}) = \mathrm{e}^{\mathrm{i}\boldsymbol{k}\cdot\boldsymbol{r}} u_k(\boldsymbol{r})$，于是式(3)可写成

$$\frac{\partial E(\boldsymbol{k})}{\partial k_x} = \mathrm{i}\int \varphi_k^* (\hat{H}x - x\hat{H})\varphi_k \mathrm{d}\tau + \int \mathrm{e}^{-\mathrm{i}\boldsymbol{k}\cdot\boldsymbol{r}} \frac{\partial u_k^*}{\partial k_x} \hat{H}\varphi_k \mathrm{d}\tau + \int \varphi_k^* \hat{H} \mathrm{e}^{\mathrm{i}\boldsymbol{k}\cdot\boldsymbol{r}} \frac{\partial u_k}{\partial k_x}\mathrm{d}\tau \tag{4}$$

利用算符的厄米性质，式(4)中等号右边第三项可写成

$$\int \varphi_k^* \hat{H} \mathrm{e}^{\mathrm{i}\boldsymbol{k}\cdot\boldsymbol{r}} \frac{\partial u_k}{\partial k_x}\mathrm{d}\tau = \int \mathrm{e}^{\mathrm{i}\boldsymbol{k}\cdot\boldsymbol{r}} \frac{\partial u_k}{\partial k_x} \hat{H}\varphi_k^* \mathrm{d}\tau = E(\boldsymbol{k})\int \mathrm{e}^{\mathrm{i}\boldsymbol{k}\cdot\boldsymbol{r}} \frac{\partial u_k}{\partial k_x} \varphi_k^* \mathrm{d}\tau$$

代入式(4)得

$$\frac{\partial E(\boldsymbol{k})}{\partial k_x} = \mathrm{i}\int \varphi_k^* (\hat{H}x - x\hat{H})\varphi_k \mathrm{d}\tau + E(\boldsymbol{k})\int \mathrm{e}^{-\mathrm{i}\boldsymbol{k}\cdot\boldsymbol{r}} \frac{\partial u_k^*}{\partial k_x} \mathrm{e}^{\mathrm{i}\boldsymbol{k}\cdot\boldsymbol{r}} u_k(\boldsymbol{r})\mathrm{d}\tau +$$

$$\qquad E(\boldsymbol{k})\int \mathrm{e}^{\mathrm{i}\boldsymbol{k}\cdot\boldsymbol{r}} \frac{\partial u_k}{\partial k_x} \mathrm{e}^{-\mathrm{i}\boldsymbol{k}\cdot\boldsymbol{r}} u_k^*(\boldsymbol{r})\mathrm{d}\tau$$

$$\qquad = \mathrm{i}\int \varphi_k^* (\hat{H}x - x\hat{H})\varphi_k \mathrm{d}\tau + E(\boldsymbol{k})\int \frac{\partial u_k^*}{\partial k_x} u_k(\boldsymbol{r})\mathrm{d}\tau + E(\boldsymbol{k})\int \frac{\partial u_k}{\partial k_x} u_k^*(\boldsymbol{r})\mathrm{d}\tau$$

$$\qquad = \mathrm{i}\int \varphi_k^* (\hat{H}x - x\hat{H})\varphi_k \mathrm{d}\tau + E(\boldsymbol{k})\frac{\partial}{\partial k_x}\int u_k^* u_k \mathrm{d}\tau \tag{5}$$

因为

$$\frac{\partial}{\partial k}\int u_k^* u_k \mathrm{d}\tau = \frac{\partial}{\partial k}\int \varphi_k^* \varphi_k \mathrm{d}\tau = 0$$

以及

$$\hat{H}x - x\hat{H} = -\frac{\mathrm{i}\hbar}{m}\hat{p}_x$$

所以

$$\frac{\partial E(\boldsymbol{k})}{\partial k_x} = \frac{\hbar}{m}\int \varphi_k^* \hat{p}_x \varphi_k \mathrm{d}\tau = \hbar \bar{v}_{kx} \tag{6}$$

即

$$\bar{v}_{kx} = \frac{1}{\hbar} \frac{\partial E(\boldsymbol{k})}{\partial k_x} \tag{7}$$

同理可得

$$\left. \begin{array}{l} \dfrac{\partial E(\boldsymbol{k})}{\partial k_y} = \hbar \bar{v}_{ky}, \quad \bar{v}_{ky} = \dfrac{1}{\hbar} \dfrac{\partial E(\boldsymbol{k})}{\partial k_y} \\[3mm] \dfrac{\partial E(\boldsymbol{k})}{\partial k_z} = \hbar \bar{v}_{kz}, \quad \bar{v}_{kz} = \dfrac{1}{\hbar} \dfrac{\partial E(\boldsymbol{k})}{\partial k_z} \end{array} \right\} \tag{8}$$

写成矢量形式

$$\bar{\boldsymbol{v}}_k = \bar{v}_{kx}\boldsymbol{x} + \bar{v}_{ky}\boldsymbol{y} + \bar{v}_{kz}\boldsymbol{z} = \frac{1}{\hbar} \left[\frac{\partial E(k)}{\partial k_x}\boldsymbol{x} + \frac{\partial E(k)}{\partial k_y}\boldsymbol{y} + \frac{\partial E(k)}{\partial k_z}\boldsymbol{z} \right] = \frac{1}{\hbar} \nabla_k E(\boldsymbol{k}) \tag{9}$$

这表明处于 $\boldsymbol{k}$ 态电子的平均速度正比于能量在 $\boldsymbol{k}$ 空间的梯度。由此可知位于 $\boldsymbol{k}$ 空间代表点电子态的速度都垂直于通过该点的等能面。

附录 J 本书主要符号

a 晶格常数

a 加速度

a_1, a_2, a_3 晶格基矢(原胞基矢)

a, b, c 晶胞基矢

b_1, b_2, b_3 倒格子基矢

B 磁感应强度

B 磁感应强度

C 热容

C_p 定压热容

C_V 定容热容

c 光速

d 晶面间距

$D(\varepsilon)$ 自由粒子的态密度

D 扩散系数

E 电场强度

E 能量

E_g 能隙

e 电子电荷

F 力

F 自由能、力学量

$F(K)$ 几何结构因子

$f(\varepsilon)$ 单粒子量子态的平均粒子数

G 吉布斯函数

g_l 简并度

$g(\omega)$ 格波模式密度

$g(E)$ 能态密度

H 焓

h 普朗克常量

$\hbar$ $h/2\pi$

I 电流

J 总角动量、粒子流密度

j 电流密度

k_B 玻尔兹曼常数

K 倒格矢

$K_{h_1 h_2 h_3}$ 倒格矢

k 波矢

K 体弹性模量

k_F 费米半径

L 角动量(动量矩)

l 角量子数、长度

M 总磁矩

M 总磁矩

M_s 自旋磁矩

M_B 玻尔磁子

m 质量、磁量子数

m_e 电子质量

m^* 有效质量

N 粒子数目、原子数目、原胞数目

N_0 阿伏伽德罗常数

n 主量子数

n_i 本征载流子浓度

p 压强

p 动量

Q 热量

q 位置矢量、格波波矢

R 晶格平移矢量、正格子矢量

R 摩尔气体常数、霍尔系数

r 坐标矢量

r 原子间距、自由度

S 熵

S 自旋角动量

s 自旋量子数、量子态

T 温度、动能

T_c 凝聚温度

T_F 费米温度

t 时间

U 内能、结合能

$u(r)$ 原子相互作用势能

V　体积、势能

υ　粒子速率

υ_p　粒子的最概然速率、格波相速度

ν　频率

W　功

w　概率密度

Z　配分函数

α　定压膨胀系数、拉格朗日乘子

β　定容压强系数、拉格朗日乘子、作用力常数

κ　等温压缩系数、热导系数

δ　δ 函数

ε　能量、势能

ε_F　费米能

ε_F^0　基态费米能

ε_0　真空介电常数

ε_r　固体相对介电常数

σ　液体表面张力系数、电导率

ρ　密度

λ　波长、本征值

λ_c　电子康普顿波长

$\boldsymbol{\mu}$　磁偶极子磁矩

μ　化学势、相空间、约化质量

μ_0　真空磁导率

μ_e　电子迁移率

μ_h　空穴迁移率

θ　角度

Θ_E　爱因斯坦温度

Θ_D　德拜温度

τ　非平衡载流子寿命

ω　频率

ω_E　爱因斯坦频率

ω_D　德拜频率

ω_A　声学波频率

ω_O　光学波频率

φ　波函数

ψ　波函数

ϕ　波函数

Ω　微观状态数、原胞体积、势能

Ω^*　倒格子原胞体积

Ξ　巨配分函数

$\boldsymbol{\mathcal{H}}$　磁场强度

$\mathcal{H}$　磁场强度

$\mathcal{P}_+\mathcal{P}_-$　磁偶极子的概率